EUL VERLAG

Venture Capital und Investment Banking · Neue Folge, Band 13
Herausgegeben von Prof. Dr. Klaus Nathusius

Dr. Khaled Rifai

Bootstrap-Instrumente für Unternehmensgründungen

Mit einem Geleitwort von Prof. Dr. Klaus Nathusius,
Universität Göttingen

EUL VERLAG

Bibliographische Information der Deutschen Bibliothek

Die Deutsche Bibliothek verzeichnet diese Publikation in der Deutschen Nationalbibliothek; detaillierte bibliographische Daten sind im Internet über <http://dnb.ddb.de> abrufbar.

Rifai, Khaled Sebastian

Dissertation, Universität Kassel, 2009, unter dem Titel:
Bootstrap-Instrumente und Unternehmensgründungen – Eine Untersuchung von Grundlagen, Einflussfaktoren und Erfolgsrelevanz

Fachbereich Wirtschaftswissenschaften
Disputation am 03. Juni 2009

ISBN 978-3-89936-807-9
1. Auflage Juni 2009

JOSEF EUL VERLAG GmbH
Brandsberg 6
D-53797 Lohmar
Tel.: +49 (0) 22 05 / 90 10 6-6
Fax: +49 (0) 22 05 / 90 10 6-88
http://www.eul-verlag.de
info@eul-verlag.de

Bei der Herstellung unserer Bücher möchten wir die Umwelt schonen. Dieses Buch ist daher auf säurefreiem, 100% chlorfrei gebleichtem, alterungsbeständigem Papier nach DIN 6738 gedruckt.

Prof. Dr. Klaus Nathusius
Aachenerstr. 715
50226 Frechen-Königsdorf

Geleitwort zur Dissertation

„Bootstrap Instrumente und Unternehmensgründungen – Eine Untersuchung von Grundlagen, Einflussfaktoren und Erfolgsrelevanz"

von Khaled S. Rifai aus Köln

Herr Khaled S. Rifai hat mit seiner Dissertation über Bootstrap Instrumente und Unternehmensgründungen eine bemerkenswerte Untersuchung zu den Grundlagen, den Einflussfaktoren und der Erfolgsrelevanz der Nutzung von Bootstrap Instrumenten erarbeitet. Ihm ist es gelungen, damit dem deutschsprachigen Umfeld der Entrepreneurship- und der Entrepreneurial Finance-Forschung einen schon seit einiger Zeit überfälligen Beitrag zum Bootstrapping hinzuzufügen.

Dieses Thema ist aus der Sicht der betriebswirtschaftlichen Forschung sowie auch hinsichtlich der Finanzierungsbedingungen für Unternehmensgründungen in der deutschen Wirtschaftspraxis von hoher Aktualität. Das Thema hat durch die gesamtwirtschaftliche Dimension des Gründungsgeschehens als Voraussetzung für die laufende Revitalisierung der Wirtschaftsstruktur durch Schaffung neuer Unternehmenseinheiten eine erhebliche praktische Aktualität. Zurückgehende Gründungszahlen in Deutschland – im originären wie auch im derivativen Gründungssektor – sind Teil der bestehenden strukturellen Probleme der Erneuerung und des Wachstums der deutschen Volkswirtschaft. Dabei sind die Fragen der Gründung von Unternehmen – insbesondere in der Form von innovativen Unternehmen zur Erschließung neuer Märkte und zur Durchsetzung neuer Technologien – von besonderer Brisanz. So ist über die vergangenen Jahre hinweg der Gründungssaldo bei Unternehmen laufend zurückgegangen und – mit noch größeren negativen Wirkungen verbunden – die Anzahl innovativer, technologiebasierter Gründungen noch in einem größeren Ausmaß.

Die Sicherung einer Unternehmensstruktur, die dem Kriterium der Vielfalt genügt, ist wesentlich von der Anzahl und der Art von neu in den Markt eintretenden Unternehmen und Unternehmern abhängig. Für ein laufendes Nachrückens von jungen Unternehmern im Rahmen der erforderlichen Gründungsdynamik ist es wesentlich, förderliche Finanzierungsbedingungen für Gründungen zu sichern. Die Möglichkeiten der Finanzierung von Unternehmensgründungen stellen in diesem gesamtwirtschaftlichen Zusammenhang eine der wesentlichen Voraussetzungen im Rahmen des benötigten Ressourcenmixes beim Übergang von Gründern und Gründerteams in die unternehmerische Selbständigkeit dar. Empirische Untersuchungen haben mehrfach darauf hingewiesen, dass die Verfügbarkeit von spezifischen Finanzmitteln für den Aufbau von innovativen und technologieorientierten Gründungen einen Defizitbereich in Deutschland darstellt.

Herr Rifai greift einen Bereich der betriebswirtschaftlichen Forschungsaktivitäten im Teilgebiet der Gründungsfinanzierung auf, der bisher im deutschsprachigen Raum vernachlässigt wurde. Es handelt sich dabei um die Möglichkeiten des Einsatzes von Instrumenten der „Bootstrap-Finanzierung", die im angelsächsischen Raum schon seit Jahrzehnten zum Instrumentenkasten von Unternehmensfinanzierungen in frühen Lebenszyklusphasen gehören. Dabei ist die Themenwahl erfreulicher Weise dadurch gekennzeichnet, dass eine bisher eher vernachlässigte Gruppe von Finanzierungsinstrumenten zum Zielgebiet der vorliegenden Schrift gemacht wurde, die nicht zum bekannten Kanon der Finanzierungsinstrumente der Bankenlandschaft gehört. Vielmehr handelt es sich bei der Bootstrap Finanzierung um einen Ansatz, der parallel zu den von Finanzinstitutionen angebotenen Instrumenten zum Einsatz kommen kann und sich durch hohe Variabilität und Flexibilität kennzeichnet.

Die Arbeit hat auch zum Ziel, die praktische Relevanz und den potenziellen Erfolgsbeitrag der Bootstrap Finanzierungsinstrumente durch eine empirische Analyse zu prüfen. Dazu konnten die spezifischen Merkmale von Bootstrap Instrumenten und die Rahmenbedingungen solcher Finanzierungsformen sowie die agierenden Institutionen und Personen in ihren jeweiligen Ausprägungen umfassend dargestellt und analysiert werden. Dabei sind eine Reihe von Zusammenhängen – bezogen auf die Gründungsthematik – identifiziert worden, die in der Literatur bisher nicht in dem erwünschten Detaillierungsgrad nachzulesen waren. Für die Gründungsfinanzierungs- und Entrepreneurship-Forschung sind dies wertvolle Ergebnisse.

Frechen, im Juni 2009 Prof. Dr. Klaus Nathusius

Danksagung

Bei einem Dissertationsvorhaben ist es nicht anders als bei der Gründung eines Unternehmens: Der Erfolg hängt nicht nur von den eigenen Ressourcen und Fähigkeiten ab, sondern auch in erheblichem Maße von der Unterstützung durch das soziale Umfeld. Diese Unterstützung kann verschiedene Formen annehmen und es liegt mir fern, diese nach ihrem Erfolgsbeitrag zu gewichten. Ich möchte mich dennoch bei den Menschen bedanken, die wesentlich dazu beigetragen haben, dass ich mich heute mit der Formulierung des Vorworts meiner Dissertationsschrift beschäftigen darf. Mein Dank gilt:

- Herrn Prof. Dr. Klaus Nathusius für die gewährten Freiheitsgrade, für den wertvollen Gedankenaustausch und nicht zuletzt für die Kalibrierung meiner Wahrnehmung bezüglich der Qualität des Geschriebenen auf der Zielgeraden,

- Herrn Prof. Dr. Rainer Stöttner für die Übernahme des Zweitgutachtens,

- Catharina During und Sebastian Schneider vom NUK e. V. für die Möglichkeit, das Datenarchiv des Businessplanwettbewerbs zu nutzen,

- den Teilnehmern an der empirischen Untersuchung für ihre Offenheit und ihre Zeit,

- Frau Dr. Margot Eul und Frau Karen Kuhlmann vom Josef Eul Verlag für die unkomplizierte und angenehme Zusammenarbeit bei der Vorbereitung dieser Publikation,

- meinen Freunden – insbesondere Dr. Lars Gröger, Dr. Lars Hoffmann, Sebastian Ostrowski, Mike Schallehn, Kai Schmidt-Merz, Carsten Steinberg und Tilman Tacke – für ihre Zeit, ihre Ideen, ihre schonungslose Kritik sowie ihre Aufmunterung,

- Mariam für alles Vergangene und für das Ertragen meiner Launen,

- meinen Geschwistern Alexander und Nadine für ihre unerschütterliche Zuversicht hinsichtlich des Gelingens dieser Arbeit und für ihre Liebe,

- und (nun doch eine Gewichtung vornehmend) vor allen anderen meinen Eltern für mehr als ich hier aufschreiben kann. Ihnen widme ich diese Arbeit.

Köln, im Juni 2009 — Khaled S. Rifai

Zusammenfassung

Im nicht-ökonomischen Zusammenhang beschreibt Bootstrapping den Start eines Systems, ohne dass es hierfür über genügend Ressourcen verfügt. Dies erscheint gleichermaßen unmöglich wie sich selbst an den eigenen Schnürsenkeln aus dem Sumpf zu ziehen. Allerdings existieren solche Verfahren, die in Anlehnung an den Lügenbaron als Münchhausen Methoden bezeichnet werden: Hierbei entstehen komplexe Systeme durch die schrittweise Erweiterung einfacher Systeme oder die mehrfache Verwendung eigentlich nur einmal zur Verfügung stehender Ressourcen. Diese Logik lässt sich auf den Gründungskontext übertragen: Die einfachen Systeme stehen hierbei für die Gründer, die komplexen Systeme für die entstehenden Unternehmen.

Die Untersuchung konzeptualisiert den Bootstrap-Begriff aus einer handlungsorientierten Perspektive und definiert ihn als Teilmenge des Finanzierungsinstrumentariums neu gegründeter Unternehmen. Die betrachteten alternativen Instrumente zeichnen sich dadurch aus, dass sie nicht gleichzeitig einer strikten Renditeorientierung der Ressourcenbereitsteller und einer Abgabe von Informations- und Einwirkungsrechten unterworfen sind. Zudem stehen solche Instrumente im Vordergrund, die nicht rein monetärer Natur sind. Die betrachteten Finanzierungsinstrumente unterliegen aus neuer institutionenökonomischer Sicht weniger starken Zugangs- und Anreizbeschränkungen als Eigen- und Fremdkapital-instrumente professioneller Investoren.

Neben einer fundierten Konzeptualisierung und Abgrenzung zu verwandten Konzepten (z. B. der Kooperation) liegt das Untersuchungsziel in der Bestätigung der vermuteten Relevanz des Bootstrap-Instrumentariums für deutsche Unternehmensgründungen, der Identifizierung relevanter Einflussfaktoren sowie dem Nachweis vermuteter Erfolgswirkungen des Bootstrap-Verhaltens.

Zur Überprüfung der aufgestellten Hypothesen wurde eine empirische Untersuchung mit 348 Unternehmensgründern durchgeführt. Mittels Varianz-, bivariater und partieller Korrelationsanalysen sowie multipler linearer Regressionen kommt die Untersuchung zu folgenden Ergebnissen:

- Das Bootstrap-Instrumentarium wird mehrheitlich als wichtig für die Existenzsicherung und den Aufbau von Wettbewerbsvorteilen wahrgenommen. Dies gilt insbesondere für innovative Gründungen mit hohem Wachstumspotenzial und Zugang zu traditionellen Finanzierungsinstrumenten.

- Als relevante Einflussfaktoren auf die Anwendungsintensität von Bootstrap Instrumenten konnten verschiedene Dimensionen des sozialen Kapitals der Gründer, die Lücke zwischen Finanzbedarf und gegebenen Finanzmitteln, die Teamgröße, die Verhandlungsmacht der Kunden und – mit Einschränkungen – die grundlegenden sozialen Fähigkeiten der Gründer sowie das Wachstumspotenzial ihres Geschäftsvorhabens identifiziert werden. Aufgrund des Erklärungsgehalts der Ergebnisse ist von weiteren, nicht berücksichtigten Einflussfaktoren auszugehen.

- Stichprobenübergreifend kann mit intensiverer Anwendung des Instrumentariums eine Erhöhung der subjektiv wahrgenommenen Effizienz und Effektivität des Ressourceneinsatzes nachgewiesen werden. Nutzergruppenspezifisch führt eine intensivere Anwendung auch zu stärkeren Preis- und Flexibilitätsvorteilen. Diese werden allerdings teilweise von Qualitätsnachteilen begleitet.

Die Ergebnisse der Arbeit dienen der Erweiterung des konzeptionellen Verständnisses eines bislang zu wenig beachteten Forschungsstrangs innerhalb der Gründungsfinanzierung und haben praxisrelevante Implikationen für Gründer, gründerunterstützende Institutionen und Finanziers.

INHALTSÜBERSICHT

Inhaltsverzeichnis

Abbildungsverzeichnis

Tabellenverzeichnis

Abkürzungsverzeichnis

ADT	Arbeitsgemeinschaft Deutscher Technologie- und Gründerzentren
BSI	Bootstrap-Intensität
IT	Informationstechnologie
KMO-Kriterium	Kaiser-Meyer-Olkin-Kriterium
KST	Kolmogorov-Smirnov-Test
NIÖ	Neue Institutionenökonomie
NUK	Netzwerk und Know How
p. d.	per definitionem
RBV	Resource-Based View
SSI	Social Skills Inventory
TGZ	Technologie- und Gründerzentrum
VC	Venture Capital

I. Einführung in die Problemstellung

Das erste Kapitel dieser Arbeit umreißt die Motivation, sich mit dem gewählten Thema, der Anwendung von Bootstrap-Instrumenten als alternativen Finanzierungsinstrumenten neu gegründeter Unternehmen, auseinanderzusetzen. Hierzu wird in I.1 die vermutete praktische Relevanz der Thematik verdeutlicht und in I.2 die bestehende Forschungslücke skizziert. Nach einer Spezifizierung des Adressatenkreises dieser Arbeit in I.3 wird in I.4 die Zielsetzung der Arbeit erörtert. Das Kapitel schließt in I.5 mit einer Darstellung des Vorgehens der Untersuchung.

1. Grundproblematik

Viele Gründer sehen sich in der Aufbauphase ihrer Unternehmung mit Finanzierungsproblemen konfrontiert.[1] Die limitierte Nutzung geeigneter Finanzierungsinstrumente wird traditionell als Hauptengpass bei der Realisierung von Wachstumspotenzialen von Unternehmensgründungen angesehen.[2] Die Gründungsforschung beschränkt sich bei der Untersuchung der Finanzierungslücke neu gegründeter Unternehmen allerdings im Allgemeinen auf professionelle Finanzierungsinstrumente.[3] Hiermit sind im Gründungskontext vor allem monetäre Mittel gemeint, die von Banken und Risikokapitalgebern (sowohl Venture Capital Firmen als auch Business Angels) bereitgestellt werden.[4] Empirisch belegte Zugangs- aber auch Anreiz-

---

1 Vgl. z. B. Joel A.C. Baum (1996): Organizational Ecology. In: *Stewart Clegg et al. (Hrsg.): Handbook of Organization Studies*, S. 77 ff.; William B. Gartner und Candida B. Brush (1999): Entrepreneurship as Organizing: Emergence, Newness and Transformation. Paper presented at the Annual Academy of Management Conference, Chicago, IL. Howard Aldrich und Martin Ruef (2006): Organizations Evolving, S. 83 oder Myra M. Hart et al. (1995): Entrepreneurship: A Definition Revisited. In: *Frontiers of Entrepreneurship Research*, , S. 76.

2 Vgl. Norbert Szyperski und Klaus Nathusius (1999): Probleme der Unternehmungsgründung: Eine betriebswirtschaftliche Analyse unternehmerischer Startbedingungen, S. 56; Terence E. Brown und Bruce A. Kirchhoff (1997): The Effects of Resource Availability and Entrepreneurial Orientation on Firm Growth. In: *Frontiers of Entrepreneurship Research*, Wellesley, MA, S. 35 oder Horst Albach et al. (1985): Kritische Wachstumsschwellen in der Unternehmensentwicklung, Schriften zur Mittelstandsforschung, Nr. 7 NF, S. 55.

3 Vgl. z. B. Allen N. Berger und Gregory F. Udell (1995): Relationship Lending and Lines of Credit in Small Firm Finance. In: *Journal of Business, Vol. 68(3)*, S. 351ff.

4 Für eine ausführliche Abgrenzung professioneller Finanzierungsinstrumente sowohl von traditionellen Finanzierungsinstrumenten (die zusätzlich rein monetäre Mittel der Gründer, ihrer Freunde und Familie sowie öffentliche Fördermittel umfassen) als auch von alternativen, nicht-traditionellen Finanzierungsinstrumenten vgl. die Ausführungen in Abschnitt II.2.2 dieser Arbeit auf S. 24 ff.

beschränkungen bei der Inanspruchnahme dieser Finanzierungsinstrumente lassen sich vor allem über institutionenökonomische Ansätze erklären.[5]

Untersuchungen in den USA belegen, dass mehr als 80 % der wachstumsstärksten privat gehaltenen Unternehmen für den Unternehmensaufbau auf keine externe Finanzierung aus professionellen Quellen zurückgegriffen haben.[6] Erfolgreiche Beispiele für Unternehmensgründungen ohne externe Finanzierung sind Dell oder Microsoft.[7] Daher stellt sich die Frage nach dem Stellenwert verschiedener alternativer Finanzierungsinstrumente für Unternehmensgründungen zur Deckung des anfänglichen Ressourcenbedarfs.[8] Dieser Frage geht die Untersuchung nach.

Zur Beantwortung dieser Frage wird das Konzept des Bootstrapping betrachtet. Etymologisch ist das Verb "to bootstrap" aus dem englischen Idiom "to pull oneself up by one's bootstraps" entstanden und bedeutet soviel wie "sich an den eigenen Schnürsenkeln hochzuziehen".[9] Im Gründungskontext wird der Bootstrap-Begriff für zwei voneinander zu trennende Sachverhalte verwendet: Er bezeichnet zum einen eine bestimmte strategische Grundausrichtung, die einen niedrigen absoluten Ressourcenbedarf impliziert und einen schnellen Ressourcenaufbau ermöglicht.[10] Steht diese Begriffsdeutung im Vordergrund, wird hier vom Bootstrap-Ansatz gesprochen. Zum anderen ist eine Interpretation des Begriffs möglich, die auf die Anwendung von Instrumenten zur Deckung des benötigten Ressourcenbedarfs abzielt, die keine finanziellen Transaktionen mit traditionellen externen Finanziers implizieren.[11] Diese Interpretation

---

5 Vgl. z. B. David S. Evans und Bojan Jovanovic (1989): An Estimated Model of Entrepreneurship Choice Under Liquidity Constraints. In: *Journal of Political Economy, Vol. 97(4)*, S. 809 und die in Abschnitt II.3 angegebenen Quellenverweise.

6 Vgl. Amar V. Bhidé (1992): Bootstrap Finance: The Art of Start-Ups. In: *Harvard Business Review, Vol. 70(6)*, S. 109.

7 Diese und weitere Beispielunternehmen, die im Bootstrap-Ansatz erfolgreich gegründet wurden, finden sich mit detaillierten Quellenangaben zu den dazugehörigen Unternehmensbiografien bei Klaus Nathusius (2001a): Modelle der Gründungsfinanzierung. In: *Klaus Nathusius et al. (Hrsg.): Beiträge zur Unternehmensgründung*, S. 41 f.

8 Der Ressourcenbegriff umschreibt alle möglichen materiellen und immateriellen Werte, die ein Unternehmen kontrolliert und die es in die Lage versetzen, effektivitäts- oder effizienzsteigernde Strategien zu gestalten und zu implementieren. Vgl. hierzu Jay B. Barney (1991): Firm Resources and Sustained Competitive Advantage. In: *Journal of Management, Vol. 17(1)*, S. 101.

9 Vgl. Rudolf E. Raspe et al. (1987): The Adventures of Baron Munchausen: Singular Travels, Campaigns and Adventures, S. 22.

10 Vgl. Nathusius (2001a): a. a. O., S. 22.

11 Vgl. z. B. John Freear et al. (1995): Who Bankrolls Software Entrepreneurs? In: *Frontiers of Entrepreneurship Research*, Wellesley, MA, S. 395.

des Begriffs und die damit verbundenen Finanzierungsinstrumente sind zentraler Inhalt dieser Untersuchung.

Ein Beispiel alternativer Instrumente zur Ressourcenbedarfsdeckung, die im Folgenden auch als Bootstrap-Instrumente bezeichnet werden, ist die Koordination des Einkaufs von Waren oder Dienstleistungen mit anderen Unternehmen zur Erhöhung der Verhandlungsmacht. Ein weiteres Beispiel ist der gegenseitige Austausch von Waren oder Dienstleistungen anstelle des Kaufs/Verkaufs. Ein drittes Beispiel ist das aktive Angebot von Kundenrabatten bei nicht ausgelasteten Kapazitäten.[12]

Grundsätzlich können sowohl Bootstrap-Ansatz als auch Bootstrap-Instrumente von jedem Unternehmen unabhängig von seiner Entwicklungsphase angewendet werden. Bei Unternehmensgründungen in der Aufbauphase besitzen beide Konzepte jedoch vermutlich einen besonderen, weil existenzsichernden Charakter.

2. Stand der Forschung

BHIDÉ (1992) verwies als einer der ersten Autoren auf die Bedeutung des Bootstrap-Ansatzes als strategische Grundausrichtung bei Unternehmensgründungen.[13] FREEAR ET AL. (1995) erweiterten die Thematik durch die explorative Identifizierung verschiedener Bootstrap-Instrumente, die in der Software-Industrie in Massachusetts (USA) Anwendung fanden.[14] Es folgten u.a. Studien von HARRISON UND MASON (1997)[15], die den Untersuchungsansatz von FREEAR ET AL. für zwei Regionen in Großbritannien kopierten und die Bedeutung von Bootstrap-Instrumenten bestätigten. WINBORG UND LANDSTRÖM (1997) gruppierten im schwedischen Markt verschiedene Bootstrap-Instrumente hinsichtlich ihrer gemeinsamen Anwendung durch kleine und mittlere Unternehmen und identifizierten so verschiedene Typen von An-

---

12 Eine ausführliche Darstellung der bis dato identifizierten Bootstrap-Instrumente erfolgt in Abschnitt III.3.3. und III.3.4.

13 Vgl. Bhidé (1992): a. a. O., S. 109.

14 Vgl. Freear et al. (1995): a. a. O., S. 394 ff.

15 Vgl. Richard T. Harrison und Colin M. Mason (1997): Entrepreneurial Growth Strategies and Venture Performance in the Software Industry. Paper presented at the Babson College Entrepreneurship Research Conference, Wellesley, MA.

wendern.[16] EBBEN UND JOHNSON (2006) untersuchten schließlich die Bedeutung der von WINBORG UND LANDSTRÖM (1997) entwickelten Bootstrap-Strategien im Entwicklungsverlauf kleiner US-amerikanischer Unternehmen.[17]

In der deutschen Forschungsliteratur gehen die ersten systematischen Erwähnungen des Bootstrap-Begriffes auf NATHUSIUS (2001B) zurück. Bootstrapping wird dort als ein Modell der Gründungsfinanzierung interpretiert, bei dem sich die verfolgte Strategie der Unternehmensgründung den Gegebenheiten des Ressourcenzugangs anpasst.[18] Für den deutschen Markt existieren auf Primärdatenbasis bislang keine empirischen Untersuchungen, die die Bedeutung von Bootstrap-Ansatz oder Bootstrap-Instrumenten für Unternehmensgründungen bestätigen.[19] Vor diesem Hintergrund scheint eine Auseinandersetzung mit der Thematik im deutschen Kontext angezeigt. Zudem fehlt es dem Bootstrap-Begriff an einer umfassenden und theoretisch fundierten Konzeptualisierung. Die Konzeptualisierungen der verschiedenen Autoren weichen z. T. erheblich voneinander ab und überschneiden sich mit anderen Konzepten, wie z. B. dem der Bricolage[20]. Eine eindeutige Abgrenzung des Bootstrap-Instrumentariums von anderen Finanzierungsinstrumenten erscheint daher bislang nicht möglich.

---

[16] Winborg und Landström (1997) wählten für die Segmentierung eine rotierte orthogonale Faktorenanalyse, um die durch Freear et al. (1995) identifizierten Bootstrapping-Techniken zu verdichten. Im Anschluss wurden mittels einer auf den Faktorwerten basierenden Clusteranalyse verschiedene zueinander möglichst heterogene und untereinander möglichst homogene Gruppen identifiziert, vgl. Joakim Winborg und Hans Landström (1997): Financial Bootstrapping in Small Businesses – A Resource-Based View on Small Business Finance. In: *Frontiers of Entrepreneurship Research*, Wellesley, MA, S. 471 – 485 und Joakim Winborg und Hans Landström (2001): Financial Bootstrapping in Small Businesses: Examining Small Business Managers' Resource Acquisition Behaviors. In: *Journal of Business Venturing, Vol. 16(3)*, S. 241.

[17] Vgl. Jay Ebben und Alec Johnson (2006): Bootstrapping in Small Firms: An Empirical Analysis of Change over Time. In: *Journal of Business Venturing, Vol. 21(6)*, S. 851 ff.

[18] Vgl. Klaus Nathusius (2001b): Grundlagen der Gründungsfinanzierung: Instrumente – Prozesse – Beispiele, S. 31 – 33 sowie S. 36 – 40 und Nathusius (2001a): a. a. O., S. 21 ff.

[19] Wolf und Ossenkopf (2005) stellen in ihrem Arbeitspapier zwar "kapitalschonende Entwicklungswege junger innovativer Unternehmen" dar und versuchen, die aufgestellten Hypothesen bez. der Gangbarkeit dieser Entwicklungswege anhand empirischer Daten zu überprüfen. Diese sind jedoch nicht im Hinblick auf das Untersuchungsziel konzipiert und lassen deshalb viele Fragen offen. Vgl. Björn Wolf und Birgit Ossenkopf (2005): Kapitalschonende Entwicklungswege – Ansätze zur Lösung, der Finanzierungsprobleme junger innovativer Unternehmen. Working Paper-Unternehmen und Region des Fraunhofer-Instituts für System- und Innovationsforschung, Download unter http://publica.fraunhofer.de/eprints/N-30865.pdf am 16.11.2005, S. 28 ff.

[20] Vor allem Baker prägte diesen Ausdruck, der in Abschnitt III.2.3.2 eingehend erörtert wird. Vgl. z. B. Ted Baker und Reed E. Nelson (2005): Creating Something from Nothing: Resource Construction through Entrepreneurial Bricolage. In: *Administrative Science Quarterly, Vol. 50(3)*, S. 329 ff.

Welche Faktoren die Anwendung von Bootstrap-Instrumenten in der Aufbauphase von Unternehmensgründungen beeinflussen, wurde bislang ebenfalls nur selektiv untersucht.[21] Zwar wird häufig die Nichtverfügbarkeit von finanziellen Mitteln als Beweggrund genannt, diese Aussage entbehrt allerdings einer wissenschaftlichen Belegung.[22]

Die potenziellen Auswirkungen des Einsatzes von Bootstrap-Instrumenten auf die Eigenschaften der entstehenden Ressourcenbasis ist eine von der Forschung bislang kaum untersuchte Fragestellung.[23] In der Forschungsliteratur finden sich lediglich Andeutungen über Bootstrapping als konstitutives Merkmal erfolgreicher Unternehmensgründer.[24] Es wird darauf hingewiesen, dass die Entscheidungen und Handlungen der Gründungsbeteiligten in der Gründungsphase großen Einfluss auf die weitere Entwicklung des entstehenden Unternehmens besitzen.[25]

3. Adressatenkreis der vorliegenden Untersuchung

Eine Beantwortung der Fragen hinsichtlich der Bedeutung von Bootstrap-Instrumenten, ihren Einflussfaktoren und ihren Auswirkungen auf die Zielparameter der Finanzierungsfunktion sowie die entstehende Ressourcenbasis von Unternehmensgründungen ist sowohl für die Gründungsforschung als auch für die Gründer selbst interessant. Die Gründungsforschung profitiert von der erstmaligen Untersuchung bislang wenig beachteter Finanzierungsinstrumente. Gründer und jene, die über den Schritt in die Selbständigkeit mit einer eigenen

21 Vgl. die Ausführungen in Abschnitt III.1.3 auf S. 54 ff., in dem eine Übersicht über relevante empirische Studien erfolgt.

22 Vgl. z. B. William A. Sahlman (1994): Insights from the Venture Capital Model of Project Governance. In: *Business Economics, Vol. 29(3)*, S. 35 f.

23 Brown und Kirchhoff (1997) untersuchen zwar den mittelbaren Zusammenhang zwischen wahrgenommener genereller Ressourcenverfügbarkeit bzw. der wahrgenommenen Fähigkeit eines Unternehmers zur Ressourcenakquisition und dem Beschäftigten- und Umsatzwachstum; sie gehen jedoch nicht auf konkrete Instrumente zur Ressourcenakquisition ein. Außerdem beschränken sie ihre Untersuchung auf rein finanzielle Ressourcen. Vgl. Brown und Kirchhoff (1997): a. a. O., S. 36 ff.

24 Vgl. Bhidé (1992): a .a. O., S. 112, sowie Howard H. Stevenson und David E. Gumpert (1985): The Heart of Entrepreneurship. In: *Harvard Business Review, Vol. 63(2)*, S. 88, Richard T. Harrison et al. (2004): Financial Bootstrapping and Venture Development in the Software Industry. In: *Entrepreneurship & Regional Development, Vol. 16(4)*, S. 329.

25 Vgl. z. B. Johannes M. Pennings (1980): Interlocking Directorates, S. 135 und Sharon A. Alvarez und Lowell W. Busenitz (2001): The Entrepreneurship of Resource-Based Theory. In: *Journal of Management, Vol. 27(6)*, S. 769.

Geschäftsidee nachdenken, können durch die Ergebnisse der Arbeit Hinweise auf funktionierende alternative Formen der Ressourcenbedarfsdeckung erlangen. Diese können ihnen möglicherweise dabei helfen, die mit einer Gründung verbundenen Verlustrisiken vorteilhafter auszugestalten oder sich damit auseinanderzusetzen, wie sich diese Praktiken mittel- und langfristig auf ihr neu gegründetes Unternehmen auswirken.

Die Nutzung der Bootstrap-Instrumente ist vor allem durch die weltweite Verbreitung des Internets in den vergangenen Jahren einfacher geworden.[26] Dies wird anhand der oben beispielhaft genannten Bootstrap-Instrumente deutlich: Gründer können heutzutage über spezifische Webplattformen weltweit und ressourceneffizient nach Kooperationspartnern suchen. Über Onlinehandelsbörsen können gebrauchte Produktionsmittel leichter gefunden werden. Gerade bei der Suche nach speziellen Maschinen oder Werkzeugen haben heutige Gründer signifikante Vorteile gegenüber ihrer Vorgängergeneration. Das Angebot von Kundenrabatten bei nicht ausgelasteten Kapazitäten ist durch das Internet einfacher geworden, da diese Angebote ohne negative Effekte auf das Stammgeschäft erfolgen können. Es ist zu erwarten, dass zukünftig weitere Bootstrap-Instrumente entwickelt werden bzw. bereits bestehende Instrumente leichter anzuwenden sein werden.[27] Geht man zumindest nutzergruppenspezifisch von positiven Erfolgswirkungen der Bootstrap-Instrumente aus, können Gründer durch ihren Einsatz Vorteile gegenüber potenziellen Konkurrenten erzielen.

4. Zielsetzung

Die Arbeit hat den Anspruch, das Verständnis über den Einsatz von Bootstrap-Instrumenten als alternative bzw. ergänzende Strategie zur Deckung des anfänglichen Ressourcenbedarfs von Unternehmensgründungen zu erweitern. Hierzu gehört auch eine eindeutige Begriffsklärung und Einordnung in das Finanzierungsinstrumentarium von Unternehmensgründungen.

---

26 Vgl. Sean Foote (2006): The Do-it-yourself Startup and Other Trends for 2006. In: *Venture Capital Journal, Vol. 46(1)*, S. 41 f.

27 Vgl. Mamadou Diomande (1990): Business Creation with Minimal Resources: Some Lessons from the African Experience. In: *Journal of Business Venturing, Vol. 5(4)*, S. 199.

Die Arbeit möchte zudem Erkenntnisse darüber erlangen, welche Relevanz Bootstrap-Instrumente in Abhängigkeit von verschiedenen Einflussfaktoren für Unternehmensgründungen besitzen. Hierbei wird besonderes Augenmerk auf die Ausgangsressourcen der Unternehmensgründung gelegt. Als wichtigste Ausgangsressource von Gründungen wird häufig das soziale Kapital der Gründungsbeteiligten erwähnt.[28] Das soziale Kapital beschreibt die in den privaten und professionellen Netzwerkbeziehungen der Gründer eingebetteten Ressourcen.[29] Es kann daher als eine Metaressource bezeichnet werden.[30] Aufgrund noch zu zeigender theoriegeleiteter Zusammenhänge wird vermutet, dass das soziale Kapital und die mit diesem verbundenen sozialen Kompetenzen[31] einen wesentlichen Erklärungsbeitrag zur Anwendungsintensität von Bootstrap-Instrumenten leisten können.[32] Diese Fokussierung auf eine bestimmte Teilmenge aller potenziell möglichen Einflussfaktoren wird nicht nur in der relevanten Literatur gefordert.[33] Sie kann auch über eine Abschwächung von Zugangs- und Anreizbeschränkungen im Vergleich zur Inanspruchnahme professioneller Finanzierungsinstrumente argumentiert werden. In diesem Rahmen soll auch die Frage geklärt werden, inwieweit die Anwendung von Bootstrap-Instrumenten lediglich für finanzmittelbeschränkte Gründungen im Bootstrap-Ansatz relevant ist, da dies zuweilen postuliert wird, aber nicht belegt ist.[34]

---

28 Zur Rolle der durch das soziale Kapital beschriebenen Netzwerkressourcen bei Unternehmensgründungen vgl. Paola Dubini und Howard Aldrich (1991): Personal and Extended Networks are Central to the Entrepreneurial Process. In: *Journal of Business Venturing, Vol. 6(5)*, S. 305 ff.; Tone A. Ostgaard und Sue Birley (1994): Personal Networks and Firm Competitive Strategy – A Strategic or Coincidental Match? In: *Journal of Business Venturing, Vol. 9(4)*, S. 281, Bengt Johannisson (1990): Economies of Overview – Guiding the External Growth of Small Firms. In: *International Small Business Journal, Vol. 9(1)*, S. 41.

29 Vgl. Nan Lin (2001a): Social Capital – A Theory of Social Structure and Action, S. 19.

30 Dirk Koob (2007): Sozialkapital zur Sprache gebracht: Eine bedeutungstheoretische Perspektive auf ein sozialwissenschaftliches Begriffs- und Theorieproblem, S. 289.

31 Die sozialen Kompetenzen werden vorliegend als wesentlich zur Aktivierung des sozialen Kapitals erachtet, da sie über die Fähigkeiten der Gründer Auskunft geben, effektiv mit Dritten zu interagieren. Vgl. hierzu die Ausführungen in Abschnitt IV.2.1.2.1 dieser Arbeit auf S. 116 ff.

32 Vgl. die Ausführungen zu potenziellen nicht-ökonomischen Motiven der Ressourcenbereitsteller sowie zur potenziellen Transaktionskostenreduktion bei hohem sozialen Kapital der Gründer in Abschnitt IV.1 dieser Arbeit.

33 Vgl. für die Forderung nach Berücksichtigung des sozialen Kapitals Harrison et al. (2004): a. a. O., S. 328, Lynn Neeley (2003): Entrepreneurs and Bootstrap Finance. Working Paper. The Academy of Entrepreneurial Finance, Download unter http://www.aoef.org/papers/2003/neeley.pdf am 03.06.2006, S. 36 und Nancy M. Carter et al. (2003): Women Entrepreneurs who Break through to Equity Financing: The Influence of Human, Social and Financial Capital. In: *Venture Capital, Vol. 5(1)*, S. 11.

34 Vgl. Wolf und Ossenkopf (2005): a. a. O., S. 19.

Schließlich soll die Arbeit Wirkungszusammenhänge aufzeigen zwischen der Anwendung von Bootstrap-Instrumenten und dem Erfolg von Unternehmensgründungen bei der Bewältigung der Finanzierungsaufgabe bzw. dem Aufbau von Wettbewerbsvorteilen. Die Erkenntnisse der Arbeit sollen dazu dienen, Gestaltungsempfehlungen für Gründer abzuleiten.

Im Detail stellen sich folgende Fragen, deren Beantwortung das Ziel dieser Arbeit darstellt:

1. Wie lässt sich die vermutete Relevanz von Bootstrap-Instrumenten theoretisch fundiert begründen und wie relevant sind Bootstrap-Instrumente tatsächlich in der Aufbauphase neu gegründeter Unternehmen?
2. Von welchen Einflussfaktoren hängt das Bootstrap-Verhalten von Gründern in der Aufbauphase ab?
3. Welche Auswirkungen hat die Anwendung von Bootstrap-Instrumenten in der Aufbauphase auf den Erfolg einer Unternehmensgründung im Vergleich zu Gründungen, die sich dieser Instrumente anders, in geringerem Ausmaß oder gar nicht bedienen?

5. Aufbau der Arbeit

Die Arbeit gliedert sich in acht Kapitel. Das folgende (zweite) Kapitel hat zum Ziel, den Untersuchungsgegenstand der Unternehmensgründungen einzugrenzen (II.1), die Finanzierungsaufgabe sowie das zur Verfügung stehende Finanzierungsinstrumentarium im Gründungskontext zielführend zu typologisieren (II.2) und schließlich die Herausforderungen für Unternehmensgründungen bei der Inanspruchnahme professioneller Finanzierungsinstrumente darzustellen (II.3). Dies geschieht entlang institutionenökonomischer Argumente (II.3.1) und auf Basis empirischer Nachweise der theoretisch begründbaren Zugangs- und Anreizbeschränkungen (II.3.2). Die Ausführungen dienen der Hinleitung zum Bootstrap-Konzept als alternativer Möglichkeit der Ressourcenbedarfsdeckung.

Das dritte Kapitel liefert eine Übersicht über die bisherige Bootstrap-Literatur im Unternehmensgründungskontext (III.1) und konzeptualisiert das in dieser Arbeit vertretene Verständnis des Bootstrap-Begriffs (III.2). Auf Basis der in dieser Arbeit gültigen Definition (III.2.1) wird die Einbeziehung bislang umstrittener Bootstrap-Instrumente diskutiert (III.2.2) sowie der

Bootstrap-Begriff gegenüber verwandten Konzepten abgegrenzt (III.2.3). Das Kapitel endet mit einer Kategorisierung bislang identifizierter Bootstrap-Instrumente und stellt eine Auswahl der Instrumente vor, die in der empirischen Untersuchung Verwendung finden (III.3).

Das vierte Kapitel diskutiert zunächst, inwiefern die in Abschnitt II.3 identifizierten Zugangs- und Anreizbeschränkungen beim Versuch der Inanspruchnahme professioneller Finanzierungsinstrumente auch bei Bootstrap-Instrumenten wirksam sind (IV.1). Auf Basis der Ergebnisse dieser Diskussion werden in IV.2 potenzielle Einflussfaktoren auf das Bootstrap-Verhalten vorgestellt und ihr Einfluss hypothetisiert (IV.2). Zudem werden potenzielle Erfolgswirkungen des Einsatzes von Bootstrap-Instrumenten erörtert und hierzu weitere Hypothesen formuliert (IV.3). Das vierte Kapitel schließt mit einer zusammenfassenden Darstellung der abgeleiteten Hypothesen in IV.4.

Das fünfte Kapitel erläutert nach einer Vorstellung des konzeptionellen Untersuchungsmodells die verwendeten Operationalisierungsvariablen des Bootstrap-Verhaltens (V.1), der einbezogenen Einflussfaktoren (V.2) sowie der Erfolgswirkungen (V.3). Es endet mit einer Vorstellung der verwendeten Kontrollvariablen (V.4).

Das sechste Kapitel widmet sich der Datengrundlage und der Methodik der empirischen Untersuchung. Hier werden zunächst Aussagen über das Vorgehen und die Ergebnisse der Datenerhebung getroffen (VI.1). Um ein Gefühl für die Struktur der Daten zu bekommen, folgt in VI.2 eine deskriptive Darstellung des Datensatzes entlang ausgewählter Variablen. Daraufhin werden die verwendeten statistischen Datenauswertungsmethoden in gebotener Knappheit und unter Bezug auf ihre Eignung zur Überprüfung der Hypothesen vorgestellt (VI.3) sowie die verwendeten Variablen einer Prüfung ihrer statistischen Güte unterzogen (VI.4).

Kapitel VII stellt die zentralen Ergebnisse der empirischen Untersuchung vor. Diese gliedern sich in die Vorstellung und Interpretation explorativ identifizierter Nutzergruppen von Bootstrap-Instrumenten (VII.1), die Untersuchung des Stellenwertes des Bootstrap-Instrumentariums im Gründungskontext (VII.2) sowie die Überprüfung der aufgestellten Hypothesen bezüglich der einbezogenen Einflussfaktoren auf das Bootstrap-Verhalten (VII.3) und bezüglich der Erfolgswirkungen (VII.4). Die zentralen Ergebnisse dieser Arbeit werden in VII.5 zusammengefasst.

Die Arbeit schließt mit einer Diskussion der Ergebnisse im Hinblick auf ihre Implikationen für die weitere Forschung auf dem Gebiet alternativer Finanzierungsinstrumente für Unternehmensgründungen (VIII.1) und stellt kurz die Lehren für die unternehmerische Praxis dar (VIII.2).

II. Finanzierungsproblematik bei Unternehmensgründungen

Im Folgenden soll zunächst der Untersuchungsgegenstand eingegrenzt werden. Daraufhin werden die Besonderheiten der Finanzierungsthematik für den eingegrenzten Untersuchungsgegenstand aufgezeigt, indem zunächst die Finanzierungsaufgabe im Gründungskontext erörtert und das relevante Finanzierungsinstrumentarium vorgestellt sowie zielführend typologisiert wird. Anschließend werden theoretische Argumente für die Existenz von Zugangs- und Anreizbeschränkungen bei der Inanspruchnahme professioneller Finanzierungsinstrumente angeführt und die identifizierten Beschränkungen empirisch belegt.

Vorab wird der Begriff der Gründung erörtert und eine gängige Typologisierung verschiedener Gründungsformen angewendet, um deren Einbeziehung entlang der Typologisierungskriterien in die Untersuchung zu diskutieren. Um den Betrachtungsrahmen nicht nur typologisch, sondern auch zeitlich einzugrenzen, findet des Weiteren eine phasenorientierte Betrachtung verschiedener Entwicklungsstufen neu gegründeter Unternehmen statt.

Die Arbeit bewegt sich thematisch innerhalb des Forschungsstrangs der Gründungsfinanzierung. Es wird daher als notwendig erachtet, die grundsätzlichen Ziele der mikroökonomischen Finanzierungsaufgabe im Licht des Gründungskontexts zu interpretieren. Im Zuge dessen wird auch das typische Finanzierungsinstrumentarium von Unternehmensgründungen erläutert.

Es folgt eine Begründung der für Unternehmensgründungen typischen Zugangs- und Anreizbeschränkungen bei der Inanspruchnahme der üblicherweise in der Literatur zur Gründungsfinanzierung betrachteten professionellen Finanzierungsinstrumente. Die Argumentation stützt sich auf die Theoriekonzepte der Neuen Institutionenökonomie.[35] Die Ausführungen dienen der Hinleitung zum Bootstrap-Konzept und der Verdeutlichung seiner vermuteten Relevanz bei Unternehmensgründungen.

---

[35] Dies geschieht im Einklang mit der gängigen Argumentationslogik in der Literatur über die Finanzierungsproblematik neu gegründeter Unternehmen, vgl z. B. David J. Storey (1994a): Understanding the Small Business Sector, S. 204 ff. oder Simon C. Parker (2004): The Economics of Self-Employment and Entrepreneurship, S. 137 ff.

Abb. 1 verdeutlicht die Logik des beschriebenen Vorgehens.

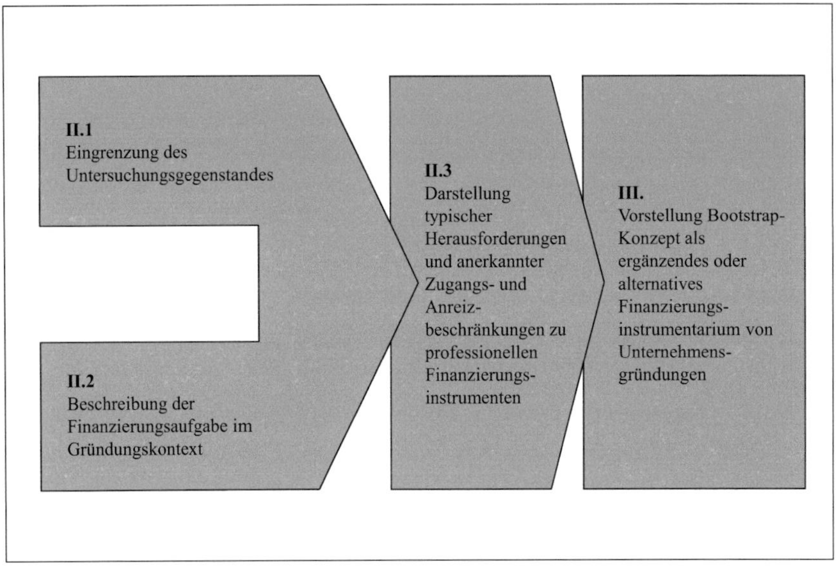

Abb. 1: Vorgehen zur Herleitung der vermuteten Relevanz alternativer Finanzierungsinstrumente bei neugegründeten Unternehmen

1. Der Begriff der Unternehmensgründung

Die Gründungsforschung beschäftigt sich auf gesamtwirtschaftlicher Ebene mit den Gründungsaktivitäten von Wirtschaftssystemen, ihren Einflussfaktoren und Konsequenzen. Auf einzelwirtschaftlicher Ebene stehen die Gründungen und die gründenden Personen selbst im Fokus des Interesses.[36] Die vorliegende Arbeit ist eindeutig dem einzelwirtschaftlichen Kontext zuzuordnen. Es erscheint daher sinnvoll, den Begriff der Gründung zunächst zu definieren, und ihn dann entlang gängiger struktureller Typologisierungskriterien einzugrenzen. Es erfolgt außerdem eine phasenorientierte Eingrenzung, die sich aufgrund des spezifischen Untersuchungsziels nicht an gängigen Lebenszykluskonzepten orientiert.

[36] Vgl. Heinz Klandt (1984): Überlegungen und Vorschläge zur Abgrenzung und Strukturierung des Objektbereichs der Gründungsforschung. In: *Klaus Nathusius et al. (Hrsg.): Unternehmungsgründung: Konfrontation von Forschung und Praxis*, S. 51.

1.1 Der Begriff der Gründung und der Gründerperson

Als Gründung wird der Prozess des Errichtens einer neuen, gegenüber ihrer Umwelt qualitativ abgrenzbaren und vorher in gleicher Struktur nicht existenten selbständigen Wirtschaftseinheit verstanden, die der Fremdbedarfsdeckung dient bzw. die aus diesem Prozess entstehende Unternehmung in ihrer Gründungs- und Frühentwicklungsphase.[37]

Das Wort Gründer bezeichnet die Person bzw. Personen, durch die ein Gründungsvorhaben realisiert wird. So genannte Teamgründungen zeichnen sich i. d. R. dadurch aus, dass sie hinsichtlich der Ressourcenausstattung Einzelgründungen überlegen sind.[38] In der deutschen Forschungsliteratur werden sie hinsichtlich verschiedener Erfolgsparameter auch mehrheitlich als erfolgreicher eingestuft.[39] Die folgende Untersuchung umfasst sowohl Einzel- als auch Teamgründungen. Der Begriff "Gründer" umfasst auch Teamgründungen, sofern eine Unterscheidung nicht explizit hervorgehoben wird.

1.2 Typologie von Gründungen

Es haben sich im Laufe der Zeit einige anerkannte Typologisierungskriterien unterschiedlicher Gründungsformen etabliert. Diese umfassen die Unterscheidung von Gründungen nach

---

[37] Für den ersten Teil der Gründungsdefinition vgl. Szyperski und Nathusius (1999): a. a. O., S. 25.

[38] Vgl. Julie M. Hite und William S. Hesterly (2001): The Evolution of Firm Networks: From Emergence to Early Growth of the Firm. In: *Strategic Management Journal, Vol. 22(3)*, S. 278.

[39] Vgl. z. B. Heinz Klandt und Günter Kirschbaum (1985): Software- und Systemhäuser – Strategien in der Gründungs- und Frühentwicklungsphase, S. 85, Horst Albach und Detlef Hunsdiek (1987): Die Bedeutung von Unternehmensgründungen für die Anpassung der Wirtschaft an veränderte Rahmenbedingungen. In: *Zeitschrift für Betriebswirtschaft, Vol. 5(6)*, S. 587 ff.; Arnold Picot et al. (1989): Innovative Unternehmensgründungen – Eine ökonomisch-empirische Analyse, S. 99. Zu anderen Ergebnissen kommen Heinz Klandt et al. (1998): Zur Wirkung der Existenzgründungsförderung auf junge Unternehmen – Eine vergleichende Analyse geförderter und nicht-geförderter Unternehmen, S. 217 f. Für eine Metaanalyse empirischer Ergebnisse deutscher und amerikanischer Teamgründungen vgl. Thomas Mellewigt und Julia F. Späth (2002): Entrepreneurial Teams – A Survey of German and US Empirical Studies. In: *ZfB-Ergänzungsheft (5)*, S. 107 ff.

ihrem Innovationsgrad, ihrer Selbständigkeit und ihrer Strukturexistenz.[40] Zudem kann in Existenz- und Unternehmensgründungen unterschieden werden.[41]

1.2.1 Innovative vs. imitierende Gründung

Die Unterscheidung zwischen innovativen und imitierenden Gründungen spricht die Neuartigkeit der zur Anwendung gelangenden Ressourcenkombination an.[42] Während imitierende Gründungen in ihren Gründungskonzepten Ressourcenkombinationen von bereits existierenden Unternehmen nachahmen, zeichnen sich innovative Neugründungen durch neuartige Kombinationen verwendeter Inputfaktoren aus.[43] Innovativen Gründungen wird im Allgemeinen höhere Bedeutung für Beschäftigungswachstum und Strukturwandel einer Volkswirtschaft beigemessen.[44] Sie zeichnen sich allerdings auch durch ein höheres Risikoprofil aus.[45]

Mit dem Begriff der Innovation bzw. der innovativen Unternehmensgründung werden zwar zuweilen unterschiedliche Aktivitäten assoziiert.[46] Allerdings hat sich in der Gründungsforschung eine relaxierte Schumpeter'sche Interpretation des Innovationsbegriffs durchgesetzt.

---

40 Vgl. hier v. a. Szyperski und Nathusius (1999): a. a. O. S. 58.

41 Vgl. Szyperski und Nathusius (1999): a. a. O., S. 27f. aber auch Michael J. Fallgatter (2002): Theorie des Entrepreneurship – Perspektiven zur Erforschung der Entstehung und Entwicklung junger Unternehmungen, S. 21.

42 Der Begriff der Ressourcen- oder Faktorkombination meint die zur Umsetzung eines Gründungsvorhabens verwendeten Inputfaktoren jeglicher Natur.

43 Vgl. Klaus Nathusius (2003): Finanzierungsinstrumente für unterschiedliche Gründungsmodelle. In: *ZFBF Schmalenbachs Zeitschrift für betriebswirtschaftliche Forschung, Vol. 55(2)*, S. 159.

44 Vgl. Bruce A. Kirchhoff (1989): Creative Destruction among Industrial Firms in the United States. In: *Small Business Economics, Vol. 1(3)*, S. 171, Zoltan J. Acs und David B. Audretsch (1990): Innovation and Small Firms, S. 1 ff. Marianne Kulicke et al. (1993): Chancen und Risiken junger Technologieunternehmen, S. 3 f. oder Eric Nerlinger (1998): Standorte und Entwicklung junger innovativer Unternehmen: Empirische Ergebnisse für Westdeutschland, S. 42.

45 Nathusius (2003) führt vor allem technische Risiken und Zeitrisiken in der Produkt- und Verfahrensentwicklung, Marktrisiken bei der Markteinführung, Bezugsrisiken z. B. aufgrund nicht etablierter Lieferantennetzwerke sowie Regulierungs-, Lizenzierungs- und Normierungsrisiken an. Vgl. Nathusius (2003) a. a. O.S. 173.

46 Vgl. z. B. Kulicke et al. (1993): a. a. O., S. 14 (Durchführung umfangreicher technischer Entwicklungsarbeiten), Nerlinger (1998): a. a. O., S. 85 (Zugehörigkeit zu technologieintensiven Branchen), Picot et al. (1989) a. a. O., S. 46 (Einführung marktfähiger Neuerungen mit subjektivem Neuheitscharakter für den Abnehmer).

Für SCHUMPETER (1993) kann Innovation als konstituierende Eigenschaft von Entrepreneurship[47] durch eine oder mehrere der folgenden Handlungen erfolgen:

1. Die Schaffung eines neuen Gutes oder einer neuen Dienstleistung bzw. einer neuen Qualität eines bereits bestehenden Gutes oder einer bereits bestehenden Dienstleitung
2. Die Einführung einer neuen Produktionsmethode, Technologie oder Organisationsform bzw. die Anwendung bestehender Produktionsmethoden, Technologien oder Organisationsformen in neuen Anwendungsfeldern
3. Die Erschließung eines neuen Marktes unabhängig davon, ob dieser Markt außerhalb der betrachteten Wirtschaftsregion bereits existiert hat
4. Die Nutzung neuer Bezugsquellen von Rohstoffen und Halbfabrikaten
5. Die Durchsetzung einer Neuorganisation des betroffenen Marktes (z. B. Schaffung oder Zerstörung einer marktbeherrschenden Stellung).[48]

Nach HAYEK (1948) besteht ein ökonomisches System aus unzähligen Gegebenheiten in Raum und Zeit.[49] Zwar können ein bestimmtes Produkt, eine Dienstleistung oder die zur ihrer Erstellung eingesetzten Rohstoffe, Produktions- oder Organisationsmethoden nur einmal in diesem Kontinuum vollkommen neu eingeführt werden. Eine Neuerung kann aber auch nur einen bestimmten Markt, eine bestimmte Kundengruppe oder ein Detail im Leistungserstellungsprozess betreffen.[50] Der Grad der Neuerung ist stets abhängig vom Bezugspunkt:[51] Was als Neuerung für ein Individuum oder eine Organisation gilt, muss noch lange nicht neu für eine Industrie sein. Was als neu auf einem Markt gilt, muss nicht im globalen Kontext Neuigkeitswert besitzen.[52] SCHUMPETER hatte bei der Formulierung seiner Thesen den Wandel ganzer Volkswirtschaften vor Augen. Es wird daher zuweilen kritisiert, dass der von ihm entwor-

---

47 Zwar ist auch der Entrepreneurship Begriff nicht durchgängig einheitlich definiert, da verschiedene Autoren mit diesem Begriff unterschiedliche konstituierende Aktivitäten des Entrepreneurs (als Träger des Entrepreneurship) verbinden, allerdings soll er hier synonym zum unternehmerischen Handeln verstanden werden. Vgl. hierzu William B. Gartner (1990): What Are We Talking About When We Talk About Entrepreneurship? In: *Journal of Business Venturing, Vol. 5(1)*, S. 15 ff.

48 Vgl. Joseph A. Schumpeter (1993): Die Theorie der wirtschaftlichen Entwicklung, S. 100 f.

49 Vgl. Friedrich A. Hayek (1948): Individualism and Economic Order, S. 92ff.

50 Vgl. Joseph T. Mahoney und Steven C. Michael (2005): A Subjectivist Theory of Entrepreneurship. In: *Sharon A. Alvarez et al. (Hrsg.): Handbook of Entrepreneurship Research – Interdisciplinary Perspectives*, S. 42.

51 Vgl. Audretsch (2000): a. a. O., S. 3.

52 Vgl. auch den Beitrag von Norman Rentrop (1984): Innovative Imitation als Gründungsstrategie. In: *Klaus Nathusius et al. (Hrsg.): Unternehmensgründung – Konfrontation von Forschung und Praxis*, S. 189 ff.

fene Entrepreneur und damit das von ihm entworfene Innovationsverständnis überzeichnet ist.[53]

Eine objektive Outside-In Bewertung des Innovationsgrades von Gründungen erfordert eine genaue Kenntnis der alten und neuen Produktionsfunktion, des Wettbewerbskontextes, des Bewertungsrasters der Kunden sowie der organisatorischen Ausgestaltung der Gründung. Betrifft die Innovation den Managementprozess oder die Organisationsform bzw. spielt sie sich in versteckten Wertschöpfungsstufen ab oder kommt sie erst ab einer bestimmten Mindestgröße der Unternehmung zum Tragen, ist sie mitunter schwer bzw. erst im Nachhinein zu identifizieren. Die Operationalisierung des Innovationsgrades erfolgt bei empirischen Untersuchungen von Unternehmensgründungen entweder inputorientiert (z. B. anhand der F&E Ausgaben), outputorientiert (z. B. über die die Existenz von patentierbaren Schutzrechten) oder nach der subjektiven Einschätzung der befragten Gründer.[54] Im weiteren Verlauf werden sowohl innovative als auch weniger innovative (imitierende) Gründungen betrachtet. Für die Beantwortung der Forschungsfragen ist es von Interesse, inwieweit Unterschiede in der Anwendung von Bootstrap-Instrumenten zwischen verschieden innovativen Gründungen existieren.

1.2.2 Selbständige vs. unselbständige Gründung

Wird die Konzeption und/oder Ressourcenausstattung einer Gründung von mindestens einer etablierten Unternehmung maßgeblich beeinflusst, so spricht man von einer unselbständigen Gründung. Die Form der unselbständigen Gründung tritt auf, wenn abhängig beschäftigte Personen im Rahmen der Verfolgung der Interessen ihres Arbeitgebers unternehmerische Gelegenheiten nutzen und eine neue Organisation gründen. Im Gegensatz hierzu nennt man eine Gründung durch Gründer, die zur Sicherung einer selbständigen unternehmerischen Existenz gründen eine selbständige Gründung.[55]

---

53 Vgl. Edith T. Penrose (1959): The Theory of the Growth of the Firm, S. 36.

54 Vgl. Arndt Werner (2006): Entrepreneurial Signaling – Eine theoretische und empirische Analyse des Einflusses von höheren Bildungssignalen und Patenten auf innovative Unternehmensgründungen, S. 88 und die dort angegebene Literatur.

55 Vgl. Szyperski und Nathusius (1999): a. a. O., S. 26.

Die Anwendung von Bootstrap-Instrumenten kann zwar auch bei unselbständigen Gründungen von Interesse sein. Der Fokus dieser Arbeit liegt allerdings auf selbständigen Gründungen. Diese – so wird vermutet – sind von den eingangs angesprochenen Zugangs- und Anreizbeschränkungen bei der Inanspruchnahme professioneller Finanzierungsinstrumente stärker betroffen.[56]

1.2.3 Originäre vs. derivative Gründung

Es wird ferner nach dem Kriterium der Strukturexistenz die *originäre* von der *derivativen* Gründung abgegrenzt.[57] Man spricht von einer originären Gründung, wenn es sich um eine völlig neu geschaffene Wirtschaftseinheit handelt, die vor dem Akt der Gründung nicht – auch nicht in Bestandteilen oder in anderer Struktur – existiert hat.[58] Derivative Gründungen hingegen bringen bestimmte Bestandteile mit ein und unterscheiden sich daher von originären Gründungen hinsichtlich ihrer Ressourcenausstattung meist deutlich. Beispiele für derivative Gründungen sind Betriebsübernahmen z. B. in Form von so genannten "Management Buy Outs". Mögliche Bestandteile einer derivativen Gründung sind der Firmenmantel, materielle und immaterielle Vermögensgegenstände, Mitarbeiter, Ablaufroutinen, Organisationsstrukturen oder Entscheidungsprozesse, aber auch Geschäftskonzeption, Kundenstamm, Reputation oder Lieferantennetzwerk. Da die eingebrachte Ausstattung einer derivativen Gründung ebenfalls in der Lage ist, den eingangs als Ausgangspunkt der Untersuchung angesprochenen Nachteil bei der Inanspruchnahme von geeigneten Finanzierungsinstrumenten zu kompensieren, stehen originäre Gründungen im Fokus der Betrachtung.

1.2.4 Existenz- vs. Unternehmensgründung

Ein weiteres Abgrenzungskriterium von Gründungen sehen SZYPERSKI UND NATHUSIUS (1999) in der Unterscheidung zwischen Existenz- und Unternehmensgründungen. Bei der Existenzgründung steht eher die berufliche Veränderung und Existenzsicherung und nicht so sehr der Aufbau einer gründerunabhängigen Organisation im Vordergrund des Gründungskalküls.[59] BYGRAVE (1989) sieht den Hauptunterschied dieser beiden Gruppen von Gründern

---

56 Dies sieht Nathusius genauso, vgl. Klaus Nathusius (2001c): Finanzierungsinstrumente für unterschiedliche Gründungsmodelle. In: *Klaus Nathusius et al. (Hrsg.): Beiträge zur Unternehmensgründung*, S. 60 f.

57 Vgl. Szyperski und Nathusius (1999): a. a. O., S. 26 f.

58 Vgl. Nathusius (2001c): a. a. O., S. 58.

59 Vgl. Szyperski und Nathusius (1999): a. a. O. S. 28.

in ihrer Wachstumsintention. Während diese bei Unternehmensgründern i. A. hoch ist, ist Wachstum für Existenzgründer kein vorrangiges Ziel.[60] FALLGATTER (2001) thematisiert eine Reihe von Kriterien, anhand derer die Existenz- von der Unternehmensgründung heuristisch abgrenzbar erscheint: Sie unterscheiden sich hinsichtlich Geschäftskonzeption, Problemkomplexität, Wettbewerbsart, Organisationsstruktur, Produkt/Lebenszyklus und Wachstums- bzw. Beschäftigungspotenzial.[61] Existenzgründungen werden i. d. R. wenig bis gar keine Innovationsaktivitäten zugeschrieben. Hier sind v. a. Unternehmensgründungen von Interesse. Dies liegt auch an ihrer höheren gesamtwirtschaftlichen Bedeutung.

Die Unterscheidung zwischen Existenz- und Unternehmensgründung ist ex ante nicht immer zweifelsfrei möglich, da sich Zielsysteme von Gründern im Laufe der Zeit je nach Entwicklungsverlauf des Gründungsvorhabens ändern können.[62] Es kann nicht ausgeschlossen werden, dass sich eine als reine Existenzgründung geplante Unternehmung im Entwicklungsverlauf in eine Unternehmensgründung verwandelt, ebenso wenig dass eine ambitionierte Unternehmensgründung aufgrund ausbleibenden Erfolgs im Entwicklungsverlauf reinen Existenzgründungscharakter annimmt.

Empirisch wird über die Auswahlbasis versucht, hauptsächlich Unternehmensgründungen in den Datensatz aufzunehmen. Eine stets eindeutige Zuordnung ist nicht möglich. Zudem sind auch hier die Unterschiede im Bootstrap-Verhalten zwischen Gründungen mit unterschiedlichem Wachstumspotenzial interessant.

Abb. 2 fasst die eingrenzenden Ausführungen noch einmal zusammen.

---

60 Vgl. William D. Bygrave (1989): The Entrepreneurship Paradigm. In: *Entrepreneurship Theory and Practice, Vol. 14(3)*, S. 12.

61 Vgl. Fallgatter (2002): a. a. O., S. 21 ff.

62 Vgl. Howard H. Stevenson und Susan Harmeling (1990): Entrepreneurial Management's Need for a More "Chaotic" Theory. In: *Journal of Business Venturing, Vol. 5(1)*, S. 4.

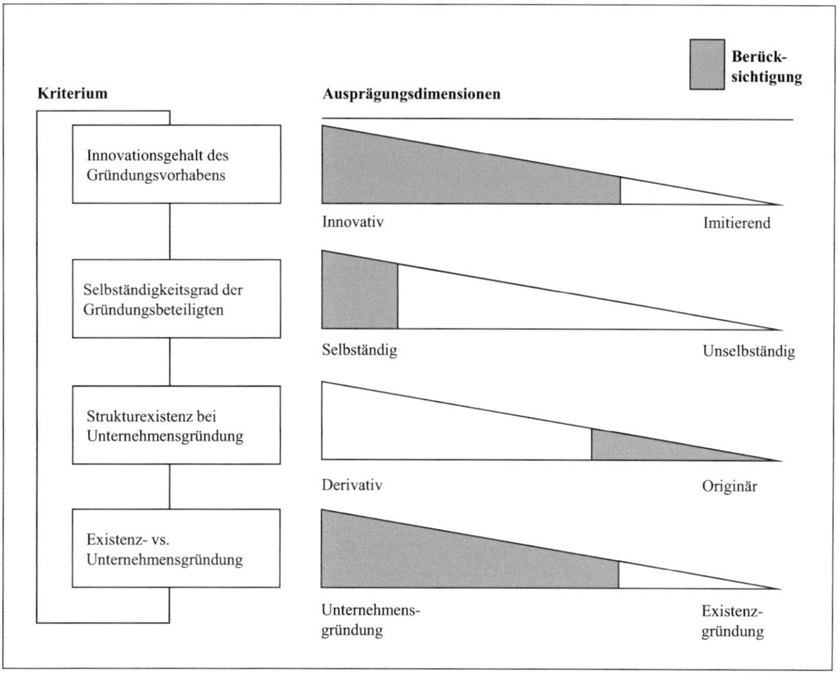

Abb. 2: Übersicht vorliegend berücksichtigter Gründungsformen

1.3 Phasenorientierte Betrachtung des Entwicklungsverlaufs neu gegründeter Unternehmen

Die Darstellung verschiedener Entwicklungsstufen von Unternehmensgründungen wird in der Literatur meist in Analogie zur Lebenszyklustheorie vorgenommen.[63] So beschreibt z. B. NATHUSIUS (2001B) den Entwicklungsverlauf von Gründungen anhand der Vorgründungs-, der Gründungs- und der Frühentwicklungsphase. Hieran schließen sich dann weitere Entwicklungsphasen an.[64] Weitere Phasenkonzepte stammen von CHURCHILL UND LEWIS (1983), UNTERKOFLER (1989), DODGE UND ROBBINS (1992), HANKS ET AL. (1993) sowie DELMAR

63 Vgl. Eckehard Schulz (2000): Die Finanzierung von Existenzgründungen – Eine informationsökonomische Analyse, S. 7.

64 Vgl. Nathusius (2001b): a. a. O., S. 56. Die weiteren Entwicklungsphasen sind verschiedene Wachstumsphasen und die Konsolidierungsphase.

UND SCOTT (2004).[65] Mit den jeweiligen Entwicklungsphasen der verschiedenen Konzepte sind stets verschiedene Gründeraufgaben, Ressourcenbedarfe oder Strategien verbunden.[66] Allen Phasenkonzepten gemein ist die Tatsache, dass sie einen idealtypischen, meist linear verlaufenden Entwicklungsprozess beschreiben, der sich allerdings für keines der Modelle empirisch bestätigen lässt.[67] Eine Abgrenzung der einzelnen Phasen ist daher allenfalls heuristisch möglich.

Im Hinblick auf die Durchführbarkeit der empirischen Untersuchung sollen zwei grundsätzliche Phasen einer Gründung voneinander unterschieden werden: Zum einen die Vorgründungsphase, in der die Gründer die Konzeption ihres Geschäftsvorhabens konkretisieren, ohne bereits den Geschäftsbetrieb aufgenommen zu haben. Die Vorgründungsphase endet mit der Gründung des Unternehmens. Der Gründungszeitpunkt wird in Übereinstimmung mit REYNOLDS UND MILLER (1992) nicht mit dem formal-juristischen Zeitpunkt der Eintragung als Gewerbebetrieb gleichgesetzt, sondern entspricht dem frühesten der folgenden Ereignisse:

(1) Einbringung substanzieller eigener Ressourcen, z. B. volle Arbeitskraft oder Geld
(2) Erhalt substanzieller Unterstützung von Dritten zur Verfolgung der Geschäftsidee
(3) Annahme der ersten Kundenaufträge in Verfolgung der Geschäftsidee
(4) Einstellung erster Mitarbeiter auf freier, Teilzeit- oder Vollzeitbasis[68]

---

[65] Vgl. Neil C. Churchill und Virginia L. Lewis (1983): The Five Stages of Small Business Growth. In: *Harvard Business Review, Vol. 61(3)*, S. 30ff.; Günther Unterkofler (1989): Erfolgsfaktoren innovativer Unternehmensgründungen – ein gestaltungsorientierter Lösungsansatz betriebswirtschaftlicher Gründungsprobleme, S. 134, H. Robert Dodge und John E. Robbins (1992): An Empirical Investigation of the Organizational Life Cycle Model for Small Business Development and Survival. In: *Journal of Small Business Management, Vol. 30(1)*, S. 30, Steven H. Hanks et al. (1993): Tightening the Life-Cycle Construct: A Taxonomic Study of Growth Stage Configurations in High-Technology Organizations. In: *Entrepreneurship Theory and Practice, Vol. 18(2)*, S. 5 ff. sowie Frédéric Delmar und Scott Shane (2004): Legitimating First: Organizing Activities and the Survival of New Ventures. In: *Journal of Business Venturing, Vol. 19(3)*, S. 395.

[66] Vgl. Heinz Klandt (2003): Unternehmenslebensphasen und ihre erfolgreiche Gestaltung. In: *Claus Steinle und Katja Schumann (Hrsg.): Gründung von Technologieunternehmen: Merkmale – Erfolg – empirische Ergebnisse*, S. 99, Robert K. Kazanjian (1988): Relation of Dominant Problems to Stages of Growth in Technology-Based New Ventures. In: *Academy of Management Journal, Vol. 31(2)*, S. 262 oder Ken G. Smith et al. (1985): Top Level Management Priorities in Different Stages of the Organizational Life Cycle. In: *Academy of Management Journal, Vol. 28(4)*, S. 803 f.

[67] Vgl. Klandt (2003): a. a. O., S. 101.

[68] Vgl. Paul D. Reynolds und Brenda Miller (1992): New Firm Gestation: Conception, Birth and Implications for Research. In: *Journal of Business Venturing, Vol. 7(5)*, S. 461 f.

Die Gründung tritt also zu dem Zeitpunkt ins Leben, in dem sie ihre Existenz auch nach außen offenbart.

Zum anderen wird die Aufbauphase konzeptualisiert: Sie bezeichnet den Zeitraum von der Gründung bis zu dem Zeitpunkt, an dem ein Unternehmen angemessen handlungsfähig ist, weil es hinsichtlich des marktlichen Zugangs zu benötigten Ressourcen gegenüber (in Monopolsituationen fiktiven) etablierten Konkurrenten nicht mehr signifikant benachteiligt ist. Die Aufbauphase steht im Mittelpunkt des Interesses, da es die Phase ist, die sich mit dem Aufbau der Ressourcenbasis beschäftigt und in der die Deckung des dazu notwendigen Ressourcenbedarfs eine besondere Rolle spielt. Die sich der Aufbauphase anschließende Entwicklungsphase und die vorherige Vorgründungsphase werden nicht näher betrachtet.

Angemessene Handlungsfähigkeit ergibt sich durch die Verfügbarkeit geeigneter Mittel zur Ausschöpfung des ökonomischen Potenzials des Geschäftsvorhabens, dessen Identifizierung Grundlage für die Gründungsentscheidung war. Diese Mittel sind i. d. R. eine Kombination aus Betriebs- und Finanzmitteln, geeigneten Mitarbeitern, (technologischem) Know How, (Austausch-)Beziehungen zu Kunden und Lieferanten, der Reputation des Unternehmens und einer geeigneten Organisationsstruktur (Größe, Aufbau und Abläufe).

Wie an der Definition zu erkennen ist, bezeichnet die Aufbauphase ein schwer und nur subjektiv zu überprüfendes Konstrukt. Sie kann für jede Unternehmensgründung unterschiedlich lange dauern. Sie hängt z. B. davon ab, wie schnell Gründer in der Lage sind, Informationsasymmetrien und Unsicherheiten bei wichtigen Interessengruppen abzubauen bzw. eine gewisse mindestoptimale Betriebsgröße zu erlangen.[69]

[69] In der vorgenommenen empirischen Untersuchung wurde die Dauer der Aufbauphase über eine einzelne Frage im Fragebogen (Single Item Ansatz) abgefragt. Alternativ hätte auch ein komplexes Konstrukt aus mehreren Einzelfragen (Multi Item Ansatz) abgefragt werden können, das die Aufbauphase oder die sich anschließende Entwicklungsphase vollständiger umschreibt. Hierauf wurde allerdings verzichtet. Als mögliche Beispiele für in Frage kommende Indikatoren sind die weitestgehende Delegation operativer Tätigkeiten an Mitarbeiter, die Dokumentation von Standardprozessen und -abläufen, die Präzision der Arbeitsplatzbeschreibung angestellter Mitarbeiter oder die standardmäßige Abwicklung von nicht-strategischen Ressourcenakquisitionen über Marktmechanismen zu nennen. Die genannten Beispiele wurden aus populärwissenschaftlichen Beschreibungen des Bootstrap-Prozesses entnommen, vgl. stellvertretend Kenneth L. Hess (2001): Bootstrap – Lessons Learned Building a Successful Company from Scratch.

2. Bedeutung der Finanzierungsfunktion im Gründungskontext

Nach der typologischen und zeitlichen Eingrenzung des Untersuchungsgegenstandes soll in diesem Abschnitt die Bedeutung der Finanzierungsfunktion im Gründungskontext verdeutlicht werden. Hierzu wird zunächst eine Definition des Finanzierungsbegriffs vorgestellt, die hier Gültigkeit besitzen soll (II.2.1). Diese folgt einer eher weiten Auslegung, um die interessierenden Bootstrap-Instrumente einbeziehen zu können. Daraufhin wird eine eigene Typologisierung des typischen Finanzierungsinstrumentariums von Unternehmensgründungen entwickelt (II.2.2). Diese dient der trennscharfen Abgrenzung des Bootstrap-Instrumentariums von anderen möglichen Finanzierungsinstrumenten. Schließlich wird die Bedeutung der Finanzierungsaufgabe im Gründungskontext erörtert (II.2.3). Der Abschnitt schließt mit einer Zusammenfassung und einem Ausblick auf das weitere Vorgehen (II.2.4).

2.1 Finanzierungsbegriff im Gründungskontext

Der verwendete Finanzierungsbegriff umfasst alle Vorgehensweisen eines Unternehmens zur Erhöhung und Beschleunigung von Zahlungseingängen sowie zur Reduktion, Verzögerung und Vermeidung von Zahlungsausgängen.[70]

Im Gegensatz zu engeren Auslegungen, die lediglich die Beschaffung von langfristigen, externen Finanzmitteln als Aufgabe der Finanzierungsfunktion ansehen, lehnt sich die hier verwendete Interpretation an einen der extensivsten Finanzierungsbegriffe an, der die Gesamtheit der Zahlungsmittelzuflüsse und der beim Eingang nichtmonetärer Güter vermiedenen sofortigen Zahlungsmittelabgänge umfasst.

Mit der Verfolgung der Finanzierungsaufgabe werden unterschiedliche Ziele assoziiert: Unterschieden werden Liquiditätssicherungs-, Profitabilitäts-, Risikoreduktions- und Unabhängigkeitsziele.[71] Prinzipiell gelten diese Ziele sowohl für etablierte als auch für neu gegründete Unternehmen. Aufgrund der Verquickung von persönlichen und Unternehmenszielen bei

---

70 Vgl. Richard Köhler (1969): Zum Finanzierungsbegriff einer entscheidungsorientierten Betriebswirtschaftslehre. In: *Zeitschrift für Betriebswirtschaft, Ausg. 39(6)*, S. 435 ff.

71 Vgl. Louis Perridon und Manfred Steiner (2007): Finanzwirtschaft der Unternehmung, S. 9 ff.

neu gegründeten Unternehmen unterliegt die Gewichtung dieser Ziele im Gründungskontext allerdings anderen Bewertungsrastern als im Kontext etablierter Großunternehmen.[72] Zudem hat sie aufgrund des i. d. R. unbeschränkten Zugangs etablierter Großunternehmen zu Kapitalmärkten selten strategische Bedeutung und unterscheidet sich somit substanziell von der Finanzierungsaufgabe von Unternehmensgründungen.[73]

2.2 Typologisierung potenzieller Finanzierungsinstrumente

Ein Finanzierungsinstrument ist ein nach (1) Zielsetzung und (2) Rechtsstellung des Ressourcenbereitstellers sowie (3) Ressourcenart und (4) -herkunft der Finanzierung spezifiziertes Mittel zur Erfüllung der Finanzierungsaufgabe.[74]

(1) Hinsichtlich der Zielsetzung des Ressourcenbereitstellers lassen sich *renditeorientierte* und *nicht-renditeorientierte* Bereitstellungsmotive unterscheiden. Verfolgen die Ressourcenbereitsteller mit der Schaffung des Zugangs zu benötigten Ressourcen Ziele, die primär in der marktgerechten Verzinsung ihres eingesetzten Kapitals begründet liegen, so wird von renditeorientierten Finanzierungsinstrumenten gesprochen. Sind die Motive der Ressourcenbereitstellung primär *nicht-ökonomischer Natur* oder werden mit der Ressourcenbereit-

---

[72] Vgl. Rajeswararao Chaganti et al. (1995): Predictors of Capital Structure in Small Ventures. In: *Entrepreneurship Theory and Practice, Vol. 20(2)*, S. 7 ff.; Raphael Amit et al. (2001): Does Money Matter?: Wealth Attainment as the Motive for Initiating Growth-Oriented Technology Ventures. In: *Journal of Business Venturing, Vol. 16(2)*, S. 119 ff. oder E. Norton (1991): Capital Structure and Small Growth Firms. In: *The Journal of Small Business Finance, Vol.1(2)*, S. 161.

[73] Vgl. Hans Landström und Joakim Winborg (1995): Small Business Managers' Attitudes Towards Growth and Use of Financial Sources. In: *Frontiers of Entrepreneurship Research*, Wellesley, MA, S. 173 f.

[74] Diese Spezifikationen entsprechen nicht der gängigen Klassifizierung von Finanzierungsinstrumenten. Normalerweise werden Finanzierungsinstrumente nach Rechtsstellung des Kapitalgebers und Mittelherkunft (sowie nach der Fristigkeit und ggf. dem Finanzierungsanlass) klassifiziert, vgl. Klaus Olfert und Christopher Reichel (2005): Finanzierung – Kompendium der praktischen Betriebswirtschaft, S. 31. Die Zielsetzung des Ressourcenbereitstellers und die Ressourcenart sind jedoch keine typischen Klassifizierungskriterien. Dass sie vorliegend trotzdem verwendet werden, liegt an der weiten Interpretation des Finanzierungsbegriffs. Die klassische Theorie der Unternehmensfinanzierung geht von rein oder primär renditeorientierten Kapitalgebern aus (Zielsetzung), deren Hauptaufgabe in der Bereitstellung monetärer Ressourcen besteht (Ressourcenart). Diese Annahmen werden in der vorliegenden Arbeit aufgehoben. Um eine trennscharfe Abgrenzung der vorliegend betrachteten alternativen Finanzierungsinstrumente zu den traditionellen Finanzierungsinstrumenten von Unternehmensgründern zu erreichen, werden diese Klassifizierungskriterien daher neu eingeführt. Die Betrachtung der Fristigkeit entfällt, da eine Unterteilung der im Fokus stehenden alternativen Finanzierungsinstrumente nach der Dauer ihres Verbleibs im Unternehmen nicht angestrebt wird. Der Finanzierungsanlass kann aufgrund der Eingrenzung des Untersuchungsgegenstandes als gegeben angenommen werden.

stellung *gesamtwirtschaftliche* oder lediglich *kontextabhängig ökonomische Ziele* verfolgt, so wird von nicht-renditeorientierten Finanzierungsinstrumenten gesprochen. Beispiele für renditeorientierte Instrumente sind Bankkredite oder Geldmittel von Risikokapitalgebern (VCs und professionell agierenden Business Angels). Nicht-renditeorientierte Instrumente sind z. B. öffentliche Gründerbeihilfen oder zinslose Darlehen von Familie und Freunden der Gründer.

(2) Hinsichtlich der Rechtsstellung des Ressourcenbereitstellers werden allgemein Fremd- und Eigenkapitalgeber voneinander abgegrenzt. Während Fremdkapital durch einen Forderungstitel der Fremdkapitalgeber auf eine Rückzahlung finanzieller Mittel mit vertraglich festgesetzter Verzinsung unabhängig von der Entwicklung des Gründungsvorhabens charakterisiert werden kann, werden bei der Inanspruchnahme von Eigenkapital i. d. R. Beteiligungstitel an der gegründeten rechtlichen Einheit übertragen, die dem Eigenkapitalgeber eine Partizipation an den Gewinnen der Gründung ermöglichen und ihn zum Teilhaber des Unternehmens machen.[75] Seit Mitte der achtziger Jahre ist die scharfe Trennlinie zwischen Fremd- und Eigenkapital durch die Einführung hybrider Finanzierungsinstrumente aufgeweicht worden: Die so genannten Mezzanine Finanzierungsinstrumente kombinieren Fremd- und Eigenkapitalkomponenten.[76] Die Unterscheidung zwischen Fremd- und Eigenkapital wird allerdings nicht weiter betrachtet. Es ist vielmehr von Interesse, ob durch die Wahrnehmung der Finanzierungsfunktion durchsetzbare Informations- und/oder Einwirkungsrechte an die Ressourcenbereitsteller abgegeben werden.[77] Ist dies der Fall, werden die entsprechenden Instrumente als *verpflichtende* Finanzierungsinstrumente bezeichnet. Im anderen Fall ist von *nicht-verpflichtenden* Instrumenten die Rede. Als Beispiele für verpflichtende Finanzierungsinstrumente lassen sich wieder Bankkredite oder Geldmittel von Risikokapitalgebern heranziehen. Nicht-verpflichtende Finanzierungsinstrumente sind z. B. die Verzögerung von fälligen Zahlungen an Dritte oder die Annahme von Kundenanzahlungen.

---

75 Vgl. Perridon und Steiner (2007): a. a. O., S. 347 f.

76 Vgl. hierzu sowie für eine Diskussion der Bedeutung dieser Instrumente für die Gründungs- und Wachstumsfinanzierung Klaus Nathusius (2001d): Mezzanine Finance als Instrument der Gründungs- und Wachstumsfinanzierung. In: *Klaus Nathusius et al. (Hrsg.): Beiträge zur Unternehmensgründung*, S. 186 ff.

77 Unter Informations- und Einwirkungsrechten werden vorliegend alle Rechte des Kapitalgebers verstanden, die die unabhängige strategische Entscheidungsfreiheit des oder der Gründer bei der Verfolgung des Geschäftsvorhabens nachhaltig beeinträchtigen können.

(3) Bezogen auf die Ressourcenart, werden *rein monetäre Instrumente* von solchen abgegrenzt, die zwar auch eine monetäre Komponente enthalten können, sich aber zusätzlich dadurch auszeichnen, dass sie die Wertschöpfungsaktivitäten, die Qualität zur Verfügung stehender Inputfaktoren, die Etablierung operativer Routinen oder die Beziehungsqualität zu Kunden oder Lieferanten durch ihre Anwendung potenziell direkt beeinflussen. So erhöht ein zinsloses nicht-verpflichtendes Darlehen eines Verwandten zwar den Zahlungsmitteleingang, es hat aber vermutlich keinen Einfluss auf den Geschäftsbetrieb, da es sich nicht von rein monetären Mitteln aus anderen Quellen unterscheidet. Die Verzögerung der Zahlungen an Dritte, die Auslagerung von ehemals selbst durchgeführten Aktivitäten unterhalb des Marktpreises oder die Beschaffung von Inputfaktoren für die angebotene Leistung erst nach Eingang eines Kundenauftrags kann hingegen die oben genannten Parameter mehr oder weniger stark beeinflussen. Auch die Annahme von Risikokapital durch Risikokapitalgeber, deren Engagement mit zusätzlichen Unterstützungsleistungen verbunden ist (z. B. Anbahnung von Kontakten in relevante Lieferantennetzwerke) gehört in diese Kategorie, die als Kategorie *erweiterter Finanzierungsinstrumente* bezeichnet wird.

(4) Bei der Ressourcenherkunft wird in der Literatur zur Unternehmensfinanzierung zwischen *Außen- und Innenfinanzierungsinstrumenten* unterschieden.[78] Bei ersteren wird der Zugang zu benötigten Ressourcen durch Nichtgründungsbeteiligte bereitgestellt und entfaltet so eine kapitalmittelbedarfsenkende bzw. -verzögernde oder kapitalmitteleingangserhöhende bzw. -beschleunigende Wirkung. Bei internen Finanzierungsinstrumenten hingegen werden die genannten Wirkungen vom Unternehmen bzw. den Gründern selbst herbeigeführt. In späteren Phasen der Gründung können zu den internen Finanzierungsinstrumenten auch eigen erwirtschaftete Umsätze oder Gewinne mit dem Gründungsvorhaben gezählt werden. Diese stehen p. d. vor Markteintritt nicht zur Verfügung. Auf eine Zuordnung des Finanzierungsinstrumentariums entlang dieses Kriteriums soll allerdings zunächst aus Gründen der mangelnden Relevanz für die angestrebte präzise Abgrenzung der Bootstrap-Instrumente sowie aus Gründen der Übersichtlichkeit verzichtet werden.

[78] Vgl. Perridon und Steiner (2007): a. a. O., S. 349.

Werden die in der Literatur üblicherweise berücksichtigten Finanzierungsinstrumente für Unternehmensgründungen entlang der anderen drei verbleibenden Kriterien typologisiert, ergibt sich folgendes Bild:

		Monetäre Instrumente	**Erweiterte Instrumente**
Rendite-orientierte Instrumente	**Verpflichtende Instrumente**	▪ Seed Capital (1) ▪ Venture Capital (1) ▪ Bankkredite ▪ Mezzanine Finanzierung ▪ Private Equity ▪ Private Placements ▪ IPO	▪ Seed Capital (2) ▪ Venture Capital (2) ▪ Corporate Venture Capital ▪ Business Angels
	Nicht-verpflichtende Instrumente	▪ Gründerkapital (inkl. der Ausnutzung persönlicher Kreditlinien) ▪ F+F Kapital (1)	**▪ Lieferantenkredite, Leasing** **▪ Anzahlungen** **▪ Sweat Equity / Moonlighting** **▪ F&E Projekte**
Nicht-rendite-orientierte Instrumente	**Verpflichtende Instrumente**	▪ F+F Kapital (2)	▪ -
	Nicht-verpflichtende Instrumente	▪ F+F Kapital (3) ▪ Öffentliche Mittel	**▪ Koordinierter Einkauf von Waren** **▪ Zahlungszieldifferential**

Abb. 3: Beispiele typischer Finanzierungsinstrumente entlang der vorgestellten Typologisierung auf Basis der Nennungen bei Nathusius (2001a): a. a. O., S. 13.

Je nach Ausgestaltungsoption können finanzielle Mittel von Freunden und Familie unterschiedlich eingeordnet werden (z. B. ist das Motiv zur Überlassung nicht renditeorientiert, werden aber im Gegenzug formelle Informations- und Einwirkungsrechte vereinbart, so handelt es sich um F+F Kapital (2)). Ähnliches gilt für bereitgestelltes Risikokapital in Abhängigkeit von den damit verbundenen Unterstützungsleistungen.

Die Typologisierung erlaubt die klare Abgrenzung der im Fokus stehenden und in Abb. 3 grau hinterlegten Kategorie von Finanzierungsinstrumenten. Im Vorgriff auf die Erörterungen des Kapitels III sei erwähnt, dass diese Instrumente als *Bootstrap-Instrumente im engeren Sinn* (oder synonym *alternative Finanzierungsinstrumente im engeren Sinn*) bezeichnet werden. Erfolgt eine Einbeziehung der in Abb. 3 links angrenzenden Finanzierungsinstrumente, wird mit Rücksichtnahme auf ihre weit verbreitete Nennung in der bisherigen

Literatur zur Bootstrap-Thematik von *Bootstrap-Instrumenten im weiteren Sinn* gesprochen.[79] Bei Entfall des Zusatzes sind stets die Bootstrap-Instrumente im engeren Sinn gemeint. Mit dem Begriff der *traditionellen Finanzierungsinstrumente* von Unternehmensgründungen werden alle Finanzierungsinstrumente belegt, die in Abb. 3 keine graue Hinterlegung aufweisen. Die Unterkategorie der renditeorientierten und verpflichtenden Finanzierungsinstrumente wird, sofern sie explizit von den anderen traditionellen Instrumenten abgegrenzt werden soll, als Kategorie *professioneller Finanzierungsinstrumente* bezeichnet.

2.3 Finanzierung als strategische Aufgabenstellung neu gegründeter Unternehmen

Strategie[80] und Finanzierung sind im Gründungskontext eng miteinander verknüpft. Während z. B. in Großunternehmen strategische Investitionsentscheidungen weitestgehend getrennt von Entscheidungen hinsichtlich ihrer Finanzierung beantwortet werden können, sind die im Gründungskontext auftretenden Interdependenzen zwischen diesen beiden Entscheidungen eher komplex bzw. nicht separabel.[81] Der Finanzierungsfunktion kommt daher im Gründungskontext eine besondere strategische Bedeutung zu. So bestimmt im Gründungskontext bereits die Wahl des verfolgten Geschäftskonzepts, die als Investitionsentscheidung auf abstrakter Ebene begriffen werden kann, den Zugang zu potenziellen Finanzierungsinstrumenten.

NATHUSIUS (2001A) prägte bei der Behandlung verschiedener Gründungsfinanzierungsmodelle die Leitsätze der strategiebestimmenden Finanzierung und der strategieerfüllenden Finanzierung.[82] Diese sind als Archetypen der grundsätzlichen Herangehensweise an die stra-

[79] Eine Begründung für den Ausschluss der Bootstrap-Instrumente im weiteren Sinn erfolgt in Abschnitt III.2.1.

[80] Der Strategiebegriff ist einer der am häufigsten unreflektiert verwendeten Begriffe der Betriebswirtschaft. Vgl. Michael E. Porter (1996): What is Strategy? In: *Harvard Business Review, Vol. 74(6)*, S. 61ff. Vorliegend werden mit ihm in Anlehnung an Szyperski und Winand (1980) die Ziel- und Aktionsräume von Unternehmen verstanden, die zur Erschließung und/oder Sicherung von Erfolgspotenzialen festgelegt worden sind. Vgl. Norbert Szyperski und Udo Winand (1980): Grundbegriffe der Unternehmungsplanung, S. 84.

[81] Vgl. Richard L. Smith und Janet Kiholm Smith (2004): Entrepreneurial Finance, S. 6. Smith und Kiholm Smith nennen weitere Unterschiede zwischen der Finanzierungsfunktion in Gründungsunternehmen vs. der in etablierten Unternehmen. Diese beziehen sich allerdings weitestgehend auf Venture Capital finanzierte Unternehmensgründungen, so dass von einer ausführlichen Erörterung abgesehen wird.

[82] Vgl. Nathusius (2001a): a. a. O., S. 8. Die folgenden Ausführungen dieses Abschnitts sind, sofern sie nicht Bezug auf die oben entwickelte Typologisierung der Finanzierungsinstrumente nehmen, weitestgehend den Ausführungen bei Nathusius (2001a): a. a. O., S.8 ff. entlehnt.

tegische Aufgabenstellung der Finanzierung eines Gründungsvorhabens zu verstehen. Während im ersten Fall die Unternehmensziele und die Strategie des Gründungsvorhabens der gegebenen finanziellen Ausstattung folgen, in dem sie ganz auf diese zugeschnitten werden, werden im zweiten Fall zunächst die Strategie des Gründungsvorhabens entworfen und im Anschluss geeignete Finanzierungsoptionen zur Durchsetzung der Strategie evaluiert.[83] Grundsätzlich müssen die beiden Herangehensweisen als Extrempunkte eines dazwischen liegenden Kontinuums betrachtet werden.

Gründer können bei der *strategieerfüllenden* Gründungsfinanzierung auf Basis der identifizierten unternehmerischen Gelegenheit eine Strategie formulieren, die auf langfristig maximale Wertschöpfung ausgerichtet ist. Auf Basis dieser Strategie werden sie zum einen den Finanzbedarf in zeitlicher und verwendungstechnischer Hinsicht sowie in seiner Höhe bestimmen. Zum anderen legen sie fest, in welcher Struktur, d. h. durch welche Finanzierungsinstrumente und durch welche Quellen, die Finanzierung erfolgen soll. Je autonomer die Gründer in ihren Wahlmöglichkeiten und ihrer Nutzungsbereitschaft hinsichtlich der zur Verfügung stehenden Finanzierungsquellen und -instrumente sind, desto weniger beeinflusst die Gründungsfinanzierung die übrigen strategischen Entscheidungen und Aktivitäten. Die Finanzierung ist hier als Resultante der entworfenen Strategie zu verstehen. Zwar ergeben sich in der Planungsoptimierung Rückkopplungen, die zur iterativen Anpassung der Unternehmensziele und -strategien führen können, allerdings bleibt es bei der dominierenden Stellung der Strategie gegenüber der Finanzierungsfunktion.

Die strategieerfüllende Herangehensweise an die Finanzierungsaufgabe wird von Gründern genutzt, die ihren Ressourcenzugang als quasi nicht beschränkt ansehen. Nach NATHUSIUS (2001A) ist sie v. a. bei Gründungsvorhaben anzutreffen, deren "*... Erfolgspotenziale angesichts der festgestellten wettbewerblichen Umfeldbedingungen, absehbarer Technologiesprünge und erkannter Marktbedürfnisse nur mit bestimmten strategischen Aktivitäten (z. B. First-Mover-Strategie) und daher nur durch eine bestimmte Ausstattung an finanziellen Mitteln und sonstigen Ressourcen erschlossen und gesichert werden können.*"[84] Diese Unternehmensgründungen wenden häufig professionelle Finanzierungsinstrumente an.

83 Vgl. Nathusius (2001a): a. a. O., S. 12.

84 Vgl. Nathusius (2001a): a. a. O., S. 10.

Die alternative Herangehensweise ist *strategiebestimmende* Finanzierung. Hier wird die finanzielle Ausstattung als Engpassfaktor wahrgenommen. Die übrigen strategischen Optionen werden durch den Mangel an finanziellen Mitteln stark beeinflusst. Es sind in Abhängigkeit der Verfügbarkeit finanzieller Quellen zwei Unterkategorien der strategiebestimmenden Gründungsfinanzierung zu unterscheiden: Absolute Nichtverfügbarkeit finanzieller Mittel sowie begrenzter Mittelzugang. Bei absoluter Nichtverfügbarkeit erscheint nur eine Markteintrittsstrategie sinnvoll, die schnell zu ersten Umsätzen führt, um das Fortbestehen der Gründung zu sichern. Die fehlende Möglichkeit zur Investition z. B. in benötigte Maschinen lässt zudem eine Outsourcing- oder Kooperationsstrategie als sinnvoll erscheinen.[85] Ist die Aufnahme von finanziellen Mitteln lediglich begrenzt, aber nicht vollkommen ausgeschlossen, so hat die Finanzierung z. B. einen Einfluss auf die Dimensionierung der Gründungseinheit, die Fokussierung der angebotenen Leistung oder die Reihenfolgeplanung der zu bearbeitenden Märkte.[86] Je dominierender die finanzielle Beschränkung ist, desto eher werden die zur Verfügung stehenden Finanzierungsoptionen das Gründungsvorhaben bzw. die in Frage kommenden Umsetzungsstrategien beeinflussen.[87]

Die Unterscheidung in strategiebestimmende und strategieerfüllende Finanzierungsmodelle ist für die Beantwortung der Forschungsfragen insofern interessant, als dass die Anwendung von Bootstrap-Instrumenten meist mit der strategiebestimmenden Finanzierung in Zusammenhang gebracht wird. Bootstrap-Instrumente könnten also für diese Fälle aufgrund eines tendenziell höheren Anreizes zur Inanspruchnahme eine höhere Relevanz und u. U. eine höhere strategische Bedeutung besitzen als im Fall strategieerfüllender Finanzierungsmodelle. Dies gilt es, in der empirischen Untersuchung, in die beide Finanzierungsformen einbezogen werden, zu überprüfen.

---

85 Vgl. Nathusius (2001a): a. a. O., S. 11.

86 Vgl. Amar V. Bhidé (2000): The Origin and Evolution of New Businesses, S. 40. Inwieweit eine Finanzmittelbeschränkung zu kognitiven Beschränkungen bei der Identifikation von Opportunitäten führt soll vorliegend nicht weiter betrachtet werden. Es wird vielmehr an dem Punkt angesetzt, an dem die Opportunität durch den oder die Gründer bereits identifiziert wurde.

87 Vgl. Hart et al. (1995): a. a. O., S. 82.

2.4 Zusammenfassung und weiteres Vorgehen

Die Finanzierungsaufgabe wird im vorliegenden Verständnis durch alle Vorgehensweisen wahrgenommen, die es einer Gründung erlauben, Zahlungseingänge zu erhöhen oder zu beschleunigen bzw. Zahlungsgausgänge zu reduzieren, zu verzögern oder zu vermeiden. Diese weite Auslegung des Finanzierungsbegriffs erlaubt die Einbeziehung von Finanzierungsinstrumenten, die ansonsten nicht im Fokus der Gründungsfinanzierung stehen. Die Gesamtheit der existierenden Finanzierungsinstrumente lässt sich nach der Renditeorientierung und der Rechtsstellung der Ressourcenbereitsteller sowie der mit der Bereitstellung verbundenen Ressourcenart klassifizieren. Die Motivation für eine derartige Klassifizierung besteht in der eindeutigen Abgrenzung der im Fokus stehenden Finanzierungsinstrumente. Bereits die Ausführungen zur Finanzierung als strategischen Aufgabenstellung im Gründungskontext lassen vermuten, dass insbesondere die Inanspruchnahme professioneller Finanzierungsinstrumente aufgrund von verschiedenen Beschränkungen nicht für alle Gründungen *zugänglich* und/oder *erstrebenswert* ist. Diese Beschränkungen werden im nächsten Abschnitt aus theoretischer und empirischer Perspektive erläutert. Dies dient der Verdeutlichung der angenommenen Relevanz der so genannten Bootstrap-Instrumente im weiteren Sinn.

3. Typische Herausforderungen von Unternehmensgründungen beim Zugang zu professionellen Finanzierungsinstrumenten

Nachdem der Finanzierungsbegriff definiert, das Spektrum potenzieller Finanzierungsinstrumente aufgezeigt und typologisiert sowie die strategische Bedeutung der Finanzierungsaufgabe im Gründungskontext erörtert wurden, widmet sich dieser Abschnitt den typischen Herausforderungen, denen sich Gründungen bei der Erfüllung der Finanzierungsaufgabe gegenüber sehen. Hierzu werden jene Beschränkungen diskutiert, denen sie bei einer potenziellen Inanspruchnahme professioneller Finanzierungsinstrumente ausgesetzt sind. Aus dem Aussagegerüst der Neuen Institutionenökonomie finden drei verschiedene Teilansätze Verwendung, nach denen sich der Abschnitt II.3.1 gliedert. Die Ausführungen dienen der Verdeutlichung der theoretischen Relevanz der Bootstrap-Instrumente i. w. S. In II.3.2 werden empirische Belege für die Nutzungsbeschränkungen bei neu gegründeten Unternehmen angeführt. Der Abschnitt II.3 schließt mit einem Zwischenfazit der bis dahin angestellten Überlegungen.

3.1 Zugangs- und Anreizbeschränkungen aus Sicht der Neuen Institutionenökonomie

Eine Beschränkung von Unternehmensgründungen bei der Inanspruchnahme von professionellen Finanzierungsinstrumenten kann theoretisch aus verschiedenen sich ergänzenden Blickwinkeln der Neuen Institutionenökonomie (NIÖ) argumentiert werden.

Die NIÖ, die auf COASE (1937) zurückgeht, ist kein einheitliches Theoriegerüst, sondern besteht im Wesentlichen aus drei Theoriesträngen, die sich z. T. überlappen und ergänzen.[88] Diese Theoriestränge sind im Einzelnen die Theorie der Verfügungsrechte, die Transaktionskostentheorie und die Principal Agent Theorie. Ihre Verwandtschaft begründet sich nach WOLFF (1999) durch die ihnen gemeinsamen essenziellen Grundannahmen hinsichtlich der Eigenschaften und des Verhaltens ökonomischer Akteure:

Es wird angenommen, dass ökonomische Akteure in ihren kognitiven Fähigkeiten limitiert sind und deshalb nicht sämtliche zukünftig möglichen Ereignisse vorhersehen bzw. nach ihrer Eintrittswahrscheinlichkeit gewichten können. Hierfür ist die sie umgebende Umwelt mit ihren nicht planbaren Kontingenzen zu komplex. Die Annahme der beschränkten Rationalität kann im von Unsicherheit gekennzeichneten Gründungskontext und hier insbesondere bei innovativen Unternehmensgründungen als gerechtfertigt angesehen werden.[89] Des Weiteren gehen die Theoriestränge der NIÖ davon aus, dass ökonomische Akteure sich opportunistisch verhalten, wenn sich hieraus für sie ein Vorteil ergibt und ein solches Verhalten möglich ist. Opportunistisches Verhalten kann verschiedene Formen annehmen und zu unterschiedlichen Zeitpunkten innerhalb des Prozesses der *ökonomschen* Interaktion auftreten.[90]

---

88 Vgl. Ronald H. Coase (1937): The Nature of the Firm, in: Economica, Vol. 4 (6), S. 386 - 405, Reprinted in: *Anthony T. Kronman und Richard A. Posner: The Economics of Contract Law*

89 Vgl. Werner (2006): a. a. O., S. 35.

90 Vgl. Birgitta Wolff (1999): Zum methodischen Status von Verhaltensannahmen in der Neuen Institutionenökonomik. In: *Thomas Edeling et al. (Hrsg.): Institutionenökonomik und Neuer Institutionalismus*, S. 138ff.

Sind beide Annahmen erfüllt, sehen sich ökonomische Akteure unterschiedlichen Verhaltensrisiken ihrer Interaktionspartner gegenüber, die zu signifikanten Ineffizienzen führen können. Diese Ineffizienzen kommen in realen, aber auch in Opportunitätskosten[91] zum Ausdruck. Die hier betrachteten Interaktionspartner sind potenzielle Finanziers von Gründern und die Gründer selbst. Es soll nun entlang der verschiedenen Theoriestränge der NIÖ aufgezeigt werden, weshalb Geschäftsabschlüsse in Form vertraglicher Finanzierungsvereinbarungen ex ante oftmals nicht zustande kommen. Hierfür bieten die drei Theoriestränge unterschiedliche Perspektiven.

Es wird im Folgenden zwischen Beschränkungen der Gründer im Sinne eines nicht ausreichenden Zugangs zu Finanzierungsinstrumenten und Beschränkungen aufgrund fehlender oder negativer Anreize zur Inanspruchnahme von Finanzierungsinstrumenten unterschieden. Diese Unterscheidung ist für die gesamte Arbeit relevant, da die Betrachtung beider Beschränkungsarten wesentlich zur Hypothetisierung des Einflusses verschiedener Faktoren auf das Bootstrap-Verhalten ist.[92]

Während also Zugangsbeschränkungen etwas über die Möglichkeit zur Nutzung eines Finanzierungsinstruments aussagen, behandeln Anreizbeschränkungen die Motivation der Nutzung. Zugang und Anreiz zusammen determinieren im vorliegenden Verständnis die *tatsächliche* Nutzung.[93]

Während die Kernaussagen der Theorie der Verfügungsrechte hauptsächlich Aufschluss über Anreizbeschränkungen liefern und die Transaktionskostentheorie sowohl Aussagen zu Zu-

---

[91] Opportunitätskosten bezeichnen vorliegend den entgangenen Nutzen oder Ertrag, der dadurch entsteht, dass auf existierende Möglichkeiten zur Nutzung von Ressourcen verzichtet wird. Dies kann, aber muss nicht zugunsten einer alternativen Nutzung der Ressourcen geschehen. Vgl. zum betriebswirtschaftlichen Opportunitätskostenbegriff Hans Münstermann (1966): Bedeutung der Opportunitätskosten für unternehmerische Entscheidungen. In: *ZfB-Ergänzungsheft (1)* S. 18ff.

[92] Auch Sapienza et al. (2003) fordern eine stärkere Betrachtung nachfrageorientierter Determinanten von Finanzierungsentscheidungen im Kontext von neuen Unternehmen, vgl. Harry J. Sapienza et al. (2003): The Self-Determination Motive and Entrepreneurs' Choice of Financing. In: *Jérôme A. Katz (Hrsg.): Cognitive Approaches to Entrepreneurship Research*, S. 110.

[93] Vgl. z. B. Mark S. Granovetter (1973): The Strength of Weak Ties. In: *American Journal of Sociology, Vol. 78(6)*, S. 1371, Aric Rindfleisch und Christine Moorman (2001): The Acquisition and Utilization of Information in New Product Alliances: A Strength-of-Ties Perspective. In: *Journal of Marketing, Vol. 65(2)*, S. 12. Grundsätzlich nehmen Zugangsbeschränkungen den größeren Raum bei der Diskussion um die Nutzung von Finanzierungsinstrumenten ein. Anreizbeschränkungen bestehen vor allem dann, wenn die grundsätzlich erstrebenswerte Erhöhung der Ressourcenausstattung die Erreichung der Zielfunktion der Gründer gefährdet.

gangs- als auch zu Anreizbeschränkungen zulässt, werden bei der Principal Agent Theorie vor allem Zugangsbeschränkungen deutlich.

3.1.1 Veränderung der Verfügungsrechte durch Kapitalaufnahme

Die Theorie der Verfügungsrechte beschäftigt sich mit einem der ältesten Konstrukte der dokumentierten Menschheitsgeschichte, dem Eigentum.[94] Mit ALCHIAN (1965) wird der Eigentumsbegriff erstmals auch ökonomisch definiert. Er bedeutet hier das Recht auf die freie Verfügung über Güter und Dienstleistungen, nicht nur im legalen sondern auch im faktischen Sinn.[95] Der Begriff des Verfügungsrechts kann sich auf alle Arten von Regeln, Steuerungsstrukturen und Organisationen beziehen. So werden z. B. Familien, Firmen, Vereine, Verträge, etc. alle als Entitäten betrachtet, in denen Verfügungsrechte auf unterschiedliche Art und Weise verteilt sind. FURUBOTN UND RICHTER (1991) unterscheiden vier hierarchisch aufsteigend angeordnete Kategorien von Verfügungsrechten: (1) das Recht zur Nutzung eines Gutes, (2) das Recht zur Aneignung der durch das Gut entstehenden Einkünfte, (3) das Recht zur Änderung der Form, der Substanz oder des Standortes des Gutes und (4) das Recht, die genannten Verfügungsrechte an Dritte zu übertragen.[96]

Die Literatur zur Theorie der Verfügungsrechte argumentiert, dass ein monotoner Zusammenhang zwischen Verfügungsrechten und Wohlstand existiert: Der Austausch von Gütern und Leistungen kann dem Transfer von Verfügungsrechten gleichgesetzt werden, es existiert damit kein Austausch von Gütern und Leistungen (und damit auch kein aus dem Austausch resultierender Gewinn) ohne Verfügungsrechte.[97] Außerdem postuliert das Coase Theorem, dass Tauschgewinne dann maximiert werden, wenn Verfügungsrechte zur Gänze definiert

---

94 Vgl. Douglas W. Allen (2000): Transaction Costs. In: *Boudewijn Bouckaert und Gerrit De Geest (Hrsg.): Encyclopedia of Law and Economics (Volume One: The History and Methodology of Law and Economics)*, S. 897.

95 Vgl. Armen A. Alchian (1965): Some Economics of Property Rights. In: *Il Politico, Vol. 30(4)*, S. 817. Zwar stützt sich diese Veröffentlichung auf frühere Arbeiten von Alchian, hier wird aber zum ersten Mal explizit die ökonomische Komponente des Eigentums betont. Vgl. Armen A. Alchian (1958): Private Property and the Relative Cost of Tenure. In: *Peter Bradley (Hrsg.): The Public Stake in Union Power*, S. 350 und Armen A. Alchian und Reuben A. Kessel (1962): Aspects of Labor Economics (Competition, Monopoly and the Pursuit of Money), S. 24.

96 Vgl. Eirik Furubotn und Rudolf Richter (1991): The New Institutional Economics: An Assessment. In: *Eirik Furubotn und Rudolf Richter (Hrsg.): The New Institutional Economics*, S. 6.

97 Vgl. Armen A. Alchian und Harold Demsetz (1972): Production, Information Costs and Economic Organization. In: *American Economic Review, Vol. 62(5)*, S. 784 f.

sind.[98] Unter der Annahme, dass zwischen diesen beiden Extremen ein Kontinuum an Abstufungen existiert, zeigen ANDERSON UND LUECK (1992), dass Tauschgewinne steigen, je besser Verfügungsrechte definiert sind.[99] Unter sonst gleichen Bedingungen favorisieren ökonomische Akteure deshalb gut definierte Verfügungsrechte gegenüber schlecht definierten Verfügungsrechten, da sie annahmegemäß wohlstandsmaximierend handeln. Nun ist es möglich, Verfügungsrechte auf drei unterschiedliche Arten zu erhöhen: Erstens können Individuen das betreffende Gut stehlen. Zweitens können sie sich ein vorher öffentliches Gut zu eigen machen. Drittens können sie mit Dritten kooperieren, deren Verfügungsrechte nutzen und den entstehenden Gewinn in einer zu vereinbarenden Art und Weise teilen.[100]

Sind Verfügungsrechte perfekt definiert, so kann p. d. kein Diebstahl stattfinden und daher werden auch keine Anstrengungen unternommen, das betreffende Gut zu schützen.[101] Sind sie nicht perfekt definiert, werden die beteiligten ökonomischen Akteure versuchen, ihren Eigentumsanteil an diesem Verfügungsrecht zu erhöhen, um damit ihren Wohlstand zu steigern. Da in dieser Situation allerdings auch Möglichkeiten zum Schutz von Verfügungsrechten existieren, befinden sich ökonomische Akteure im Falle nicht perfekt definierter Verfügungsrechte stets im Prozess der Aufrechterhaltung eigener Verfügungsrechte und dem Versuch zur Etablierung neuer Verfügungsrechte. Die Definition, der Austausch, die Protektion und die Aneignung von Verfügungsrechten sind i. d. R. mit Kosten verbunden. Diese werden im Coase'schen Verständnis als Transaktionskosten bezeichnet.[102]

Im Gründungskontext kann die durch den Gründer geschaffene wirtschaftliche Einheit bzw. das durch sie repräsentierte Ressourcenbündel als Eigentum interpretiert werden. Für dieses Eigentum bestehen Verfügungsrechte. Allerdings sind die mit der neuen wirtschaftlichen Einheit verbundenen Verfügungsrechte selten vollständig geschützt. Dies kann daran liegen, dass

---

98 Vgl. Coase (1937): a. a. O., S. 31 – 32.

99 Vgl. Terry L. Anderson und Dean Lueck (1992): Land Tenure and Agricultural Productivity on Indian Reservations. In: *Journal of Law and Economics, Vol. 35(2)*, S. 427 ff.

100 Vgl. Oliver Hart und John Moore (1990): Property Rights and the Nature of the Firm. In: *Journal of Political Economy, Vol. 98(6)*, S. 1121f.

101 Vgl. Steven N. S. Cheung (1974): A Theory of Price Control. In: *Journal of Law and Economics, Vol. 17(1)*, S. 59 und Yoram Barzel (1985): Transactions Costs: Are They Just Costs? In: *Journal of Institutional and Theoretical Economics, Vol. 141(1)*, S. 10.

102 Vgl. Kirsten Foss und Nicolai J. Foss (2004): The Next Step in the Evolution of the RBV: Integration with Transaction Cost Economics. In: *Management Revue, Vol. 15(1)*, S. 12. Für eine Darstellung des Transaktionskostenansatzes siehe den nächsten Abschnitt.

das Geschäftsvorhaben nicht genügend entwickelt ist, um den Anforderungen für eine Patent- oder Urheberrechtsvergabe zu genügen oder daran, dass vertragliche Vereinbarungen (z. B. Non Disclosure Agreements) nicht oder nur unter für die Gründer prohibitiv hohen Kosten durchzusetzen sind.[103] Insbesondere bei nicht schützenswerten Geschäftsideen, die sich dem Gründer aufgrund überlegener Informationen (z. B. hinsichtlich Kundenbedürfnissen) ergeben, ist die Finanzierungsvereinbarung mit einer Informationsweitergabe an den Investor verbunden, deren Inhalt vom Gründer als elementar für seinen Gründungserfolg angesehen wird.[104] Gründer scheuen daher oftmals die Aufnahme von Eigenkapital durch Risikokapitalgeber, da diese sich die mit der Geschäftsidee verbundenen Verfügungsrechte zu Eigen machen können. Auch Banken können, wenngleich sie die Idee der Gründer wahrscheinlich nicht selbst verwerten, ihre Verfügungsrechte an der Gründung erhöhen, indem sie nach Vertragsabschluss die Konditionen der Finanzierungszusage neu verhandeln bzw. indem sie bereits getroffene Zusagen in Frage stellen, um so ihren Einfluss auf das Geschäftsvorhaben zu erhöhen. In der Gründungsforschung wird häufig das Streben nach Unabhängigkeit als wichtiger Beweggrund für den Schritt in die Selbständigkeit genannt.[105] Dies kann bei Gründern dazu führen, dass sie sämtliche Formen der Kapitalbeschaffung ablehnen, bei denen sie Dritten verbriefte Informations- oder Einwirkungsrechte überlassen müssen, selbst wenn sie hierdurch die nach dem Gewinnmaximierungsprinzip optimale Entwicklung der Gründung gefährden.[106]

In diesem Fall verhindern vor allem negative Anreize die Inanspruchnahme professioneller Finanzierungsinstrumente.

---

[103] Vgl. Jochen Bigus (2006): Staging of Venture Financing, Investor Opportunism and Patent Law. In: *Journal of Business Finance and Accounting, Vol. 33(7&8)*, S. 943.

[104] Vgl. Scott Shane und Daniel Cable (2002): Network Ties, Reputation, and the Financing of New Ventures. In: *Management Science, Vol. 48(3)*, S. 364.

[105] Vgl. Jonas Dahlqvist und Per Davidsson (2000): Business Start-Up Reasons and Firm Performance. In: *Frontiers of Entrepreneurship Research*, Wellesley, MA, S. 46, James S. Ang (1992): On the Theory of Finance for Privately Held Firms. In: *Journal of Small Business Finance, Vol. 1(3)*, S. 46 f.; Chaganti et al. (1995): a. a. O., S. 9 oder Sapienza et al. (2003): a. a. O., S. 117 oder Szyperski und Nathusius (1999): a. a. O., S. 46.

[106] Vgl. Jeffry Timmons und Stephen Spinelli (2003): New Venture Creation, Entrepreneurship for the 21st Century, S. 303 oder Joel Kotkin (1984): Why Smart Companies Say No to Venture Capital. In: *Inc., Vol. 6(8)*, S. 70.

3.1.2 Transaktionskosten der Kapitalaufnahme

In ihrer ursprünglichen auf COASE (1937) zurückgehenden Bedeutung sind Transaktionskosten diejenigen Kosten, die durch die Definition, den Austausch, den Schutz und die Aneignung von Verfügungsrechten entstehen.[107] Es sind also lediglich die Kosten, die durch die Nutzung des Marktes entstehen.[108] In der Interpretation von CHEUNG (1969), die auch hier Gültigkeit besitzt, umfassen Transaktionskosten alle Kosten, die durch den Prozess der Klärung und Vereinbarung eines Leistungsaustausches bzw. einer Leistungserstellung, deren Kontrolle und die bei einer Veränderung der Umweltbedingungen erforderlichen Anpassung entstehen, also auch bei internen Transaktionen.[109] Transaktionskosten können zeitlich in Kosten vor und Kosten nach der Transaktion gegliedert werden. Vor der Transaktion fallen insb. Informationsbeschaffungs-, Anbahnungs- und Vereinbarungskosten an. Nach der Transaktion sind als Transaktionskosten insb. Abwicklungs-, Kontroll- und Änderungs- bzw. Anpassungskosten zu nennen.[110]

WILLIAMSON (1975), der den Transaktionskostenansatz weiterentwickelte, nutzte die Argumentationslogik, um den Transaktionskostenansatz zu einer normativen Theorie auszubauen. Er untersuchte, inwieweit Transaktionen durch eine Unternehmung (Hierarchie) oder über den Markt durchgeführt werden sollen bzw. unter welchen Umständen Märkte versagen.[111]

Unter den genannten Annahmen der beschränkten Rationalität und des opportunistischen Verhaltens lässt sich anhand der drei Variablen Häufigkeit der Transaktion, Unsicherheit der

---

107 Vgl. Coase (1937): a. a. O., S. 31.

108 Coase (1988) spricht vom Preismechanismus anstatt vom Markt. Beide Begriffe sind im vorliegenden Fall aber semantisch bedeutungsgleich, vgl. Ronald H. Coase (1988): The Firm, the Market and the Law, S. 38.

109 Vgl. Steven N. S. Cheung (1969): A Theory of Share Tenecy, S. 156. Für den Transaktionsbegriff vgl. Klaus Schrüfer (1988): Ökonomische Analyse individueller Arbeitsverhältnisse, S. 35.

110 Kritiker an dieser Interpretation des Transaktionskostenbegriffs bemängeln, dass sie auch Kosten einschließt, die schwer erfassbar genug sind, um sich damit einer kritischen Untersuchung zu entziehen. Vgl. z. B. J. Niehans (1987): Transaction Costs. In: *John Eatwell et al. (Hrsg.): The New Palgrave: A Dictionary of Economics*, S. 678.

111 Vgl. Oliver E. Williamson (1975): Markets and Hierarchies: Analysis and Antitrust Implications: A Study in the Economics of Internal Organization, S. 32. Williamson erweiterte den Ansatz später um die Netzwerkperspektive. Diese kann als eine zwischen den beiden Extrempunkten Markt und Hierarchie angesiedelte Koordinationsform interpretiert werden. Vgl. grundlegend Oliver E. Williamson (1991): Comparative Economic Organization: The Analysis of Discrete Structural Analysis. In: *Administrative Science Quarterly, Vol. 36(2)*, S. 269 ff. sowie für eine eingängige Beschreibung im Innovationskontext Dorothea Jansen (2006): Innovation durch Organisationen, Märkte oder Netzwerke? In: *Reinhold Reith et al. (Hrsg.): Innovationskultur in historischer und ökonomischer Perspektive. Modelle, Indikatoren und regionale Entwicklungslinien*, S. 77 ff.

Transaktion und Spezifizität des zu transferierenden Gutes die Höhe der Transaktionskosten bestimmen.[112] Sind bestimmte Transaktionskosten prohibitiv hoch, kann die Existenz von Märkten oder Marktsegmenten verhindert werden.

Im Gründungskontext werden häufig Informationsasymmetrien und damit verbundene Informationsbeschaffungskosten sowohl seitens des Finanziers als auch seitens der Gründer genannt, die das Zustandekommen von Finanzierungsvereinbarungen verhindern.[113] So haben potenzielle Finanziers hohe Suchkosten, um geeignete Finanzierungsobjekte zu finden.[114] Diese Transaktionskosten für Finanziers erschweren – gerade bei Gründungen mit relativ geringem externen Finanzierungsbedarf – aufgrund ihrer hohen fixen Komponente den Zugang für Gründer zu professionellen Finanzierungsinstrumenten.[115] Eine Anreizbeschränkung für Gründer ist insbesondere dann festzustellen, wenn sie über geringes finanzierungsrelevantes Fachwissen verfügen.[116] Da die Such-, Anbahnungs- und Vereinbarungskosten die Gründer von ihrer eigentlichen Aufgabe, der Umsetzung ihres Gründungsvorhabens, ablenken können, werden sie aufgrund ihrer zeitlichen Intensität als prohibitiv hoch wahrgenommen. Insbesondere bei Gründungen, die auf die schnelle Erwirtschaftung von liquiden Mitteln zur finanziellen Existenzsicherung angewiesen sind, können die genannten Transaktionskosten zu einem gründerseitigen Verzicht führen.

3.1.3 Principal Agent Beziehung zwischen Gründer und Finanzier

Die Principal Agent Theorie wurde in der Forschung zur Gründungsfinanzierung bereits vielfach angewendet, um bilaterale Austauschbeziehungen zwischen Finanziers und Gründern zu

---

112 Während die Bedeutung der Frequenz und der Unsicherheit klar scheint, ist die Spezifität eines Gutes dann gegeben, wenn es nicht in eine alternative Verwendung überführt werden kann, ohne dass sich ein signifikanter Wertverlust für dieses Gut ergibt. Vgl. Sytse Douma und Hein Schreuder (1992): Economic Approaches to Organisation, S. 108.

113 Vgl. grundlegend Evans und Jovanovic (1989): a. a. O., S. 808 ff.

114 Vgl. z. B. Kathrin Müller und Nick Ehrhart (2006): Finanzierung durch Business Angels in Deutschland – Ein Marktüberblick. *KfW-Research - Wirtschafts-Observer Online, Nr. 17*, S. 7 f.

115 Vgl.Winborg und Landström (2001): a. a. O., S. 237, Sapienza et al. (2003): a. a. O., S. 108.

116 Hiervon geht Nathusius (2001c) aus, wenn er für innovative Unternehmensgründungen die Notwendigkeit eines Finanz-Value-Adding erkennt, um mangelnde Kenntnisse der Gründer im Finanzierungsbereich zu kompensieren. Vgl. Nathusius (2001c): a. a. O., S. 111. Vgl. auch Howard E. Van Auken (2001): Financing Small Technology-based Companies: The Relationship between Familiarity with Capital and Ability to Price and Negotiate Investment. In: *Journal of Small Business Management, Vol. 39(3)*, S. 240 ff.

untersuchen und Handlungsempfehlungen hinsichtlich der Ausgestaltung dieser Beziehungen abzuleiten.[117]

Nach JENSEN UND MECKLING (1976) sind Principal Agent Beziehungen dadurch definiert, dass eine Person (der Principal) eine andere Person (den Agenten) engagiert, damit diese im Interesse des Principals bestimmte Aufgaben wahrnimmt. Dieses Engagement impliziert die Delegation bestimmter Entscheidungsfreiheiten an den Agenten.[118] Übereinstimmend mit dieser Definition kann die Beziehung zwischen Finanzier und Gründer als Principal Agent Beziehung interpretiert werden, wobei der Finanzier als Principal und der Gründer als Agent auftritt. Der Finanzier stellt dem Gründer finanzielle Mittel zur Verfügung und überlässt diesem in Erwartung einer angemessenen Rendite gewisse Entscheidungsfreiheiten hinsichtlich der Umsetzung des Gründungsvorhabens. Das angesprochene Verhaltensrisiko trägt in diesem Fall der Finanzier, der sich nicht sicher sein kann, dass der von ihm "beauftragte" Gründer, mit den ihm zur Verfügung gestellten Ressourcen im Sinne des Ressourcengebers umgeht: So ist es möglich, dass die finanziellen Mittel durch den Agenten nicht rein nach Renditemaximierungsgesichtspunkten bzw. Maximierung der Rückzahlungswahrscheinlichkeit verwendet werden, sondern zur individuellen Nutzensteigerung eingesetzt werden.

Die Principal Agent Theorie befasst sich mit der effizienten Ausgestaltung von Verträgen, die dieses Verhaltensrisiko minimieren: Es geht um die Gestaltung einer optimalen Anreizstruktur, die es dem Principal erlaubt, die Handlungen des Agenten mit den eigenen Zielen in Einklang zu bringen. Hierbei müssen die Präferenzen des Agenten berücksichtigt werden, um den Nutzen des Principals zu maximieren.[119] Zudem muss der Principal weitere Faktoren berücksichtigen, die die Ausgestaltung eines optimalen Vertrages erschweren: Die Informationen hinsichtlich der Güte der Geschäftsidee sowie der unternehmerischen Eignung, des

---

117 Vgl. z. B. Dietmar Grichnik und Frank Schwärzel (2005): Chancen und Risiken der Gründungsfinanzierung aus informationsökonomischer Sicht. In: *Christoph J. Börner und Dietmar Grichnik (Hrsg.): Entrepreneurial Finance – Kompendium der Gründungs- und Wachstumsfinanzierung*, S. 25 ff.; Gavin C. Reid (1999): The Application of Principal-Agent Methods to Investor-Investee Relations in the UK Venture Capital Industry. In: *Venture Capital, Vol. 1(4)*, S. 285 ff.; Mark Van Osnabrugge (2000): A Comparison of Business Angel and Venture Capitalist Investment Procedures: An Agency Theory-Based Analysis. In: *Venture Capital, Vol. 2(2)*, S. 91ff. oder Hans Landström (1992): The Relationship Between Private Investors and Small Firms: An Agency Theory Approach. In: *Entrepreneurship & Regional Development, Vol. 4(3)*, S. 199.

118 Vgl. Michael C Jensen und William H. Meckling (1976): Theory of the Firm: Managerial Behavior, Agency Costs and Ownership Structure. In: *Journal of Financial Economics, Vol. 3(4)*, S. 308.

119 Vgl. Jensen/Meckling (1976): a. a. O., S. 308 ff.

Einsatzwillens und des Verhaltens des Agenten sind asymmetrisch zugunsten des Agenten verteilt. Der Principal muss daher gewisse Kosten in Kauf nehmen, um sich diese Informationen anzueignen. Teilweise sind diese für den Principal auch überhaupt nicht in Erfahrung zu bringen. Dies gilt insbesondere in Situationen hoher Unsicherheit, wie sie mit dem Gründungskontext assoziiert werden.

Die Resultate der Entscheidungen und Handlungen des Agenten liegen in einem Gründungsumfeld, das von hoher Unsicherheit geprägt ist, zudem oftmals außerhalb des vollständigen Einflusses des Agenten. Hierdurch wird u. a. die Überprüfung vereinbarungskonformer Handlungen des Agenten anhand objektiv feststellbarer Resultate erschwert. Die genannten Faktoren haben zur Folge, dass sich potenzielle Finanziers zwei speziellen Herausforderungen gegenüber sehen: dem Problem unbekannter Eigenschaften (hidden characteristic) und dem Problem unbekannten Handelns (hidden action).[120]

Das Problem der unbekannten Eigenschaft wird meist mit der Arbeit von AKERLOF (1970) und seiner Analyse des Gebrauchtwagenmarktes assoziiert.[121] Es beschreibt, wie vorherrschende Informationsasymmetrien vor Abschluss einer vertraglichen Vereinbarung zwischen Principal und Agent zu Selektionsrisiken für den Principal führen.

Im Gründungskontext bedeutet dies, dass der Finanzier das Risiko trägt, einen Gründer zu unterstützen, der sich aufgrund fehlender Qualifikation[122] oder aufgrund fehlenden Engagements nachteilig auf die Erfolgsaussichten des Gründungsvorhabens auswirken könnte. Diese für den Finanzier zunächst unbekannten Eigenschaften von Gründern führen ohne angemessenen Lösungsmechanismus dazu, dass der Finanzier auf das von ihm eingesetzte Kapital eine

[120] Da der Fokus der Argumentation auf dem Nichtzustandekommen von Finanzierungsvereinbarungen liegt und nicht auf der Analyse bestehender Finanzier-Gründer-Beziehungen, wird das Problem der unbekannten Handlung, das sich mit Verhaltensrisiken aufgrund von asymmetrisch verteilter Information nach Abschluss von vertraglichen Vereinbarungen beschäftigt, nicht weiter berücksichtigt. Es sei jedoch angemerkt, dass Verhaltensrisiken durch gezieltes Monitoring seitens des Finanziers reduziert werden können und dass die Aussicht auf relativ hohe und fixe Monitoring Kosten potenzielle Finanziers zusätzlich von der Finanzierung von Gründungen mit geringem Finanzierungsbedarf in unsicheren Gründungssituationen abhalten kann, vgl. Jensen und Meckling (1976): a. a. O., S. 316 ff.

[121] Vgl. George A. Akerlof (1970): The Market for Lemons: Qualitative Uncertainty and the Market Mechanisms. In: *Quarterly Journal of Economics, Vol. 84(3)*, S. 489 ff. Die folgenden Ausführungen orientieren sich an dieser grundlegenden Publikation.

[122] Die unternehmerische Qualifikation beinhaltet im vorliegenden Verständnis sowohl die Auswahl eines geeigneten Gründungsvorhabens als auch die fachliche und soziale Qualifikation zur erfolgreichen Umsetzung.

höhere Verzinsung fordert, da das Risiko über alle potenziellen Unterstützungsobjekte hinweg steigt. Dies führt zum Rückzug tatsächlich geeigneter und motivierter Gründer, die sich subjektiv inakzeptablen Renditeforderungen gegenübersehen. Es verbleiben nur diejenigen Gründer mit Finanzierungsbedarf, die entweder aufgrund fehlender Eignung oder zu hoher Risikobereitschaft dennoch zu einem Abschluss bereit sind. Dies kann erklären, warum Finanziers nicht einfach die geforderte Rendite auf ihr eingesetztes Kapital erhöhen, sondern die Vergabe von Finanzierungsmitteln an Gründer insgesamt rationieren.[123]

Im Allgemeinen existieren mindestens drei mögliche Lösungsmechanismen, um dieses Problem zu beheben bzw. zu lindern:

Erstens kann der Principal Screening-Anstrengungen unternehmen. Screening bedeutet hierbei das Sammeln von Informationen über den Agenten, um dessen Qualifikation und Motivation zu validieren. Im Gründungskontext bedeutet dies auch eine Überprüfung der Erfolgsaussichten des vom Gründer verfolgten Geschäftsmodells.[124]

Zweitens kann das Problem der unbekannten Eigenschaft dadurch behoben oder gelindert werden, dass ein System etabliert wird, in dem Gründer mit den gewünschten Eigenschaften gewisse Aktivitäten unternehmen, die dem Finanzier signalisieren, dass sie über diese Eigenschaften tatsächlich verfügen. Diese Aktivitäten müssen derart beschaffen sein, dass ungeeignete Gründer bereits von ihrer Durchführung abgehalten werden, da der zu erwartende Nutzen der Finanzierung die aufzubringenden Kosten für das Signal nicht rechtfertigen würde bzw. das Signal für ungeeignete Gründer gar nicht erst verfügbar ist.[125]

Eine dritte Möglichkeit zur Linderung des Problems der unbekannten Eigenschaft sind Finanzierungsklauseln, die dem Gründer eine Selbstselektion erlauben. Anders ausgedrückt, wählt der Agent aus unterschiedlich ausgestalteten und theoretisch verfügbaren Finanzierungsverträgen. Durch die Wahl deckt er seine eigene Einschätzung hinsichtlich seiner unternehmeri-

---

[123] Vgl. Joseph E. Stiglitz und Andrew Weiss (1981): Credit Rationing in Markets with Imperfect Information. In: *American Economic Review, Vol. 71(3)*, S. 401.

[124] Hierbei gelten unterschiedliche Screening-Kriterien für Fremd- und Eigenkapitalgeber. Auf diese soll vorliegend aber nicht näher eingegangen werden, da die Vergabe beider Kapitalarten grundsätzlich den gleichen Mechanismen unterworfen ist. Vgl. Parker (2004): a. a. O., S. 174.

[125] Vgl. A. Michael Spence (1973): Job Market Signalling. In: *Quarterly Journal of Economics, Vol. 87(3)*, S. 358 ff.

schen Qualifikation und seines Engagements auf und gibt dem Finanzier so die Möglichkeit, passende Gründer zu selektieren. Bei der Vergabe von Fremdkapital bestehen solche Klauseln in Form von Bürgschaften oder Sicherheiten.[126] Bei Eigenkapitalinstrumenten können vertragliche Vereinbarungen angeboten werden, in denen die Finanzierungszusage oder die Höhe der abzugebenden Anteile mit der Erreichung bestimmter Meilensteine verknüpft ist und gestaffelt erfolgt.[127]

Allerdings wirken die genannten Lösungsmechanismen im Gründungskontext oftmals nicht:

Existieren überhaupt Informationen, die es erlauben, Asymmetrien zwischen Gründer und Finanzier abzubauen, so verursachen Screening-Anstrengungen Kosten.[128] Diese Kosten werden von einem potenziellen Finanzier nur dann übernommen, wenn seine erwartete Rendite diese Kosten rechtfertigt. Um die Quote der gescreenten und positiv bewerteten Finanzierungsanfragen zu erhöhen, werden nur Finanzierungsanfragen von Gründern berücksichtigt, deren persönliche und Gründungskonzeptmerkmale erfolgversprechend sind.[129]

Des Weiteren verfügen Gründer häufig nicht über die Ressourcen zum Erwerb des vom Finanzier geforderten Signals: Beispielsweise können sie aufgrund mangelnder Gründungserfahrung ihre potenzielle Eignung nicht anzeigen.[130] Zusätzlich führen mangelnde monetäre Ressourcen oftmals dazu, dass die als Selbstselektionsinstrument geforderten Sicherheiten nicht bereitgestellt werden können. STIGLITZ UND WEISS (1981) zeigen, dass selbst die Erhöhung der Bürgschafts- oder Sicherheitsforderungen durch potenzielle Fremdkapitalgeber im

---

126 Vgl. für eine sehr lesenswerte Übersicht Jochen Bigus et al. (2005): Warum gibt es Kreditsicherheiten? In: *Kredit und Kapital, Vol. 38(4)*, S. 573 ff.

127 Vgl. Darwin V. Neher (1999): Staged Financing: An Agency Perspective. In: *The Review of Economic Studies, Vol. 66(2)*, William A. Sahlman (1990): The Structure and Governance of Venture-Capital Organizations. In: *Journal of Financial Economics, Vol. 27(2)*, S. 510 f.

128 Camerer (1995) spricht in diesem Zusammenhang von "missing information" statt von Informationsasymmetrien, vgl. Colin Camerer (1995): Individual Decision-Making. In: *John H. Kagel und Alvin E. Roth (Hrsg.): The Handbook of Experimental Economics*, S. 644.

129 Vgl. Sharon Gifford (1997): Limited Attention and the Role of the Venture Capitalist. In: *Journal of Business Venturing, Vol. 12(6)*, S. 476, Tyzoon T. Tyebjee und Albert V. Bruno (1984): A Model of Venture Capitalist Investment Activity. In: *Management Science, Vol. 30(9)*, S. 1056.

130 Vgl. Sapienza et al. (2003): a. a. O., S. 108

Kontext relativ niedriger und mit Risiko behafteter Finanzierungen zu adverser Selektion führen kann und deshalb durch potenzielle Finanziers häufig gar nicht erst angeboten wird.[131]

Schließlich bewirkt die bei Gründern gut dokumentierte Überschätzung des Potenzials des eigenen Gründungsvorhabens, dass die entwickelten Lösungsmechanismen zur Überwindung der Informationsasymmetrien, insb. die Selbstselektion, nicht effektiv funktionieren.[132] Zusammenfassend lässt sich feststellen, dass die Lösungsmechanismen der Principal Agent Theorie für viele Gründungsfälle untauglich sind, um die Marktineffizienzen zu überbrücken und die als real empfundene Finanzierungslücke der Gründer zu schließen.

3.2 Empirische Erkenntnisse über Zugangs- und Anreizbeschränkungen

In der Gründungsforschung beschäftigen sich zahlreiche Studien mit dem Nachweis und den Mechanismen zur Überwindung bestehender Zugangsbeschränkungen zu professionellen Finanzierungsinstrumenten.[133] Die Existenz von Anreizbeschränkungen ist vergleichsweise selten Gegenstand von empirischen Untersuchungen.[134] Hinsichtlich der Zugangsbeschränkungen befasst sich die Mehrheit der Studien mit dem Nachweis und nicht der Überwindung.[135] Studien, die die Überwindung der Zugangsbeschränkungen behandeln, betrachten i. d. R. keine nicht-professionellen Finanzierungsinstrumente und analysieren die üblichen Überwindungsmöglichkeiten lediglich mittels institutionenökonomisch abgeleiteter Mechanismen (Screening, Signaling, Self-Selection).

Eine Literaturanalyse ermöglicht die Identifikation verschiedener Faktoren, die sich beim Überwindungsversuch (also bei vernachlässigbaren Anreizbeschränkungen) der beschriebe-

---

131 Vgl. Stiglitz und Weiss (1981): a. a. O., S. 402.

132 Vgl. Shane und Cable (2002): a. a. O., S. 366.

133 Siehe die Literaturverweise in den Fussnoten 136 – 139.

134 Auf Basis der Anregungen durch Levin und Travis (1987) prüfen u. a. Chaganti et al. (1995) und Mishra und McConaughy (1999) die nachfrage- bzw. anreizorientierten Determinanten der Finanzierungsentscheidungen von kleinen Unternehmen. Vgl. Richard I. Levin und Virginia R. Travis (1987): Small Company Financing: What the Books Don't Say. In: *Harvard Business Review, Vol. 65(6)*, S. 30 ff.; Chaganti et al. (1995): a. a. O., S. 7 ff. sowie Chandra S. Mishra und Daniel L. McConaughy (1999): Founding Family Control and Capital Structure: The Risk of Loss of Control and the Aversion to Debt. In: *Entrepreneurship Theory and Practice, Vol. 23(4)*, S. 53 ff.

135 Vgl. Werner (2006): a. a. O., S. 69.

nen Zugangsbeschränkungen als dienlich erweisen können. Hierzu zählen, neben den Eigenschaften des Gründungsvorhabens, auf Ebene der Gründerperson die Höhe des Humankapitals[136], die Netzwerkbeziehungen zu potenziellen Finanziers[137] sowie die sonstige originäre Ausstattung der Gründer mit monetär bewertbaren Ressourcen[138]. Auf gesamtwirtschaftlicher Ebene können die generelle Verfügbarkeit von Finanzmitteln sowie das Wettbewerbsumfeld einer Gründung den Zugang zu professionellen Finanzierungsinstrumenten beeinflussen.[139] Diese Faktoren sind vermutlich gleichzeitig ebenso förderlich für die Überwindung von potenziell bestehenden Anreizbeschränkungen.

Es ist anzunehmen, dass die identifizierten Faktoren dazu führen, dass

- Gründer die Gefahr der Aneignung ihrer Verfügungsrechte durch potenzielle Finanziers als geringer einstufen (z. B. bei Existenz sozialer Bindungen zwischen Gründer und professionellem Finanzier)
- Transaktionskosten in Form von Anbahnungs- und Vereinbarungskosten sinken (z. B. bei höherer Finanzsophistikation der Gründer)

---

136 Vgl. z. B. Nathusius (2003) a. a. O., S. 158 ff.; Szyperski und Nathusius (1999): a. a. O., S. 38, Allen N. Berger und Gregory F. Udell (1998): The Economics of Small Business Finance: The Roles of Private Equity and Debt Markets in the Financial Growth Cycle. In: *Journal of Banking and Finance, Vol. 22(6-8)*, S. 613 ff.; Timothy Bates (1990): Entrepreneurial Human Capital Inputs and Small Business Longevity. In: *Review of Economics and Statistics, Vol. 72(4)*, S. 551 ff. oder David J. Storey (1994b): New Firm Growth and Bank Financing. In: *Small Business Economics, Vol. 6(2)*, S. 139 ff.; Mirjam van Praag (2003): Initial Capital Constraints Hinder Entrepreneurial Venture Performance: An Empirical Analysis. *CESifo Working Paper Series No. 887,* S. 27.

137 Vgl. Shane und Cable (2002): a. a. O., S. 364 ff.; S. Venkataraman (1997): The Distinctive Domain of Entrepreneurship Research: An Editor's Perspective. In: *Jerôme Katz und Richard Brockhaus (Hrsg.): Advances in Entrepreneurship, Firm Emergence and Growth*, S.119ff.; Brian Uzzi (1999): Embeddedness in the Making of Financial Capital: How Social Relations and Networks Benefit Firms Seeking Capital. In: *American Sociological Review, Vol. 64(4)*, 496ff.

138 Blumberg und Letterie zeigen dies für den Immobilienbesitz, vgl. Boris Blumberg und Wilko Letterie (2004): Which Business Starters Experience Limited Access to Bank Funds? In: *Ann-Kristin Achleitner et al. (Hrsg.): Jahrbuch für Entrepreneurship 2004/2005*, S. 177ff. Sprenger et al. (1982) zeigen dies für die Ausstattung mit eigenen finanziellen Ressourcen, vgl. Karl-August Sprenger et al. (1982): Finanzierungssituation und Finanzierungsverhalten mittelständischer Betriebe, S. 25 ff. Amit et al. (1990) sowie Schulz (2000) zeigen dies für den Besitz von technologischen Patenten. Vgl. Raphael Amit et al. (1990): Does Venture Capital Foster the Most Promising Entrepreneurial Firms? In: *California Management Review, Vol. 32(3)*, S. 102 ff. und Schulz (2000): a. a. O., S. 82.

139 Vgl. Johannes M. Pennings (1980): Environmental Influences on the Creation Process. In: *John R. Kimberly und Raymond E. Miles (Hrsg.): The Organizational Life Cycle*, S. 135 ff.

- Ressourcen zur Aussendung von Signalen bzw. zur Inanspruchnahme von Selbstselektionsinstrumenten vermehrt bereitstehen (z. B. bei höherer originärer Ressourcenausstattung der Gründer mit monetär bewertbaren Ressourcen)
- die Gründer geringeren Screening-Anstrengungen seitens der Finanziers ausgesetzt sind (z.B. bei günstiger Konstellation der Umweltbedingungen).

Die limitierte Nutzung professioneller Finanzierungsinstrumente, die sich – trotz der positiven Zugangseffekte durch die genannten Faktoren – empirisch mehrheitlich nachweisen lässt, unterscheidet sich zudem nach den Eigenschaften der betrachteten Gründung.[140] So ist z. B. auf Basis der bisherigen Forschung davon auszugehen, dass innovative Gründungen aufgrund ihres spezifischen Risikoprofils auf der einen Seite höheren Zugangsbeschränkungen hinsichtlich der Beschaffung von Fremdkapital ausgesetzt sind als wenig innovative Gründungen.[141] Innovative Gründungen sind auf der anderen Seite durch das höhere Wachstumspotenzial eher in der Lage, finanzielle Mittel von Risikokapitalgebern zu erlangen als nicht innovative Unternehmen.

Aus der Erkenntnis heraus, dass trotz verschiedener entwickelter Überwindungsmechanismen die als real empfundene Finanzierungslücke vieler Unternehmensgründungen nicht geschlossen werden kann[142], lassen sich zwei mögliche Ansätze zum weiteren Vorgehen ableiten: Zum einen kommt eine Entwicklung weiterer Lösungsmechanismen und der hierfür erforderlichen Eigenschaften oder Aktivitäten zur Überwindung von Zugangs- und Anreizbeschränkungen in Frage. Zum anderen, und dies soll hier unternommen werden, kann eine Betrachtung der Beschränkungen bei alternativen Finanzierungsinstrumenten erfolgen, um so ihre vermutete Relevanz für Unternehmensgründungen abzuleiten.

140 So erwähnt z. B. Nathusius die Charakteristika des Gründungsvorhabens als Determinanten des Finanzmittelzugangs, vgl. Nathusius (2003) a. a. O., S. 158 ff.

141 Vgl. z. B. die Ergebnisse bei Werner (2006): a. a. O., S. 112.

142 Vgl. Jürgen Egeln et al. (1997): Firm Foundations and the Role of Financial Constraints. In: *Small Business Economics, Vol. 9(2)*, S. 148 f.

3.3 Zwischenfazit

Zu den zentralen Problemen von originären und selbständigen Unternehmensgründungen gehört die Überwindung anfänglicher Ressourcenknappheit. Dies gilt gleichzeitig für innovative wie für imitierende Gründungskonzepte, für Existenz- und für Unternehmensgründungen. Die Finanzierungsaufgabe hat im betrachteten Gründungskontext strategische Bedeutung: Die Mittel, mit denen eine Gründung ihre Ressourcenknappheit zu überwinden versucht, determinieren ihre möglichen Ziel- und Handlungsräume zur Erschließung ökonomischer Erfolgspotenziale in Art und Umfang. Aus Sicht der NIÖ lassen sich verschiedene Gründe herleiten, die zu einem Nichtzustandekommen von professionellen Finanzierungsvereinbarungen führen. Auch die entwickelten Lösungsmechanismen führen nach empirischen Erkenntnissen nicht zu einer signifikanten Reduzierung der Nutzungsbeschränkungen. Verschiedene Studien der Gründungsforschung zeigen auf, welche Faktoren die Aufnahme finanzieller Mittel durch professionelle Investoren beeinflussen. In dieser Arbeit wird davon ausgegangen, dass grundsätzlich die gleichen Faktoren zusätzlich die Inanspruchnahme von alternativen Finanzierungsinstrumenten beeinflussen. Diese Faktoren gliedern sich, in Anlehnung an BÖHM (1999), in Eigenschaften der Gründerperson, gründungsstrategische Parameter des Vorhabens und externe Umweltbedingungen.[143] Im folgenden Kapitel werden diese bereits angesprochenen Finanzierungsinstrumente konzeptualisiert und vorgestellt. In Kapitel IV wird dann gezeigt, warum die Nutzung alternativer Finanzierungsinstrumente nicht den gleichen Beschränkungen bzw. den gleichen Beschränkungen nicht im gleichen Umfang unterliegt wie die Inanspruchnahme professioneller Finanzierungsinstrumente. Hieraus werden potenzielle Einflussfaktoren auf die Anwendungsintensität alternativer Finanzierungsinstrumente abgeleitet.

[143] Vgl. z. B. Anne Böhm (1999): Geschäftsbeziehungen zwischen Bank und Existenzgründer, S. 211.

III. Bootstrap-Instrumente als alternative Finanzierungsmöglichkeiten von Unternehmensgründungen

Im folgenden Kapitel wird das Bootstrap-Konzept eingeführt.

III.1: Eine Literaturübersicht offenbart unterschiedliche Perspektiven des Bootstrap-Konzepts. Es existiert sowohl eine strategische als auch eine handlungsorientierte Perspektive. Während sich aus der strategischen Perspektive (III.1.1) bestimmte normative Richtlinien und strategische Eckpfeiler für finanzmittelbeschränkte Unternehmensgründungen ableiten lassen (III.1.2), zeigen die Beiträge der handlungsorientierten Perspektive neben offensichtlichen Forschungslücken die Notwendigkeit einer präzisen Konzeptualisierung an (III.1.3). Abschnitt III.1.4 leitet aus den Beiträgen das notwendige weitere Vorgehen ab.

III.2: Im ersten Abschnitt (III.2.1) wird eine eigene handlungsorientierte Definition des Bootstrap-Begriffs vorgelegt. Diese orientiert sich an der entwickelten Typologisierung des Finanzierungsinstrumentariums.[144] Im Zuge dessen wird zudem argumentiert, aus welchen Gründen in dieser Arbeit ausschließlich solche Bootstrap-Instrumente betrachtet werden, die nicht rein monetären Charakter besitzen. Auf Basis der Definition werden dann die Einbeziehung bislang umstrittener Instrumente diskutiert (III.2.2) und das Bootstrap-Konzept gegenüber anderen Konzepten abgegrenzt (III.2.3).

III.3: Es folgt ein Kategorisierungsversuch der bis dato identifizierten Bootstrap-Instrumente. Hierzu werden zunächst allgemeine Anforderungen an eine zielführende Kategorisierung vorgestellt (III.3.1), mögliche Kategorisierungsalternativen diskutiert (III.3.2) sowie das bislang identifizierte Bootstrap-Instrumentarium i. w. S. (III.3.3) bzw. i. e. S. (III.3.4) entlang geeigneter Kategorisierungskriterien vorgestellt. III.3.4 bietet gleichzeitig eine Übersicht über eine qualitativ verdichtete Auswahl von Instrumenten, die auch im empirischen Teil Verwendung finden sollen.

---

144 Vgl. die Ausführungen in Abschnitt II.2.2 auf S. 23 ff.

1. Literaturübersicht

Die erste Erwähnung des Bootstrap-Begriffes im ökonomischen Zusammenhang findet sich bei LITTLE (1987). Er nennt die Vorgehensweise "Shoestring Finance", wobei der englische Ausdruck *Shoestring* dem Ausdruck *Bootstrap* entspricht. Little führt die Fähigkeit von Gründern, mit begrenzten finanziellen Mitteln wachstumsstarke Unternehmen aufzubauen, auf ihren Mut, ihre Beharrlichkeit und ihren Einfallsreichtum zurück.[145]

THORNE (1989) greift die Thematik auf, indem er feststellt, dass eine überraschend hohe Zahl von Gründern ihr Vorhaben substanziell oder gar ausschließlich durch alternative Quellen finanziert. Thorne bezieht sich hierbei auf andere Quellen als Banken oder gründungsfremde Eigenkapitalgeber.[146] Er zählt als erster Autor potenzielle alternative Vorgehensweisen zur Deckung des Kapitalbedarfs auf. Diese umfassen

- Annahme von Krediten von Lieferanten und Dienstleistern bzw. die abgestimmte oder nicht abgestimmte Verzögerung von fälligen Zahlungen an diese,
- Kundenanzahlungen und die Verweigerung von Zahlungszielen,
- Beschäftigung von Mitarbeitern unterhalb des Marktlohns,
- Spezielle Vereinbarungen hinsichtlich der Büromiete und -infrastruktur,
- Erhalt öffentlicher Fördermittel,
- Schließung von Kooperationen mit potenziellen Lieferanten, etablierten Unternehmen oder Forschungseinrichtungen und
- Vermarktung von Teil- oder Nebenprodukten der eigentlichen Kernleistung.[147]

Später haben weitere Autoren zur Erweiterung des Bootstrap-Begriffes beigetragen. Der folgende Abschnitt liefert einen Überblick über die wichtigsten Publikationen. Abb. 4 bietet einen Überblick über die wichtigsten Bootstrap-Definitionen.

---

145 Vgl. Royal Little (1987): Shoestring Financing of Great Enterprises. In: *Journal of Business Venturing, Vol. 2(1)*, S. 1 ff.

146 Vgl. John R. Thorne (1989): Alternative Financing for Entrepreneurial Ventures. In: *Entrepreneurship Theory and Practice, Vol. 13(3)*, S. 7.

147 Vgl. Thorne (1989): a. a. O., S. 7 - 9.

Autor/en	Jahr	Bootstrapping Definition
Bhidé	1992	Bootstrapping is launching ventures with modest personal funds
Freear et al.	1995	Highly creative ways of acquiring the use of resources without borrowing money or raising equity financing from traditional resources
Van Auken/ Neeley	1996	Capital acquired from sources other than traditional providers of capital
Winborg/ Landström	1997/2000	Methods used to meet the need for resources, without relying on long-term external finance
Harrison/ Mason	1997/2004	Bootstrapping involves imaginative and parsimonious strategies for marshalling and gaining control of resources. Such strategies take two forms. The first involves creative ways of acquiring finance without recourse to banks or raising equity from traditional sources. The second form includes strategies for minimizing or eliminating the need for finance by securing resources at little or no cost
Nathusius	2001	Bootstrapping ist eine durch Ressourcenknappheit erzwungene eng festgezurrte Vorgehensweise in der strategischen Auslegung des Gründungsunternehmens wie auch in der Realisierung des Gründungsvorhabens
Wolf/ Ossenkopf	2005	Verminderung des extern zu deckenden Kapitalbedarfs, wobei [...] trotz des verringerten Kapitaleinsatzes auf langfristige Sicht die Umsetzung des ursprünglich geplanten Innovationsvorhabens möglich ist
Ebben/ Johnson	2006	Finding creative ways to avoid the need for external financing through reducing overall cost of operation, improving cash flow, or using financial sources internal to the company

Abb. 4: Überblick über relevante Bootstrap-Definitionen in Anlehnung an genannte Autoren[148]

1.1 Bootstrapping als "Art of Start-up"

BHIDÉ (1992) definiert Bootstrapping als die Gründung von Unternehmen mit bescheidener finanzieller Ausstattung aus persönlichen Quellen.[149] Ähnlich sieht NATHUSIUS (2001A) Bootstrapping als eine durch Ressourcenknappheit erzwungene, eng festgezurrte Vorgehensweise in der strategischen Auslegung des Gründungsunternehmens wie auch in der Realisierung des Gründungsvorhabens.[150] Während Bootstrapping bei NATHUSIUS lediglich zur Veranschaulichung der von ihm konzeptionierten, strategiebestimmenden Finanzierung erwähnt wird, wendet sich BHIDÉ exklusiv der Thematik zu.

148 Weitere vorliegende, allerdings nicht weiter behandelte Definitionen stammen von Robert J. Lahm und Harold T. Little (2005): Bootstrapping Business Start-Ups: Entrepreneurship Literature, Textbooks, and Teaching Versus Current Business Practices? Proceedings of the Academy of Entrepreneurship, Vol. 11(2), Las Vegas, S. 15. oder Van Osnabrugge (2000): a. a. O., S. 98.

149 Vgl. Bhidé (1992): a. a. O., S. 112 f.

150 Vgl. Nathusius (2001a): a. a. O., S. 22.

Den Nachteilen einer beschränkten Finanzmittelausstattung aus professionellen Quellen stellt er einige Vorteile gegenüber, z. B. den aus der Beschränkung resultierenden positiven Einfluss auf den Fokus, die Disziplin und die Flexibilität von Gründungen.[151] So seien Gründer ohne Verpflichtungen gegenüber externen Investoren freier im Hinblick auf eine potenziell notwendige Änderung der strategischen Ausrichtung ihres Gründungsvorhabens.[152]

BHIDÉ formuliert normative Richtlinien, nach denen es vorteilhaft ist, ein Geschäftsvorhaben mit bescheidenen finanziellen Mitteln zu verfolgen. Diese Richtlinien sind in Abb. 5 und 6 zusammengefasst. Sie umfassen in ihren Ausführungen auch die Nennung einiger konkreter Bootstrap-Instrumente.

Neben BHIDÉ hat eine Reihe weiterer Autoren das Bootstrap-Konzept in der von ihm vorgestellten Definition ausgelegt und rezeptbuchartige Anleitungen zum erfolgreichen Aufbau von Unternehmen mit moderaten finanziellen Mitteln bereitgestellt. Diese verzichten allerdings auf eine wissenschaftliche Auseinandersetzung mit dem Konzept und basieren i. d. R. auf einzelnen Erfahrungsberichten.[153]

Hauptkritikpunkt an den Ausführungen BHIDÉs ist die fehlende theoretische Fundierung und ihr fehlender empirischer Charakter.[154] Bei dem Versuch, die Prinzipien mit handlungsorientierten Techniken zu hinterlegen, fällt zudem auf, dass die Bootstrap-Prinzipien zwar durch die Anwendung von Bootstrap-Instrumenten erfüllt werden können. Diese machen allerdings nur einen Teil der von verschiedenen anderen Autoren identifizierten Instrumente aus.[155] Auf der anderen Seite werden – wie auch in der Bootstrap-Definition bei NATHUSIUS angedeutet – bei BHIDÉ sowohl die strategische Grundauslegung als auch die Realisierung des Gründungsvorhabens betreffende Merkmale durch den Bootstrap-Ansatz angesprochen. Die Mehrheit

---

151 Ähnlich argumentiert Diomande bereits 1990 in einem Artikel über Unternehmensgründungen mit minimaler Ressourcenausstattung im westafrikanischen Kontext, vgl. Diomande (1990): a. a. O., S. 191. Vergleiche ferner Timmons und Spinelli (2003): a. a. O., S. 348 und Albert V. Bruno und Tyzoon T. Tyebjee (1985): The Entrepreneur's Search for Capital. In: *Journal of Business Venturing, Vol. 1(1)*, S. 62.

152 Vgl. Bhidé (1992): a. a. O., S. 112.

153 Vgl. z. B. Andrew J. Sherman (2005): Raising Capital - Get the Money You Need to Grow Your Business, S. 81 – 93, Hess (2001): a. a. O., S. 1 ff. oder Michael Richards (1998): Light One Candle, A Handbook for Bootstrapping Entrepreneurs, S. 1ff.

154 Vgl. z. B. Harrison et al. (2004): a. a. O., S. 310.

155 Vgl. Abschnitt III.3.3 sowie Anhang 1.1, in denen die bislang identifizierten Bootstrap-Instrumente den einzelnen Autoren zugeordnet werden.

der anderen Autoren konzentriert sich auf die letzteren, handlungsorientierten Merkmale in Form der verwendeten Instrumente.

Bootstrap Prinzipien	***Handlungsorientierte Beispiele***	***Potenzielle Vorteile***
Schnellstmöglicher Beginn der operativen Geschäftstätigkeit	▪ Bevorzugung imitierendes vs. innovatives Geschäftsmodell ▪ Bevorzugung Nischen- vs. Massenmarkt	▪ *Geringeres Risiko, z.B. durch übermächtige Wettbewerber* ▪ *Schnellere Validierung Lebensfähigkeit der Gründung*
Fokussierung auf frühzeitige Gewinnerzielung und positiven Cash Flow	▪ Frühzeitige Vermarktung von Teil- oder Nebenleistungen ▪ Wahrnehmung zusätzlicher Gelegenheiten abseits der Kernleistung	▪ *Frühzeitige Möglichkeit zur Selbstfinanzierung* ▪ *Schaffung Vertrauen bei Interessengruppen (z.B. Kunden)*
Fokussierung auf hochmargige Leistungen + Konzentration der Gründer auf Vertriebsfunktion	▪ Fokussierung auf preisinsensitive und schnell zahlende Kunden ▪ Bearbeitung jedes potenziellen Kunden durch den Gründer selbst	▪ *Bessere Möglichkeiten zur persönlichen Überzeugung erster Kunden* ▪ *Niedrige Markteinführungskosten*
Verzicht auf hochbezahlte und nicht unternehmerisch motivierte Teammitglieder	▪ Vereinbarung niedriger Mitarbeiterlöhne mit hoher Erfolgsbeteiligung ▪ Einstellung formal unterqualifizierter Mitarbeiter mit hoher Eigenmotivation	▪ *Geringe laufende Kosten* ▪ *Hohe Kongruenz Zielsysteme*

Abb. 5: *Bootstrap-Prinzipien, Beispiele und potenzielle Vorteile in Anlehnung an Bhidé (1992) und Nathusius (2001a) – Teil 1*

Bootstrap Prinzipien	***Handlungsorientierte Beispiele***	***Potenzielle Vorteile***
Kontrollierter Aufbau notwendiger Kapazitäten als Resultante wachsender Auftragslage	▪ Beschaffung Inputfaktoren erst nach Eingang von Kundenaufträgen ▪ Bewerkstelligung von Aufträgen mit nicht geeigneten Mitteln	▪ *Bewahrung Flexibilität* ▪ *Erhöhung Vertrauen Interessengruppen (z.B. Finanziers)*
Vorzug von Liquiditäts- gegenüber Rentabilitätsüberlegungen	▪ Verzicht auf Kauf von Marktanteilen durch Dumping Preise ▪ Beschleunigung des Zahlungseingangs durch Cash Management	▪ *Erhöhung Überlebenswahrscheinlichkeit*
Frühzeitige Pflege von potenziellen externen Finanziers vor tatsächlicher Inanspruchnahme	▪ Gelegentliche informelle Gespräche mit potenziellen Finanziers ▪ Signalisierung guter Geschäftspraktiken z.B. durch Rechnungslegung	▪ *Erleichterung Kapitalaufnahme bei Bedarf*

Abb. 6: *Bootstrap-Prinzipien, Beispiele und potenzielle Vorteile in Anlehnung an Bhidé (1992) und Nathusius (2001a) – Teil 2*

1.2 Strategische Parameter im Bootstrap-Ansatz

Aus den normativen Richtlinien BHIDÉS und NATHUSIUS Ausführungen lässt sich eine strategische Perspektive des Bootstrap-Ansatzes ableiten, die derart angelegt ist, dass bei niedrigem absoluten Ressourcenbedarf ein schneller Ressourcenaufbau möglich ist. Gründungsvorhaben im Bootstrap-Ansatz können hinsichtlich ihrer strategischen Parameter idealtypisch wie folgt beschrieben werden:[156]

Hohes Wachstumspotenzial und niedriger Innovationsgrad

Gründungsvorhaben im Bootstrap-Ansatz sollten sich durch ein hohes Wachstumspotenzial bei gleichzeitig niedrigem Innovationsgrad der angebotenen Leistung auszeichnen. Während bei hohem Wachstum die Nachfrage das Angebot in einem betrachteten Markt in kurzfristig absehbarer Zeit übersteigt, verhindert der niedrige Innovationsgrad der Leistung zum einen lange Vorlaufkosten in Form von Forschung und Entwicklung und reduziert gleichzeitig das Risiko der Marktakzeptanz der angebotenen Leistung.

Eher frühere Marktphasen als spätere Marktphasen

Im Bootstrap-Ansatz sollten Märkte gewählt werden, die sich in ihrer Entstehung befinden. Nicht genau spezifizierte Kundenbedürfnisse und damit einhergehende fehlende Standards kennzeichnen frühe Marktphasen. Kosten- und zeitintensive Marktforschungsaktivitäten sind von begrenztem Wert. Daher kann die Gründung durch die operative Verfolgung des Vorhabens Marktkenntnis erlangen, ohne gegenüber finanziell gut ausgestatteten Konkurrenten im Nachteil zu sein. Der Mangel an marktüblichen Standards reduziert zudem die Eintrittswahrscheinlichkeit etablierter Wettbewerber. Zusätzlich verfügen potenzielle Kunden in frühen Marktphasen über wenig Alternativen. Leistungen, die mit suboptimalen Produktionsfaktoren erstellt werden, finden daher c. p. eher Abnehmer.

Eher Dienstleistung als Produkt

Gründer sollten sich im Bootstrap-Ansatz für das Angebot von Dienstleistungen entscheiden. Dienstleistungen können schneller im Markt eingeführt werden und der zur Konzeption einer

[156] Die folgenden Ausführungen orientieren sich an Bhidé (2000): a. a. O., S. 29 ff. und Nathusius (2001a): a. a. O., S. 8 ff. Auf eine Angabe detaillierter Quellenverweise wird verzichtet.

Dienstleistung notwendige Ressourcenbedarf ist i. d. R. geringer als bei der Erstellung von Produkten.[157] Das Angebot von Dienstleistungen erhöht zudem die Flexibilität der Gründung im Hinblick auf notwendige Änderungen der Leistung, da die Veränderung einer nicht physischen Leistung mit geringerem Ressourcenaufwand zu bewerkstelligen sein sollte.

Eher niedrige als hohe Fertigungstiefe

Um den absoluten Ressourcenbedarf des Gründungsvorhabens zu minimieren, ist zunächst die Verfolgung von Strategien im Bootstrap-Ansatz anzustreben, die eine niedrige Fertigungstiefe implizieren. Diese ermöglicht es der Gründung, trotz Finanzmittelbeschränkung Produktions- bzw. Servicekapazitäten zu nutzen. Sie führt außerdem zu einem niedrigen zusätzlichen Ressourcenbedarf im Fall der Notwendigkeit strategischer Adaptionen.

Eher Differenzierung als Kostenführerschaft

Preisvorteile sind i. d. R. das Ergebnis von Skalen- und Verbundvorteilen. Finanzmittelbeschränkte Gründer starten i. d. R. mit begrenzten Stückzahlen und einem fokussierten Leistungsangebot. Skalen- und Verbundvorteile können sie daher nicht generieren. Mit Differenzierungsvorteilen sind zudem höhere Margen verbunden, die es der Gründung ermöglichen, pro Leistungseinheit einen höheren Deckungsbeitrag zu erwirtschaften.

Eher Nische als Gesamtmarkt

Gründungen sollten sich im Bootstrap-Ansatz für Nischenmärkte entscheiden. Während der Gesamtmarkt die Abdeckung sämtlicher Zielsegmente umfasst, wird das Leistungsangebot in der Nische auf bestimmte Kundengruppen fokussiert. Die Gefahr eines Eintritts finanziell gut ausgestatteter Wettbewerber ist hier geringer als auf dem Gesamtmarkt. Zudem sind die entstehenden Kosten wesentlich niedriger, da bei der Bedienung von Gesamtmärkten häufig hohe Investitionen, z. B. in ausreichende Produktions- bzw. Servicekapazitäten, erforderlich sind.

---

[157] Diese Aussagen werden auch durch den vorliegend erhobenen Datensatz bestätigt.

Eher schneller als langsamer Markteinstieg

Hinsichtlich der Markteintrittsstrategie suggeriert der Bootstrap-Ansatz einen möglichst schnellen Markteintritt. Je länger die Entwicklungszeit der angebotenen Leistung dauert, desto höher ist der zu veranschlagende Ressourcenbedarf für die Zeit zwischen Gründung und Markteintritt. Außerdem ist ein schneller Ressourcenaufbau bei limitiertem Zugang zu finanziellen Ressourcen aus traditionellen Quellen nur durch die Erwirtschaftung von eigenen Umsätzen möglich.

1.3 Bootstrapping als Portfolio kreativer Techniken zur Senkung des externen Kapitalbedarfs

Im Gegensatz zu BHIDÉ verbinden FREEAR ET AL. (1995) und mit ihnen eine Reihe weiterer Autoren [z. B. WINBORG UND LANDSTRÖM (2001)[158], HARRISON ET AL. (2004)[159], WOLF UND OSSENKOPF (2005)[160] oder EBBEN UND JOHNSON (2006)[161]] den Bootstrap-Begriff mit kreativen Vorgehensweisen, um den Zugriff auf "traditionelle" Finanzierungsquellen und -instrumente zu vermeiden oder zu verzögern bzw. den nicht vorhandenen Zugang zu "traditionellen" Finanzierungsquellen und -instrumenten zu kompensieren.[162] Für sie steht nicht die Gründungsaktivität unter Ressourcenrestriktion im Vordergrund der Betrachtung, sondern der Umgang neuer oder kleiner Unternehmen mit dem notwendigen Ressourcenbedarf i. A. Sie verbinden mit Bootstrapping keine bestimmte strategische Grundausrichtung, sondern lediglich die Anwendung verschiedener alternativer Finanzierungsinstrumente.

Ein weiterer Unterschied ergibt sich durch die zugrunde liegenden Forschungsansätze. Während BHIDÉ aus Fallstudienanalysen normative Richtlinien ableitet, richtet sich das Interesse der Vertreter der zweiten Sichtweise hauptsächlich auf die quantitative Analyse der Verbreitung explorativ identifizierter Bootstrap-Instrumente.

---

158 Vgl.Winborg und Landström (2001): a. a. O., S. 235 ff.

159 Vgl. Harrison et al. (2004): a. a. O., S. 307 ff.

160 Vgl. Wolf und Ossenkopf (2005): a. a. O.S. 1 ff.

161 Vgl. Ebben und Johnson (2006): a. a. O.: S. 851 ff.

162 Freear et al. (1995): a. a. O.: S. 395. Der Begriff "traditionell" wird bei verschiedenen Autoren verschieden interpretiert. Wird er im Folgenden in Anführungszeichen gesetzt, so bezieht er sich auf die Interpretation des angegebenen Literaturverweises. Ohne Anführungszeichen bezieht er sich auf die in Abschnitt II.2.2.2 vorgestellte Typologisierung von Finanzierungsinstrumenten.

Abb. 7 gibt einen Überblick über Forschungsziele und zentrale Erkenntnisse der genannten Autoren.

	Forschungsziel	Zentrale Erkenntnisse
Freear et al. (1995)	▪ Identifizierung Bootstrap Instrumente und Untersuchung Relevanz für Software Unternehmen in den USA (Massachussetts)	▪ Sowohl für die Produktentwicklung als auch für die Geschäftsentwicklung sind Bootstrap Instrumente für Software Unternehmen von großer Wichtigkeit
Van Auken/ Neeley (1996)	▪ Identifizierung von Anwendungsunterschieden des Bootstrap Instrumentariums in Abhängigkeit von Rechtsform, Branche und Größe des Standorts	▪ Höhere Nutzung von Bootstrap Instrumenten bei Personengesellschaften als bei Kapitalgesellschaften ▪ Geringere Nutzung von Bootstrap Instrumenten in produzierendem und Baugewerbe als in anderen Branchen ▪ Keine Unterschiede in der Nutzungshäufigkeit in Abh. der Einwohneranzahl des Standorts
Winborg/ Landström (1997)	▪ Identifizierung unterschiedlicher Bootstrap Strategien und Nutzergruppen im schwedischen Markt kleiner und mittlerer Unternehmen	▪ Gruppierung von Bootstrap Instrumenten auf Basis explorativer Methoden in sechs Kategorien und Identifizierung von 6 verschiedenen Clustern möglich
Harrison/ Mason (1997)	▪ Replikation der Studie von Freear et al. (1995) für zwei Regionen in UK	▪ Bootstrap Instrumente werden von 95% der untersuchten Unternehmen genutzt ▪ Instrumente zur Produktentwicklung wichtiger als Instrumente zur Geschäftsentwicklung ▪ Instrumente relevanter für kleine als für große Firmen ▪ Kleine Firmen eher mit ad-hoc Methoden, große Firmen eher mit formalisierten Vereinbarungen
Neeley (2003)	▪ Untersuchung der Nutzung von Bootstrap Instrumenten in amerikanischen Produkt- und Dienstleistungsunternehmen	▪ Hohe Nutzung des Bootstrap Instrumentariums ▪ Cash Management Methoden werden am häufigsten genutzt ▪ Kunden und Lieferanten wichtige Bootstrap Quellen
Van Auken (2005)	▪ Identifizierung von Anwendungsunterschieden in Abhängigkeit der Technologiebasierung	▪ Relativ geringe beigemessene Wichtigkeit sowohl für technologie- als auch für nicht-technologieorientierte Unternehmen ▪ Zahlungseingangserhöhende oder -beschleunigende Instrumente für technologieorientierte Unternehmen wichtiger während zahlungsausgangsreduzierende oder -verzögernde Instrumente für nicht technologieorientierte Unternehmen wichtiger ▪ Als wichtig erachtete Instrumente folgen nicht der Clusterung von Winborg/Landström (1997) ▪ Unternehmen könnten Wichtigkeit der Bootstrap Instrumente unterschätzen
Ebben/ Johnson (2006)	▪ Identifizierung von Anwendungsunterschieden in Abhängigkeit des Entwicklungsstadiums	▪ Abweichende Faktorenlösung von Winborg/Landström (1997) bei Untersuchung identischer Bootstrap Instrumenten ▪ Mehrheit untersuchter Firmen mit Nutzung aller Bootstrap Kategorien ▪ Nutzung kundenorientierter Instrumente steigt über Zeit an ▪ Nutzung gründerorientierter Instrumente fällt über Zeit ab

Abb. 7: Überblick über relevante Bootstrap-Studien

Die Literaturübersicht zeigt, dass Studien zur Bootstrap-Thematik sich bisher sehr grundsätzlich mit dem alternativen Finanzierungsinstrumentarium von Unternehmensgründungen auseinandergesetzt haben. Neben rein deskriptiven Analysen, wie z. B. bei FREAAR ET AL. (1995), HARRISON UND MASON (1997) oder NEELEY (2003), kommen vor allem bei WINBORG UND LANDSTRÖM (1997) und EBBEN UND JOHNSON (2006) faktoranalytische Methoden zum Einsatz, die die Entdeckung von Gemeinsamkeiten der Instrumente zum Ziel hatten. Einflussfaktoren auf das Bootstrap-Verhalten untersucht keine der genannten Studien, wenn von der Kategorisierung der Untersuchungsobjekte z. B. nach ihrer Technologiebasierung (VAN AUKEN (2005)) oder ihrem Entwicklungsstand (EBBEN UND JOHNSON (2006)) abgesehen wird. Auch die Erfolgswirkungen der Anwendung von Bootstrap-Instrumenten werden lediglich vermutet, aber bei keiner Studie durch empirische Daten belegt.[163]

Während BHIDÉS Bootstrap-Prinzipien den Charme eines in sich geschlossenen Aussagensystems aufbieten, mangelt es den einzelnen Publikationen der in diesem Abschnitt behandelten Interpretationen des Bootstrap-Begriffs untereinander an Konsistenz. Verschiedene Autoren erwähnen einige Instrumente gar nicht oder grenzen sie teilweise unbegründet aus der Bootstrap-Definition aus, während andere die gleichen Instrumente explizit als Bootstrap-Instrumente einordnen.[164] Eine besonders hervorstechende Einteilung nehmen VAN AUKEN UND NEELEY (1996) vor. Sie definieren Bootstrapping als Finanzmittel aus nicht "traditionellen" Quellen, wobei sie mit nicht "traditionellen" Quellen andere als das Gründerkapital (personal savings) und Darlehen von Banken (loans from banks) meinen.[165] Auch SAHLMAN (1994) beschränkt sich bei der Erwähnung des Bootstrap-Begriffs auf Finanzmittel, jedoch auf solche, die durch das Gründungsvorhaben intern generiert werden.[166] Während NATHUSIUS (2001A) zwar auch den Bootstrap-Ansatz mit der Verwendung bestimmter rein monetä-

---

163 Vgl. z. B. Harrison et al. (2004): a. a. O., S. 329. Die hier genannte Veröffentlichung basiert auf der bereits 1997 von Harrison und Mason durchgeführten empirischen Studie, die auch im Überblick genannt wird.

164 Beispiel hierfür ist das Outsourcing von Unternehmensaktivitäten, das Freear et al. als Bootstrap-Instrument definieren, während Winborg dies als nicht zugehörig einstuft. Vgl. Joakim Winborg (2003): What Do We Mean by Financial Bootstrapping? Paper Presented at the 17th Nordic Conference on Business Studies, Reykjavik, S. 6.

165 Vgl. Howard E. Van Auken und Lynn Neeley (1996): Evidence of Bootstrap Financing Among Small Start-up Firms. In: *Journal of Entrepreneurial & Small Business Finance, Vol. 5(3)*, S. 233. Neeley definiert in einem späteren Artikel Bootstrapping als "a variety of alternative routes that owners can take to meet businesses' financial needs without traditional institutional commitments or market obligations" und schliesst die Verwendung von Techniken zur Akquisition von nicht monetären Ressourcen explizit mit ein. Vgl. Neeley Entrepreneurs and Bootstrap Finance. Working Paper., S. 1 und 4.

166 Vgl. Sahlman (1994): a. a. O., S. 37.

rer Finanzierungsinstrumente in Verbindung bringt, schließt er die Verwendung weiterer zum Bootstrap-Instrumentarium gehörender Aktivitäten nicht aus.[167] Auch die Autoren in der Linie von FREEAR ET AL. sehen in der Nutzung von rein monetären Finanzierungsinstrumenten nur eine Teilmenge verfügbarer Bootstrap-Instrumente.[168]

Insgesamt ist auf Basis der Analyse der bislang veröffentlichten internationalen Literatur zur Verbreitung von Bootstrap-Instrumenten festzuhalten, dass es nur wenig Einigkeit über die durch den Bootstrap-Begriff abgedeckten Instrumente gibt. Selbst die Autoren der dargestellten, sehr engen Auslegung als rein monetäre Mittel aus "nicht-traditionellen" Quellen sind uneins über die Bedeutung des Wortes "traditionell". Daher werden z. T. die Aufnahme von VC und Finanzmittel von Business Angels als Bootstrap-Instrumente bewertet.[169] Auch die Finanzierung durch öffentliche Fördermittel wird zuweilen als Bootstrap-Instrument gekennzeichnet, teilweise aber auch als konventionelles Finanzierungsinstrument angesehen.[170] Weitere Unterschiede ergeben sich hinsichtlich der Einbeziehung von Outsourcing und der Veränderung der strategischen Grundausrichtung als Bootstrap-Instrumente. Diese werden von einigen Autoren genannt, während andere zum Teil nicht auf sie eingehen oder sie explizit ausschließen.[171]

---

167 Vgl. Nathusius (2001a): a. a. O., S. 22 ff.

168 Harrison et al. (2004) definieren Bootstrapping als die Schaffung des Zugangs zu jeglicher Art von Ressourcen, die nicht vom Gründer besessen oder kontrolliert werden. Vgl. hierzu Richard T. Harrison, Colin M. Mason und Paul Girling: Financial Bootstrapping and Venture Development in the Software Industry, in: Entrepreneurship & Regional Development, Vol. 16 (July), 2004, S. 307. Bhidé (2000) hebt die Bedeutung dieser "other sources of revenues and inputs" in Abgrenzung zu finanziellen Ressourcen explizit hervor. Vgl. Bhidé (2000): a. a. O., S. 69. Auch Winborg und Landström argumentieren explizit für eine Erweiterung des Fokus, um der Logik des Gründers gerecht zu werden, der nicht in Geldeinheiten, sondern in benötigten Ressourcen denkt. Vgl. Winborg und Landström (1997): a. a. O., S. 473.

169 Vgl. Van Auken und Neeley (1996): a. a. O., S. 235.

170 So beziehen Winborg und Landström öffentliche Fördermittel in ihre Untersuchung ein, während Ebben und Johnson diese Finanzierungsinstrumente nicht berücksichtigen. Vgl. Winborg und Landström (1997): a. a. O., S. 477 vs. Ebben und Johnson (2006): a. a. O., S. 859.

171 Vgl. die eher widersprüchlichen Aussagen bei Wolf und Ossenkopf (2005): a. a. O., S. 7, Winborg (2003): a. a. O., S. 6 und Freear et al. (1995): a. a. O., S. 397.

1.4 Kritische Würdigung und Implikationen der vorgestellten Beiträge

Bislang hat sich keine einheitliche Definition des Bootstrap-Begriffs durchgesetzt. Zum einen wird er als strategische Grundausrichtung einer Gründung verstanden. Zum anderen werden mit dem Bootstrap-Begriff verschiedene Techniken zur alternativen Deckung des Ressourcenbedarfs eines Unternehmens assoziiert, die grundsätzlich unabhängig von strategischer Grundausrichtung und Entwicklungsphase angewendet werden können.

Da die Arbeit beabsichtigt, die Inanspruchnahme alternativer Finanzierungsinstrumente für sämtliche in Abschnitt II.1.2 eingegrenzten Unternehmensgründungen zu untersuchen und nicht nur für solche, die über eine niedrige Finanzmittelausstattung verfügen, wird die zweite, handlungsorientierte Perspektive eingenommen. Hinsichtlich der ersten Perspektive wird lediglich geprüft, inwiefern die strategische Grundausrichtung des Bootstrap-Ansatzes die Anwendung alternativer Finanzierungsinstrumente beeinflusst: Die Verknüpfung zwischen den strategischen Parametern des Bootstrap-Ansatzes und der Anwendung von Bootstrap-Instrumenten erscheint intuitiv gegeben, kann aber sachlogisch nicht abgeleitet werden. Zwar wurde in Abschnitt II.2.3 postuliert, dass der eingeschränkte Zugang zu finanziellen Mitteln bestimmte Strategien begünstigt, allerdings lässt eine Orientierung an den strategischen Parametern des Bootstrap-Ansatzes keine Aussage über eine Finanzmittelbeschränkung zu. Zudem kann ebenso davon ausgegangen werden, dass sich Gründungen, die sich entgegen den in III.1.2 beschriebenen Handlungsrichtlinien des Bootstrap-Ansatzes verhalten, einem höheren zusätzlichen Ressourcenbedarf gegenübersehen und daher bei gleichem Zugang einen höheren Anreiz haben, die im folgenden Abschnitt einzuführenden Bootstrap-Instrumente zu nutzen.

Die Fokussierung auf die handlungsorientierte Perspektive erfordert aufgrund der mangelnden Einigkeit hinsichtlich ihres Bedeutungsumfangs die Erstellung einer eigenen Definition. Diese folgt dem vorgestellten Typologisierungsmodell für Finanzierungsinstrumente. Hieraus ergibt sich im Gegensatz zu der Interpretation von VAN AUKEN UND NEELEY (1996) nicht nur eine Einbeziehung, sondern eine Fokussierung auf die als *erweiterte (nicht rein monetäre) Finanzierungsinstrumente* klassifizierten Vorgehensweisen.[172]

[172] Vgl. die Ausführungen in Abschnitt II.2.2 auf S. 23 ff.

2. Konzeptualisierung des Bootstrap-Begriffs

Die im Folgenden verwendete handlungsorientierte Definition des Bootstrap-Begriffs bezieht sich auf die in Abschnitt II.2.2 vorgenommene Typologisierung des Finanzierungsinstrumentariums. Mit der Definition (in III.2.1) soll zum einen die Zugehörigkeit von fraglichen Instrumenten zum Bootstrap-Instrumentarium argumentiert werden (III.2.2) und zum anderen das Konzept insgesamt gegenüber anderen Konzepten abgrenzbar sein (III.2.3).

2.1 Arbeitsdefinition des Bootstrap-Begriffs

Es soll folgende handlungsorientierte Definition gelten:

Finanzierungsinstrumente innerhalb der Aufbauphase einer Unternehmung werden als Bootstrap-Instrumente i. w. S. bezeichnet, wenn sie nicht gleichzeitig renditeorientierten und verpflichtenden Charakter aufweisen. Bootstrap-Instrumente, die außerdem keinen rein monetären Charakter aufweisen, werden als Bootstrap-Instrumente (i. e. S.) bezeichnet.

Bootstrap-Instrumente (i. w. S.) führen durch eine effiziente oder unkonventionelle Beanspruchung bereits vorhandener Ressourcen zur Erfüllung der Finanzierungsaufgabe oder durch Austauschbeziehungen mit Dritten, deren Ressourcenbereitstellung entweder nicht renditeorientiert erfolgt oder nicht mit einer Abgabe von Informations- und Einwirkungsrechten verbunden ist.

Die Vorgehensweisen, mit Hilfe derer Unternehmensgründer dieser Definition genügen können sind vielfältig. Der Kreativität des Gründers sind bei der Identifikation und Umsetzung potenzieller Herangehensweisen wenig Grenzen gesetzt.[173] Nicht umsonst bezeichnen HARRISON UND MASON (2004) die Anwendung von Bootstrap-Instrumenten als kreativen

[173] Kreativität kann im Allgemeinen als die Fähigkeit zu schöpferischem Denken und Handeln verstanden werden, die über konventionelle oder vorgegebene Möglichkeiten zur Gestaltung von Dingen oder Entwicklungen, beziehungsweise zur Lösung von Problemen, hinausgeht. Vgl. J. P. Guilford (1950): Creativity. In: *American Psychologist, Vol. 5(9)*, S. 444.

Akt.[174] Dies erschwert eine Vollständigkeit beanspruchende Auflistung aller potenziell möglichen Bootstrap-Instrumente.

Grundsätzlich können potenzielle Bootstrap-Instrumente i. w. S. von jedem Unternehmen unabhängig von seiner Entwicklungsphase angewendet werden. Die Definition strebt dennoch eine Fokussierung auf die Aufbauphase neu gegründeter Unternehmen an. Dies steht zwar im Widerspruch zur Interpretation des handlungsorientierten Bootstrap-Begriffs bei WINBORG UND LANDSTRÖM (2001), die sich im Bereich etablierter kleiner Unternehmen mit dem Bootstrap-Begriff auseinander gesetzt haben.[175] Die Definition des Bootstrap-Begriffs im nicht-ökonomischen Kontext impliziert allerdings den Startvorgang eines Systems, nicht dessen dauerhaften Betrieb unter Ressourcenknappheit.[176] Es wird daher angenommen, dass Bootstrap-Instrumente mit der Zeit zwar als Routinen des errichteten Systems erhalten bleiben können, aber nicht mehr vornehmlich zum Aufbau einer überlegenen oder tragfähigen Unternehmensressourcenbasis dienen. Sie werden daher nur während der Aufbauphase als Bootstrap-Instrumente bezeichnet.

Bootstrap-Instrumente i. w. S. können gemäß der vorgelegten Arbeitsdefinition unabhängig von der sonstigen Ressourcenausstattung des Betrachtungsobjektes angewendet werden. Bei Unternehmensgründungen ohne oder mit lediglich geringem Zugang zu externen finanziellen Mitteln aus professionellen Quellen besitzen sie vermutlich einen besonderen, weil existenzsichernden Charakter. Daher wird im Folgenden von einem bootstrap-finanzierten Unternehmen gesprochen, wenn die Finanzierung der ersten Entwicklungsphase durch die Anwendung von Bootstrap-Instrumenten i. w. S. dominiert wird.

Im Folgenden wird sich auf Bootstrap-Instrumente i. e. S. konzentriert. Das bedeutet, dass die Inanspruchnahme persönlicher Geldmittel, des Geldes von Familie und Freunden oder die Nutzung öffentlicher Fördermittel nicht im Fokus der Betrachtung stehen. Bei der Anwendung dieser rein monetären Bootstrap-Instrumente wird nicht davon ausgegangen, dass sie per

174 Harrison et al. (2004): a. a. O., S. 308.

175 Vgl. Winborg und Landström (2001): a. a. O., S. 235 ff.

176 Vgl. Francis Heylighen (1990): A Structural Language for the Foundations of Physics. In: *International Journal of General Systems, Vol. 18*, S. 101.

se zu anderen organisatorischen Lösungsansätzen führen als die Inanspruchnahme professioneller Finanzierungsinstrumente. Zudem wird von der Betrachtung rein monetärer Bootstrap-Instrumente wie der Inanspruchnahme persönlicher Kapitalreserven in verschiedenen Formen (z. B. Ersparnissen, Beleihung von persönlichen Wertgegenständen oder Ausnutzung persönlicher Kreditlinien) kein wissenschaftlicher Erkenntnisgewinn erwartet. Die aus einer Betrachtung resultierenden Ergebnisse wären entweder deskriptiv oder aber trivial: Bereits ohne eine eingehende Untersuchung der Zusammenhänge lässt sich der Rat an potenzielle Gründer erteilen, bei Verfügbarkeit von monetären Ressourcen und bei Zugangs- oder Anreizbeschränkungen bei der Inanspruchnahme professioneller Instrumente Erstere unter Abwägung der erwarteten Erfolgsaussichten des Gründungsvorhabens zu nutzen. In Ermangelung persönlicher oder im familiären Umfeld vorhandener monetärer Ressourcen würde sich eine Diskussion potenzieller Implikationen auf die Herunterskalierung oder den Verzicht des Gründungsvorhabens beschränken. Auch die Verfügbarkeit öffentlicher Beihilfen oder ihre Wirksamkeit steht nicht im Fokus der Betrachtung. Hierzu existieren bereits einige wissenschaftliche Auseinandersetzungen, die aufgrund des spezifischeren Fokus einen höheren Erkenntnisgewinn aufweisen, als ihn diese Arbeit bei peripherer Betrachtung dieses Finanzierungsinstruments leisten könnte.[177] Schließlich kann die Fokussierung auf Bootstrap-Instrumente i. e. S. auch als Aufforderung an die zukünftige Forschung verstanden werden, sich auf die hier entwickelte Abgrenzung des Bootstrap-Instrumentariums zu beziehen. Nur bei stringenter Ausrichtung auf Finanzierungsinstrumente, die weder professioneller noch rein monetärer Natur sind, lässt sich eine Daseinsberechtigung dieses Forschungsstranges im Rahmen der Gründungsfinanzierung rechtfertigen.

[177] Vgl. z. B. Klandt et al. (1998) a. a. O., S. 12 ff. sowie die dort angegebene Literatur; außerdem Matthias Almus und Susanne Prantl (2001): Bessere Unternehmensentwicklung durch Gründungsförderung?, S. 51 ff.; Joachim Gläser (2002): Staatliche Gründungsförderung: Erkenntnisse aus der neuen Institutionenökonomie, S. 181 ff.; Roland Castringius (2004): Regionale Gründungsförderung, S. 271ff.; Philipp Tilleßen (2004): Unvollkommene Kapitalmärkte und staatliche Gründungsförderung, S. 190 ff. oder Klaus Nathusius et al. (2005): Analyse des Finanzbedarfs von Universitätsausgründungen: Theoretische und empirische Voruntersuchung zu einem START-Early-Stage-Venture-Capital-Fonds in Hessen und Niedersachsen.

2.2 Einbeziehungslogik umstrittener Instrumente

Wie erwähnt, haben einige Autoren bestimmte Instrumente als Bootstrap-Instrumente deklariert, während andere Autoren die Zugehörigkeit der gleichen Instrumente zum Bootstrap-Konzept explizit ausgeschlossen haben. Entlang der gewählten Bootstrap-Definition soll nun die Einbeziehung umstrittener Instrumente diskutiert werden. Hierbei wird sich auf Bootstrap-Definition i. e. S. fokussiert. Die Ausführungen erörtern die Zugehörigkeit von strategischen Adaptionen und Outsourcing Vereinbarungen.

2.2.1 Strategische Adaption

Das Konzept der strategischen Adaption bedeutet die Vornahme inkrementeller, aber kontinuierlicher und somit substanzieller Veränderungen an den Kernelementen eines Geschäftsvorhabens während seiner Verfolgung.[178] Es entstand aus der Kritik am eher deterministisch geprägten evolutionsökonomischen Ansatz, der das Überleben von Gründungen als durch den Fit zwischen Umwelt und den annahmegemäß größtenteils unveränderlichen Eigenschaften einer Organisation bestimmt sieht. Mit der strategischen Adaption wird dem Ansatz der strategischen Wahlfreiheit ("Strategic Choice Theory") Rechnung getragen, nach dem das Überleben von den diskretionären Handlungsspielräumen der Entscheider in einer Organisation und ihrer Fähigkeit, sich aktiv und bewusst an ihre Umwelt anzupassen, abhängt.[179]

Mit dem Grad der Unerprobtheit des verfolgten Geschäftsmodells und der Instabilität bzw. Nichtbeeinflussbarkeit relevanter Umweltbedingungen erhöht sich die Notwendigkeit, Strategien zu adaptieren.[180] Da Gründungen oftmals weder über historische Beobachtungspunkte verfügen, auf die sie ihre Strategien stützen, noch über genügend Marktmacht, um relevante Umweltbedingungen entscheidend beeinflussen zu können, hat dies insbesondere im Gründungskontext eine hohe Bedeutung. Gründungen müssen flexibel auf Erkenntnisse und Veränderungen reagieren, denen sie im Laufe ihres Etablierungsprozesses ausgesetzt sind.

---

[178] Vgl. Petra Andries und Koenraad Debackere (2006): Adaptation in New Technology-based Ventures: Insights at the Company Level. In: *International Journal of Management Reviews, Vol. 8(2)*, S. 91.

[179] Vgl. John Child (1972): Organizational Structure, Environment and Performance: The Role of Strategic Choice. In: *Sociology, Vol. 6(1)*, S. 1 ff.; Carolin Y. Woo et al. (1990): Adaptation By Start-Up Firms. In: *Frontiers of Entrepreneurship Research*, Wellesley, MA, S. 132ff. sowie für die Grundlagen der Evolutionsökonomie Alfred L. Stinchcombe (1965): Social Structure and Organizations. In: *J. G. March (Hrsg.): Handbook of Organizations*, S. 142 ff. und Richard R. Nelson und Sidney G. Winter (1982): An Evolutionary Theory of Economic Change, S. 12 ff.

[180] Vgl. Morris et al. (1999): a. a. O., S. 1 f.

Zwar geben Strategien generell die einzuschlagende Richtung vor, in die sich ein betrachtetes Unternehmen nach Möglichkeit *kontinuierlich* bewegen sollte. Sie sind allerdings gleichzeitig immer nur für einen bestimmten Zeitraum gültig. Dies gilt für Gründungen ebenso wie für etablierte Unternehmen. Die Strategiegestaltung muss daher unabhängig von den spezifischen Eigenschaften der betrachteten Organisation an einem Punkt bzw. in einem Stadium ansetzen, an dem die bislang verwendete Strategie aufgrund von Änderungen der Situation, in der sich eine Unternehmung befindet, nicht mehr effektiv genug ist, um ihr Ziel zu erreichen.[181]

Insbesondere in Märkten, die sich gerade erst in der Entstehung befinden und deren Entwicklungsweg von hoher Unsicherheit geprägt ist, haben unflexible Strategien eine geringe Erfolgswahrscheinlichkeit. Zudem besteht für Gründungen mit geringer eigener Mittelausstattung und einem beschränktem Zugang zu benötigten Ressourcen ein Anreiz, auf zeitintensive Planungen zu verzichten und sich zeitnah auf die Umsetzung des Gründungsvorhabens zu konzentrieren.[182] Hierdurch wird die Notwendigkeit zur strategischen Adaption im Verlauf der Verfolgung des Geschäftsvorhabens wahrscheinlicher.

Die geringe anfängliche Größe und das damit einhergehende geringe absolute Verlustrisiko sowie die geringe Bekanntheit der Gründung ermöglichen die Verfolgung einer sich kontinuierlich und inkrementell adaptierenden Trial-and-Error-Strategie.[183] Die oftmals gegebene geringe Erfahrung der Gründer sowie die hohe Unsicherheit des Gründungsvorhabens forcieren diese. Zwar werden einige strategische Eckpfeiler mit der Wahl des zu bearbeitenden Marktes, der anzubietenden Leistung sowie der anvisierten Zielkunden und des mit der Leistung verbundenen Kundennutzens festgelegt, aber selbst diese sind im Zeitverlauf veränderlich. DRUCKER (1999) stellt hierzu fest, dass

---

181 Vgl. Henry Mintzberg et al. (1999): Strategy Safari: A Guided Tour Through the Wilds of Strategic Management, S. 340.

182 Starr und Fondas (1992) identifizieren vier Faktoren, die die konkrete Reaktion eines Individuums auf den Bedarf zur Durchführung strategischer Adaptionen erklären können. Diese umfassen die Persönlichkeit des Gründers, den Grad seiner Besorgnis, die Tatsache, ob die betrachtete Situation selbst gewählt wurde oder nicht, sowie die Existenz und Höhe monetärer Anreize. Vgl. Jennifer A. Starr und Nanette Fondas (1992): A Model of Entrepreneurial Socialization and Organization Formation. In: *Entrepreneurship Theory and Practice, Vol. 17(1)*, S. 69 f.

183 Vgl. Minet Schindehutte und Michael H. Morris (2001): Understanding Strategic Adaptation in Small Firms. In: *International Journal of Entrepreneurial Behaviour & Research, Vol. 7(3)*, S. 85.

When a new venture does succeed, more often than not it is in a market other than the one it was intended to serve, with products and services not quite those with which it had set out, bought in large part by customers it did not even think of when starting, and used for a host of purposes besides the ones for which the products were designed.[184]

Diese Ausführungen basieren auf der allgemeinen Sichtweise, dass es für den Erfolg einer Gründung wichtiger ist, flexibel auf die Anforderungen des Marktes zu reagieren, als die richtige Strategie für ein Gründungsvorhaben von Beginn an zu besitzen.[185] Es wird damit jedoch nicht unterstellt, dass Gründungen keinerlei strategische Planung vornehmen oder willkürlich strategische Änderungen durchsetzen. Vielmehr erlangen Gründer durch strategische Adaptionen ein Verständnis für die kausalen Zusammenhänge ihres Handelns und des erzielten Erfolgs.[186] Strategien können so mit der Zeit langfristiger angelegt werden.

Es kann zum einen davon ausgegangen werden, dass potenzielle Finanziers von Gründungsvorhaben sich hinsichtlich der Höhe der Kapitalmittelzufuhr umso restriktiver verhalten werden, je höher die wahrscheinliche Notwendigkeit für strategische Adaptionen ist, da diese das mit einem Investment verbundene Risiko erhöhen. Zum anderen ist die Notwendigkeit für strategische Adaptionen umso höher, je beschränkter eine Gründung im Hinblick auf ihre finanzielle Ressourcenausstattung ist.[187] Das bedeutet, dass eine Gründung im Fall einer Änderung der das Vorhaben beeinflussenden Umstände (z. B. eines unerwarteten Eintritts neuer Wettbewerber oder der Verzögerung des Produktentwicklungsprozesses) umso eher zu einer Revision der gesetzten Ziele oder der zur Zielerreichung verfolgten Strategien gezwungen wird, je weniger Mittel sie besitzt, um die Änderung adäquat zu berücksichtigen bzw. diese aktiv zu beeinflussen.

Im Folgenden gilt es, den konzeptionellen Zusammenhang zwischen strategischer Adaption und Bootstrapping zu klären:

---

184 Vgl. Peter F. Drucker (1999): Innovation and Entrepreneurship: Practice and Principles, S. 64.

185 Vgl. Morris et al. (1999): a. a. O., S. 1, Woo et al. (1990): a. a. O., S. 133.

186 Vgl. Elaine Mosakowski (1997): Strategy Making under Causal Ambiguity: Conceptual Issues and Empirical Evidence. In: *Organization Science, Vol. 8(4)*, S. 415.

187 Vgl. Starr und Fondas (1992): a. a. O., S. 71.

Vorgenommene strategische Adaptionen verändern den Ressourcenbedarf einer Gründung, da nunmehr andere Ziele oder Ziele anders verfolgt werden. Erhöht sich der Ressourcenbedarf bei gleich bleibender Ressourcenausstattung, wird die Anwendung von alternativen Finanzierungsinstrumenten wahrscheinlicher. Zudem erhöht sich tendenziell die Zeitspanne, innerhalb derer eine Gründung angemessene Handlungsfähigkeit erreicht.

Sinkt der Ressourcenbedarf oder führt die strategische Adaption zu einer Beschleunigung des Ressourceneingangs bzw. einer Erhöhung der Ressourcenausstattung, so kann die strategische Adaption gemäß der vorgelegten Definitionen des Finanzierungs- und Bootstrap-Begriffs selbst als alternatives Finanzierungsinstrument interpretiert werden, da sie zwar i. d. R. renditeorientiert (seitens des Gründers) motiviert ist, aber nicht per se zur Abgabe von Informations- und Einwirkungsrechten führt und darüber hinaus die Wertschöpfungsaktivitäten beeinflusst.

Die Konnotation bei Wolf und Ossenkopf (2005), dass strategische Adaptionen nur dann als Bootstrap-Instrument zu bewerten sind, wenn die Umsetzung des originären Gründungsgegenstandes langfristig weiterhin möglich ist, wird abgelehnt.[188] Allerdings wird die Entwicklung und Fokussierung auf eine neue Geschäftsidee, wenn diese nicht direkt aus der Verfolgung der originären Geschäftsidee entstanden ist und die Verfolgung der ersten hierdurch eingestellt wird, als neues Gründungsvorhaben gewertet und hier nicht weiter betrachtet. Nichtsdestotrotz erhöht sich hierdurch die Wahrscheinlichkeit, Bootstrap-Instrumente nutzen zu müssen, da durch die Neuausrichtung zuvor investierte Ressourcen i. d. R. im Wert sinken und dies eine bestehende Finanzierungslücke tendenziell vergrößert.

Die strategische Adaption kann einerseits als Bootstrap-Instrument bezeichnet werden. Andererseits besitzt sie einen moderierenden Einfluss auf die Nutzungsintensität anderer Bootstrap-Instrumente. Da allerdings keine Betrachtung der wechselseitigen Wirkungen verschiedener Bootstrap-Instrumente angestrebt wird, wird sie im Rahmen der empirischen Untersuchung analog zu den anderen einbezogenen Instrumenten operationalisiert. Dies geschieht in dieser Arbeit auf Basis der beiden Abfragen hinsichtlich der "Wahrnehmung zusätzlicher

[188] Vgl. Wolf und Ossenkopf (2005): a. a. O., S. 5.

selbständiger Verdienstmöglichkeiten abseits der Kernleistung" sowie des "Verzicht(s) auf eigentlich geplante oder bislang durchgeführte Unternehmensaktivitäten".

2.2.2 Outsourcing

Outsourcing bezeichnet die Abgabe von Unternehmensaktivitäten und -strukturen an Drittunternehmen. Es ist eine spezielle Form des Fremdbezugs von zu erbringenden oder bisher intern erbrachten Leistungen, wobei i. d. R. Verträge die Dauer und den Gegenstand der Leistung fixieren.[189] Outsourcing Vereinbarungen können den Ressourcenbedarf einer Unternehmensgründung reduzieren und insbesondere bei hohen Fixkosten der outgesourcten Leistung für Gründer eine gangbare Option bei der Verfolgung des Geschäftsvorhabens darstellen.[190] Zusätzlich erhöht die Auslagerung von bestimmten Aktivitäten die Flexibilität der Gründung insbesondere im Hinblick auf potenziell notwendige Änderungen am Geschäftsmodell.

Outsourcing Vereinbarungen sind als Finanzierungsinstrument auch renditeorientiert, da der Outsourcing Partner auf die von ihm eingesetzten Ressourcen i. d. R. eine marktgerechte Verzinsung verlangt.

Hinsichtlich des verpflichtenden Charakters ist Folgendes anzumerken: WINBORG (2003) verneint die Zugehörigkeit jeglicher Outsourcing-Vereinbarungen zum Bootstrap-Instrumentarium.[191] Die Ausschlusslogik WINBORGs, nach der bei Outsourcing-Vereinbarungen nicht auf Ressourcen Dritter zugegriffen wird, sondern Teile der Kontrolle an Dritte abgegeben werden, muss vor dem Hintergrund der Forderung nach dem nicht-verpflichtenden Charakter des Finanzierungsinstruments für eine Zugehörigkeit zum Bootstrap-Instrumentarium diskutiert werden. Zwar erlangt der Outsourcing Partner de facto Informationen über das Unternehmen und wirkt auch auf die entstehende Leistung im Rahmen der ausgegliederten Tätigkeit ein. Allerdings bleibt es dem Gründer überlassen, welche Informationen er mit dem Outsourcing

---

189 In früheren Varianten von Outsourcing Definitionen wurde lediglich auf bisher tatsächlich intern erbrachte Leistungen abgestellt. Neuere Varianten relaxieren diese Bedingung jedoch, so dass Leistungen auch von vorne herein durch Outsourcing bezogen werden können. Vgl. hierfür sowie für eine Gegenüberstellung weiterer Sourcing Begriffe Holger von Jouanne-Diedrich (2004): 15 Jahre Outsourcing-Forschung: Systematisierung und Lessons Learned. In: *Rüdiger Zarnekow und Walter Brenner (Hrsg.): Informationsmanagement. Konzepte und Strategien für die Praxis*, S. 127 ff.

190 Vgl. Nathusius (2001a): a. a. O., S. 11.

191 Vgl. Winborg (2003): a. a. O., S. 6.

Partner teilen möchte und wie hoch die Freiheitsgrade des Outsourcing Partners hinsichtlich der Leistungserstellung ausgestaltet werden. Aus diesem Grund umfasst die Untersuchung auch Outsourcing Aktivitäten.

2.3 Abgrenzung zu verwandten Konzepten

In der Literatur haben sich das Konzept des Bootstrapping und das Konzept der *Bricolage* nebeneinander her entwickelt. Beide beschäftigen sich mit der Reaktion von Gründern auf ihre spezifische Ressourcensituation. Außerdem stellt sich aufgrund der spezifischen Nennung von *Kooperationsvereinbarungen* als möglichen Bootstrap-Instrumenten durch THORNE (1989) die Frage, inwieweit Bootstrapping und Kooperationen das gleiche Konzept beschreiben. Zudem kann eine gewisse Ähnlichkeit des Bootstrap-Konzepts mit dem organisationstheoretischen Konzept der *Improvisation* festgestellt werden. Es muss daher im Folgenden geklärt werden, inwiefern es in den genannten drei Fällen Überschneidungen mit dem Bootstrap-Konzept gibt. Zunächst allerdings beschäftigt sich der folgende Abschnitt mit einem Beitrag von STARR UND MCMILLAN aus dem Jahre 1990. Die dieser Publikation chronologisch folgenden Veröffentlichungen zum Thema Bootstrapping (BHIDÉ (1992), FREEAR ET AL. (1995), HARRISON UND MASON (1997), etc.) nehmen zwar immer wieder Bezug auf STARR UND MCMILLANs Konzept des *Resource Cooptation via Social Contracting*, ohne allerdings inhaltlich auf den Hinweis einzugehen, dass innerhalb der sozialen Netzwerkbeziehungen potenzielle Erklärungsansätze zur Verbreitung von Bootstrap-Instrumenten vorhanden sein könnten.[192] Abb. 8 fasst im Vorgriff die Ergebnisse der folgenden Abschnitte zusammen.

[192] Eine Ausnahme bildet anscheinend ein nicht veröffentlichtes Paper von Winborg und Johannisson (2001) anlässlich der RENT Conference 2001. Vgl. die Referenzangaben bei Harrison et al (2004): a. a. O., S. 328.

Verwandtes Konstrukt	*Zentrale Definitionsmerkmale*	*Gemeinsamkeiten*	*Unterschiede*
Resource Cooptation	▪ Durchführung von Transaktionen auf Basis **sozialer Beziehungen** zur Erlangung **günstigen** Zugriffs auf benötigte Ressourcen	▪ *Nutzung von nicht verpflichtenden sozialen Beziehungen zur Erlangung des Zugriffs auf Ressourcen*	▪ *Bootstrapping muss nicht auf Basis sozialer Beziehungen stattfinden*
Bricolage	▪ Verwendung **direkt zur Verfügung** stehender Mittel zur Bewältigung **beliebiger** neuer Aufgaben	▪ *Nutzung vorhandener Ressourcen zur Reduktion des Kapitalbedarfs*	▪ *Beliebigkeit der Aufgabe bei Bootstrapping nicht gegeben* ▪ *Unmittelbare Verfügbarkeit bei Bootstrapping nicht erforderlich*
Kooperation	▪ Koordiniertes Verhalten selbständiger Subjekte auf **freiwilliger Basis** zur **beidseitigen Verbesserung** der **wirtschaftlichen Zielerreichung**	▪ *Nutzung gleichgerichteter Zielsetzungen mit Austauschpartnern*	▪ *Bootstrapping nicht unbedingt freiwillig* ▪ *Bootstrapping nicht zwangsläufig mit wirtschaftlichen Zielen des Austauschpartners*
Improvisation	▪ **Gleichzeitige Planung** und **Durchführung** zielorientierter Handlungen	▪ *Niedriger Formalisierungsgrad und hohe Flexibilität der Handlungen mit beiden Konzepten assoziiert*	▪ *Bootstrapping nicht zwangsläufig improvisiert* ▪ *Ressourcenakquisitionsabsicht bei Improvisation nicht unbedingt gegeben*

Abb. 8: Übersicht über die Abgrenzung des Bootstrap-Begriffs zu verwandten Konzepten

2.3.1 Abgrenzung zur Resource Cooptation via Social Contracting

Ausgehend von der Beobachtung, dass die Gründung von Unternehmen zugleich ein ökonomisches wie auch ein soziales Unterfangen ist, bringen STARR UND MCMILLAN (1990) das Konzept der "resource cooptation via social contracting" in die Forschungsliteratur ein. Hiermit ist die Fähigkeit zur Tätigung von Ressourcentransaktionen über Austauschpartner aus dem sozialen Netzwerk der Gründer gemeint, die es letzteren erlaubt, auf sparsame Art und Weise benötigte Ressourcen für ihr Vorhaben zu nutzen.[193] Die Art der potenziell erhältlichen Ressourcen untergliedern sie in ungenutzte Ressourcen der Transaktionspartner und in Vertrauensvorschüsse bei Dritten.[194]

Sie gehen wie ETZIONI (1988) davon aus, dass Entscheidungen potenzieller Transaktionspartner nicht alleine durch ökonomische Kriterien geleitet werden, sondern dass die Beachtung

193 Vgl. Jennifer A. Starr und Ian C. McMillan (1990): Resource Cooptation via Social Contracting: Resource Acquisition Strategies for New Ventures. In: *Strategic Management Journal, Vol. 11*, S. 80 ff.

194 Vgl. Starr und McMillan (1990): a. a. O., S. 83 f.

von gesellschaftlichen und zwischenmenschlichen Normen und Wertvorstellungen die Entscheidung (z. B. zur Bereitstellung von Ressourcen unterhalb des Marktpreises) beeinflusst.[195] Hierbei erhöhen engere zwischenmenschliche Bindungen, wie z. B. Freundschaft, die Wahrscheinlichkeit und die Frequenz sozialer Transaktionen.

Anhand zweier Fallstudien postulieren sie, dass soziale Transaktionen positive Auswirkungen auf verschiedene Erfolgsparameter der Gründung besitzen, so z. B. frühere Kundenakzeptanz, frühere Umsatzerzielung, geringere Ressourcenknappheit, geringere Kapitalintensität, geringeres Fixkosten/Umsatz Verhältnis, frühere Profitabilität und höhere Überlebenswahrscheinlichkeit.[196]

Sie weisen allerdings auch auf potenzielle negative Auswirkungen der Ausnutzung sozialer Bindungen zur Erlangung von Ressourcen hin. So kann es unter Umständen zum Verlust der sozialen Bindung kommen, wenn unterschiedliche Erwartungshaltungen hinsichtlich einer erwarteten Gegenleistung bestehen oder Leistungen im Misserfolgsfall des Gründungsvorhabens einen Rückwirkungseffekt auf den Ressourcengeber beinhalten.[197]

In normativer Hinsicht geben STARR UND MCMILLAN Empfehlungen zum Aufbau sozialer "Reserven", die dann zur Ressourcenerlangung verwendet werden können. Im Einzelnen sind dies das freiwillige und initiative Teilen von relevantem Wissen mit potenziellen Ressourcenpartnern, das Anbieten und Entgegennehmen von Hilfestellungen und Gefallen sowie die Erzeugung von Situationen, in denen potenzielle Ressourcenpartner ihr Wissen und ihre Kompetenz unter Beweis stellen können.[198]

Ihre Ausführungen beschränken sich auf Ressourcentransaktionen, die durch die Einbindung Dritter in den Prozess des Ressourcenaufbaus charakterisiert werden können und deren Zustandekommen von nicht ökonomischen (nicht renditeorientierten) Motiven potenzieller Ressourcengeber geprägt ist. Aktivitäten, die keine Dritten oder rein ökonomische Motive involvieren, werden ausgeklammert. Nach der vorgelegten Definition sind allerdings auch diese Bestandteil möglicher Bootstrap-Instrumente und müssen im Folgenden berücksichtigt

---

195 Vgl. Amitai Etzioni (1988): The Moral Dimension: Toward a New Economics, S. 67.

196 Vgl. Starr und McMillan (1990): a. a. O., S. 83 f.

197 Vgl. Starr und McMillan (1990): a. a. O., S. 86.

198 Vgl. Starr und McMillan (1990): a. a. O., S. 86 f.

werden. In gewisser Hinsicht kann Social Contracting allerdings als die Teilmenge alternativer Finanzierungsinstrumente aufgefasst werden, die über das Gründernetzwerk akquiriert wird.

2.3.2 Abgrenzung zur Bricolage

Der Begriff der Bricolage wurde durch den Anthropologen LÉVI-STRAUSS (1966) eingeführt. Er bezeichnet einen Vorgang, bei dem ein Handlungsträger, der Bricoleur, aus einer Ressourcenbeschränkung heraus nur die ihm direkt zur Verfügung stehenden Mittel verwendet, um eine beliebige neue Aufgabe zu bewältigen.[199] Das Instrumentarium des Bricoleurs ist stets begrenzt und er muss immer mit den Mitteln zurecht kommen, die ihm unmittelbar zur Verfügung stehen. Sie sind ein Sammelsurium an möglicherweise noch einsetzbaren Mitteln, deren Verwendungszweck erst durch die konkrete Aufgabe determiniert wird. LÉVI-STRAUSS stellt dem Bricoleur den Ingenieur gegenüber, der seine Projekte akribisch plant und der den Mittelbedarf auf Basis der Aufgabenstellung ableitet, während der Bricoleur sich der Aufgabe stets von der Mittelseite her nähert.[200] Diese Sicht ist vergleichbar mit der Unterscheidung zwischen strategiebestimmender (Bricoleur) und strategieerfüllender (Ingenieur) Finanzierung eines Vorhabens.

Gleichzeitig relativiert LÉVI-STRAUSS die Unterschiede, da auch der Ingenieur durch die ihm gegebenen Mittel beschränkt ist. Der Unterschied bleibt jedoch ein realer in dem Sinne, dass der Ingenieur immer versuchen wird, seine Beschränkungen zu überwinden, während der Bricoleur aufgrund seiner Neigung oder aufgrund von Zwängen in seinen Beschränkungen verharrt.[201]

Das Konzept der Bricolage hat in vielen Wissenschaftszweigen eine Entsprechung bzw. Interpretation gefunden. BAKER UND NELSON (2005) haben das Konzept einer extensiven Literaturübersicht unterzogen und integrativ als "*making do by applying combinations of the*

---

199 Lévi-Strauss entlehnt den Begriff der französischen Gebrauchssprache. Weder im Deutschen noch im Englischen existiert ein präzises Äquivalent. Deshalb wird der französische Ausdruck verwendet. Grob lässt sich der Bricoleur mit den Wörtern Tüftler, Bastler, Allrounder annähern. Vgl. hierfür sowie für die obigen Ausführungen Claude Lévi-Strauss (1966): The Savage Mind, S. 16f.

200 Vgl. Lévi-Strauss (1966): a. a. O., S. 18.

201 Vgl. Lévi-Strauss (1966): a. a. O., S. 19.

resources at hand to new problems and opportunities" definiert.[202] Sie unterscheiden zwischen *Bricolage* und *Resource-Seeking*. Während bei der Anwendung von Bricolage die bestehende Ressourcenbasis ausreicht, um die verfolgten Ziele zu erreichen, wird bei "resource seeking" versucht, an Ressourcen zu gelangen, die nicht unmittelbar zur Verfügung stehen.[203] Als Hybridform zwischen beiden Konzepten führen BAKER ET AL. (2003) das Konzept der *Netzwerk-Bricolage* ein. Netzwerk-Bricolage bezieht sich auf die Verwendung verfügbarer Ressourcen, die in den bestehenden Netzwerkbeziehungen der Akteure liegen.[204]

Die Ähnlichkeit zwischen dem Konzept des Bootstrapping und der Bricolage ist offensichtlich. In verschiedenen Beiträgen werden identische Handlungen teilweise als Beispiel für Bootstrapping und teilweise als Beispiel für Bricolage angeführt. Dementsprechend stimmt auch TED BAKER in einem E-Mail-Wechsel mit dem Autor in der Einschätzung überein, dass

"under resource constraints organizations engage in both bricolage and resource-seeking, and that much of what has been labeled bootstrapping [...] might be either bricolage or resource-seeking."[205]

Beiden Konzepten ist ferner ein Element des Einfallsreichtums gemein. Während die Anwendung von Bootstrap-Instrumenten allerdings auf die Erfüllung der Finanzierungsfunktion zur Verfolgung eines dedizierten Geschäftsvorhabens fokussiert, steht bei der Bricolage die Verwendung vorhandener Mittel zur Bewältigung beliebiger neuer Herausforderungen im Vordergrund der Betrachtung. Das Bootstrap-Instrumentarium schließt aber trotz dieser marginalen Differenzierungsmöglichkeit nicht nur *Bricolage* und *Netzwerk-Bricolage* ein, sondern auch den Fall des *Resource-Seeking*, sofern die hier getätigten Transaktionen der obigen Bootstrap-Definition entsprechen. Dies kann z. B. dann der Fall sein, wenn eine Veränderung

---

[202] Für eine Übersicht vgl. Baker und Nelson (2005): a. a. O., S. 333 und die dort angegebene Literatur.

[203] Vgl. Ted Baker (2007): Resources in Play: Bricolage in the Toy Store(y). In: *Journal of Business Venturing, Vol. 22(5)*, S. 695.

[204] Vgl. Baker et al. (2003): a. a. O., S. 265. Das netzwerkorientierte Resource-Seeking wird hier als die Suche nach neuen Ressourcen durch die Nutzung bestehender oder den Aufbau neuer Netzwerkbeziehungen definiert. Nicht-netzwerkorientiertes Resource-Seeking geschieht auf Basis von Marktmechanismen.

[205] Email von Ted Baker mit dem Betreff: RE: Article Request.

des Ressourcenbedarfs durch die Verhandlung von Konditionen für externe Leistungen unterhalb des Marktpreises zustande kommt oder Ressourcen Dritter über neu angelegte Netzwerkbeziehungen unterhalb von bestehenden Marktpreisen genutzt werden.

Aufgrund der Ausführungen wird der Begriff der Bricolage im Folgenden nicht weiter verwendet, sondern als integraler Bestandteil der handlungsorientierten Perspektive des Bootstrap-Konzepts betrachtet. Aus der Literatur zur Bricolage werden bei der Vorstellung der Abfragekriterien einige dort genannte Instrumente integriert.

2.3.3 Abgrenzung zur Kooperation

Der Begriff der Kooperation wird wie viele Begriffe der Betriebswirtschaft nicht eindeutig interpretiert: Verschiedene Disziplinen haben sich mit der Kooperation beschäftigt, doch weder zwischen noch innerhalb dieser Disziplinen konnte sich ein einheitliches Kooperationsverständnis durchsetzen. Zusätzlich existiert eine Vielzahl bedeutungsähnlicher Ausdrücke wie z. B. strategische Allianz, Kollaboration, Joint Venture, Koalition, Netzwerk etc. Diese werden teilweise synonym verwendet, oder es liegt ihnen ein engeres oder weiteres Begriffsverständnis zugrunde.[206]

In der hier geltenden und eher allgemein gehaltenen Auslegung bezeichnet Kooperation eine Form koordinierten Verhaltens rechtlich und wirtschaftlich selbständiger Subjekte (Personen oder Unternehmen) auf freiwilliger Basis in Verfolgung bestimmter individueller oder gemeinsamer Ziele, die durch die Zusammenarbeit besser erreicht werden können als bei individuellem Vorgehen.[207]

Kooperationsformen können sich je nach Ausgestaltung voneinander unterscheiden. Die Literatur zur Kooperationsforschung nennt hierfür verschiedene Abgrenzungsdimensionen. Diese umfassen neben den Zielen und Effekten der Zusammenarbeit (1) die zeitliche Perspektive

---

206 Eine ausführliche Darstellung verschiedener Definitionen des Kooperationsbegriffs aus der deutschen und angelsächsischen Literatur findet sich bei Christa Etter (2003): Nachgründungsdynamik neugegründeter Unternehmen in Berlin im interregionalen Vergleich. Download unter http://www.diss.fu-berlin.de/2004/169 am 24.08.2006, S. 40 ff.

207 Vgl. Ernst Gerth (1980): Zwischenbetriebliche Kooperation, S. 17, Werner Benisch (1973): Kooperationsfibel, S. 67, Michael E. Porter und Mark B. Fuller (1986): Coalitions and Global Strategy. In: *Michael E. Porter (Hrsg.): Competition in Global Industries*, S. 315f. oder Robert Nieschlag et al. (1997): Marketing, S. 1054.

der Zusammenarbeit, (2) die Intensität der Zusammenarbeit bzw. den Formalisierungsgrad der Zusammenarbeitsvereinbarung, (3) die Anzahl der Kooperationspartner, (4) den Zusammenhang der Wertschöpfungsketten der Kooperationspartner, (5) den funktionalen Geltungsbereich der Kooperation, (6) das Geltungsgebiet der Kooperation, (7) die Herkunft der Kooperationspartner sowie (8) die Art der Verflechtung.[208]

Die Überschneidung des Bootstrap-Konzepts mit dem der Kooperation im Gründungskontext kann direkt aus der Nennung der möglichen Vorgehensweisen zur Deckung des Kapitalbedarfs bei THORNE (1989) abgelesen werden. Er nennt explizit die Kooperation mit potenziellen Lieferanten, etablierten Unternehmen oder Forschungseinrichtungen.[209]

Zur Abgrenzung des Kooperationsbegriffs zum Bootstrap-Begriff ist vor allem die Betrachtung der Ziele der Zusammenarbeit, der Intensität der Zusammenarbeit (operationalisiert über den Formalisierungsgrad) sowie der Art der Verflechtung von Bedeutung. Während die Wahl der Ausgestaltungsparameter der anderen Abgrenzungsdimensionen keine Aussage hinsichtlich einer möglichen Abgrenzung zulässt, erscheint dies durch die angesprochenen Dimensionen möglich.

Die Dimension "Art der Verflechtung" beschreibt die Richtung der Leistungsströme. Hier können grundsätzlich reziproke und redistributive Leistungsströme unterschieden werden.[210] Bei reziproken Leistungsströmen finden wechselseitige Austauschprozesse statt. Der Austausch kann sich hierbei auf materielle oder immaterielle Güter beziehen. Bei redistributiven Leistungsströmen werden Ressourcen zusammengelegt, um bestimmte Aktivitäten gemeinsam durchzuführen. Unidirektionale Leistungsströme werden in der Kooperationsforschung nicht betrachtet. Hier ergibt sich eine erste Abgrenzung zum Bootstrap-Begriff, da das Boots-

[208] Eine andere, z. T. detailliertere Auflistung möglicher Abgrenzungsdimensionen kooperativer Vereinbarungen findet sich bei Sven Wurche (1994): Strategische Kooperationen: Theoretische Grundlagen und praktische Erfahrungen am Beispiel mittelständischer Pharmaunternehmen, S. 47 f.; Erich Staudt et al. (1996): Zwischenbetriebliche Kooperationen. In: *Werner Kern et al. (Hrsg.): Handwörterbuch der Produktionswirtschaft*, S. 928 f.

[209] Vgl. Abschnitt III.1 dieser Arbeit.

[210] Dirk Tröndle (1987): Kooperationsmanagement, Steuerung interaktioneller Prozesse bei Unternehmenskooperationen, S. 28.

trap-Instrumentarium auch derartige Austauschbeziehungen umfasst (z. B. die Verzögerung von fälligen Zahlungen an Dritte).[211]

Hinsichtlich Zielen und Intensität der Zusammenarbeit ist zu überprüfen, ob die Ziele der Zusammenarbeit seitens des Kooperationspartners renditeorientiert sind bzw. inwiefern die Intensität der Zusammenarbeit zur Übertragung von substanziellen Informations- und Einwirkungsrechten der Gründer an die Kooperationspartner führt.

I. d. R. werden in der Literatur bei der Betrachtung der Ziele bzw. der erwünschten Effekte von Kooperationen renditeorientierte Ziele oder hieraus abgeleitete Subziele genannt. Hierzu gehören z. B. die Steigerung der Wettbewerbsfähigkeit, die Erzielung von Wettbewerbsvorteilen, die Reduzierung monetärer Kosten oder die Verbesserung der wirtschaftlichen Situation der Beteiligten.[212] Wird die Zusammenarbeitet hingegen durch nicht-renditeorientierte Ziele geleitet, z. B. durch jenes, einer Neugründung unterstützend unter die Arme zu greifen oder durch die Zusammenarbeit moralischen bzw. zwischenmenschlichen Wertvorstellungen gerecht zu werden, so ist diese Form der Zusammenarbeit im mehrheitlichen Verständnis der betriebswirtschaftlichen Kooperationsforschung keine Kooperation. Sie gehört dennoch zum Bootstrap-Instrumentarium.

Wird von renditeorientierten Zielen beider Beteiligten ausgegangen, ist der verpflichtende Charakter von Kooperationen zu prüfen.[213] Hier ist zu konstatieren, dass die Übertragung von Informations- und Einwirkungsrechten mit der Intensität der Kooperation zunimmt. So sind die Entscheidungen über Ziel- und Handlungsräume eines neu gegründeten Unternehmens

---

211 Alternativ kann diese Abgrenzung auch wie folgt argumentiert werden: Die Kooperationsforschung geht i. d. R. von freiwilliger Zusammenarbeit aus, bei der jede Partei zumindest individuelle, wenn nicht gemeinsame Ziele verfolgt. Das Bootstrap-Instrumentarium schließt allerdings Vorgehensweisen ein, die auf unfreiwilliger Zusammenarbeit beruhen oder nur der Zielerfüllung der Gründung dienen. Diese sind p. d. weder renditeorientiert noch verpflichtend.

212 Vgl. z. B. Klaus Backhaus und Klaus Pilitz (1990): Strategische Allianzen – Eine neue Form kooperativen Wettbewerbs? In: *Strategische Allianzen, zfbf Sonderheft, Vol. 27*, S. 2

213 Vorliegend wird sich auf die Betrachtung von bilateralen Kooperationen beschränkt. Werden zusätzlich mehr als zwei Beteiligte betrachtet, so greift u. U. das Argument der kontextabhängig ökonomischen Zielverfolgung, da die Verzinsung der Ressourcenbereitstellung nicht zwangsläufig durch die Gründung erfolgt, sondern potenziell durch den dritten (oder weitere) Kooperationspartner. Hier handelt es sich dann streng genommen um beides, sowohl eine Kooperation als auch ein Bootstrap-Instrument. Vgl. die Ausführungen in Abschnitt II.2.2 auf S. 23 ff.

stark eingeschränkt, wenn eine Kooperation in Form eines Joint Ventures mit gegenseitiger Kapitalverflechtung zustande kommt. Werden hingegen lediglich Forschungs- und Entwicklungsarbeiten gemeinsam durchgeführt oder stellen etablierte Unternehmen der Gründung ihre physischen Ressourcen zur Verfügung, um an den Entwicklungsleistungen der Gründung zu partizipieren, kann zwar von einer Renditeorientierung ausgegangen werden, die direkt durch die Ressourcenbereitstellung erwartet wird, eine substanzielle Übertragung von Informations- und Einwirkungsrechten ist hiermit i. d. R. allerdings nicht verbunden. Hier überschneiden sich also der Kooperations- und der Bootstrap-Begriff.

Zusammenfassend kann festgehalten werden, dass Kooperationen nur zum Teil zum Bootstrap-Instrumentarium gehören, sowie dass nicht jedes Bootstrap-Instrument eine Kooperation darstellt. Im Hinblick auf die empirische Untersuchung werden daher die gemeinsame Entwicklung von Ressourcen, die gemeinsame Anschaffung von Ressourcen sowie die Finanzierung von Forschungs- und Entwicklungsleistungen durch Kunden oder Lieferanten als Bootstrap-Instrumente einbezogen. Der Zusammenhang zwischen Bootstrap und Kooperation ist zusammenfassend in Abb. 9 dargestellt.

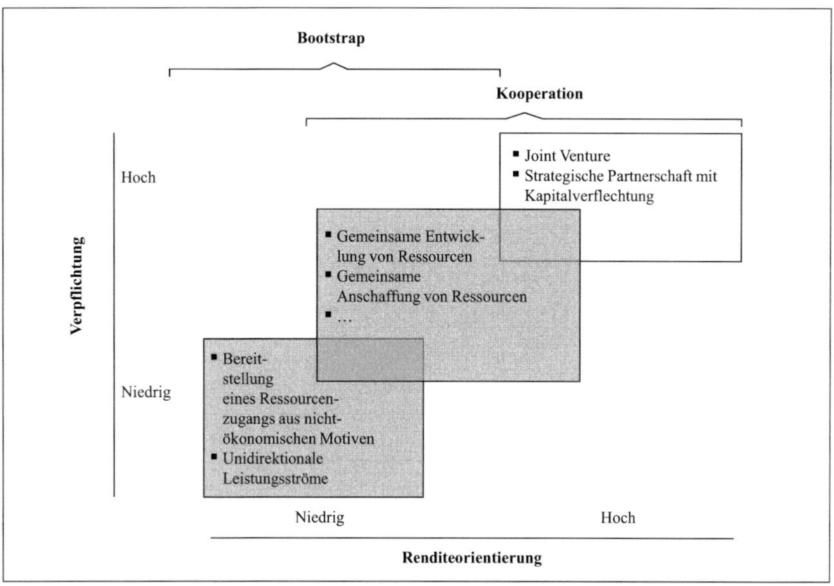

Abb. 9: Abgrenzung des Bootstrap-Instrumentariums vom Kooperationsbegriff

2.3.4 Abgrenzung zur Improvisation

Improvisation im einzelwirtschaftlichen Kontext bedeutet die Gleichzeitigkeit von Planung und Durchführung von Handlungen.[214] Es ist Denken inmitten der Handlung.[215] In diesem Verständnis ist die Gründung an sich improvisiert, d. h. der ersten Umsatzerzielung oder einem ähnlich gründungsrelevanten Ereignis geht keine Planung voraus, sondern dieses Ereignis selbst löst die Gründung aus.[216] Unternehmensziele und -strategien werden "along the way" konstruiert, sofern dies nötig erscheint. Im Extremfall beruhen sämtliche Handlungen auf der Konvergenz von Planung und Durchführung. Eine Aufnahme von Kapital aus professionellen Quellen scheint in diesem Ansatz nicht möglich, da dieser i. d. R. ein Planungsprozess vorausgeht und professionelle Kapitalgeber meist Unternehmenspläne als Grundlage ihrer Entscheidungen heranziehen.[217] Bootstrap-Instrumente können hingegen sowohl improvisierte Handlungen sein als auch vor ihrer Anwendung geplant werden. Die improvisierte Finanzierung des Gründungsvorhabens impliziert allerdings meist die Anwendung von Bootstrap-Instrumenten zumindest i. w. S.[218] Es kann indes angenommen werden, dass mit einer besseren Planung die Erfolgswahrscheinlichkeit von Bootstrap-Instrumenten steigt. So ist z. B. anzunehmen, dass sich bei der Einstellung von Mitarbeitern unterhalb des Marktlohns die Definition eines Stellenprofils und die Vorbereitung auf das Bewerbungsgespräch positiv auf die Güte der Auswahlentscheidung auswirken. In Abgrenzung dazu sind improvisierte Handlungen nicht per definitionem auf die Erfüllung der Finanzierungsaufgabe ausgerichtet und verhalten sich zum Teil ressourcenbedarfsneutral.

Zusammenfassend kann festgestellt werden, dass Improvisation und Bootstrapping unter Umständen gemeinsam auftreten können. Es ist allerdings nicht von der Gleichheit beider Konzepte auszugehen. Eine Unterscheidung zwischen improvisierten und geplant eingesetzten Bootstrap-Instrumenten wird nicht vorgenommen. Sie könnte zwar Aufschluss über

---

214 Vgl. Christine Moorman und Anne S. Miner (1998): The Convergence of Planning and Execution: Improvisation in New Product Development. In: *Journal of Marketing, Vol. 62(4)*, S. 1.

215 Vgl. David M. Irby (1992): How Attending Physicians Make Instructional Decisions when Conducting Teaching Rounds. In: *Academic Medicine, Vol. 67(10)*, S. 630.

216 Vgl. Ted Baker et al. (2003a): Improvising Firms: Bricolage, Account Giving and Improvisational Competencies in the Founding Process. In: *Research Policy, Vol. 32(2)*, S. 255 f.

217 Nathusius (2001a): a. a. O., S. 71 f.

218 Ähnlich verhält es sich zwischen Bricolage und Improvisation: Während Improvisation stets Bricolage impliziert, können der Bricolage auch geplante Schritte vorausgehen, vgl. Baker et al. (2003a): a. a. O., S. 265.

Unterschiede im Wirkungsgrad der angewandten Instrumente geben, ist aber empirisch und retrospektiv aufgrund vermuteter Rückschaufehler nur schwer zu überprüfen.[219]

3. Vorstellung bislang identifizierter Bootstrap-Instrumente

Nachdem das Bootstrap-Konzept definiert, die Einbeziehung umstrittener Instrumente diskutiert und das Konzept gegenüber verwandten Konstrukten abgegrenzt wurde, sollen nun die in der Literatur bislang identifizierten Bootstrap-Instrumente vorgestellt werden. Dies dient zum einen der besseren Veranschaulichung ihrer praktischen Relevanz, wie auch der Identifizierung von Abfragekriterien für die spätere empirische Untersuchung. Der Vollständigkeit halber werden zunächst auch die Bootstrap-Instrumente i. w. S. erwähnt. Bei der Auswahl der Abfragekriterien für die empirische Untersuchung des Bootstrap-Verhaltens werden diese allerdings nicht mehr berücksichtigt.[220]

Da, wie erwähnt, eine allumfassende Auflistung potenzieller Bootstrap-Instrumente als nicht durchführbar erscheint, ist es ratsam, die bislang identifizierten Instrumente zu kategorisieren. Ergebnis dieser Kategorisierung ist lediglich die übersichtlichere Darstellung bisher identifizierter Instrumente. Die Gründe hierfür werden in den nächsten Abschnitten erörtert.

3.1 Anforderungen an eine zielorientierte Kategorisierung

Kategorisierung ist ein Prozess, bei dem unterschiedliche Objekte nach ausgewählten Merkmalen als gleichwertig eingestuft werden. Sie ist ein fundamentaler kognitiver Vorgang bei Wahrnehmung und Verständnis von Konzepten und Objekten, beim Entscheidungsprozess und bei allen Arten von Interaktion mit der Umwelt.[221] Der Begriff „Kategorisierung" bedeutet das Festlegen von Klassen ähnlicher Elemente. An Kategorisierungen können verschiedene Anforderungen gestellt werden.

---

219 Vgl. grundlegend Rüdiger F. Pohl (1992): Der Rückschau-Fehler: Systematische Verfälschung der Erinnerung bei Experten und Novizen. In: *Kognitionswissenschaft, Vol. 3(1)*

220 Für eine Begründung siehe Abschnitt III.2.1 auf Seite 60 f. dieser Arbeit.

221 Vgl. M. I. Jordan und S. Russel (1999): Categorization. In: *Robert A. Wilson (Hrsg.): The MIT Encyclopedia of the Cognitive Sciences*, S. 104 ff.

- Bei der Erstellung von Kategorien empfiehlt es sich, diese derart zu bilden, dass sie gegenseitig überschneidungsfrei und insgesamt erschöpfend sind. Das bedeutet, dass *alle* möglichen Elemente *eindeutig* zu einer Kategorie zuordenbar sind.
- Die Zahl der Kategorien soll überschaubar sein, um handhabbar zu bleiben.
- Die Kategorisierung soll im Zusammenhang mit dem Untersuchungsziel stehen.

Vor allem die letzte Forderung wirft im Hinblick auf die Kategorisierung des Bootstrap-Instrumentariums Fragen auf: Es ist vorab zu konstatieren, dass es keine aus theoretischen Überlegungen zwingend erscheinende Kategorisierung von Bootstrap-Instrumenten gibt. Im Idealfall müssten sie nach ihrer gemeinsamen Verwendung durch die Gründer kategorisiert werden, um Unterschiede hinsichtlich der Einflussfaktoren und Erfolgswirkungen argumentieren zu können. Auf Basis der bestehenden Forschung lassen sich jedoch keine überzeugenden Kategorisierungskriterien ableiten. Ein Ziel der Untersuchung ist daher auch die explorative Identifizierung gemeinsam zur Anwendung gelangender Instrumente.

3.2 Darstellung und Diskussion verschiedener Kategorisierungsalternativen

In den Abschnitten III.3.2.1 bis III.3.2.4 werden verschiedene Kategorisierungskriterien diskutiert. III.3.2.5 fasst die Kategorisierungsüberlegungen zusammen, bevor in III.3.3 und III.3.4 das Bootstrap-Instrumentarium vorgestellt wird.

3.2.1 Kategorisierung nach der Wirkung auf den Zahlungsmittelbestand

Die bereits in der Definition des Finanzierungsbegriffs angedeuteten Kategorien

- Beschleunigung des Zahlungsmitteleingangs
- Erhöhung des Zahlungsmitteleingangs
- Reduzierung bzw. Vermeidung des Zahlungsmittelabgangs und
- Verzögerung des Zahlungsmittelabgangs

sind vollständig und überschaubar. Allerdings sind die Bootstrap-Instrumente ihnen nicht immer eindeutig zuordenbar. So ist z. B. nicht eindeutig zu erkennen, ob die gemeinsame Entwicklung von Ressourcen zur Beschleunigung des Zahlungsmitteleingangs durch früheren Markteintritt oder lediglich zu einer Reduzierung des Zahlungsmittelabgangs durch Nutzung fremder Kapazitäten führt. Zudem ist ein Zusammenhang zum Untersuchungsziel, der Identifizierung von Einflussfaktoren und dem Nachweis von Erfolgswirkungen, nicht eindeutig erkennbar. Diese Kategorisierung wird daher nicht weiter betrachtet.

3.2.2 Kategorisierung nach ihrer gemeinsamen Verwendung auf Basis bisheriger Studien

In Anlehnung an die bisherigen Arbeiten zur Bootstrap-Thematik kann eine Kategorisierung entlang der von den jeweiligen Autoren identifizierten Dimensionen erfolgen.[222] Abb. 10 gibt einen Überblick über die jeweils verwendeten Kategorisierungskriterien.

Autoren	Angewendete Kategorisierungsdimensionen
Freear et al. (1995) sowie Harrison et al. (1997)	▪ Instrumente zur Produktentwicklung ▪ Instrumente zur Geschäftsentwicklung
Winborg und Landström (2001)	▪ Gründerbasierte Instrumente ▪ Verzögerung von Zahlungsausgängen ▪ Minimierung von Lagerhaltungskosten ▪ Minimierung von Außenständen ▪ Gemeinsame Nutzung von Ressourcen ▪ Beihilfe-orientierte Instrumente
Neeley (2003)	▪ Gründerbasierte Instrumente und Ausleihen ▪ Beziehungsorientierte Instrumente ▪ Tauschgeschäfte (Barter) ▪ Kooperationen ▪ Kundenfinanzierung ▪ Cash oder Asset Management ▪ Leasing ▪ Outsourcing ▪ Subventionen und Beihilfen
Ebben und Johnson (2006)	▪ Gründerbasierte Instrumente ▪ Verzögerung von Zahlungsausgängen ▪ Kundenorientierte Instrumente ▪ Gemeinsame Nutzung von Ressourcen

Abb. 10: Verwendete Kategorisierungsdimensionen früherer Studien

Die verwendeten Kategorisierungskriterien besitzen allerdings zwei wesentliche Nachteile: Erstens gehen sie von Bootstrap-Instrumenten i. w. S. aus, also auch von rein monetären Instrumenten, und sind daher – gegeben den Fokus auf Bootstrap-Instrumente i. e. S. – nicht im Hinblick auf das Untersuchungsziel dieser Arbeit gebildet worden. Zum anderen sind die

222 Vgl. Winborg und Landström (2001): a. a. O., S. 243 f.

Kategorien ohne Bezug zu einer gemeinsamen Anwendung abgeleitet worden oder konnten eine verwendungsbasierte Kategorisierung mit Hilfe statistischer Methoden nicht zufrieden stellend vornehmen. So können die von WINBORG UND LANDSTRÖM mittels einer Faktorenanalyse aufgestellten Dimensionen lediglich einen Varianzanteil von 46,8 Prozent erklären.[223] Auch die im Anschluss auf Basis der Arbeit von WINBORG UND LANDSTRÖM durchgeführte Faktorenanalyse von EBBEN UND JOHNSON erreicht keinen höheren Wert.[224] Zudem stellt sich die Frage der Gültigkeit einer Übertragung der Kategorisierungsversuche auf ein anderes Land. Die vorgestellten Kategorisierungsversuche sollen daher in dieser Arbeit ebenfalls nicht verwendet werden.

3.2.3 Kategorisierung nach den Bezugsquellen der erhaltenen Ressourcen

Eine Klassifizierung von Instrumenten nach den Bezugsquellen hat den Vorteil, dass eine eindeutige Zuordnung aller bisher identifizierten Bootstrap-Instrumente erfolgen kann und somit eine strukturierte Identifikation potenzieller Quellen alternativer Finanzierungsinstrumente ermöglicht wird. Hierzu kann ein Stakeholder Modell auf Basis von FREEMAN (1983) verwendet werden.[225] Da auch hier kein Zusammenhang mit den Forschungsfragen zu erkennen ist, dient diese Darstellung lediglich der übersichtlicheren Darstellung bislang identifizierter Instrumente.

Das Stakeholder Modell betrachtet folgende Akteure: die Gründer selbst, ihre Mitarbeiter, Freunde und Verwandte, Lieferanten und Dienstleister, andere Unternehmen, Kunden sowie öffentliche bzw. halböffentliche Institutionen (z. B. Förderanstalten, Universitäten etc.). Konzeptionell kann es Abb. 11 entnommen werden.

[223] Vgl. Winborg und Landström (2001): a. a. O., S. 244.

[224] Zudem bilden Ebben und Johnson willkürlich drei Faktoren und unterteilen den ersten Faktor später ohne statistische Untermauerung in zwei Komponenten. Vgl. Ebben und Johnson (2006): a. a. O., S. 859.

[225] Vgl. R. Edward Freeman und David L. Reed (1983): Stockholders and Stakeholders: A New Perspective on Corporate Governance. In: *California Management Review, Vol. 25(3)*, S. 88 ff. sowie ausführlich in R. Edward Freeman (1984): Strategic Management: A Stakeholder Approach.

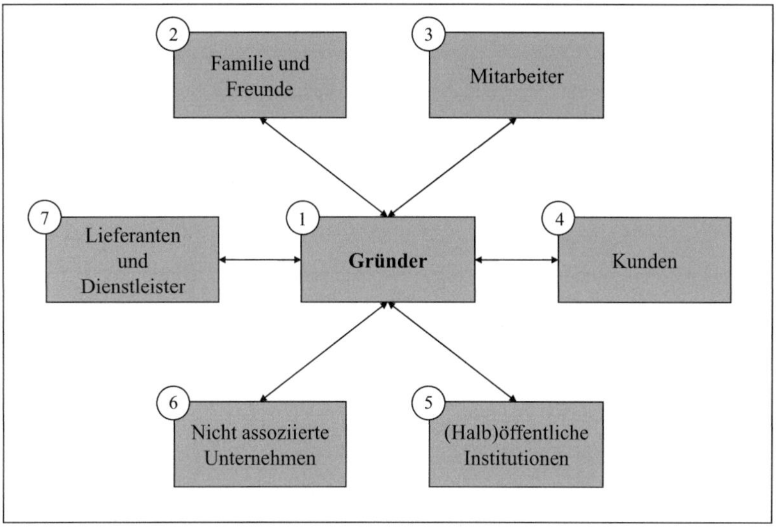

Abb. 11: *Stakeholder Modell zur Identifizierung potenzieller Bootstrap-Instrumente. Quelle: Eigene Darstellung in Anlehnung an Freeman (1983)*

3.2.4 Kategorisierung nach potenziell unterschiedlichen Einflussfaktoren und Erfolgswirkungen

Die Instrumente können ebenso nach der Unterschiedlichkeit der auf sie wirkenden Einflussfaktoren und Erfolgswirkungen kategorisiert werden. Eine derartige Kategorisierung besitzt mangels bestehender Forschung allerdings spekulativen Charakter. Dennoch erfolgt im Folgenden eine derartige Kategorisierung, deren Gültigkeit im empirischen Teil überprüft wird: Nach verschiedenen Einflussfaktoren kann das Bootstrap-Instrumentarium in interne und externe (beziehungsorientierte und marktähnliche) sowie nach verschiedenen Erfolgswirkungen in strategische und nicht-strategische Instrumente unterteilt werden:

Die Unterscheidung zwischen internen und externen Instrumenten basiert auf der von WINBORG UND LANDSTRÖM (2001) im Nachgang zu ihrer Untersuchung vorgenommenen Kategorisierung des Bootstrap-Instrumentariums in interne und externe (beziehungsorientierte und marktähnliche) Instrumente.[226] Während interne Instrumente dadurch charakterisiert wer-

[226] Vgl. Winborg und Landström (2001): a. a. O., S. 247.

den können, dass ihre Anwendung nicht von der Zustimmung Dritter abhängt, erfordern externe Instrumente stets eine bewusste Ressourcenbereitstellung außenstehender Dritter. Bei beziehungsorientierten Instrumenten sind dies Dritte aus dem (erweiterten) sozialen Netzwerk der Gründungsbeteiligten. Für marktähnliche Instrumente besteht i. d. R. keine vorherige Beziehung zu den Interaktionspartnern.

Interne und externe Instrumente können ebenso nach ihrer vermuteten Erfolgswirkung kategorisiert werden. Die Erfolgswirkungen gliedern sich nach dem jeweiligen Zielerreichungsgrad der Finanzierungsaufgabe (Liquidität, Rentabilität, Risikoreduktion und Unabhängigkeit) und dem potenziellen Aufbau von Wettbewerbsvorteilen.[227] Während von einer liquiditätssteigernden und tendenziell profitabilitätssteigernden Wirkung aller Instrumente ausgegangen wird, Unabhängigkeit durch den nicht-verpflichtenden Charakter der Instrumente erreicht wird und das Maß der Risikoreduktion nur bei renditeorientierten Instrumenten mit gleichzeitig verpflichtendem Charakter relevant ist, können sich die vermuteten Wirkungen auf den Aufbau von Wettbewerbsvorteilen je nach Instrument unterscheiden. Die Instrumente sollen daher zusätzlich zu der Vorab-Kategorisierung in interne und externe Instrumente nach ihrer potenziellen Eignung für den Aufbau von Wettbewerbsvorteilen in strategische und nichtstrategische Instrumente eingeteilt werden. Diese Einteilung basiert auf einer subjektiven Einschätzung des Autors hinsichtlich dieses Potenzials und ist daher u. U. nicht immer trennscharf.

3.2.5 Fazit der Kategorisierungsüberlegungen

Die Kategorisierungsüberlegungen haben folgende Implikationen für das weitere Vorgehen bei der Hypothesenbildung und -überprüfung: Aufgrund der Tatsache, dass keine Kategorisierung den erörterten Anforderungen entspricht, soll zunächst eine Perspektive auf das Bootstrap-Verhalten in den Vordergrund gestellt werden, die sich mit der Gesamtnutzungsintensität aller Instrumente beschäftigt. Diese wird als Summe der einzeln abgefragten Skalenwerte bezüglich der Nutzungsintensität berechnet und im Folgenden als Bootstrap-Intensität (BSI) bezeichnet. Alle gebildeten Hypothesen beziehen sich auf dieses im Folgenden als BSI bezeichnete Konstrukt.

[227] Vgl. hierfür die Ausführungen in Abschnitt IV.3 auf S. 126 ff.

Gelingt es in der empirischen Untersuchung, statistisch nachzuweisen, dass Gründer zwischen der Verwendung interner und externer bzw. strategischer und nicht-strategischer Instrumente unterscheiden, können die gebildeten Hypothesen auch hinsichtlich dieser Kategorisierung überprüft werden. Unterscheiden die Gründer hingegen nicht zwischen der Anwendung dieser vorab gebildeten Kategorien, so sind reliable und valide Aussagen über Unterschiede in den Einflussfaktoren und Erfolgswirkungen der unterschiedlichen Instrumentenkategorien im Rahmen dieser Arbeit nicht möglich.[228]

3.3 Vorstellung Bootstrap-Instrumente auf Basis des Stakeholder Modells

Im Rahmen der Literaturrecherche konnten verschiedene als Bootstrap-Instrumente bezeichnete Vorgehensweisen zur alternativen Finanzierung identifiziert werden.[229] Die folgenden Abbildungen geben einen Überblick über bislang identifizierte Bootstrap-Instrumente entlang der Stakeholder Kategorien.

---

[228] Vgl. die Ausführungen über Reliabilität und Validität von Messinstrumenten in Abschnitt VI.4.1.1 sowie die Überprüfung dieser statistischen Gütekriterien für die vorab gebildeten Kategorien in Abschnitt VI.4.2.7.

[229] Anhang 1.1 bietet eine Übersicht über die wörtliche Nennung der Instrumente im Original und nennt Quellen.

1 Gründerspezifische Instrumente

- Verwendung persönlicher Kreditkarten
- Erhöhung des Zahlungseingangs durch abhängige Beschäftigung oder Nebenleistungen
- Einbehaltung des Geschäftsführergehaltes
- Ausübung der selbständigen Tätigkeit von zu Hause aus
- Verwendung persönlicher Ersparnisse
- Verwendung von Hypotheken auf das Wohneigentum
- Beleihung privater Lebensversicherungen
- Verzicht auf Lagerbestände
- Entwicklung von Produkten oder Dienstleistungen nachts oder am Wochenende
- Reduzierung des Geschäftsführergehaltes
- Verkauf persönlichen Vermögens

2 Instrumente durch Nutzung Familie und Freunde

- Beschäftigung von Familienmitgliedern oder Freunden zu geringem Lohn
- Erhalt von Beratungsleistungen durch Familie oder Freunde
- Erhalt von (zinslosen) Darlehen von Familie oder Freunden
- Erhalt von Geschenken

3 Mitarbeiterspezifische Instrumente

- Bevorzugte Einstellung von Praktikanten oder Freiberuflern statt Festangestellten
- Verzögerung der Auszahlungen an Mitarbeiter
- Ausgabe von Anteilsoptionen

4 Kundenspezifische Instrumente

- Auswahl schnell zahlender Kunden
- Ausschluss säumiger Kunden
- Berechnung Mahngebühren
- Angebot von Rabatten für Sofortzahler
- Erhalt von Kundenanzahlungen
- Beschleunigung Rechnungsausgang
- Erhalt von kundenfinanzierter F& E
- Angebot gleicher Konditionen für alle Kunden
- Verwendung von Empfehlungsmarketing

5 (Halb)öffentliche Institutionen

- Verzögerung von Steuerzahlungen und sonstigen Abgaben
- Erhalt öffentlicher Fördergelder
- Kommerzialisierung von universitären Forschungsleistungen
- Erhalt von öffentlichen Kreditgarantien
- Erhalt von Forschungsgeldern

Kategorie	Instrumente	Instrumente
(6) Instrumente zur Anwendung bei nicht assoziierten Unternehmen	▪ Fakturierung offener Forderungen ▪ Gemeinsamer Wareneinkauf mit anderen Unternehmen ▪ Gemeinsame Verwendung von Geräten oder Maschinen mit anderen Unternehmen ▪ Gemeinsame Nutzung von Büroräumen oder sonstiger Infrastruktur	▪ Gemeinsame Nutzung von Mitarbeitern mit anderen Unternehmen ▪ Auslagerung von ehemals selbst durchgeführten Kernaktivitäten ▪ Fakturierung von Lagerbeständen ▪ Nutzung von Überkapazitäten anderer Unternehmen ▪ Durchführung von Tauschgeschäften (Barter)
(7) Lieferanten- und dienstleister-spezifische Instrumente	▪ Verzögerung von Zahlungen an Lieferanten ▪ Verhandlung bester Konditionen mit Lieferanten unterhalb des Marktpreises ▪ Erhalt von Handelswaren auf Kommission ▪ Verhandlung bester Konditionen mit Dienstleistern unterhalb des Marktpreises ▪ Abschluss von Leasingvereinbarungen statt Kauf ▪ Ausleihe von benötigten Geräten oder Maschinen statt Miete oder Kauf	▪ Bevorzugter Kauf von gebrauchten Geräten oder Maschinen statt Neuanschaffung ▪ Sondervereinbarungen bei Büromiete ▪ Kostenloser Zugang zu Wissen oder Technologien ▪ Kostenloser Zugang zu benötigten Geräten und Maschinen ▪ Erhalt von günstiger Ausstattung durch Einsatz als Beta Tester für Lieferanten ▪ Abgabe von geringen prozentualen Anteilen für bestimmte Dienstleistungen ▪ Verhandlung von Skonti auf Barzahlungen

Abb. 12: Bislang identifizierte Bootstrap-Instrumente i. w. S.

In dieser Auflistung wurden alle dem Autor bekannten Studien verwendet, im Rahmen derer der Versuch unternommen wurde, Bootstrap-Instrumente aufzulisten oder empirisch abzufragen. Studien, die nicht explizit den Begriff des Bootstrapping verwenden, sowie Studien, die keinen wissenschaftlichen Charakter aufweisen, wurden ignoriert.

Bei der Erstellung der obigen Abbildungen wurden folgende bei FREEAR ET AL (1995) sowie bei HARRISON ET AL (2004) verwendeten Instrumente vernachlässigt: (1) Kommerzialisierung eines existierenden Shareware Produkts, (2) Kommerzialisierung von Open Source Software, (3) Erhalt so genannter "porting fees" für die Migration von Software auf andere Plattformen und (4) Verwendung von Open Source Entwicklungstools.[230] Diese Instrumente sind bei einer sektorübergreifenden Untersuchung wie der vorliegenden nicht sinnvoll, da ihre Relevanz auf IT Unternehmen beschränkt ist.

[230] Vgl. Freear et al. (1995): a a. O., S. 396 und Harrison et al. (2004): a. a. O., S. 319.

Auch die bei VAN AUKEN UND NEELEY (1996) genannte Akquisition von Venture Capital wurde ignoriert, da Venture Capital selbst unter großzügiger Auslegung des Bootstrap-Begriffs nicht zum Bootstrap-Instrumentarium gezählt werden kann.[231]

3.4 Vorstellung Bootstrap-Instrumente nach potenziellen Einflussfaktoren und Erfolgswirkungen

Betrachtet man die identifizierten Instrumente, so werden zwei Dinge deutlich: Zum einen erscheint die schiere Anzahl von Instrumenten zu umfangreich, um neben der Abfrage ihrer Anwendung noch weitere Informationen bezüglich der vermuteten Einflussfaktoren und Erfolgswirkungen von den Befragungsteilnehmern einholen zu können. Zum anderen scheint es, als könne man verschiedene Instrumente aufgrund ihrer inhaltlichen Nähe zueinander in einem Instrument zusammenfassen. So wurden deshalb die bislang identifizierten Bootstrap-Instrumente i. e. S. durch Expertengespräche mit Gründern, Wissenschaftlern und Gründungsberatern qualitativ verdichtet. Der sich hierdurch ergebende Nachteil des größeren Interpretationsspielraums der potenziellen Befragungsteilnehmer wurde bewusst in Kauf genommen. Ein Beispiel der Zusammenlegung von Instrumenten ist die Verzögerung der Zahlung an Lieferanten und die Verzögerung der Zahlung von Steuern und sonstigen Abgaben.[232]

Neu aufgenommen wurde (1) die Erlangung von geschäftlichen Vorteilen durch die großzügige Auslegung von Verhaltensregeln und Gesetzesvorschriften, (2) der Verzicht auf eigentlich geplante oder bisher durchgeführte Unternehmensaktivitäten, (3) die Bewerkstelligung von Kundenaufträgen oder anderen Unternehmensaktivitäten mit nicht vollkommen geeigneten Mitteln sowie (4) die Wahrnehmung zusätzlicher selbständiger Verdienstmöglich-

[231] Vgl. Van Auken und Neeley (1996): a. a. O., S. 245.

[232] Eine komplette Liste der ursprünglichen und verdichteten Instrumente findet sich in Anhang 1.1 und 1.2.

keiten abseits der Kernleistung.[233] Diese Instrumente entstammen der Bricolage-Literatur, deren Instrumente integraler Bestandteil des Bootstrap-Konzepts sind.[234]

Die Instrumente werden entlang interner und externer Instrumente sowie entlang solcher mit und ohne Potenzial zum Aufbau von Wettbewerbsvorteilen gegliedert. Da eine erschöpfende Auflistung aller möglichen Instrumente nicht darstellbar erscheint, erheben die folgenden Darstellungen in Abb. 13 keinen Anspruch auf Vollständigkeit.

233 Vgl. Ted Baker und Howard E. Aldrich (2000): Bricolage and Resource-Seeking: Improvisational Responses to Dependence in Entrepreneurial Firms. Working Paper Department of Sociology at the University of North Carolina, Download unter http://www.unc.edu/~healdric/Workpapers/WP134.pdf am 22.09.2006

234 Vgl. die Ausführungen zur Abgrenzung des Bootstrap-Begriffs zur Bricolage in Abschnitt III.2.3.2.

	Instrumente mit Potenzial zum Aufbau von Wettbewerbsvorteilen	Instrumente ohne Potenzial zum Aufbau von Wettbewerbsvorteilen
Interne Instrumente	▪ Minimierung des Ressourcenbedarfs durch großzügige Auslegung bestehender Gesetze, Vorschriften oder anerkannter Verhaltensregeln ▪ Bewerkstelligung von Kundenaufträgen oder anderen Unternehmensaktivitäten mit intern vorhandenen aber eigentlich nicht vollkommen geeigneten Mitteln ▪ Einforderung unbezahlter Überstunden oder andere über das normale Maß hinaus gehende Beanspruchung intern vorhandener Ressourcen ▪ Wahrnehmung zusätzlicher selbstständiger Verdienstmöglichkeiten abseits der eigentlichen Kernleistung (keine Teil- oder Nebenprodukte) ▪ Frühzeitige Vermarktung von Teil- oder Nebenprodukten der Kernleistung	▪ Beschleunigung des Zahlungseingangs durch optimierte Rechnungsstellung, Berechnung von Mahngebühren oder Fokussierung auf schnell zahlende Kunden ▪ Verzögerung von eigentlich notwendigen Investitionen ▪ Beschaffung benötigter Inputfaktoren jeglicher Art zur Erstellung der Kernleistung erst bei Anbahnung bzw. nach Eingang von Kundenaufträgen ▪ Verzögerung von fälligen Zahlungen an Dritte, z. B. Lieferanten, Dienstleister oder Finanzamt ▪ Verzicht auf eigentlich geplante oder bisher durchgeführte Unternehmensaktivitäten z. B. durch Reduktion des Leistungsangebots ▪ Aktives Angebot von Kundenrabatten in Leerzeiten bzw. bei nicht ausgelasteten Kapazitäten ▪ Beschäftigung von formal unterqualifizierten Mitarbeitern oder von Mitarbeitern unterhalb des Marktlohns
Externe Instrumente	▪ Durchführung von Preisvergleichen und erfolgreiche Aushandlung äußerst günstiger Konditionen bei Käufen jeglicher Art ▪ Bewerkstelligung von Kundenaufträgen oder anderen Unternehmensaktivitäten mit eigentlich nicht vollkommen geeigneten Mitteln, die über Dritte bezogen wurden ▪ Annahme von Kundenaufträgen mit hohen Individualisierungswünschen ▪ Gemeinsame Entwicklung von Ressourcen, z. B. neuen Technologien, Verfahren, Produkten, Vertriebssystemen etc. mit Dritten ▪ Nutzung von kostenlos zugänglichen oder deutlich unterhalb des Marktpreises erhältlichen Ressourcen ▪ Durchführung von nichtfinanziellen Tauschgeschäften	▪ Auslagerung von geplanten oder ehemals selbst durchgeführten Aktivitäten, z. B. Entwicklung, Vertrieb, Logistik etc. ▪ Gemeinsame Anschaffung oder Nutzung von Ressourcen, z. B. Maschinen, Büros, Mitarbeitern etc. mit Dritten ▪ Miete, Leasing oder Gebrauchtkauf von benötigten Mitteln anstatt Neukauf ▪ Beschleunigung des Zahlungseingangs durch Erhalt von Kundenanzahlungen oder Finanzierung der Entwicklungsleistung durch strategische Partner

Abb. 13: Verwendete Bootstrap-Instrumente i. e. S.

IV. Einflussfaktoren auf das Bootstrap-Verhalten und mögliche Erfolgswirkungen

Das folgende Kapitel leitet Hypothesen bez. der Einflussfaktoren und Erfolgswirkungen des Einsatzes von Bootstrap-Instrumenten ab. Hierzu wird zunächst diskutiert, weshalb die identifizierten Zugangs- und Anreizbeschränkungen bei der Inanspruchnahme professioneller Finanzierungsinstrumente bei Nutzung des Bootstrap-Instrumentariums geringer ausfallen oder anders ausgestaltet sind (IV.1). Zwar unterscheiden die Ausführungen hierbei zwischen internen (IV.1.1) und externen (IV.1.2) Instrumenten. Diese Unterscheidung wird allerdings in der Nachbetrachtung der Diskussion aufgegeben (IV.1.3).

In IV.2 werden dann die Hypothesen bez. potenzieller Einflussfaktoren abgeleitet. Dies geschieht, indem erörtert wird, welches Verständnis den einzelnen Kategorien der Einflussfaktoren [Ressourcen und Fähigkeiten der Gründer (IV.2.1), gründungsstrategische Parameter (IV.2.2) und Umweltbedingungen (IV.2.3)] zugrunde liegt und welche Zugangs- und Anreizeffekte auf das Bootstrap-Verhalten bestimmte Ausprägungen dieser Einflussfaktoren besitzen. Bei eindeutiger Richtung werden Hypothesen formuliert.

Daraufhin werden in IV.3 potenzielle Erfolgswirkungen des Einsatzes von Bootstrap-Instrumenten diskutiert. Hierzu wird zunächst der Erfolgsbegriff spezifiziert (IV.3.1). Daraufhin werden die objektiven Wirkungen auf die verschiedenen Finanzierungsziele thematisiert. Da die objektiven Wirkungen im Vergleich zum unterlassenen Einsatz p. d. positiv sind und objektive Erfolgswirkungen bei Unternehmensgründungen nur schlecht vergleichbar sind, wird versucht, diese subjektiv zu erfassen. Hierzu wird auf Basis der Motivationstheorie von McClelland (1961) eine Hypothese bez. intensiv bootstrappender Gründer gebildet (IV.3.2). Zudem werden aus dem Aussagegerüst des ressourcenorientierten Ansatzes Vermutungen hinsichtlich des Aufbaus von Wettbewerbsvorteilen formuliert (IV.3.3).

Das Kapitel endet in IV.4 mit einer zusammenfassenden Darstellung der Hypothesen dieser Arbeit.

1. Diskussion von Zugangs- und Anreizbeschränkungen bei der Anwendung von Bootstrap-Instrumenten

Der nun folgende Abschnitt dient der Diskussion, ob Bootstrap-Instrumente ähnlichen Zugangs- und Anreizbeschränkungen unterliegen, welche die NIÖ bei der Inanspruchnahme professioneller Finanzierungsinstrumente vermutet. Nur bei stichhaltigen Argumenten dafür, dass der Einsatz von Bootstrap-Instrumenten nicht den gleichen Beschränkungen in vergleichbarem oder geringerem Ausmaß unterworfen ist, ergeben sich theoretische Anhaltspunkte für eine der Kernhypothesen dieser Arbeit: Der Einsatz von Bootstrap-Instrumenten ist bei Unternehmensgründungen von hoher Relevanz. Gleichzeitig ergeben sich durch die Betrachtung erste Hinweise auf die Wirkungsweise potenzieller Einflussfaktoren des Bootstrap-Verhaltens.

1.1 Zugangs- und Anreizbeschränkungen interner Bootstrap-Instrumente

Beim Einsatz interner Instrumente bringt der Gründer verfügbare Ressourcen in unkonventionelle Verwendungen. Ein Beispiel hierfür ist die Bewerkstelligung von Kundenaufträgen mit internen nicht vollkommen geeigneten Mitteln.[235] Der Gründer ist hierbei nicht direkt auf die Zustimmung von Dritten angewiesen. Die Frage nach der Gültigkeit identifizierter Zugangsbeschränkungen entlang der institutionenökonomischen Argumentation stellt sich daher nicht, da diese von der Existenz asymmetrisch informierter Interaktionspartner ausgeht. Zwar können auch beim Einsatz interner Bootstrap-Instrumente Dritte beteiligt sein, z. B. die schnell zahlenden Kunden, hierbei trägt allerdings nunmehr der Gründer das oben angesprochene Verhaltensrisiko. Mit dem Einsatz dieser Gruppe von Instrumenten ist aber weder eine Übertragung von Verfügungsrechten an Dritte verbunden noch entstehen quantifizierbare Transaktionskosten oder Anreize eines Fehlverhaltens seitens des Gründers, die dieser durch die in Abschnitt II.3.1.3 angesprochenen Lösungsmechanismen (Signaling, Self-Selection) lindern muss. Es kann also davon ausgegangen werden, dass Gründer, die den Zugangsbeschränkungen aus II.3.1 unterworfen sind, trotzdem interne Bootstrap-Instrumente anwenden können. Die Motivation zur Anwendung von internen Bootstrap-Instrumenten wird nicht wie bei der

[235] Vgl. die Auflistung bislang identifizierter Bootstrap-Instrumente in Abschnitt III.3.3.

Erörterung von Anreizbeschränkungen bei professionellen Finanzierungsinstrumenten durch potenziell hieraus resultierende Kontrollverluste gesenkt. Allerdings existieren hier andere Beschränkungen, die von ähnlichen Faktoren abhängen, wie sie bei der Überwindung von Beschränkungen zu professionellen Finanzierungsinstrumenten skizziert wurden. Die folgenden Ausführungen beschreiben diese beispielhaft.

Hinsichtlich potenzieller Einflussfaktoren ist festzustellen, dass Gründer – entweder durch ihre persönlichen intellektuellen Fähigkeiten, bisherige Erfahrungen oder erhaltene Informationen von Dritten – Kenntnis von der Möglichkeit zur Anwendung von internen Bootstrap-Instrumenten und damit ausreichenden Zugang zu ihnen erlangen müssen.[236] Dies soll insofern berücksichtigt werden, als dass intellektuelle Fähigkeiten und bisherige Erfahrungen im Humankapital des oder der Gründer zum Ausdruck kommen und die Menge und Qualität relevanter Informationen von Dritten über das soziale Kapital der Gründer konzeptualisiert werden. Diese dem Gründer zur Verfügung stehenden Ressourcenkategorien sind daher potenzielle Einflussfaktoren auf das Bootstrap-Verhalten. Auch der Anreiz zur Anwendung wird von diesen Faktoren beeinflusst: Hohes Humankapital und hohes Sozialkapital senkt die mit der Anbahnung und Durchführung von Bootstrap-Instrumenten in Zusammenhang stehenden internen Transaktionskosten.

Die Nutzung interner Bootstrap-Instrumente wird zudem von den sonstigen den Gründern zur Verfügung stehenden Ressourcen abhängen. Dies soll hier am Beispiel der finanziellen Ressourcenausstattung demonstriert werden:[237] Eine hohe finanzielle Ausstattung hat zum einen eine positive Signalwirkung auf die Interaktionspartner der Gründer. So werden Lieferanten eine Verzögerung der Zahlungen eher akzeptieren, wenn sie wissen, dass die Gründung finanziell gut ausgestattet ist. Dies führt ceteris paribus (c. p.) zu einem erhöhten Zugang zu internen Bootstrap-Instrumenten und hat daher einen positiven Zugangseffekt. Die wahrgenommenen Opportunitätskosten der Anwendung von internen Bootstrap-Instrumenten steigen allerdings wahrscheinlich mit der Höhe der finanziellen Ausstattung bzw. mit dem ausreichenden Zugang zu monetären Finanzierungsinstrumenten aus traditionellen Quellen. So ent-

[236] Stuart und Sorenson (2005) sprechen von der Bereitstellung relevanter Informationen zur Identifizierung von unternehmerischen Handlungsmöglichkeiten durch die Kanäle des sozialen Netzwerks, vgl. Toby E. Stuart und Olav Sorenson (2005): Social Networks and Entrepreneurship. In: *Sharon A. Alvarez et al. (Hrsg.): Handbook of Entrepreneurship Research - Interdisciplinary Perspectives*, S. 235.

[237] Für die detaillierte Betrachtung der anderen Ressourcenkategorien sei auf Abschnitt IV.2 verwiesen.

geht Gründern mit ausreichender finanzieller Ausstattung bei einer nicht abgesprochenen Verzögerung fälliger Zahlungen potenziell eine gute Beziehung zu wichtigen Lieferanten. Dies senkt c. p. den Anreiz einer Anwendung von internen Bootstrap-Instrumenten und hat daher einen negativen Anreizeffekt. Analoge Beispiele lassen sich für andere Bootstrap-Instrumente ebenso konstruieren wie für die physische und technologische Ressourcenausstattung, die die Menge an intern zur Verfügung stehenden Mitteln anzeigt.

Neben den Ressourcen, die der Gründung direkt zur Verfügung stehen, sollen auch die gründungsstrategischen Parameter sowie die Umweltbedingungen berücksichtigt werden. Während die Ausprägungen der gründungsstrategischen Parameter vermutlich sowohl positive als auch negative Effekte aufweist, kann bei den Umweltbedingungen davon ausgegangen werden, dass die Bereitschaft der Stakeholder der Gründung (insb. Kunden und Lieferanten) mit gründerseitig günstigen Umweltbedingungen zunimmt, die Resultate der Anwendung interner Bootstrap-Instrumente (z. B. die mit nicht vollkommen geeigneten Mitteln durchgeführten Kundenaufträge oder die Verzögerung von fälligen Zahlungen) ohne Beanstandung hinzunehmen. Dies sollte sowohl positive Zugangs- wie Anreizeffekte zur Folge haben.

1.2 Zugangs- und Anreizbeschränkungen externer Bootstrap-Instrumente

Bei dem Einsatz von externen Bootstrap-Instrumenten zur Finanzierung des Gründungsvorhabens stellt sich die Frage, weshalb die identifizierten Zugangs- und Anreizbeschränkungen bei der Nutzung professioneller Finanzierungsquellen im Bootstrap-Zusammenhang nicht oder nur in geringerem Maße Gültigkeit besitzen: Eine adäquate Argumentation muss an den Annahmen der NIÖ ansetzen oder zumindest aufzeigen, wodurch sich Zugang und Anreiz der Gründer im Vergleich zu professionellen Finanzierungsinstrumenten unterscheiden.[238]

Zusammenfassend lässt sich voranstellen, dass Ressourcenbereitsteller nicht immer – wie in der NIÖ angenommen – ökonomische Interessen verfolgen. Dies gilt insbesondere in Situationen, in denen sich Gründer und Ressourcengeber kennen bzw. einem gemeinsamen sozia-

[238] Positive Anreize zur Zustimmung einer Ressourcenüberlassung seitens der Ressourcenbereitsteller sind aus Sicht der Gründer niedrigere Zugangsbeschränkungen bei der Anwendung von Bootstrap-Instrumenten.

len Umfeld entstammen (IV.1.2.1).[239] Selbst wenn Ressourcengeber rein ökonomische Ziele verfolgen, muss über die Bedeutung opportunen Verhaltens im Kontext sozial eingebetteter Interaktionspartner diskutiert werden (IV.1.2.2). Zusätzlich lassen sich im Fall einander bekannter Interaktionspartner die als vereinbarungshemmend beschriebenen Transaktionskosten beider Seiten erheblich reduzieren (IV.1.2.3).

Bei einer Abstrahierung von der sozialen Einbettung der Interaktionspartner lässt sich zeigen, weshalb Anreizbeschränkungen in Form von befürchteten Kontrollverlusten geringer ausfallen können (IV.1.2.4). Ebenso können die im Vergleich zu professionellen Finanziers weniger gut geschützten Verfügungsrechte der Ressourcenbereitsteller sowie die hieraus resultierende Anwendbarkeit von Lösungsmechanismen der Principal-Agent-Theorie (die im Rahmen professioneller Finanzierungsvereinbarungen als häufig untauglich beschrieben wurden) zu verringerten Zugangsbeschränkungen bei der Anwendung von Bootstrap-Instrumenten führen (IV.1.2.5).

1.2.1 Nichtökonomische Zielsetzungen der Ressourcenbereitsteller

Die Neue Institutionenökonomik geht als Erweiterung der neoklassischen Theorie vom Homo Oeconomicus aus, der nach Eigennutzenmaximierung strebt.[240]

Selbst wenn von der Maxime der Eigennutzmaximierung nicht abgegangen wird, so lassen sich dennoch nicht-ökonomisch bedingte Nutzenbestandteile identifizieren, die potenzielle Ressourcenbereitsteller dazu veranlassen, Gründern abseits von Marktmechanismen einen Ressourcenzugang anzubieten. Dies kann z. B. dann der Fall sein, wenn Ressourcenbereitsteller aus dem sozialen Umfeld des Gründers das Geschäftsvorhaben unterstützen. Die hierdurch zur Verfügung gestellten Ressourcen können verschiedene Formen annehmen: Sie reichen von zur Verfügung gestellten Finanzmitteln über Beratungs- und Vermittlungsleistungen bis hin zur Überlassung nicht ausgelasteter Ressourcen. Die eigennutzenorientierten nichtökonomischen Motive zur Überlassung der Ressourcen reichen vom Erhalt oder Ausbau einer zwischenmenschlichen Beziehung (Freundschaft) über die mit einer Unterstützung verbun-

239 Vgl. die Ausführungen zur Resource Cooptation via Social Contracting in Abschnitt III.2.3.1 dieser Arbeit.

240 Vgl. Wolff (1999): a. a. O., S. 135.

dene innere Genugtuung bis hin zur Anerkennung in der Gesellschaft.[241] Von diesen Zielsetzungen wird bei der Betrachtung professioneller Finanzierungsvereinbarungen i. d. R. abstrahiert.[242] Die Berücksichtigung dieser Zielsetzungen ist aber im Rahmen der Betrachtung der Anwendung von Bootstrap-Instrumenten relevant. Sie deutet an, dass der Zugang zu diesen Instrumenten u. a. eine Funktion des sozialen Kapitals der Gründer ist. Negative Anreize, die die tatsächliche Nutzung verhindern, treten in diesem Fall nicht im gleichen Maße auf, wie bei der Inanspruchnahme professioneller Finanzierungsinstrumente, da mit dieser Art des Ressourcenaustauschs keine Übertragung von Informations- oder Einwirkungsrechten verbunden ist.

1.2.2 Opportunistisches Verhalten in der Kontextbetrachtung

Zum Teil können auf den ersten Blick nicht-ökonomisch motivierte Handlungen ihre ökonomische Wirkung erst langfristig entfalten bzw. erschließt sich diese erst durch die kontextabhängige Betrachtung der Gesamtsituation. Hierbei können zwei Fälle unterschieden werden:

(1) Wenn der Ressourcenbereitsteller für die erbrachte Leistung implizit eine Gegenleistung erwartet (z. B. in Form zukünftiger Gefallen des Gründers oder zukünftiger Aufträge durch das hoffentlich erfolgreiche junge Unternehmen).

(2) Wenn der Ressourcenbereitsteller sich von der erbrachten Leistung eine bestimmte Wirkung (z. B. Reputation) bei Dritten erhofft, deren Existenz für die Verfolgung anderer ökonomischer Ziele für ihn von Vorteil ist.[243]

---

241 Vgl. Starr und McMillan (1990): a. a. O.S. 81 f. und Pierre Bourdieu (1986): The Forms of Capital. In: *John G. Richardson (Hrsg.): Handbook of Theory and Research for the Sociology of Education*, S. 247.

242 Zwar tauchen diese Nutzenbestandteile auch in der Diskussion über die Motivation so genannter Business Angels auf. Es wird aber stets auf die Renditeorientierung dieser informellen Investoren hingewiesen. Vgl. Heinz Klandt (2001): Business Angels Closing the Gap. In: *Klaus Nathusius et al. (Hrsg.): Beiträge zur Unternehmensgründung*, S. 166. Anders sehen dies für den deutschen Markt Malte Brettel et al. (2000): Business Angels. Der informelle Beteiligungsmarkt in Deutschland, S. 2 f.

243 So vermutet Johannisson (1995) "Exchange is by nature reciprocal and even if delay is accepted in a personal tie, the imbalance cannot be kept forever." Vgl. Bengt Johannisson (1995): Paradigms and Entrepreneurial Networks – Some Methodological Challenges. In: *Entrepreneurship & Regional Development, Vol. 7(3)*, S. 216.

Im ersten Fall kann das Verhalten des Ressourcenbereitstellers als Wette interpretiert werden. Verstehen sich Gründer darauf, von möglichst vielen Ressourceninhabern derartige Ressourcenzusagen zu erhalten, sind sie unter Umständen in der Lage, den insgesamt ohnehin überschaubaren Ressourcenbedarf in der Aufbauphase zu decken. Dies gelingt insbesondere dann, wenn der Einsatz des Ressourcenbereitstellers für diesen relativ unbedeutend ist, ein möglicher Gewinn allerdings einen hohen Wert besitzt. Ein Beispiel hierfür ist die kostenlose Rechtsberatung in Patentfragen, wenn die ressourcenbereitstellende Kanzlei ohnehin freie Kapazitäten besitzt (z. B. in Form fest angestellter Patentanwälte bei derzeitig niedrigem Auftragsniveau) und zusätzlich davon ausgeht, dass das Unternehmen zukünftig weitere Patente zur Anmeldung bringt. Ob der Ressourcenbereitsteller dem Gründer die benötigten Ressourcen zur Verfügung stellt, hängt vermutlich maßgeblich davon ab, inwieweit der Gründer mit dem Ressourcenbereitsteller vertraut ist bzw. inwiefern er in der Lage ist, den Einsatz des Ressourcenbereitstellers als möglichst gering und den zu erwartenden Gewinn als möglichst hoch darzustellen, ohne sich zu einer marktgerechten Gegenleistung zu verpflichten.[244] Dies mag z. T. von seinen sozialen Kompetenzen abhängen, zusätzlich spielt auch das der Gründung zugeschriebene Wachstumspotenzial eine entscheidende Rolle, da hierdurch der mögliche Gewinn aus einer kostenlosen bzw. unter Marktpreis stattfindenden Ressourcenüberlassung durch den Ressourcenbereitsteller als höher eingestuft wird.

Im zweiten Fall ist die isoliert betrachtete Austauschbeziehung für den Ressourcenbereitsteller nicht vorteilhaft. Sie wird es erst durch die Berücksichtigung externer Effekte, die sich unabhängig von einer zugesicherten Gegenleistung des Gründers ergeben. Ein Beispiel hierfür ist die unter Marktwert erbrachte Bedruckung von Werbematerialien für einen Gründer, der seinerseits in einem Netzwerk junger Unternehmer organisiert ist und von dem sich der Ressourcenbereitsteller eine positive Werbewirkung für seine Dienstleistungen erhofft. Diese Hoffnung wird natürlich verstärkt, wenn der Gründer in der Lage ist, dem Ressourcenbereitsteller zu suggerieren, dass für diesen ein positiver externer Effekt erhältlich ist.

[244] Miles et al. (2005) postulieren zudem, dass die Zusammenarbeit zwischen Austauschpartnern keiner kontinuierlichen Kosten-Nutzen Kalkulation bedarf, da dies die Effektivität der Zusammenarbeit mindern würde. Vgl. Raymond E. Miles et al. (2005): Collaborative Entrepreneurship: How Communities of Networkes Firms Use Continuous Innovation to Create Economic Wealth, S. 42. Hier kann von impliziter Eigennutzenmaximierung ausgegangen werden, da der Austauschpartner die einseitig anfallenden Transaktionskosten der Kosten Nutzen Kalkulation trägt und dies seinen aus dem langfristigen Austausch erwarteten Nutzen schmälert.

In beiden Fällen führt das opportunistische Verhalten der Ressourcenbereitsteller bei noch zu diskutierenden Anreizeffekten in Abhängigkeit verschiedener Faktoren zu einer Absenkung von Zugangsbeschränkungen bei der Anwendung von Bootstrap-Instrumenten.

1.2.3 Transaktionskostenreduktion durch soziale Einbettung der Interaktionspartner

Durch die Einbettung der Austauschbeteiligten in ein funktionierendes soziales Umfeld erübrigen bzw. reduzieren sich bestimmte Transaktionskosten, die bei Anonymität der Interaktionspartner anfallen würden.[245] Ein Beispiel sind die bereits angesprochenen und oftmals sowohl für Gründer als auch für Finanziers prohibitiv hohen Such- und Anbahnungskosten. Diese fallen für den Gründer bei Kenntnis des Bereitstellers benötigter Ressourcen eher gering aus. Es resultieren geringere Anreizbeschränkungen. Bestehen zudem hinreichend wirksame Sanktionsmechanismen, die bei einer Verletzung nicht schriftlich festgehaltener Vereinbarungen den gesellschaftlichen Ruf des Verursachers schädigen (z. B. durch soziale Ächtung), so reduziert dieser Mechanismus ansonsten notwendige Vereinbarungs- und Kontrollkosten der Ressourcenbereitsteller.[246] Hieraus ergeben sich geringere Zugangsbeschränkungen.

Ist der relative Wert der zur Verfügung gestellten Ressource für den Ressourceninhaber gering und ist sich das soziale Umfeld der Interaktionspartner dessen sowie der essenziellen Bedeutung der Ressource für den Gründer bewusst, können auch Gruppenzwangüberlegungen beim nicht-marktlichen Austausch eine Rolle spielen. Dies kann den Zugang zu Bootstrap-Instrumenten zusätzlich erhöhen.

1.2.4 Neubewertung der Verfügungsrechtesituation in der Aufbauphase

Auch wenn Gründer und Interaktionspartner keine sozialen Bindungen miteinander teilen und alle Beteiligten rein ökonomische Ziele verfolgen, unterscheiden sich die Situationen, in denen Gründer externe Bootstrap-Instrumente zum Einsatz bringen, von solchen, in denen sie Finanzmittel aus professionellen Quellen zu akquirieren versuchen. In letzteren besitzt der

---

245 Vgl. Arnold Picot et al. (2004): Organisation – Eine ökonomische Perspektive, S. 73 oder Tanja Rippberger (1998): Ökonomik des Vertrauens, S. 27.

246 Vgl. David L. Deeds und Hill Charles W. L. (1999): An Examination of Opportunistic Action Within Research Alliances: Evidence from the Biotechnology Industry. In: *Journal of Business Venturing, Vol. 14(2)*, S. 141 ff.

Gründer vor der Gründung weitestgehend freie Wahlmöglichkeiten hinsichtlich der Entscheidung für oder gegen eine Einwilligung zu einer traditionellen Finanzierungsvereinbarung. Er kann bei Nichtzustandekommen einer adäquaten Finanzierung immer noch die Option der Nichtgründung in Betracht ziehen. Betrachtet man allerdings die vorgestellte Definition von Bootstrap-Instrumenten, so wird deutlich, dass sich ihre Anwendung auf eine Phase nach dem Gründungszeitpunkt bezieht, in der die Gründer den "point of no return" der Gründung bereits überschritten haben.

Die Beweggründe von Gründern vor der Gründung, kein externes Kapital aus professionellen Quellen aufnehmen zu wollen, zu einem späteren Zeitpunkt aber Bootstrap-Instrumente einzusetzen, die ihre Verfügungsrechte gegebenenfalls ähnlich stark gefährden, basieren auf zwei Konsequenzen der zeitlichen Einordnung: Zum einen unterscheidet sich die Situation vor der Gründung von der betrachteten Aufbauphase dadurch, dass sich die Gründer bei Aufgabe ihres Vorhabens nun anderen Konsequenzen gegenüber sehen. Zum anderen haben sie durch die aufgenommene Geschäftstätigkeit ein realistischeres Bild von dem Potenzial ihres Geschäftsvorhabens.[247]

Die angesprochenen Konsequenzen bestehen z. B. darin, dass Gründer u. U. nicht mehr in ihre vorherige abhängige Beschäftigung zurückkehren können, dass sie in ihrem sozialen Umfeld durch die Aufgabe der kommunizierten Selbständigkeit an Ansehen einbüßen oder darin, dass sie durch die bereits getätigten Investitionen und eingegangenen Verpflichtungen ein höheres Verlustrisiko tragen als vor Aufnahme der Geschäftstätigkeit. Zwar dürfte die zuletzt genannte Konsequenz nach der Logik der versunkenen Kosten nicht entscheidungsrelevant sein.[248] In realiter neigen viele Individuen allerdings dazu, diese in ihre Entscheidungen mit einzubeziehen.[249]

Auf der anderen Seite beurteilen die Gründer den Wert ihrer Verfügungsrechte aufgrund der hinzugewonnenen Erfahrung nun konservativer. Sie sind daher eher bereit, Vereinbarungen zu treffen, die für sie eine Abgabe von Verfügungsrechten zur Folge haben können. Die Neu-

[247] Vgl. Mosakowski (1997): a. a. O., S. 415.

[248] Vgl. Harald Schaub (1997): Sunk Costs, Rationalität und ökonomische Theorie, S. 31 f.

[249] Vgl. N. Gregory Mankiw (2004): Principles of Economics – Grundzüge der Volkwirtschaftslehre, S. 297.

bewertung der Verfügungsrechtesituation hat also u. U. positive Anreizeffekte für die Anwendung von Bootstrap-Instrumenten.

Es ist anzunehmen, dass das Ausmaß einer Änderung der Einschätzung der Verfügungsrechtesituation davon abhängt, wie vorhersehbar der Wert der Verfügungsrechte zum Zeitpunkt der Gründung gewesen ist. Das bedeutet, dass es in Märkten, die sich in ihrer Entstehung befinden, bzw. bei Unternehmensgründungen, die eine innovative Leistung anbieten, eher zu einer derartigen Anpassung kommen wird als bei Gründungen, deren Entwicklungsverlauf aufgrund bekannter Marktverhältnisse und Kundenbedürfnisse sowie aufgrund ihres imitierenden Charakters eher vorhersehbar erscheint.

1.2.5 Ungenügender Schutz der Verfügungsrechte seitens der Ressourcenbereitsteller

Im Vergleich zu Vereinbarungen zwischen professionellen Finanziers und Gründern sind Vereinbarungen zwischen den Gründern, Kunden, Lieferanten oder Institutionen, deren primärer Geschäftszweck nicht in der Vergabe von Ressourcen an Gründer besteht, häufig weniger formalisiert. Der Ausgestaltung der Verfügungsrechte wird i. d. R. weniger Beachtung geschenkt. Hierdurch ergeben sich für potenzielle Anwender von Bootstrap-Instrumenten Möglichkeiten zur Aneignung fremder Verfügungsrechte. Beispielsweise können Gründer sich das Know How von Kunden aneignen, indem sie diesen eine individualisierte Dienstleistung in Rechnung stellen und die während des Projektes gewonnenen Erkenntnisse für die Entwicklung eines Serienproduktes nutzen.

Es kommt hinzu, dass bei professionellen Finanzierungsvereinbarungen i. d. R. alle hierarchisch aufsteigenden Verfügungsrechte bis auf das Recht zur Weiterveräußerung des Gutes an Dritte an die Gründer übertragen werden.[250] Bootstrap-Vereinbarungen erfordern dies häufig nicht, da hier nur die Nutzung der Ressourcen durch den Gründer im Vordergrund steht, nicht aber deren Besitz. Dies erhöht natürlich gerade bei Ressourcen, deren reine Nutzung keine wesentlichen Grenzkosten verursacht die Zustimmungsbereitschaft der Ressourceninhaber (und senkt damit die Zugangsbeschränkungen). Ein Beispiel hierfür ist die wochenendliche Nutzung benötigter, u. U. universitärer Laboreinrichtungen.

---

250 Vgl. hierzu die Ausführungen zu der Hierarchie der Verfügungsrechte in Abschnitt II.3.1.1 und bei Furubotn und Richter (1991): a. a. O., S. 5.

Als Verallgemeinerung dieses Arguments lässt sich anführen, dass die Lösungsmechanismen zur Linderung von Verhaltensrisiken voraussetzen, dass der Ressourcenbereitsteller die mit der asymmetrisch verteilten Information verbundenen Risiken als solche erkennt und in der Lage ist, die Lösungsmechanismen effektiv einzusetzen. Beides sollte bei nicht-professionellen Ressourcenbereitstellern i. d. R. nicht in gleichem Maße zutreffen, wie z. B. bei Banken oder Risikokapitalgesellschaften, deren Wettbewerbsfähigkeit vom Erkennen dieser Risiken und der Linderung ihrer Wirkungen abhängt.

Dieser Umstand bewirkt zusammen mit der Tatsache, dass Bootstrap-Vereinbarungen häufig informeller Natur sind, dass Gründer zum einen einer vergleichsweise geringen Musterung (Screening) durch ihre jeweiligen Bootstrap-Partner ausgesetzt sind, und sie zum anderen Signale aussenden können, die vom Ressourcengeber akzeptiert werden, obwohl der Gründer die zum Erwerb des Signals eigentlich notwendigen Kosten nicht aufgebracht hat. Ersteres kommt z. B. dann zustande, wenn potenzielle Bootstrap-Partner selbst einem gewissen Wettbewerbsdruck ausgesetzt sind und auf den Auftrag oder die Zusammenarbeit mit dem neu gegründeten Unternehmen angewiesen sind. Letzteres ist davon abhängig, inwiefern der Gründer das ausgesendete Signal als "adäquat" tarnen kann. Dies kann am Beispiel der kostengünstigen Auslagerung von Sekretariatsleistungen zur Schaffung eines "etablierten" Eindrucks illustriert werden.[251]

Zusammenfassend lässt sich festhalten, dass Gründer bei ihren Bootstrap-Partnern im Vergleich zu professionellen Kapitalgebern einen größeren Spielraum zur Aussendung falscher oder zumindest zu positiv dargestellter Signale besitzen und die Bootstrap-Partner gleichzeitig weniger Möglichkeiten und Anreize zur Überprüfung der gemachten Angaben haben als Ressourcengeber, deren primärer Geschäftszweck in der Versorgung der Gründer mit Kapitalmitteln besteht.

[251] Vgl. Starr und McMillan (1990): a. a. O., S. 86.

1.3 Synthese und weiteres Vorgehen

In den vorangegangenen Abschnitten wurde aufgezeigt, dass Bootstrap-Instrumente aus institutionenökonomischer Sicht i. d. R. nicht im gleichen Ausmaß den Zugangs- und Anreizbeschränkungen professioneller Finanzierungsinstrumente unterliegen. Die aufgezeigten potenziellen Einflussfaktoren unterscheiden sich bei der Betrachtung interner und externer Bootstrap-Instrumente nicht wesentlich voneinander, so dass ihr Einfluss auf die BSI über alle Instrumente hinweg hypothetisiert werden soll.

Generell können, wie gezeigt, unterschiedliche Fähigkeiten der Gründerperson, wie z. B. die effektive Interaktion mit Anderen, die Zugangsbeschränkungen zu Bootstrap-Instrumenten verringern oder aufheben. In diesem Zusammenhang wurden die beanstandungsfreie Hinnahme von Zahlungsverzögerungen (als internes Instrument) oder die Aussendung geschönter Signale zur Erlangung von Ressourcen (als externes Instrument) als Beispiele genannt.

Auch die Einbettung der Gründer in ihr soziales Netzwerk sorgt für positive Zugangs- und Anreizeffekte sowohl für interne (z. B. Erlangung von relevanten Informationen hinsichtlich der Durchführbarkeit von Bootstrap-Instrumenten) als auch für externe Bootstrap-Instrumente (z. B. Bereitschaft von selbständigen Bekannten zur kostenlosen Überlassung von Büroräumen oder anderen benötigten Ressourcen).

Neben diesen Faktoren spielen auch die darüber hinaus zur Verfügung stehenden Ressourcen der Gründer eine Rolle. Argumentiert werden kann dies dadurch, dass eine bessere Ressourcenausstattung zum einen den Zugang zu internen Instrumenten erleichtert (z.B. die Bewerkstelligung von Kundenaufträgen mit internen Mitteln) und zum anderen auch die Akquisition externer Ressourcen unterstützt, da die Signalwirkung tatsächlich vorhandener Ressourcen größer ist als die vorgetäuschter Ressourcen und erstere auch eher dem Screening durch potenzielle Ressourcengeber stand halten.

Zudem ist davon auszugehen, dass auch die gründungsstrategischen Parameter – ähnlich wie beim Zugang zu professionellen Finanzierungsinstrumenten – die Anwendung von Bootstrap-Instrumenten beeinflussen. Es ist allerdings umstritten, ob der Effekt der niedrigeren Zugangsbeschränkungen durch die Befolgung der normativen Richtlinien des Bootstrap-Ansatzes oder der Anreizeffekt sinkender Opportunitätskosten bei gegenläufiger strategischer Ausrichtung in diesem Zusammenhang dominiert.

Zudem wird davon ausgegangen, dass die Umweltbedingungen der Gründung generell von Bedeutung sind. So wird der Zugang zu Bootstrap-Instrumenten auch davon abhängen, inwieweit potenzielle Ressourcenbereitsteller zur Ressourcenbereitstellung oder der Akzeptanz von suboptimal produzierten Leistungen bereit sind. Dies wiederum kann evtl. durch ihre eigene Wettbewerbssituation oder durch die Dringlichkeit, mit der sie die Kernleistung der Unternehmensgründung benötigen, erklärt werden. Ein erhöhter Wettbewerb auf den Märkten potenzieller Ressourcenbereitsteller und hohe Nachfrage nach der angebotenen Leistung sollten daher entweder zu verringerten Transaktionskosten oder verringerten Anreizen zur Forderung kostenintensiver Signale seitens der Ressourcengeber führen und damit den Zugang zu Bootstrap-Instrumenten erhöhen.

Im Rahmen der angestrebten empirischen Untersuchung werden die eben genannten Faktoren in den Vordergrund der Betrachtung gestellt. Diese gliedern sich in die den Gründern zur Verfügung stehenden Ressourcen und Fähigkeiten, die Eigenschaften des Gründungsvorhabens sowie die externen Umweltbedingungen.

Daraus ergibt sich im Weiteren der Verzicht auf eine Quantifizierung institutionenökonomischer Koordinationskosten in Form von Anbahnung, Vereinbarung, Abwicklung, Kontrolle und Anpassung. Auch von einer präzisen Analyse der konkreten Ausgestaltung der Vereinbarungen, die der Anwendung von Bootstrap-Instrumenten zugrunde liegen, soll abgesehen werden. Es sei allerdings darauf hingewiesen, dass die Untersuchung beider Aspekte eine vermutlich lohnenswerte Forschungsaufgabe darstellt.

Die Relevanz der obigen Ausführungen ergibt sich daraus, dass im folgenden Abschnitt auf Grundlagen der genannten potenziellen Einflussfaktoren eingegangen wird, mögliche Zusammenhänge mit dem Bootstrap-Verhalten neu gegründeter Unternehmen diskutiert und hierauf aufbauend Hypothesen abgeleitet werden.

2. Beschreibung potenzieller Einflussfaktoren auf das Bootstrap-Verhalten und Hypothesenbildung

Die Betrachtung eines Phänomens, wie hier die Anwendung von Bootstrap-Instrumenten, zieht meist die Frage nach potenziellen Faktoren nach sich, die das Auftreten des Phänomens oder eine spezielle Form der Erscheinung erklären können. Es wird dabei *zunächst* davon ausgegangen, dass die Anwendung von Bootstrap-Instrumenten tatsächlich ein einzelnes Phänomen ist, obwohl es aus verschiedenen einzelnen Handlungen der Gründer und den Reaktionen der Ressourcengeber bestehen kann. Bootstrapping wird dabei als ein kohärentes Verhaltenskonstrukt gedeutet, das in der totalen Anwendungsintensität der einzelnen Instrumente zum Ausdruck kommt. Dass dies möglich ist, setzt voraus, dass sich die empirisch abgefragten Bootstrap-Instrumente statistisch ohne Bedenken zu einem Konstrukt der totalen BSI verdichten lassen. Dies muss im empirischen Teil überprüft werden. Auf eine Hypothesenbildung hinsichtlich der unterschiedlichen Nutzung von internen und externen sowie strategischen und nicht-strategischen Bootstrap-Instrumenten wird verzichtet, da eine Überprüfung nur möglich wäre, wenn das empirische Nutzungsverhalten diese Teilintensitäten ebenfalls als kohärentes Verhaltenskonstrukt ausweist. Dies wird nicht angenommen, aber im empirischen Teil dennoch überprüft, um die auf Gesamtbetrachtungsebene aufgestellten Hypothesen ggf. für die vorab-gebildeten Kategorien detaillieren zu können.

Es ist das Ziel des nun folgenden Abschnitts, die potenziellen Einflussfaktoren auf das Bootstrap-Verhalten zu konzeptualisieren. Dies geschieht auf Basis der Ausführungen des Abschnitts IV.1. Hier wurden jene Faktoren identifiziert, die erklären können, warum die unter der Argumentationslogik der NIÖ aufgestellten Zugangs- und Anreizbeschränkungen zu professionellen Finanzierungsinstrumenten beim Einsatz von Bootstrap-Instrumenten abgemildert werden. Sie stellen eine Teilmenge potenziell möglicher Einflussfaktoren dar. Diese Arbeit ist nicht in der Lage, *alle* möglichen Einflussfaktoren auf ihren Erklärungsbeitrag zu überprüfen. Es wird davon ausgegangen, dass sich bei detaillierterer Konzeptualisierung weitere Einflussfaktoren ergeben. Insofern muss das Ergebnis dieser Arbeit als erster Schritt hin zu einem umfassenden Erklärungsansatz des Bootstrap-Verhaltens neu gegründeter Unternehmen angesehen werden.

Die Ausführungen des Abschnitts IV.1 stellen im Wesentlichen die vorhandenen Ressourcen und Fähigkeiten der Gründer in den Vordergrund der Betrachtung: zuvorderst das soziale Kapital und die als Facette des Humankapitals konzeptualisierten sozialen Kompetenzen. Der folgende Abschnitt gliedert sich entlang einer gängigen Ressourcenkategorisierung. Sie entspricht weitestgehend der Einteilung DOLLINGERS.[252] Die verwendete Ressourcenkategorisierung stellt nur eine von verschiedenen Möglichkeiten dar, Ressourcen einzuordnen. Sie gliedert sich in (1) das soziale Kapital, (2) das Humankapital der Gründer, (3) die finanzielle Ausstattung, (4) ihre technologischen, (5) physischen sowie (6) organisatorischen Ressourcen.

Neben den internen Gegebenheiten werden auch die gründungsstrategischen Parameter sowie die externen Bedingungen als potenzielle Einflussfaktoren aufgenommen. Der folgende Abschnitt stellt die Einflussfaktoren vor und setzt sie in einen Bezug zum Bootstrap-Verhalten, indem Zugangs- und Anreizeffekte der jeweiligen Einflussfaktoren auf das Bootstrap-Verhalten diskutiert werden. Hieraus werden dann Hypothesen formuliert. Bei der Hypothesenbildung wird zunächst auf die Betrachtung möglicher Interaktionseffekte zwischen den einzelnen Einflussfaktoren verzichtet. Das bedeutet, dass z. B. der Effekt, den eine hohe Ausstattung technologischer Ressourcen durch ihre Signalwirkung auf die finanzielle Ressourcenausstattung aus traditionellen/professionellen Quellen besitzt, bei der Hypothesenbildung nicht betrachtet wird, da lediglich die isolierten Effekte der einzelnen Ressourcenkategorien auf das Bootstrap-Verhalten von Interesse sind. Bei der Überprüfung der Hypothesen wird ein Einfluss potenzieller dritter Variablen auf den hypothetisierten Kausalzusammenhang jedoch berücksichtigt, um Scheinzusammenhänge ausschließen zu können.

2.1 Hypothesenbildung zu Ressourcen und Fähigkeiten der Gründer

Die folgenden Abschnitte gliedern sich in das soziale Kapital, das Humankapital sowie finanzielle, technologische, physische und organisationale Ressourcen.

---

252 Vgl. Marc J. Dollinger (2003): Entrepreneurship – Strategies and Resources, S. 32. Dollinger spricht zusätzlich von reputationsbeeinflussenden Ressourcen (z. B. in Form der Produktqualität, der Integrität des Managements oder der finanziellen Stimmigkeit). Diese Kategorie wurde vorliegend nicht weiter betrachtet, da sie als Resultante anderer Ressourcenkategorien betrachtet werden kann. Soziale Ressoucen sind für Dollinger Bestandteil der intellektuellen Ressourcen (bzw. des Humankapitals). Hier wurde aufgrund der Fokussierung auf das soziale Kapital eine Unterteilung in Humankapital und soziales Kapital vorgenommen, die sich vor allem darin manifestiert, dass Humankapital direkt verfügbar ist, während das soziale Kapital (durch eine Facette des Humankapitals) aktiviert werden muss. Burt (1999) beschreibt den Unterschied zwischen Humankapital und Sozialkapital wie folgt: "The human capital explanation is that the people who do better are better people (smarter, more attractive, more skilled etc.). The social capital explanation is that the people who do better are better connected." Vgl. Ronald S. Burt (1999): The Social Capital of Opinion Leaders. In: *Annals of the American Academy of Political and Social Science, Vol. 566*, S. 48.

2.1.1 Soziales Kapital

Über die Definition von sozialem Kapital besteht im Schrifttum weitestgehend Einigkeit: Soziales Kapital sind soziale Netzwerke und die in diesen Netzwerken mobilisierbaren Ressourcen.[253] Durch die Einbettung in ein Netzwerk handelt ein Akteur nicht mehr nur aus reinem Eigeninteresse, sondern bezogen auf einen sozialen Kontext.[254]

Grundsätzlich kann zwischen dem sozialen Kapital auf Gruppenebene und dem sozialen Kapital eines Individuums unterschieden werden.[255] Die erste Perspektive beschäftigt sich mit den Fragestellungen, wie bestimmte Gruppen soziales Kapital als kollektives Gut entwickeln und erhalten bzw. wie das kollektive soziale Kapital die Lebensbedingungen der einzelnen Gruppenmitglieder beeinflusst.[256] Aus dieser Perspektive heraus ließe sich analysieren, inwiefern unterschiedliche Normen und Traditionen einer Gesellschaft das Bootstrap-Verhalten beeinflussen. Sie ist daher geeignet für vergleichende internationale Studien. Im Wesentlichen stünde hier im Fokus der Betrachtung, wie informelle Institutionen (Regeln, Normen, Werte etc.) ausgestaltet sein müssten, damit die Gruppenmitglieder den Gruppennutzen oder den Nutzen anderer Gruppenmitglieder über ihren individuellen Nutzen stellen.

Die Arbeit beschäftigt sich allerdings mit der zweiten Perspektive. Dies liegt zum einen darin begründet, dass bei einer Befragung innerhalb Deutschlands, deren Teilnehmer (zumindest in der ersten Befragungswelle) Partizipanten eines regionalen Businessplan Wettbewerbs waren,

---

253 Vgl. Nan Lin (2001b): Building a Network Theory of Social Capital. In: *Nan Lin et al. (Hrsg.): Social Capital – Theory and Research*, S. 3, Ronald S. Burt (1992): Structural Holes: The Social Structure of Competition, S. 9, Carrie R. Leana und Harry J. van Buren (1999): Organizational Social Capital and Employment Practices. In: *Academy of Management Review, Vol. 24(3)* oder Janine Nahapiet und Sumantra Ghoshal (1998): Social Capital, Intellectual Capital and the Organizational Advantage. In: *Academy of Management Review, Vol. 23(2)*, S. 243. Koob (2007) hingegen verneint eine einheitliche Verwendung des Begriffs und klassifiziert ihn unter sprachpragmatischen Gesichtspunkten als unzweckmäßig. Vgl. hierzu wie insgesamt zu einer sehr ausführlichen und erkenntnistheoretisch fundierten Analyse des Sozialkapitalbegriffs Koob (2007): a. a. O., S. 207 ff.

254 Vgl. Mark S. Granovetter (1985): Economic Action and Social Structure: The Problem of Embeddedness. In: *American Journal of Sociology, Vol. 91*, S. 481 ff.

255 Vgl. Lin (2001): a. a. O., S. 7 sowie Alejandro Portes (2000): The Two Meanings of Social Capital. In: *Sociological Forum, Vol. 15(1)*, S. 263.

256 Für eine Übersicht über die theoretischen Grundlagen dieser Perspektive vgl. Pierre Bourdieu (1980): Le Capital Social: Notes Provisoires. In: *Actes de la Recherche en Sciences Sociales, Vol. 31(1)*, S. 2f.; Bourdieu (1986): a. a. O., S. 241 ff.; James S. Coleman (1988): Social Capital in the Creation of Human Capital. In: *American Journal of Sociology, Vol. 94(suppl.)*, S. 95 ff.; James S. Coleman (1990): Foundations of Social Theory, S. 132. Wegweisende empirische Arbeiten zu dieser Perspektive liefert u. a. Putnam, vgl. beispielhaft Robert D. Putnam (1993): Making Democracy Work: Civic Traditions in Modern Italy, S. 132 ff.

von ähnlichem kollektiven sozialen Kapital ausgegangen werden kann. Zum anderen steht bei der vorliegenden Untersuchung eher die Fragestellung im Vordergrund, wie Unterschiede in Zugang und Anreiz zur Nutzung der in den eigenen unmittelbaren Netzwerkbeziehungen liegenden Ressourcen erklärt werden können und wie sich diese Unterschiede auf das Bootstrap-Verhalten auswirken.

Die zweite Perspektive des sozialen Kapitals beschäftigt sich also mit der Menge aller Arten von Beziehungen eines Akteurs zu anderen Individuen, Firmen oder Subjekten, welche einen positiven Beitrag zur Zielerreichung des Akteurs leisten können. Die im Fokus des Interesses stehenden Fragestellungen dieser Perspektive sind hierbei (1) wie Individuen in soziale Beziehungen investieren und (2) wie sie an die in den Netzwerkverbindungen verborgen liegenden Ressourcen gelangen, um ihre Ziele zu erreichen.[257]

Ad (1) wird innerhalb dieser Arbeit mit PORTES (1998) davon ausgegangen, dass Sozialkapital häufig als Nebenprodukt von alltäglichen Beziehungen entsteht.[258] Zwar ist es möglich, individuelle Beziehungen strategisch aufzubauen.[259] Da Netzwerke und Gruppenzugehörigkeiten aber eher einem Grundbedürfnis menschlichen Zusammenlebens entstammen, entwickeln sich positive Auswirkungen aus Gruppenzugehörigkeiten meist nebenbei.[260] Zudem bedarf der Aufbau von sozialen Bindungen, aus denen soziales Kapital erwächst, eines erheblichen zeitlichen Vorlaufs. Dies rechtfertigt zusätzlich, warum der Aspekt, wie Individuen in

---

257 Vgl. Lin (2001): a. a. O., S. 8.

258 Vgl. Alejandro Portes (1998): Social Capital – Its Origins and Applications in Modern Sociology. In: *Annual Review of Sociology, Vol. 24(1)*, S. 263 f.

259 Belege für einen wirkungsvollen Aufbau von sozialen Bindungen finden sich vor allem bei Studien, die sich mit der Internationalisierung von Unternehmensgründungen beschäftigen, vgl. z. B. Dave Crick und Marian V. Jones (2000): Small High-Technology Firms and International High-Technology Markets. In: *Journal of International Marketing, Vol. 8(2)*, S. 78 oder Helena Yli-Renko et al. (2002): Social Capital, Knowledge, and the International Growth of Technology-based New Firms. In: *International Business Review, Vol. 11(3)*, S. 279 ff. Lindstrand et al. (2006) kommen hingegen zu der Erkenntnis, dass existierende soziale Bindungen den Aufbau neuer Netzwerkbeziehungen behindern, vgl. Angelika Lindstrand et al. (2006): Turning Social Capital into Business? A Study of Swedish Biotech Firms' International Expansion. SMG Working Paper No.10/2006, Center for Strategic Management and Globalization at Copenhagen Business School Download unter http://ir.lib.cbs.dk/download/ISBN/8791815274.pdf am 17.04.2007, S. 24.

260 Vgl. Coleman (1990): a. a. O., S. 95.

soziale Bindungen investieren, nicht weiter betrachtet wird.[261] Es dient auch als Argument dafür, dass innerhalb dieser Arbeit die Netzwerkbeziehungen über Zeit als relativ konstant angesehen werden.

Es ist vielmehr von Interesse, durch welche Eigenschaften ihres Netzwerks Gründer in die Lage versetzt werden, Bootstrap-Instrumente anzuwenden. Dies entspricht der zweiten wesentlichen Fragestellung innerhalb der individuellen Sozialkapitalperspektive.

Das soziale Netzwerk eines Gründers besteht aus sämtlichen privaten und professionellen Beziehungen ersten und höheren Grades zu anderen Individuen, Gruppen und Organisationen.[262] Das Muster dieser Beziehungen bestimmt die Höhe des dem Gründer zur Verfügung stehenden sozialen Kapitals. Dieses Muster kann anhand verschiedener Dimensionen beschrieben werden. LIN (2001A) schlägt drei distinkte Dimensionen vor, um zu untersuchen, warum einige Individuen über ihr soziales Netzwerk eher benötigte Ressourcen mobilisieren können als andere: (1) Die hierarchische Position der betrachteten Person in seinen Netzwerkbeziehungen, (2) die Stärke der Beziehung zwischen den betrachteten Personen und potenziellen Ressourcenbereitstellern und (3) die Position der Beziehungen innerhalb des Netzwerks.[263] LIN weist zwar ausdrücklich darauf hin, dass die reine Größe eines Netzwerks keine Aussagekraft für die Höhe des sozialen Kapitals besitzt.[264] Allerdings verwenden einige andere Autoren die Anzahl der Netzwerkbeziehungen einer Person zu *verschiedenen* Netzwerken als Indikator für die Höhe ihres Sozialkapitals.[265] Dies kann insofern gerechtfertigt werden, als dass mit Blick auf das Untersuchungsziel davon ausgegangen werden kann, dass die Anzahl von *unterschiedlichen* Netzwerkbeziehungen zumindest die Anzahl an potenziellen Interaktionspartnern erhöht. Das individuelle soziale Kapital wird daher im Folgenden entlang von vier Dimensionen beschrieben.

---

[261] Da die bewusste Investition in Netzwerkbeziehungen zudem eine sozial erwünschte Eigenschaft darstellt, wäre mit erheblichen Verzerrungen durch die angestrebte Selbstauskunft der Befragungsteilnehmer auszugehen. Vgl. hierzu Rainer Schnell et al. (2005): Methoden der empirischen Sozialforschung, S. 378 sowie grundlegend Alan H. Barton (1958): Asking The Embarrassing Question. In: *Public Opinion Quarterly, Vol. 22(1)*, S. 67 f.

[262] Vgl. Dubini und Aldrich (1991): a. a. O., S. 305.

[263] Vgl. Lin (2001a): a. a. O., S. 63.

[264] Vgl. Lin (2001a): a. a. O., S. 73.

[265] Vgl. z. B. Dorothea Jansen (1999): Einführung in die Netzwerkanalyse – Grundlagen, Methoden, Anwendungen, S. 102.

2.1.1.1 *Diversität des Netzwerks*

Auf individueller Betrachtungsebene sind Menschen Mitglieder verschiedener semigeschlossener Netzwerke. Die Größe des Netzwerks besteht aus der Anzahl der Netzwerkbeziehungen einer betrachteten Person, die im Vorgriff auf die Operationalisierung Ego genannt wird.[266] Hat Ego viele Netzwerkbeziehungen, so erhöht sich die Wahrscheinlichkeit eines Austauschs, wenn von konstanten Interaktionswahrscheinlichkeiten ausgegangen wird.[267] Ego besitzt also durch ein großes Netzwerk c. p. einen besseren Zugang zu benötigten Ressourcen. Allerdings ist die reine Größe des sozialen Netzwerks, wie angesprochen, kein Indikator für die Qualität der im Netzwerk mobilisierbaren Ressourcen. So tendieren gerade homogene große Netzwerke dazu, redundante Ressourcen zu besitzen. Es kommt vielmehr darauf an, innerhalb des eigenen Netzwerks möglichst viele *unterschiedliche* Unterstützer zu besitzen. Dies erhöht den Anreiz der Anwendung von Bootstrap-Instrumenten. Viele Studien erkennen eine Kausalbeziehung zwischen der sozialen Netzwerkkapazität des Unternehmensgründers und verschiedenen Erfolgsparametern des Gründungsvorhabens implizit an.[268] Da sowohl positive Zugangs- als auch Anreizeffekte vermutet werden, wird folgende Hypothese aufgestellt:

H1: Je diversifizierter das soziale Netzwerk der Gründer zum Zeitpunkt der Gründung, desto höher ist die BSI in der Aufbauphase.

2.1.1.2 *Die hierarchische Netzwerkposition*

Die Dimension der hierarchischen Netzwerkposition bestimmt die Position eines Individuums innerhalb seiner Netzwerkbeziehungen anhand der eingenommenen Hierarchiestufe. Als Hierarchie bezeichnet man ein System von Elementen, die einander über- bzw. untergeordnet sind.[269] Bei Gründern, die über ihre Netzwerkbeziehungen benötigte Ressourcen mobilisieren

---

266 Die interessierenden Netzwerkdaten werden vorliegend durch eine ego-zentrierte Befragung der Befragungsteilnehmer der wichtigsten drei Unterstützer der Gründer vorgenommen. Die Bezeichnung Ego hat sich in der Netzwerktheorie etabliert und bezeichnet die Befragungsperson (also hier den Unternehmensgründer). Vgl. die Ausführungen zur Operationalisierung in Abschnitt V.2.1.

267 Vgl. Peter M. Blau (1977): Inequality and Heterogeneity, S. 176.

268 Vgl. Howard Aldrich und Catherine Zimmer (1986): Entrepreneurship through Social Networks. In: *Howard Aldrich (Hrsg.): Population Perspectives on Organizations*, S. 13ff.. oder Niels Bosma et al. (2004): The Value of Human and Social Capital Investments for the Business Performance of Startups. In: *Small Business Economics, Vol. 23(3)*, S. 229.

269 Vgl. o. V. (1994): Duden – Das große Fremdwörterbuch, S. 567.

wollen, bestimmt die hierarchische Position ihrer Netzwerkkontakte im Vergleich zu ihrer eigenen den Zugang und die Qualität der zugänglichen Ressourcen:

Nach dem Homophilieprinzip[270], nach dem Individuen es bevorzugen, soziale Beziehungen mit Personen vergleichbaren berufs- oder prestigebezogenen Status aufzubauen, besitzen Personen mit einem bestimmten sozialen Status Netzwerkkontakte mit ähnlichem Status und diese wiederum weitere derartige Kontakte. Individuen gleichen sozialen Status teilen im Gegensatz zu Individuen unterschiedlichen sozialen Status häufig informelle Institutionen wie Werte und Normen. Dies senkt anfallende Transaktionskosten bei einem potenziellen Ressourcenaustausch und erhöht damit c. p. den Zugang zu benötigten Ressourcen.

Nach WEBER (1968) können potenziell zugängliche Ressourcen aus sozialen Netzwerken in ökonomisch verwertbare Güter, Macht und Reputation untergliedert werden.[271] Je mehr dieser Güter eine Person besitzt, umso höher ist ihre soziale Position. Das bedeutet einerseits, dass Gründer, die einen höheren sozialen Status im Vergleich zu ihren Netzwerkmitgliedern besitzen, aufgrund ihres angenommenen höheren Einflusses diese auch eher dazu bewegen können, ihnen Ressourcen zu überlassen.[272] Dies hat einen positiven Zugangseffekt. Andererseits bedeutet dies aber auch, dass Gründer, die soziale Beziehungen zu höher gestellten Netzwerkmitgliedern unterhalten, u. U. hochwertigere Ressourcen mobilisieren können als Gründer, die auf Netzwerkkontakte sozial gleich oder niedriger gestellter Individuen zurückgreifen.[273] Die Nutzung höher gestellter Netzwerkmitglieder hat daher einen positiven Anreizeffekt.

Soziale Beziehungen zu Netzwerkkontakten mit relativ höherem sozialen Status sind aus unterschiedlichen Gründen von Vorteil: Die Netzwerkkontakte besitzen selbst besseren Zugang zu wertvollen Ressourcen und können diese direkt (durch Überlassung materieller Ressourcen oder direkt verwertbarer Informationen) oder indirekt (z. B. durch Übertragung

---

270 Vgl. Edward O Laumann (1966): Subjective Social Distance: The Like-Me and Prestige Hypotheses. In: *Edward O. Laumann (Hrsg.): Prestige and Association in an Urban Community: An Analysis of an Urban Stratification System*, S. 46.

271 Vgl. Max Weber (1968): Economy and Society, S. 77.

272 Vgl. Jansen (1999): a. a. O., S. 157.

273 Vgl. Lin (2001a): a. a. O., S. 61.

von Glaubwürdigkeit) bereitstellen.[274] Zudem wertet der direkte Kontakt zu höher gestellten Personen das Selbstbewusstsein auf und kann sich positiv auf Folgehandlungen auswirken.[275]

Die Ausführungen haben folgende Implikation: Da Personen in ähnlichen sozialen Positionen eher die gleichen informellen Institutionen teilen (Moral, Werte, Normen), fällt es ihnen leichter, bei der Anwendung von Bootstrap-Instrumenten entstehende Transaktionskosten zu reduzieren. Hierdurch besitzen sie einen besseren Zugang zu Bootstrap-Instrumenten. Auch die Nutzung niedriger gestellter Netzwerkkontakte erhöht aufgrund der erhöhten Einflussposition den Zugang zu Bootstrap-Instrumenten. Allerdings haben Personen mit ähnlichem sozialen Status auch eher Zugang zu ähnlichen Ressourcen. Die Qualität der Ressourcen von sozial niedriger gestellten Netzwerkkontakten ist vermutlich geringer als die gleich oder höher gestellter Netzwerkmitglieder. Insgesamt ist der Anreiz für eine Ressourcenübertragung mittels Bootstrap-Instrumenten bei Personen, die sozial höher gestellte Netzwerkkontakte nutzen, auch als höher einzustufen.[276] Da die Abfrage des Netzwerks hinsichtlich der hierarchischen Position auf die drei wichtigsten *tatsächlichen* Unterstützer der Gründer begrenzt ist, kann der Zugang zu diesen als gegeben angesehen werden. Hinsichtlich des Anreizes bleibt daher zu postulieren:

H2: Gründer, die sich sozial höher gestellter Netzwerkmitglieder zur Unterstützung ihres Vorhabens bedienen, weisen eine signifikant höhere BSI auf als Gründer, die sich Kontakten gleicher und niedrigerer sozialer Stellung bedienen.

2.1.1.3 Die Stärke der Beziehungen

In der Sozialkapitalliteratur wird grundsätzlich zwischen starken Beziehungen (strong ties) und schwachen Beziehungen (weak ties) unterschieden.[277] Starke Beziehungen bestehen i. d. R. aus der eigenen Familie und dem Freundeskreis. Schwache Beziehungen sind Bekannte aus Vereinen oder Berufsverbänden oder Netzwerkkontakte höheren Grades.[278] Die Kategorisierung in starke und schwache Beziehungen wird generell anhand der subjektiv

---

274 Dies ergibt sich aus der Tatsache, dass eine hohe soziale Position mit dem Besitz der verschiedenen Ressourcenkategorien stark korreliert ist.

275 Vgl. Lin (2001a): a. a. O., S. 61.

276 Vgl. Lin (2001a): a. a. O., S. 66.

277 Vgl. grundlegend hierfür Granovetter (1973): a. a. O., S. 1361 ff.

278 Vgl. z.B. Burt (1992): a. a. O., S. 28.

wahrgenommenen Beziehungsqualität oder anhand der Kontaktfrequenz operationalisiert.[279] Sie ist distinkt von der Betrachtung der hierarchischen Netzwerkposition.

Es ist generell anerkannt, das starke Verbindungen (strong ties) die Wahrscheinlichkeit erhöhen, dass sich potenzielle Austauschpartner eher dazu bereit erklären, sich gegenseitig und abseits von Marktmechanismen zu unterstützen.[280] Institutionenökonomisch kann dies über eine überproportional starke Absenkung der mit einem Austausch verbundenen Transaktionskosten oder aber über die bei starken Verbindungen besonders charakteristischen nicht-ökonomischen Zielsetzungen der Austauschpartner argumentiert werden. Allerdings führen starke Bindungen (insbesondere innerhalb kohäsiver Netzwerke) auch dazu, dass aufgrund der starken informellen Institutionen (Normen, Werte, Sitten etc.) und der hohen gegenseitigen sozialen Verpflichtungen die einzelnen Netzwerkmitglieder in ihren Handlungsoptionen eingeschränkt sind, da sie sich diesen informellen Institutionen anpassen und nach ihnen handeln müssen.[281] Das bedeutet, dass unkonventionelle Handlungen, wie sie für die Anwendung von Bootstrap-Instrumenten charakteristisch sind, eher sanktioniert und damit weniger zugänglich werden. Die ausschließliche Nutzung starker Bindungen impliziert zudem, dass die hierüber mobilisierbaren Ressourcen mit höherer Wahrscheinlichkeit redundant sind. Dies hat einen negativen Anreizeffekt.

Die Nutzung schwacher Verbindungen (weak ties) führt eher dazu, dass die durch das Netzwerk erhältlichen Leistungen einen höheren Mehrwert für den Empfänger besitzen.[282] GRANOVETTER (1974) untersuchte als Erster die Stärke schwacher Beziehungen im Rahmen einer Analyse von Jobsuchenden, in der er nachweist, dass schwache Bindungen besser geeignet sind als starke Bindungen, um an eine passende Arbeitsstelle zu gelangen.[283] Dies liegt daran, dass schwache Beziehungen eher dadurch charakterisiert werden können, dass sie

279 Vgl. z.B. Martin van der Gaag und Tom A. B. Snijders (2004): The Resource Generator: Social Capital Quantification with Concrete Items. Working Paper. University of Groningen, Download unter http://www.xs4all.nl/~gaag/work/RG_paper.pdf am 01.07.2007, S. 5 wobei nach Mardsen (1990) die Kontaktintensität zu einer Überbewertung sozialstrukturell notwendiger Kontakte führt, vgl. hierzu Peter V. Mardsen (1990): Network Data and Measurement. In: *Annual Review of Sociology, Vol. 16(3)*, S. 435 ff.

280 Vgl. Granovetter (1973): a. a. O., S. 142, Lin (2001a): a. a. O., S. 66.; Alejandro Portes und Julia Sensenbrenner (1993): Embeddedness and Immigration: Notes on the Social Determinants of Economic Action. In: *American Journal of Sociology, Vol. 98(6)*, S. 1320.

281 Vgl. Frank Parkin (2001): The Social Analysis of Class Structure, S. 18, Jansen (1999): a. a. O., S. 99 f.

282 Vgl. Jansen (1999): a. a. O., S. 101.

283 Vgl. Mark S. Granovetter (1974): Getting a Job.

keine redundanten Pfade zwischen miteinander ohnehin verbundenen Netzwerkmitgliedern beschreiben.[284] Die hierüber akquirierten Ressourcen zeichnen sich dadurch aus, dass sie nicht gleichzeitig über andere Netzwerkverbindungen akquiriert werden können. Die über schwache Bindungen erlangten Informationen (z. B. über vakante und geeignete Stellen) oder anderen Ressourcen sind für Ego sogar häufig nur durch eine spezifische schwache Bindung zu erlangen und bringen gleichzeitig den Vorteil mit sich, dass in Egos starkem Bindungsnetzwerk die Wahrscheinlichkeit sinkt, dass andere Mitglieder seines starken Bindungsnetzwerks über die gleiche Information (oder andere Ressourcen) verfügen.[285] Da der Wert einer erhaltenen Ressource sich stets auch durch ihre Knappheit bemisst, ließe sich sogar vermuten, dass Ego durch den Erhalt der Ressource auch innerhalb seiner starken Bindungen höheres Ansehen oder gar eine höhere Bereitschaft zum Ressourcenaustausch erfährt. Da auch die Bindungsstärke über die wichtigsten drei Unterstützer der Gründer abgefragt wird, kann ebenfalls von einem Zugang zu den Unterstützern ausgegangen werden und es wird aufgrund der positiven Anreizeffekte bei schwachen Bindungen bzw. den negativen Anreizeffekten bei starken Bindungen postuliert:

H3: Die Tendenz zur Nutzung schwacher Bindungen bei der Suche nach Unterstützungsleistungen für das Gründungsvorhaben hat einen positiven Einfluss auf die BSI.

2.1.1.4 Die Position der Beziehungen innerhalb des Netzwerks

Die Position der Beziehungen innerhalb eines Netzwerks wird in der englischsprachigen Forschungsliteratur als "Structural Holes Proposition" thematisiert. BURT (1992) postulierte als Erster, dass nicht nur die hierarchische Position im Netzwerk und die Stärke der Beziehung den Zugang und die Qualität benötigter Netzwerkressourcen determinieren, sondern auch die strategische Position von Ego innerhalb des Gesamtnetzwerks.[286] Seine Thesen sind allerdings lediglich die konsequente Weiterentwicklung von GRANOVETTERs Argument der Stärke der schwachen Bindungen. Man könnte sie sogar als logische Antezedenz bezeichnen.

---

284 Vgl. Burt (1992): a. a. O., S. 77.

285 Dies liegt daran, dass die Ursache für schwache Bindungen gerade die Zugehörigkeit der beiden betrachteten Netzwerkmitglieder zu unterschiedlichen sozialen Zirkeln bzw. Teilnetzwerken ist. Vgl. hierzu Granovetter (1974): a. a. O., S. 153.

286 Vgl. Burt (1992): a. a. O., S. 21 f.

Grundaussage der "Structural Holes Proposition" ist, dass je näher die Netzwerkposition von Ego an einem Brückenkopf gelegen ist, desto höher ist sein soziales Kapital.[287] Als Brückenkopf ("social bridge") wird in der Sozialkapitalliteratur die Verbindung zwischen zwei Akteuren eines Netzwerks definiert, deren Abwesenheit zu einer Aufspaltung einer Gruppe in zwei vollständig separate Gruppen führen würde.[288] Realiter kann diese Annahme dahingehend etwas relaxiert werden, als dass zwischen zwei Gruppen auch mehrere Brücken bestehen können. Brücken erlauben also Individuen den Zugang zu Informationen und Ressourcen, zu denen ansonsten kein Zugang bestehen würde. Brückenkopfpositionen erhöhen somit den Zugang zu Bootstrap-Instrumenten. Durch ihre anderweitige Nichtverfügbarkeit kann auch von einer höheren oder zumindest anderen Qualität der mobilisierbaren Ressourcen ausgegangen werden. Dies erhöht den Anreiz zur Nutzung dieser Netzwerkkontakte. Im Vorgriff auf die Operationalisierung des sozialen Kapitals sei erwähnt, dass die vorgenommene egozentrierte Abfrage von Netzwerkdaten die Abbildung von Netzwerkpositionen nicht erlaubt.[289] Die theoretisch ableitbare Hypothese kann daher nicht überprüft werden und wird nur pro forma aufgestellt:

Gründer, die sich an Brückenköpfen verschiedener Teilnetzwerke befinden, weisen eine höhere BSI auf als andere Gründer.

2.1.2 Humankapital

Humankapital sind alle Fähigkeiten und Fertigkeiten sowie das Wissen, das in Personen verkörpert ist und das durch Erziehung, Ausbildung, Weiterbildung und Erfahrung erworben werden kann.[290] Es umfasst Urteilsvermögen, Einsichten, Kreativität, Visionskraft und Intelligenz von Individuen.[291] In der Literatur wird in allgemeines und spezifisches Humankapital unterschieden. Während allgemeines Humankapital universell einsetzbar ist, ist spezifisches

287 Burt argumentiert allerdings aus der Abwesenheit nicht redundanter Kontakte heraus, daher auch die Bezeichnung "structural hole". In der Umkehrung seines Arguments gelangt man allerdings zu oben stehender Aussage. Vgl. Burt (1992): a. a. O., S. 18.

288 Vgl. Lin (2001a): a. a. O., S. 70.

289 Vgl. Ronald S. Burt (1980): Models of Network Structure. In: *Annual Review of Sociology, Vol. 6(1)*, S. 131.

290 Diese Definition unterstreicht die Brückenfunktion der sozialen Kompetenzen zwischen Sozial- und Humankapital.

291 Vgl. Dollinger (2003): a. a. O., S. 36.

Humankapital an einen bestimmten Arbeitgeber, Beruf oder Wirtschaftssektor gebunden und kann nicht transferiert werden.[292]

Bei der Konzeptualisierung des allgemeinen Humankapitals wird einer Forderung von MAHONEY UND MICHAEL (2005) gefolgt, die eine umfassendere Konzeptualisierung des Humankapitals im Gründungskontext fordern.[293] So werden neben den üblichen Humankapitalkomponenten die sozialen Kompetenzen als Facette des allgemeinen Humankapitals konzeptualisiert. Sie werden vor allem deshalb als relevant erachtet, da sie zur Aktivierung des im letzten Abschnitt beschriebenen sozialen Kapitals nützlich sein könnten.

2.1.2.1 Die sozialen Kompetenzen als Katalysator des sozialen Kapitals

In Abschnitt IV.2.1 wurde erörtert, welche Dimensionen des sozialen Kapitals sich positiv auf die Anwendungsintensität von Bootstrap-Instrumenten auswirken sollten. Allerdings ist die alleinige Ausstattung mit sozialem Kapital nicht ausreichend.[294] Das soziale Kapital muss, damit es für die Gründer von Wert ist, zusätzlich aktiviert werden: Die Aktivierung bedingt, die Ressourcenbereitsteller davon zu überzeugen, ihnen tatsächlich Ressourcen in der benötigten Menge und Qualität zu überlassen. Dies hängt allerdings auch maßgeblich davon ab, wie sie mit diesen interagieren.[295] Wie die Struktur der Netzwerkbeziehungen mit der Fähigkeit entsprechende Vorteile daraus abzuleiten in Zusammenhang steht, kann entlang der grundlegenden Studie von GRANOVETTER (1974) veranschaulicht werden:

Bei der Suche nach einem Arbeitsplatz erhalten Jobsuchende Informationen über geeignete Positionen über ihr soziales Netzwerk. Sie nutzen unter Umständen ihre Netzwerkkontakte zudem als Referenz bei der tatsächlichen Bewerbung bzw. werden aufgrund einer Referenz eines ihrer Netzwerkkontakte zu Bewerbungsgesprächen eingeladen. Diese Leistungen entstehen durch ihr soziales Kapital. Von diesem Zeitpunkt an allerdings sind sie auf sich selbst gestellt und müssen derart effektiv mit ihrem Gegenüber interagieren, dass dieser das durch

---

292 Vgl. Gary S. Becker (1993): Nobel Lecture: The Economic Way of Looking at Behavior. In: *Journal of Political Economy, Vol. 101(3)*, S. 393.

293 Vgl. Mahoney und Michael (2005): a. a. O., S. 43.

294 Vgl. Jianwen Liao und Harold P. Welsch (2001): Social Capital and Growth Intention: The Role of Entrepreneurial Networks in Technology-based New Ventures. In: *Frontiers of Entrepreneurship Research*, Wellesley, MA, S. 318.

295 Vgl. Eric L. Hansen (2000): Resource Acquisition as a Startup Process: Initial Stocks of Social Capital and Organizational Foundings. In: *Frontiers of Entrepreneurship Research*, Wellesley, MA, S. 111 ff.

die Referenz übertragene Vertrauen als gerechtfertigt ansieht. Die Struktur des sozialen Kapitals bestimmt zwar Zugang und Anreiz zur Mobilisierung von Ressourcen. Inwiefern der Versuch allerdings von Erfolg gekrönt sein wird, hängt zudem von anderen Fähigkeiten ab.[296]

Diese Fähigkeiten können mit Hilfe des Konstrukts der sozialen Kompetenzen beschrieben werden. Sie bilden einen Teilbereich des Humankapitals.[297] Ihnen wird eine Brücken- oder Katalysatorfunktion zwischen sozialem Kapital als Metaressource und den übrigen Ressourcenkategorien zugesprochen.

Unter sozialen Kompetenzen wird im Folgenden eine Fähigkeit verstanden, die es einem Individuum ermöglicht, effektiv mit anderen zu interagieren.[298] Soziale Kompetenzen, zuweilen auch als soziale Fähigkeiten oder "social skills" bezeichnet, beschreiben also einen Aspekt des Verhaltens, der darauf ausgerichtet ist, in bestimmten sozialen Situationen ein langfristig günstiges Verhältnis von positiven und negativen Konsequenzen zu erzielen.[299]

Im Gründungskontext sind dies Situationen, in denen Gründer miteinander, aber auch mit externen Dritten derart interagieren, dass die Ergebnisse der Interaktion den erwarteten oder erhofften Ergebnissen entsprechen. Für andere betriebswirtschaftliche Kontexte haben verschiedene Studien gezeigt, dass der Einsatz sozialer Kompetenzen die Ergebnisse sozialer Interaktionen positiv beeinflussen kann.[300]

Zwar ist eine überzeugende theoretische Verknüpfung von Persönlichkeitsmerkmalen und Entwicklung neuer Unternehmen bisher nicht gelungen.[301] Nach Ansicht von BRÜDERL ET AL.

296 Vgl. Robert A. Baron und Gideon D. Markman (2000): Beyond Social Capital: How Social Skills can Enhance Entrepreneurs' Success. In: *Academy of Management Review, Vol. 14(1)*, S. 107.

297 Vgl. die Ausführungen in Abschnitt IV.2.1.2 auf S. 112 ff.

298 Vgl. Robert A. Baron und Candida B. Brush (1997): The Role of Social Skills in Entrepreneurs' Success: Evidence from Videotapes of Entrepreneurs' Presentations In: *Frontiers of Entrepreneurship Research*, Wellesley, MA, S. 45.

299 Vgl. Rüdiger Hinsch und Ulrich Pfingsten (2007): Das Gruppentraining sozialer Kompetenzen. Grundlagen, Durchführung, Materialien, S. 14.

300 Vgl. Ronald E. Riggio und Barbara Throckmorton (1988): The Relative Effects of Verbal and Nonverbal Behavior, Appearance and Social Skills on Valuations Made in Hiring Interviews In: *Journal of Applied Social Psychology, Vol. 18(2)*, S. 331 ff.; K. Michelle Wayne und Sandy J. Kacmar (1991): The Effects of Impression Management on the Performance Appraisal Process In: *Organizational Behavior and Human Decision Processes, Vol. 48(1)*, S. 70 ff.; Roy J. Lewicki et al. (2007): Essentials of Negotiation, S. 101.

301 Vgl. Reinhard Schulte (2006): Gibt es eine Theorie der Unternehmensgründung? Überlegungen zum Theorieapparat eines jungen Forschungsfeldes. In: *Understanding the Regulatory Climate for Entrepreneurship and SMEs: Paper presented to the Rencontres de St-Gall 2006*, St. Gallen, S. 5.

(2007) erscheint die kausale Verbindung von Persönlichkeit und Entwicklung neuer Unternehmen bei Beschränkung auf statische und strukturelle Variablen sowie ohne die Berücksichtigung situativer Einflussfaktoren nicht erreichbar. Erfolgsrelevant scheint vielmehr die Stimmigkeit von Personen-, Umfeld- und Unternehmensmerkmalen zu sein, soweit personenbezogene Kriterien situativ überhaupt signifikante Bedeutung erlangen können.[302] Prinzipiell ist der Einfluss der Persönlichkeit aber kaum von der Hand zu weisen, da die Gründerperson im Entstehungsprozess und dabei vor allem in der betrachteten Aufbauphase meist einziger Handlungs- und Entscheidungsträger des entstehenden Unternehmens ist.[303] Die Dominanz von Personen und ihren Verhaltensmerkmalen ist nach FRANK ET AL. (1999) grundsätzlich dort vorherrschend, wo Situationen nicht oder nur schlecht strukturiert sind.[304] Dies kann für die Situation, in der sich Gründer in der Aufbauphase ihres Unternehmens befinden, angenommen werden. Lediglich bei stark vorstrukturierten Situationen tritt die Persönlichkeit demnach in den Hintergrund.

Der Begriff sozialer Kompetenzen umfasst einen weiten Bereich menschlichen Verhaltens. Er umfasst generell nonverbale und verbale Ausdrucks- und Kommunikationsfähigkeit, Manipulationsfähigkeit, Einfühlungsvermögen, Zuhören können, Selbstsicherheit, Kontaktfreudigkeit, Beziehungsfähigkeit, optimistische Lebenseinstellung, Interesse am anderen, soziale Anpassungsfähigkeit und weitere Dimensionen. Grundsätzlich stimmt die Literatur aber überein, dass soziale Kompetenzen im Wesentlichen durch die Fähigkeit determiniert werden, Informationen situationsgerecht und zielbewusst zu senden und zu empfangen.[305]

Die grundlegenden Versuche, individuelle Differenzen in der Höhe sozialer Fähigkeiten zu argumentieren, gehen auf die Arbeiten von HUNT (1928) sowie THORNDIKE UND STEIN (1936)

---

302 Vgl. Josef Brüderl et al. (2007): Der Erfolg neugegründeter Betriebe, S. 83.

303 Vgl. Armgard Wippler (1998): Innovative Unternehmensgründungen in Deutschland und USA, S. 22 oder Gideon D. Markman (2007): Entrepreneurs' Competencies. In: *J. Robert Baum et al. (Hrsg.): The Psychology of Entrepreneurship*, S. 68.

304 Vgl. Hermann Frank et al. (1999): Konfigurationsanalyse von Unternehmensgründungen – Hemmende und fördernde Faktoren beim Gründen von Unternehmen. In: *BFuP — Betriebswirtschaftliche Forschung und Praxis, Vol. 51(3)*, S. 264.

305 Vgl. Ronald E. Riggio (1986): Assessment of Basic Social Skills. In: *Journal of Personality and Social Psychology, Vol. 51(3)*, S. 649 f. Die Zuschreibung der Situationsgerechtigkeit und des Zielbewusstseins implizieren eine Steuerungs- oder Kontrollmöglichkeit über die Sende- und Empfangsaktivitäten.

zurück.[306] Allerdings führte insbesondere die Unfähigkeit zur Differenzierung zwischen sozialer und genereller Intelligenz zum Niedergang dieser Forschungsrichtung.[307] Erst durch die Arbeiten von GUILFORD (1967) über "behavioral intelligence" sowie die Entwicklung von Messinstrumenten zur Bestimmung der Empathie z. B. durch HOGAN (1969) lebte das wissenschaftliche Interesse an den sozialen Fähigkeiten wieder auf.[308]

Je nach Kontext durchgeführter Untersuchungen stehen verschiedene Unterdimensionen sozialer Fähigkeiten im Fokus der Betrachtung. BARON UND MARKMAN (2000) identifizierten auf Basis einer extensiven Literaturanalyse vier spezifische Dimensionen, die für Unternehmenssituationen im Generellen und Gründungssituationen im Speziellen von Relevanz sind: (1) soziales Wahrnehmungsvermögen, (2) Management des ersten Eindrucks, (3) Überzeugung und Beeinflussung sowie (4) soziale Adaptionsfähigkeit.[309] Sie belegen ihre Ergebnisse allerdings weder empirisch noch stellten sie ein valides Erhebungsinstrument zur Messung dieser Dimensionen vor. Kritik an der Betrachtung einzelner Subdimensionen sozialer Fähigkeiten üben RIGGIO UND CARNEY (2003) vor allem daran, dass keines der entwickelten Instrumente zur Messung sozialer Kompetenzen die Multidimensionalität dieses Konstrukts vollständig erfasst. Sie sprechen sich daher für ein Vorgehen aus, das die grundlegenden Dimensionen identifiziert und ein Maß für die **Basisfähigkeiten sozialer Interaktion** hervorbringt.[310] Dies erscheint auch hier geeignet, um im empirischen Teil die sozialen Fähigkeiten der Befragungsteilnehmer zu erfassen.[311]

Die Berücksichtigung sozialer Kompetenzen ergibt nur dann einen Sinn, wenn nicht – wie im objektivistisch-deterministischen Forschungsverständnis – angenommen wird, dass sich Individuen in sozialen Austauschbeziehungen entsprechend allgemeingültiger Normen verhalten, die auf die Maximierung des eigenen ökonomischen Profits ausgerichtet sind. In diesem Fall würden Interaktionsprozesse ausgeblendet, die von emotionalen und intuitiven Verhaltens-

306 Vgl. Thelma Hunt (1928): The Measurement of Social Intelligence. In: *Journal of Applied Psychology, Vol. 12(5)* sowie Edward L. Thorndike und S. Stein (1937): An Evaluation of the Attempts to Measure Social Intelligence. In: *Psychological Bulletin, Vol. 34(3)*

307 Vgl. Ronald E. Riggio und Dana R. Carney (2003): Social Skills Inventory Manual, S. 1.

308 Vgl. J. P. Guilford (1967): The Nature of Human Intelligence und Robert Hogan (1969): Development of an Empathy Scale. In: *Journal of Consulting and Clinical Psychology, Vol. 33*, S. 307 ff.

309 Vgl. Baron und Markman (2000): a. a. O., S. 108.

310 Vgl. Riggio und Carney (2003): a. a. O., S. 2.

311 Für eine Operationalisierung des Vorgehens vgl. Abschnitt V.2.2.1 auf S. 144 ff.

weisen und deren Reaktionen geprägt sind.[312] Im vorliegenden Verständnis hingegen ist das Interaktionsverhalten Bestandteil der Betrachtung, da sich die Anwendung von Bootstrap-Instrumenten im Vergleich zu professionellen Finanzierungsinstrumenten gerade durch die Berücksichtigung nicht-ökonomischer, nicht eigennutzenmaximierender Motive sowie der Umgehung tradierter Verhaltensweisen auszeichnet.

Im Bezug auf das Bootstrap-Verhalten ist die Betrachtung von sozialen Kompetenzen deswegen von Bedeutung, da sowohl die Fähigkeit zur Erlangung von Informationen als auch die Fähigkeit zur Überzeugung einander bekannter oder einander unbekannter Interaktionspartner eng mit dem Konstrukt der sozialen Kompetenzen verbunden ist. So wird vermutet, dass hohe soziale Kompetenzen auf der einen Seite die anfallenden Transaktionskosten vor allem im Bereich der Vereinbarungskosten und evtl. auch im Bereich der Kontrollkosten senken und damit den Zugang zu Bootstrap-Instrumenten erhöhen. Auf der anderen Seite fallen Bootstrap-Vereinbarungen solchen Gründern leichter, die über ein hohes Maß an sozialer Kompetenz verfügen. Sie sollten daher auch einen höheren Anreiz zur Anwendung dieser Instrumente besitzen. Es wird daher postuliert:

H4: Die Höhe der sozialen Fähigkeiten eines Gründers erhöht die generelle BSI in der Aufbauphase.

2.1.2.2 Weitere Facetten des allgemeinen Humankapitals

Natürlich bilden die sozialen Kompetenzen nur einen Teil des Humankapitals einer Person bzw. eines Gründerteams ab. Es soll deswegen auch die üblicherweise verwendete Konzeptualisierung des allgemeinen Humankapitals berücksichtigt werden. So manifestiert sich die Höhe des allgemeinen Humankapitals in vielen Studien der Gründungsforschung im allgemeinen Bildungsniveau und der Teamgröße.[313] Hinsichtlich der Bootstrap-Thematik wird vermutet, dass das allgemeine Humankapital eines Individuums in Form seines Bildungsniveaus die internen Transaktionskosten senkt, neue Bootstrap-Ideen zu generieren, da hohes

---

[312] Vgl. Johannisson (1995): a. a. O., S. 220.

[313] Vgl. beispielhaft G. Chandler und S. H. Hanks (1998): An Examination of the Substitutability of Founders Human and Financial Capital in Emerging Business Ventures. In: *Journal of Business Venturing, Vol. 13(5)*, S. 362.

individuelles allgemeines Humankapital i. d. R. mit höherer Intelligenz und Kreativität assoziiert wird.[314] Dies hat gleichzeitig positive Zugangs- und Anreizeffekte:

H5: Die Höhe des individuellen allgemeinen Humankapitals beeinflusst die BSI positiv.

WATSON ET AL. (1995) zeigen zudem, dass Teamgründungen sich gegenüber Einzelgründungen durch erhöhte Fähigkeiten hinsichtlich Kreativität und komplementärer Fähigkeiten auszeichnen.[315] Da die Anwendung von Bootstrap-Instrumenten eine kreative Komponente besitzt, wird davon ausgegangen, dass ein positiver Zusammenhang zwischen der Anzahl der Gründungsbeteiligten und dem Zugang zu BSI in der Aufbauphase besteht. Zudem sind Teamgründungen in der Lage, Ideen zur alternativen Finanzierung des Gründungsvorhabens vor Durchführung gegenseitig konstruktiv in Frage zu stellen.[316] Dies sollte i. d. R. zu einer erhöhten Erfolgswahrscheinlichkeit und damit zu einem höheren Anreiz zur Anwendung von Bootstrap-Instrumenten führen. Es wird daher folgende Hypothese aufgestellt:

H6: Teamgründungen weisen in der Aufbauphase eine höhere BSI auf als Einzelgründungen

2.1.2.3 Spezifisches Humankapital

Im Gründungskontext können vor allem bisherige Gründungserfahrung oder Erfahrungen in der Industrie, in der das Vorhaben angesiedelt ist, als spezifisches Humankapital gewertet werden.[317] Bezüglich des Einflusses auf das Bootstrap-Verhalten kann argumentiert werden, dass Gründer mit Gründungserfahrung sowie Erfahrung in der Industrie erstens über erhöhte Kenntnis potenzieller Bootstrap-Instrumente verfügen und zweitens die nötigen Kontakte aufweisen, um zu wissen, wer die benötigten Ressourcen bereitstellen kann. Dies senkt die

---

314 Eine umfassende Konzeptualisierung weiterer für das Bootstrap-Verhalten relevanter Humankapitalfacetten wie z. B. der Kreativität wurde vor allem aufgrund des begrenzten Umfangs der empirischen Untersuchung und fehlender adäquater Selbsteinschätzungsinstrumente unterlassen. Für die Abfrage von Kreativität ist das Forschungsdesign denkbar ungeeignet. Dies bedeutet jedoch nicht, dass weitere Facetten als Einflussfaktoren des Bootstrap-Verhaltens keine Rolle spielen. Vielmehr wird versucht, diese Facetten des allgemeinen Humankapitals über den Bildungsstand zu approximieren.

315 Vgl. Warren E. Watson et al. (1995): Team Interpersonal Effectiveness in Venture Partnerships and its Connection to Perceived Success. In: *Journal of Business Venturing, Vol. 10(5)*, S. 393 ff.

316 Lechler und Gemünden (2003) kommen zu dem Schluss, dass die Qualität der sozialen Interaktion innerhalb eines Teams zur Verbesserung subjektiv gemessener Erfolgsparameter führt, vgl. Thomas Lechler und Hans Georg Gemünden (2003): Gründerteams: Chancen und Risiken für den Unternehmenserfolg. Ergebnisse einer empirischen Untersuchung, S. 135 f.

317 Vgl. Chandler und Hanks (1998): a. a. O., S. 362.

anfallenden Such- und Anbahnungskosten zur Durchführung von Bootstrap-Instrumenten und damit die Zugangsbeschränkungen. Da es allerdings um den bereinigten Einfluss der Erfahrung geht, darf das Netzwerkargument in der isolierten Betrachtung nicht zählen. Zudem kann ebenso argumentiert werden, dass die Erfahrung Gründer vom Beschreiten neuer Wege abhält und dadurch der Anreiz zur Anwendung im Vergleich zu Gründern ohne Gründungs- oder Industrieerfahrung sinkt. Es wird daher keine Hypothese formuliert, sondern lediglich explorativ versucht, die Dominanz eines der beiden Effekte nachzuweisen.

2.1.3 Finanzielle Ressourcen

Finanzielle Ressourcen bezeichnen die dem Gründer bei Gründung des Unternehmens zur Verfügung bzw. in Aussicht stehenden finanziellen Mittel aus traditionellen Quellen. Verfügt eine Gründung über eine hohe Ausstattung an Finanzmitteln, kann vermutet werden, dass dies – gegeben eine positive Signalwirkung – die Bereitschaft potenzieller Bootstrap-Partner erhöht, Austauschbeziehungen einzugehen. Dies würde den Zugang erhöhen. Ebenso kann vermutet werden, dass Gründer bei hoher finanzieller Aussattung weniger Wert auf zahlungsausgangsminimierende oder inkrementell zahlungseingangerhöhende Maßnahmen legen, da sie ihre Opportunitätskosten bei der Anwendung von Bootstrap-Instrumenten gegenüber der Akquisition von benötigten Ressourcen zu Marktpreisen als zu hoch einstufen.[318] Dies würde den Anreiz senken. Die anfänglich zur Verfügung stehenden finanziellen Ressourcen können also sowohl positive Zugangseffekte als auch negative Anreizeffekte auf die Anwendungsintensität von Bootstrap-Instrumenten aufweisen.

Die finanzielle Ausstattung kann entweder als absolute Höhe zur Verfügung stehender Geldmittel oder als Differenz zwischen der zur Verfügung stehenden und den zur Umsetzung des Geschäftsvorhabens notwendigen Geldmitteln konzeptualisiert werden. Während für die absolute Betrachtung kein sichtbarer Einfluss erwartet wird, wird für die relative Betrachtung vermutet, dass unabhängig von der absoluten Höhe der zur Verfügung stehenden Mittel eine Lücke zwischen vorhandenem und benötigtem Ressourcenbedarf zu einer erhöhten BSI führt. Diese Lücke wird als Liquiditätsengpass konzeptualisiert und folgende Hypothese dazu aufgestellt:

[318] Vgl. Bhidé (1992): a. a. O., S. 113.

H7: Die Frequenz auftretender Liquiditätsengpässe in der Aufbauphase beeinflusst die BSI in der Aufbauphase positiv.

Argumentiert werden kann diese Hypothese einerseits über eine Absenkung der mit der Anwendung von Bootstrap-Instrumenten assoziierten relativen Transaktionskosten in Form von Opportunitätskosten seitens der Gründer und zum anderen durch eine Erhöhung der Opportunitätskosten bei Verzicht auf die Anwendung von Bootstrap-Instrumenten: Unabhängig von den ihnen insgesamt zur Verfügung stehenden finanziellen Mitteln oder eventuellen Zugangsbeschränkungen zu finanziellen Mitteln aus traditionellen Quellen kann vermutet werden, dass sie bei Auftreten von Liquiditätsengpässen zunächst versuchen, diesen Liquiditätsengpass ohne externe Hilfe zu überwinden. Während Gründern mit Zugangsbeschränkungen zu traditionellen Finanzierungsinstrumenten wenig Alternativen bleiben und alleine deshalb die Opportunitätskosten sinken, kann auch bei Gründern mit Zugang zu anderen Finanzierungsinstrumenten angenommen werden, dass sie die zusätzliche Aufnahme von Finanzmitteln bei Liquiditätsproblemen aufgrund ihres negativen Signals an bestehende Finanziers wenn möglich vermeiden werden.[319] Da nicht davon ausgegangen wird, dass auftretende Liquiditätsengpässe bei entsprechender Handhabung per se zu negativen Zugangseffekten führen, sollte also der positive Anreizeffekt überwiegen.

In der Literatur wird Bootstrapping häufig als Finanzierungsalternative beschrieben, wenn andere Finanzierungsquellen nicht zur Verfügung stehen. Es soll daher auch geprüft werden, inwieweit die absolute Höhe von Finanzmitteln aus traditionellen Quellen einen Einfluss auf die Anwendung von Bootstrap-Instrumenten ausübt. Hierzu wird allerdings aufgrund der oben beschriebenen gegenläufigen Effekte keine Hypothese formuliert.

---

319 Zudem entspricht dieses Verhalten (zumindest in der Entscheidung zwischen internen und externen Mitteln) dem Konzept der Pecking Order of Finance, vgl. hierzu grundlegend Stewart C. Myers (1984): The Capital Structure Puzzle. In: *Journal of Finance, Vol. 39(3)*, S. 581. Für neue Unternehmen kommen Hall et al. (2000) zu dem Ergebnis, dass neue Unternehmen zwar auch interne Mittel externen Mitteln vorziehen, allerdings eher neues Eigenkapital als neues Fremdkapital aufnehmen. Dies widerspricht allerdings nicht der obigen Logik, zumal in dieser Arbeit keine explizite Unterscheidung zwischen Fremd- und Eigenkapital stattfindet. Vgl. Graham C. Hall et al. (2000): Industry Effects on the Determinants of Unquoted SMEs' Capital Structure. In: *International Journal of the Economics of Business, Vol. 7(3)*, S. 307.

2.1.4 Technologische Ressourcen

Technologische Ressourcen bestehen aus verwendbaren Systemen, Methoden und Verfahrenstechniken zur Erstellung der Kernleistung.[320] Häufig sind diese als Patente rechtlich geschützt. Es existieren allerdings auch nicht patentierte technologische Ressourcen, z. B. in Form von Betriebsgeheimnissen ("trade secrets"), chemischen Formeln, Lizenzen, Urheber- oder Markenrechten.[321] In dieser Arbeit stehen aufgrund ihrer Signalwirkung rechtlich geschützte technologische Ressourcen im Vordergrund der Betrachtung. Verfügen Gründer über eigene (proprietäre) Schutzrechte an relevanten Technologien, so erhöht dieses Signal ihre Attraktivität für potenzielle Bootstrap-Partner. Sie sollten daher eher in der Lage sein, Bootstrap-Instrumente anzuwenden als Gründungen ohne Schutzrechte. Hinsichtlich der Anreizeffekte ist festzuhalten, dass Gründungen mit Patenten sich häufig in Hochtechnologiebranchen bewegen. Sie sind vermutlich eher darauf angewiesen, dass die Erstellung ihrer Kernleistung mit einer genau definierten Ressourcenausstattung zu erfolgen hat. Dies würde den Anreiz zur Anwendung von Bootstrap-Instrumenten im Vergleich zu Gründungen ohne Patentschutz absenken. Welcher Effekt dominiert, kann im Vorhinein nicht postuliert werden. Es erfolgt deswegen eine explorative Analyse des Zusammenhangs.

2.1.5 Physische Ressourcen

Unter physischen Ressourcen werden alle materiellen Anlagegüter verstanden, die potenziell in einer handelsrechtlichen Bilanz vorkommen können. Sie erhöhen das Arsenal an tausch- oder anders verhandelbaren Ressourcen, die Bestandteil von Bootstrapping Vereinbarungen sein können. Zudem erhöht eine hohe Ausstattung an physischen Ressourcen die Möglichkeiten, mit gegebenen Ressourcen zurechtzukommen bzw. den Zwang, diese auch auszulasten. Es können also sowohl positive Zugangs- als auch Anreizeffekte festgestellt werden. Allerdings steigen mit einer erhöhten physischen Ausstattung auch die Anforderungen an eine strukturierte, bestimmten Regeln folgende Verwendung der physischen Ressourcen. Die Kosten der Anwendung von Bootstrap-Instrumenten in Form eines unübersichtlichen Ressourcenbestands oder der alternativen Einführung flexibler, komplexitätserhöhender Entscheidungs- und Kontrollsysteme senken den Anreiz zur Anwendung von Bootstrap-Instru-

---

[320] Vgl. Dollinger (2003): a. a. O., S. 36

[321] Vgl. Dollinger (2003): a. a. O., S. 36.

menten bei Gründungen mit hoher physischer Ressourcenausstattung. Zudem bestehen bei Gründungen ohne hohe physische Ausstattung zwar geringere Zugangseffekte, allerdings ist auch hier der Anreiz zur Anwendung von Bootstrap-Instrumenten insofern als hoch einzustufen, als dass sie aufgrund der geringen Ausstattung eher auf die Nutzung fremder Ressourcen angewiesen sind. Es sind sowohl positive als auch negative Zugangs- und Anreizeffekte zu vermuten. Eine Dominanz eines bestimmten Effektes kann hingegen nicht vermutet werden. Es wird daher lediglich versucht, explorativ zu überprüfen, inwiefern sich die physische Ressourcenausstattung auf das Bootstrap-Verhalten auswirkt.

2.1.6 Organisatorische Ressourcen

Unter organisatorischen Ressourcen werden die Strukturen, Routinen und Informationssysteme sowie die mit diesen zusammenhängenden Entscheidungsprozesse eines Unternehmens verstanden.[322] Allerdings sind auch die Werte, Normen und die Unternehmenskultur Teil dieser Ressourcenkategorie. Organisatorische Ressourcen etablieren sich im Zeitverlauf und sind in den Anfängen einer Unternehmung eng mit den persönlichen Eigenschaften des Gründers verbunden.[323] Sie sollen aufgrund des betrachteten Untersuchungsgegenstandes originärer Gründungen nicht weiter betrachtet werden. Es wird sogar davon ausgegangen, dass die Anwendung von Bootstrap-Instrumenten die Bildung von organisatorischen Ressourcen beeinflusst. Allerdings liegt dies außerhalb des Fokus dieser Arbeit.

2.2 Hypothesenbildung zu den gründungsstrategischen Entscheidungen

Die gründungsstrategischen Entscheidungen werden entlang der im Exkurs zum Bootstrap-Ansatz vorgestellten strategischen Eckpfeiler konzeptualisiert. Sie umfassen neben dem Wachstumspotenzial und dem Innovationsgrad der Gründung

- die Entscheidung, ob ein Produkt oder eine Dienstleistung angeboten werden soll,

---

322 Vgl. Dollinger (2003): a. a. O., S. 33.

323 Vgl. Candida G. Brush et al. (2001): From Initial Idea to Unique Advantage: The Entrepreneurial Challenge of Constructing a Resource Base. In: *Academy of Management Executive, Vol. 15(10)*, S. 74

- die Entscheidung, ob sich die Gründung eher über die Qualität oder eher über den Preis im Wettbewerb positioniert,
- die Entscheidung, ob ein Teilsegment oder der Gesamtmarkt bedient werden soll sowie
- die Entscheidung hinsichtlich der Wertschöpfungstiefe.

Die ebenfalls genannten Eckpfeiler von Gründungen im Bootstrap-Ansatz, die Phase des Marktes und die Entscheidung für oder gegen einen schnellen Markteinstieg, wurden aus der Betrachtung ausgeklammert, da die Phase des Marktes zu stark mit den noch einzuführenden Umweltbedingungen und ein eher schneller oder eher langsamer Markteinstieg konzeptionell zu stark mit dem Innovationsgrad und der Entscheidung für die Art der Leistung (Produkt versus Dienstleistung) zusammenhängt.

Hinsichtlich ihres Einflusses auf die BSI wurde bereits in der kritischen Würdigung der Beiträge zum Bootstrap-Konzept angedeutet, dass es sowohl Argumente gibt, die bei einer Ausprägung dieser Entscheidungen entlang der normativen Richtlinien des Bootstrap-Ansatzes für eine erhöhte BSI sprechen, als auch Argumente, die dagegen sprechen.[324] Lediglich für die Beschreibung des Geschäftsvorhabens auf Basis des Wachstumspotenzials lässt sich ein einigermaßen plausibler Zusammenhang in eine bestimmte Richtung hypothetisieren:

So sollte ein hohes Wachstumspotenzial zum einen potenzielle Bootstrap-Partner eher davon überzeugen, der Gründung Ressourcen bereit zu stellen, da dies eine implizit erwartete Gegenleistung wahrscheinlicher und attraktiver werden lässt. Dies spricht für einen positiven Zugangseffekt. Zudem steigen bei Gründern mit hohem Wachstumspotenzial und der damit implizit verbundenen Erwartung nach einem schnellen Wertzuwachs der Gründung die Opportunitätskosten einer entgangenen Bootstrap-Gelegenheit. Dies spricht für einen hohen Anreiz zur Anwendung von Bootstrap-Instrumenten. Beides spricht für eine erhöhte BSI in Abhängigkeit vom Wachstumspotenzial. Es wird daher postuliert:

H8: Gründungen mit höherem Wachstumspotenzial wenden signifikant häufiger Bootstrap-Instrumente an als Gründungen, deren Wachstumspotenzial beschränkt ist.

[324] Vgl. die Ausführungen in Abschnitt III.1.4 dieser Arbeit auf S. 58.

Die anderen Parameter werden ebenfalls operationalisiert und erhoben, um potenzielle Zusammenhänge zwischen ihnen und dem Bootstrap-Verhalten identifizieren zu können. Allerdings müssten diese dann ex post rationalisiert werden.

2.3 Hypothesenbildung zu den externen Umweltbedingungen

Die Umwelt eines neu gegründeten Unternehmens lässt sich als all das bezeichnen, was den Gründer umgibt, und was potenziell sein Denken, seine Entscheidungen, sein Handeln oder die resultierenden Ergebnisse beeinflusst.[325] Sie kann als Folge konzentrischer Kreise wie in Abb. 14 visualisiert werden.

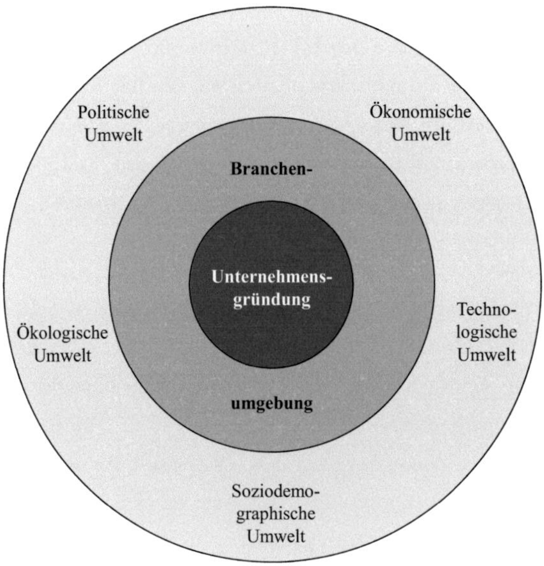

Abb. 14: Umwelt eines neu gegründeten Unternehmens (Dollinger (2003): a. a. O., S. 52.)

[325] Vgl. William B. Gartner (1985): A Conceptual Framework for Describing the Phenomenon of New Venture Creation. In: *Academy of Management Review, Vol. 10(4)*, S. 698.

Aus Praktikabilitätsgründen wird der äußerste Kreis aus der Betrachtung ausgeblendet. Dies kann darüber argumentiert werden, dass sich die befragten Gründer objektiv den gleichen makroökonomischen Bedingungen gegenüber sehen und diese daher Variationen in der Anwendung von Bootstrap-Instrumenten nur schlecht erklären können. Es wird sich vielmehr der Branchenumgebung zugewandt.

Die Branchenumgebung, in die ein Unternehmen eingebettet ist, kann durch PORTERs fünf Wettbewerbskräfte konkretisiert werden.[326] Sie bestehen aus den Wettbewerbssituationen auf den Faktormärkten, den Zielmärkten und innerhalb der eigenen Industrie sowie der Gefahr neuer Wettbewerber mit gleichen oder das Angebot substituierenden Leistungen.[327]

Ursprünglich entwickelt, um die Wahl einer attraktiven weil rentablen Industrie zu argumentieren, in der die genannten Wettbewerbskräfte gehemmt sind, eignet sich das Konzept hier zur Analyse potenzieller Auswirkungen verschiedener Konstellationen auf das Bootstrap-Verhalten von Unternehmensgründungen:

So erhöht eine niedrige Verhandlungsmacht potenzieller Ressourcenbereitsteller auf den Faktormärkten die strukturellen Möglichkeiten zum Einsatz von Bootstrap-Instrumenten, da zum einen genügend potenzielle Austauschpartner vorhanden sind und zum anderen der Anreiz zum gewissenhaften Screening seitens der potenziellen Austauschpartner sinkt.

Ähnlich verhält es sich bei der Situation auf den Zielmärkten. Sind diese dadurch gekennzeichnet, dass Kunden eine hohe Verhandlungsmacht gegenüber einem betrachteten Unternehmen besitzen, z. B. weil sie genügend Auswahl aus unterschiedlichen Angeboten haben, sind sie tendenziell weniger bereit, sich eigene Verfügungsrechte (z. B. in Form der Verweigerung langer Zahlungsziele oder der kostenlosen Einbringung ihres Know Hows) durch den Gründer abnehmen zu lassen.

Besteht eine hohe Rivalität in der Industrie, in der eine betrachtete Unternehmensgründung ihr Vorhaben verfolgt, so steigt wiederum der Anreiz für potenzielle Austauschpartner, funk-

---

326 Vgl. Shaker Zahra und Gregory G. Dess (2001): Entrepreneurship as a Field of Research: Encouraging Dialogue and Debate. In: *Academy of Management Review, Vol. 26(1)*, S. 8.

327 Vgl. Michael E. Porter (1985): Competitive Advantage, S. 5, Michael E. Porter (2008): The Five Competitive Forces that Shape Strategy. In: *Harvard Business Review, Vol. 86(1)*, S. 79.

tionierende Selbstselektionsinstrumente einzusetzen. Hohe Rivalität kann gerade bei Neugründungen dazu führen, dass sie gegenüber etablierten oder finanziell stärker ausgestatteten Wettbewerbern hinsichtlich der Möglichkeit zur Ressourcenakquisition im Nachteil sind.[328]

Bei der Betrachtung von Situationen, in denen eine hohe Gefahr neuer Wettbewerber mit gleicher oder das eigene Angebot substituierender Leistung besteht, ist die Einschätzung der Auswirkungen auf das Bootstrap-Verhalten nicht eindeutig. Diese Umweltbedingungen können verschiedene Ursachen haben, z. B. niedrige Markteintrittsschranken, hohes Wachstum, niedrige Wechselkosten für die Kunden der Leistung oder potenzielle Gesetzesänderungen.[329] Potenzielle Austauschpartner könnten tendenziell eine geringere Bereitschaft aufweisen, Teile ihrer Ressourcen zur Verfügung zu stellen, da die generelle Verfügungsrechtesituation als unsicher bezeichnet werden kann.[330] Auf der anderen Seite könnten von dieser Gefahr betroffene Akteure unter Umständen eher dazu bereit sein, miteinander zu kooperieren, da ein potenzieller gemeinsamer Gegner andere, eine Kooperation hemmende Überlegungen in den Hintergrund treten lässt. Aus den Aussagen lässt sich die folgende übergreifende Hypothese bezüglich des Bootstrap-Verhaltens ableiten:

H9: Je günstiger die Wettbewerbssituation, desto höher die BSI in der Aufbauphase einer Unternehmung.

3. Diskussion potenzieller Erfolgswirkungen des Einsatzes von Bootstrap-Instrumenten

Der folgende Abschnitt dient der Hypothetisierung potenzieller Erfolgswirkungen der Anwendung von Bootstrap-Instrumenten. Hierzu wird zunächst der Erfolgsbegriff spezifiziert und eine Auswahl an zu untersuchenden Erfolgswirkungen getroffen (IV.3.1). Diese umfassen

328 Vgl. Kathleen M. Eisenhardt und Claudia Bird Schoonhoven (1990): Organizational Growth: Linking Founding Team, Strategy, Environment, and Growth among U.S. Semiconductor Ventures, 1978-1988. In: *Administrative Science Quarterly, Vol. 35(3)*, S. 508 f.

329 Vgl. Porter (2008): a. a. O., S. 87.

330 In den genannten Situationen ist der Wert eigener Ressourcen abhängig von den zukünftigen, i. d. R. erhöht unsicheren Entwicklungen auf dem Markt. Hierdurch kann die gefühlte soziale Obligation zur Unterstützung von Gründern sinken.

die Zielparameter der Finanzierungsfunktion und den Aufbau von Wettbewerbsvorteilen. Aufgrund des angenommenen intensitätserhöhenden Einflusses von Liquiditätsengpässen und der p. d. gegebenen positiven Auswirkungen des Einsatzes von Bootstrap-Instrumenten auf die Zielparameter der Finanzierungsfunktion werden die potenziellen Erfolgswirkungen im Hinblick auf die Finanzierungsfunktion auf Basis eines subjektiven Erfolgsmaßes hypothetisiert (IV.3.2). Hinsichtlich des Aufbaus von Wettbewerbsvorteilen wird sich zunächst dem Aussagegerüst des ressourcenorientierten Ansatzes gewidmet, um hieraus eine positive Erfolgsvermutung bei intensiver Anwendung des Bootstrap-Instrumentariums abzuleiten (IV.3.3).

3.1 Spezifizierung des Erfolgsbegriffs

Erfolg heißt im ursprünglichen Sinn des Wortes lediglich, dass etwas erfolgt ist, unabhängig von einer positiven Konnotation, die das Wort im Laufe der Zeit erhalten hat. Gründungserfolg ist demnach die Gründung eines Unternehmens. Positiv besetzte Erfolgsbegriffe umfassen in der Gründungsforschung zahlreiche objektive Messgrößen, wie z. B. den durchschnittlichen Umsatz pro Mitarbeiter, die Umsatzrentabilität, die Unterscheidung zwischen profitablen und nicht profitablen Unternehmen, die Eigenkapitalrendite oder den erreichten Marktanteil.[331] Hinzu kommen zahlreiche subjektive Indikatoren, also Wahrnehmungen der Gründer hinsichtlich bestimmter mit der Gründung zusammenhängender materieller oder immaterieller Eigenschaften und ihres vergangenen, derzeitigen oder zukünftig erwarteten Status. Hierzu gehören z. B. die Wahrnehmung der Gründer hinsichtlich der eigenen unternehmerischen Leistung, der derzeitigen Marktposition des Unternehmens oder globaler Zukunftsaussichten.[332] Bei der Abfrage von objektiven Kriterien wird zuweilen kritisiert, dass sie in frühen Entwicklungsphasen lediglich geringe Aussagekraft bez. des tatsächlichen Erfolges von Unternehmensgründungen besitzen.[333] So lassen sich insbesondere bei Geschäftsvorhaben mit hohen Anfangsinvestitionen oder langer Entwicklungsdauer über die

[331] Vgl. Axel G. Schmidt (2002): Indikatoren für Erfolg und Überlebenschancen junger Unternehmen. In: *ZfB-Ergänzungsheft, (5)*, S. 29f.

[332] Für eine Übersicht möglicher und geeigneter subjektiver Erfolgsmaße vgl. Schmidt (2002): a. a. O., S. 31 ff. und die dort angegebene Literatur.

[333] Vgl. Kulicke et al. (1993): a. a. O., S. 140 f.

Abfrage des erwirtschafteten Gewinns keine Aussagen über seine zukünftigen Erfolgserwartungen treffen. Auch die Vergleichbarkeit von Wachstumszahlen ist aufgrund von niedrigen Basen in den Anfangsjahren nicht gegeben.[334]

Im weiteren Verlauf der Arbeit soll sich auf die Erfolgswirkungen hinsichtlich der Erfüllung der Finanzierungsfunktion sowie hinsichtlich des Aufbaus von Wettbewerbsvorteilen beschränkt werden. Während eine Betrachtung der Erfüllung der Finanzierungsfunktion aufgrund der Zugehörigkeit der Bootstrap-Instrumente zum Finanzierungsinstrumentarium intuitiv nachvollziehbar ist, leitet sich die Fokussierung auf den Aufbau von Wettbewerbsvorteilen aus der in IV.3.3 folgenden Erörterung des ressourcenbasierten Ansatzes ab.

Diese Fokussierung bedeutet jedoch nicht, dass der Einsatz des Bootstrap-Instrumentariums keine Auswirkungen auf andere Erfolgsmaße besitzt. So könnte genauso gut untersucht werden, welche Auswirkungen die Anwendung von Bootstrap-Instrumenten auf die Kunden- und Lieferantenbeziehungen besitzt oder auf die Qualität der entstehenden Unternehmenskultur, um zwei Beispiele zu nennen. Die Untersuchung weiterer Erfolgsmaße muss allerdings aufgrund des begrenzten Rahmens dieser Arbeit der zukünftigen Forschung vorbehalten bleiben.

3.2 Zielparameter der Finanzierungsaufgabe

Der Einsatz von Bootstrap-Instrumenten dient in erster Linie der Erfüllung der Finanzierungsaufgabe von Unternehmensgründungen. Die Erfolgswirkungen des Einsatzes könnten sich daher an den Zielparametern der Finanzierungsfunktion orientieren. Diese werden in der Literatur zur Unternehmensfinanzierung entlang der Liquidität, Rentabilität, Risikoreduktion und Unabhängigkeit eines Unternehmens gegliedert.[335] Die objektive Betrachtung dieser Ziele soll aufgrund der nachfolgenden Ausführungen allerdings vernachlässigt werden:

Die Liquidität eines Unternehmens kann unterschiedlich definiert werden. Hier ist sie als Eigenschaft der betrachteten Unternehmensgründungen zu verstehen, ihren Zahlungsver-

[334] Vgl. für weitere Kritikpunkte an objektiven Erfolgsparametern bei jungen Unternehmen die Ausführungen in Abschnitt V.3 auf S. 151 ff. und die dort angegebenen Quellen.

[335] Vgl. Perridon und Steiner (2007): a. a. O., S. 9.

pflichtungen in jedem Zeitpunkt nachkommen zu können.[336] Durch die Anwendung von Bootstrap-Instrumenten verbessert sich die Liquiditätssituation einer Unternehmensgründung im Vergleich zu ihrer Liquiditätssituation ohne Anwendung von Bootstrap-Instrumenten per definitionem. Dies bedarf keiner Überprüfung. Es ist allerdings nicht verwunderlich, dass WOLF UND OSSENKOPF (2005) bei der Überprüfung einer von ihnen aufgestellten Hypothese bez. der Wirkung des Einsatzes von Bootstrap-Instrumenten auf die Liquiditätssituation von Unternehmensgründungen keine Bestätigung fanden. Sie vermuteten, dass junge Unternehmen, die Bootstrap-Instrumente anwenden, liquiditätsseitig besser gestellt sein müssten als Unternehmen, die diese Instrumente nicht anwenden.[337] Es wird allerdings ein positiver Einfluss der Stärke von Liquiditätsengpässen auf die Anwendungsintensität von Bootstrap-Instrumenten vermutet.[338] Bei Bestätigung dieser Vermutung wäre die Erfolgswirkung bei Gründungen, die diese Instrumente anwenden, gegenüber Gründungen, die diese Instrumente eventuell deshalb nicht anwenden, weil sie keinen Liquiditätsengpässen ausgesetzt sind, nicht vergleichbar.

Die Rentabilität einer finanzwirtschaftlichen Maßnahme ergibt sich aus ihrem ökonomischen Ergebnis im Verhältnis zum eingesetzten Kapital.[339] Da mit der Anwendung von Bootstrap-Instrumenten i. d. R. Ressourcen anderer oder eigene Ressourcen unkonventionell bzw. doppelt verwendet werden, scheint auch hier klar, dass die Anwendung von Bootstrap-Instrumenten zu einer Rentabilität führt, die – verglichen mit dem Verhältnis aus Ergebnis und Kapitaleinsatz bei Verzicht auf die Anwendung von Bootstrap-Instrumenten – höher ist. Natürlich kann hiermit keine Aussage hinsichtlich des Rentabilitätsunterschiedes zwischen zwei Unternehmen abgeleitet werden, da dieser selbstverständlich noch von verschiedenen anderen Parametern beeinflusst wird, die sich dem Fokus dieser Arbeit entziehen.

Risikoreduktion bedeutet im finanzwirtschaftlichen Verständnis die Verringerung des mit zunehmendem Verschuldungsgrad eines Unternehmens möglicherweise steigenden Leverage-Risikos.[340] Da bei der Anwendung von Bootstrap-Instrumenten per definitionem keine festen

---

336 Vgl. Jochen Drukarczyk (2003): Finanzierung, S. 23.

337 Vgl. Wolf und Ossenkopf (2005): a. a. O., S. 25.

338 Vgl. die Hypothesenbildung zum Einfluss von Liquiditätsengpässen auf die BSI in Abschnitt IV.2.1.3 dieser Arbeit.

339 Vgl. Perridon und Steiner (2007): a. a. O., S. 12.

340 Vgl. Perridon und Steiner (2007): a. a. O., S. 13.

Auszahlungsverpflichtungen gegenüber den Bootstrap-Partnern bestehen, muss die Anwendung von Bootstrap-Instrumenten zwangsläufig zu einer Verringerung des mit der Finanzierung aus traditionellen Quellen verbundenen Leverage Risikos führen.

Analog kann für das Ziel der Unabhängigkeit argumentiert werden, dass die Anwendung von Bootstrap-Instrumenten per se die Dispositionsfreiheit eines Unternehmens erhält, da keine neuen Mitspracherechte geschaffen werden.[341]

Anstatt die objektiven Erfolgswirkungen des Bootstrap-Einsatzes auf die Zielparameter der Finanzierungsfunktion zu messen, wird die wahrgenommene Effizienz und Effektivität des Ressourceneinsatzes der Gründer als Erfolgsmaß herangezogen.

Theoretische Grundlage der Hypothesenbildung zum Zusammenhang zwischen BSI und diesem subjektiven Erfolgsmaß ist die Motivationstheorie von McClelland (1953).[342] Das Leistungsmotiv ("need for achievement") ist nach McClelland neben dem Zugehörigkeitsmotiv ("need for affiliation") und dem Machtmotiv ("need for power") ein zentrales menschliches Schlüsselbedürfnis.[343] Es manifestiert sich u. a. im Setzen von Zielen und der Befriedigung von Effizienz- und Effektivitätskriterien.[344] Im Gründungskontext sollte das Leistungsmotiv die beiden anderen universell vorhandenen Motive dominieren.[345] Eine hohe Leistungsmotivation führt vor allem bei solchen Aufgaben zu besseren Resultaten, die kreative und/oder neuartige Merkmale aufweisen.[346] Diese Merkmale sind für das Bootstrap-Instrumentarium charakteristisch. Wenn also die Anwendung von Bootstrap-Instrumenten die Effizienz und Effektivität des Ressourceneinsatzes positiv beeinflusst, so sollte eine intensive Anwendung von Bootstrap-Instrumenten zu einer Erhöhung des subjektiv wahrgenommenen Zielerreichungsgrades der Gründer bez. der bisher erbrachten Leistungen führen. Dieser sollte mit der Erfüllung der Finanzierungsaufgabe, die im Gründungskontext eine herausragende Bedeutung besitzt, hinreichend gut korreliert sein. Es wird daher postuliert:

---

341 Vgl. Perridon und Steiner (2007): a. a. O., S. 9.

342 Vgl. David C. McClelland et al. (1953): The Achievement Motive, S. 88.

343 Vgl. David C. McClelland (1961): The Achieving Society, S. 160 f. ("need for affiliation") und S. 167 f. ("need for power").

344 Vgl. Christian Scholz (2000): Personalmanagement: Informationsorientierte und verhaltenstheoretische Grundlagen, S. 231 f.

345 Vgl. Fallgatter (2002): a. a. O., S. 125.

346 Vgl. McClelland (1961): a. a. O., S. 216.

H10: Die BSI beeinflusst die wahrgenommene Zielerreichung der Gründer bez. der Effizienz und Effektivität ihres Ressourceneinsatzes positiv.

3.3 Der Aufbau von Wettbewerbsvorteilen

Der folgende Abschnitt gliedert sich in Grundaussagen des ressourcenorientierten Abschnitts und in die Implikationen für die Untersuchung der Erfolgswirkungen des Bootstrap-Instrumentariums.

3.3.1 Grundaussagen des ressourcenorientierten Ansatzes

Der ressourcenorientierte Ansatz (RBV, engl. *Resource-Based View*) stellt in seiner gängigen Interpretation einen Zusammenhang zwischen interner Ressourcenausstattung eines Unternehmens und dem Bestehen nachhaltiger Wettbewerbsvorteile her. Er geht auf PENROSE (1959) und WERNERFELT (1984) zurück und wurde in der Folgezeit maßgeblich durch BARNEY (1991) und PETERAF (1993) weiterentwickelt und geprägt.[347]

Im ressourcenorientierten Ansatz wird von der Annahme der Ressourcenheterogenität ausgegangen, wonach Unternehmen unterschiedliche Ressourcenausstattungen besitzen.[348] Die Ressourcenheterogenität findet ihre Ursache in der Ineffizienz der Faktormärkte.[349] Als Faktormarkt wird der Ort des Zusammentreffens von Angebot und Nachfrage bezüglich der betrieblichen Inputfaktoren bezeichnet.[350]

Als Gegenbewegung zu der mit PORTER verbundenen marktorientierten Sicht, die Industriecharakteristika als treibende Faktoren für nachhaltige Unternehmensüberschüsse in den Vordergrund stellte, versucht der ressourcenorientierte Ansatz, hierfür die heterogenen Ressourcenausstattungen verschiedener Unternehmen verantwortlich zu machen. Ressourcen sind

[347] Vgl. Penrose (1959): a. a. O. insb. S. 65 ff.; Birger Wernerfelt (1984): A Resource-based View of the Firm. In: *Strategic Management Journal, Vol. 5(2)*,S. 171 ff.; Barney (1991): a.a.O., S. 99 ff. und Margaret A. Peteraf (1993): The Cornerstones of Competitive Advantage: A Resource-Based View. In: *Strategic Management Journal, Vol. 14(3)*, S: 179 ff.

[348] Vgl. Peteraf (1993): a. a. O., S. 180.

[349] Vgl. Christoph Rasche (1994): Wettbewerbsvorteile durch Kernkompetenzen, S. 55.

[350] Vgl. Jay B. Barney (1986): Strategic Factor Markets: Expectations, Luck, and Business Strategy. In: *Management Science, Vol. 32(10)*, S. 1231.

hierbei alle materiellen und immateriellen Werte, die ein Unternehmen kontrolliert und die es in die Lage versetzen, effektivitäts- oder effizienzsteigernde Strategien zu gestalten und zu implementieren.[351] Hierzu können laut BARNEY u. a. Maschinen, Anlagegüter, Patente, Markenwerte, Fähigkeiten, organisatorische Prozessabläufe, Informationen oder Wissen gehören.[352]

Diese Ressourcen müssen selten, wertvoll, nicht imitierbar und nicht substituierbar sein, um potenziell zum Aufbau beständiger Wettbewerbsvorteile geeignet zu sein.[353] Es ist Aufgabe des Managements eines Unternehmens, strategische[354] Ressourcen innerhalb ihres Zugriffbereichs zu erkennen, auf- bzw. auszubauen, zu erhalten und adäquat einzusetzen, um langfristige Wettbewerbsvorteile zu erzielen.

Nach dem ressourcenorientierten Ansatz können Unternehmen als Ressourcenbündel verstanden werden, über das das Management zumindest semipermanent verfügen kann. Durch welche Prozesse aber diese Ressourcenbündel aufgebaut werden, beantwortet der klassische res-

---

351 Vgl. z. B. Barney (1991): a. a. O., S. 101. Wernerfelt (1984) definiert hiervon leicht abweichend Ressourcen als alles, was quasi dauerhaft als Stärke oder Schwäche eines Unternehmens identifiziert werden kann, vgl. Wernerfelt (1984): a. a. O., S. 172.

352 Vgl. Barney (1991): a. a. O., S. 101. Für eine Übersicht über mögliche Ressourcen vgl. Michael A. Hitt und R. Duane Ireland (1986): Relationships among Corporate Level Distinctive Competencies, Diversification Strategy, Corporate Structure and Performance. In: *Journal of Management Studies, Vol. 23(4)*, S. 402 ff. Einige andere Autoren unterscheiden explizit zwischen dem, was ein Unternehmen hat (Ressourcen), und dem, was ein Unternehmen kann (Fähigkeiten). Vgl. hierzu David A. Aaker (1989): Managing Assets and Skills: The Key To a Sustainable Competitive Advantage. In: *California Management Review, Vol. 32(1)*, S. 91 oder Robert M. Grant (1991): The Resource-Based Theory of Competitive Advantage: Implications for Strategy Formulation. In: *California Management Review, Vol. 33(3)*, S. 118 ff. Diese Unterscheidung wird vorliegend nicht vorgenommen, da Ressourcen und Fähigkeiten meist aus vorgelagerten anderen Ressourcen und Fähigkeiten bestehen und eine Unterteilung artifiziell wirkt. Insbesondere bei kleinen Unternehmen sind Ressourcen und Fähigkeiten mehr oder weniger ganzheitlich zu betrachten. Vgl. Patricia G. Greene und Terence E. Brown (1997): Resource Needs and the Dynamic Capitalism Typology. In: *Journal of Business Venturing, Vol. 12(3)*, S. 168.

353 Vgl. Barney (1991): a. a. O., S. 105 f. Leicht abweichende Forderungen stellt Peteraf (1993) auf. Vgl. für eine zusammenfassende Übersicht Peteraf (1993): a. a. O., S. 186.

354 Als strategisch werden solche Ressourcen bezeichnet, die sich dazu eignen, einen Wettbewerbsvorteil zu generieren. An dieser Aussage entzündet sich auch die größte Kritik am ressourcenorientierten Ansatz, da sie als tautologisch eingestuft wird. Diese Diskussion soll jedoch vorliegend nicht weiter vertieft werden. Für eine Übersicht über die wichtigsten Kritikpunkte sowie Gegenargumente vgl. Richard L. Priem und John E. Butler (2001): Is the Resource-Based "View" a Useful Perspective for Strategic Management? In: *Academy of Management Review, Vol. 26(1)*, Jay B. Barney (2001): Is the Resource-Based "View" a Useful Perspective for Strategic Management? Yes. In: *Academy of Management Review, Vol. 26(1)*, Richard L. Priem und John E. Butler (2001): Tautology in the Resource-Based View and the Implications of Externally Determined Resource Value: Further Comments. In: *Academy of Management Review, Vol. 26(1)* sowie Nicolai J. Foss und Thorbjørn Knudsen (2003): The Resource-based Tangle: Towards a Sustainable Explanation of Competitive Advantage. In: *Managerial and Decision Economics, Vol. 24(4)*

sourcenorientierte Ansatz nicht, da er von etablierten Unternehmen und bereits existierenden Ressourcenbasen ausgeht.[355] Es gilt aber allgemein, dass Ressourcen sich stets aus anderen Ressourcen zusammensetzen, die bereits vorher in irgendeiner Form existiert haben.[356]

3.3.2 Implikationen des ressourcenorientierten Aussagegerüsts

Unterstellt man eine sinnvolle[357] und erfolgreiche[358] Anwendung von Bootstrap-Instrumenten in der Aufbauphase, so ist zu vermuten, dass sich hierdurch der Entwicklungspfad einer Gründung maßgeblich vom Entwicklungspfad anderer Gründungen unterscheiden wird.[359] Unterschiede im Entwicklungspfad führen gemäß der ressourcenorientierten Theorie zu unterschiedlichen (langfristigen) Eigenschaften der gegründeten Unternehmung in Bezug auf das durch die Unternehmung repräsentierte Ressourcenbündel.[360] Die Anwendung von Bootstrap-Instrumenten wird häufig durch die kreative Lösung von Problemstellungen oder die Aktivierung des sozialen Kapitals der Gründungsbeteiligten begleitet.

Hierdurch kann die entstehende Ressourcenbasis eine notwendige wenn auch nicht hinreichende Bedingung der ressourcenorientierten Theorie zur Erlangung von Wettbewerbsvorteilen erfüllen, nämlich die nach beschränkter Imitierbarkeit durch potenzielle oder bestehende Wettbewerber. Diese Eigenschaft besitzen Ressourcen, die durch Markttransaktionen akquiriert werden, meistens nicht.[361] Es ist daher theoriegestützt davon auszugehen, dass der

---

355 Vgl. Alvarez und Busenitz (2001): a. a. O., S. 767.

356 Vgl. Penrose (1959): a. a. O., S. 54.

357 Die sinnvolle Anwendung von Bootstrap-Instrumenten bedeutet, dass durch den Einsatz vorwiegend Ressourcen akquiriert werden, die zumindest potenziell eine strategische Bedeutung für die Gründung besitzen können.

358 Die erfolgreiche Anwendung von Bootstrap-Instrumenten hängt maßgeblich von den Interaktionsprozessen ab, die sich zwischen Ressourceninhaber und Bootstrap-Unternehmen abspielen. Diese Interaktionsprozesse werden vorliegend jedoch nicht betrachtet, da sie einerseits Gegenstand einer eigenen Klasse von Erklärungsansätzen sind und da zum anderen für eine Berücksichtigung dieser Prozesse eine Betrachtung beider Interaktionspartner notwendig wäre, was der Konzeption der empirischen Untersuchung zuwiderläuft.

359 Es wird davon ausgegangen, dass die erfolgreiche Akquisition bzw. Entwicklung der benötigten Ressourcen von einer den strategischen Zielen entsprechenden Koordinierung dieser Ressourcen gefolgt wird. Die reine Ressourcenakkumulierung alleine wird nicht zur Zielerreichung genügen. Allerdings wird dieser Zwischenschritt der Koordinierung der Ressourcen vorliegend nicht explizit betrachtet. Ebenso wenig kann im Rahmen der empirischen Analyse nachvollzogen werden, ob es sich bei den durch Bootstrap-Instrumente akquirierten Ressourcen um strategisch wichtige Ressourcen handelt. Dies kann lediglich entlang gängiger Ressourcenbewertungen erfolgen.

360 Vgl. Ingemar Dierickx und Karel Cool (1989): Asset Stock Accumulation and Sustainability of Competitive Advantage. In: *Management Science, Vol. 35(12)*, S. 1504 ff.

361 Vgl. Barney (1991): a. a. O., S. 105 und Alvarez/Busenitz (2001): a. a. O., S. 767.

Einsatz von Bootstrap-Instrumenten zu langfristigen Wettbewerbsvorteilen der betrachteten neu gegründeten Unternehmen führen kann.

Auf der anderen Seite lassen sich hieraus auch verschiedene Gefahren für die entstehende Unternehmung ableiten. So kann die kreative Lösung von Problemstellungen die Gründer auch von ihren eigentlichen Aufgaben ablenken und somit Ressourcen verschwenden. Außerdem besteht die Gefahr der Überbeanspruchung des sozialen Kapitals, was zu nachteiligen, potenziell wachstumshindernden Rückwirkungseffekten führen kann.[362] Wird allerdings davon ausgegangen, dass die Gründer in der Lage sind, getroffene Entscheidungen hinsichtlich der Nutzung des sozialen Kapitals zu revidieren, wenn sie unvorteilhafte Wirkungen zeigen, so ist zu vermuten, dass die positiven Effekte dominieren. Es wird daher vermutet:

H11: Der Einsatz von Bootstrap-Instrumenten mit Potenzial zum Aufbau von Wettbewerbsvorteilen hat positive Wirkungen auf die wahrgenommenen Wettbewerbsvorteile neu gegründeter Unternehmen.

4. Zusammenfassende Darstellung der abgeleiteten Hypothesen

Der folgende Abschnitt fasst die abgeleiteten Hypothesen und die zugrunde liegenden Theoriekonzepte in Form einer Übersicht zusammen. Hinsichtlich der konfigurativen (gemeinsamen) Betrachtung der Einflussfaktoren auf das Bootstrap-Verhalten werden keine expliziten Hypothesen aufgestellt. Hierzu ist das bestehende theoretische Gerüst zu wenig entwickelt. Es wird vielmehr explorativ versucht, die hypothetisierten Zusammenhänge zu erhärten.

362 Vgl. Martin Gargiulo und Mario Benassi (2000): Trapped in Your Own Net? Network Cohesion, Structural Holes, and the Adaption of Social Capital. In: *Organization Science, Vol. 11(2)*, S. 183 ff. oder Baker und Nelson (2005): a. a. O., S. 348 f.

		Theoriefundierung
H1	Je diversifizierter das soziale Netzwerk der Gründer zum Zeitpunkt der Gründung, desto höher ist die Bootstrap Intensität in der Aufbauphase.	▪ NIÖ ▪ Sozialkapitaltheorie
H2	Gründer, die sich sozial höher gestellter Netzwerkmitglieder zur Unterstützung ihres Vorhabens bedienen, weisen eine höhere Bootstrap Intensität auf als Gründer, die sich Kontakte gleicher und niedrigerer sozialer Stellung bedienen.	▪ NIÖ ▪ Sozialkapitaltheorie
H3	Die Tendenz zur Nutzung schwacher Bindungen bei der Suche nach Unterstützungsleistungen für das Gründungsvorhaben hat einen positiven Einfluss auf die Bootstrap Intensität.	▪ NIÖ ▪ Sozialkapitaltheorie
H4	Die Höhe der sozialen Fähigkeiten eines Gründers erhöht die generelle Bootstrap Intensität in der Aufbauphase.	▪ NIÖ ▪ Humankapitaltheorie
H5	Die Höhe des individuellen allgemeinen Humankapitals beeinflusst die Bootstrap Intensität positiv.	▪ NIÖ ▪ Humankapitaltheorie
H6	Teamgründungen weisen in der Aufbauphase eine höhere Bootstrap Intensität auf als Einzelgründungen.	▪ NIÖ ▪ Humankapitaltheorie
H7	Die Frequenz auftretender Liquiditätsengpässe in der Aufbauphase beeinflusst die Bootstrap Intensität in der Aufbauphase positiv.	▪ NIÖ
H8	Gründungen mit höherem Wachstumspotenzial wenden signifikant häufiger Bootstrap Instrumente an als Gründungen, deren Wachstumspotenzial beschränkt ist.	▪ NIÖ
H9	Je günstiger die Wettbewerbssituation, desto höher die Bootstrap Intensität in der Aufbauphase einer Unternehmung.	▪ NIÖ
H10	Die Bootstrap Intensität beeinflusst die subjektive Zufriedenheit der Gründer mit der Effizienz und Effektivität ihres Ressourceneinsatzes positiv.	▪ Motivationstheorie
H11	Der Einsatz von Bootstrap Instrumenten mit Potenzial zum Aufbau von Wettbewerbsvorteilen hat positive Wirkungen auf die wahrgenommenen Wettbewerbsvorteile neugegründeter Unternehmen.	▪ RBV

Abb. 15: Zusammenfassende Übersicht über die aufgestellten Hypothesen

V. Vorstellung des Untersuchungsansatzes zur Analyse des Bootstrap-Verhaltens

Der nun folgende Teil fasst die bisherigen Ausführungen in einem Untersuchungsmodell zusammen und dient der Darstellung der verwendeten Variablen. Zunächst wird in V.1 das Bootstrap-Verhalten operationalisiert. Für die bereits diskutierten Einflussfaktoren werden in V.2 die Verwendung findenden Messinstrumente vorgestellt. In V.3 erfolgt die Darstellung der verwendeten Erfolgsmaße und in V.4 werden schließlich noch die berücksichtigten Kontrollvariablen erwähnt. Konzeptionell ergibt sich das Untersuchungsmodell direkt aus den im vierten Teil dieser Arbeit diskutierten Zusammenhängen. Es ist in Abb. 16 zusammenfassend dargestellt. Entgegen der Visualisierung, aber im Einklang mit der chronologischen Einführung der Elemente wird zunächst das Bootstrap-Verhalten operationalisiert, danach die Einflussfaktoren und zuletzt die Erfolgsvariablen.

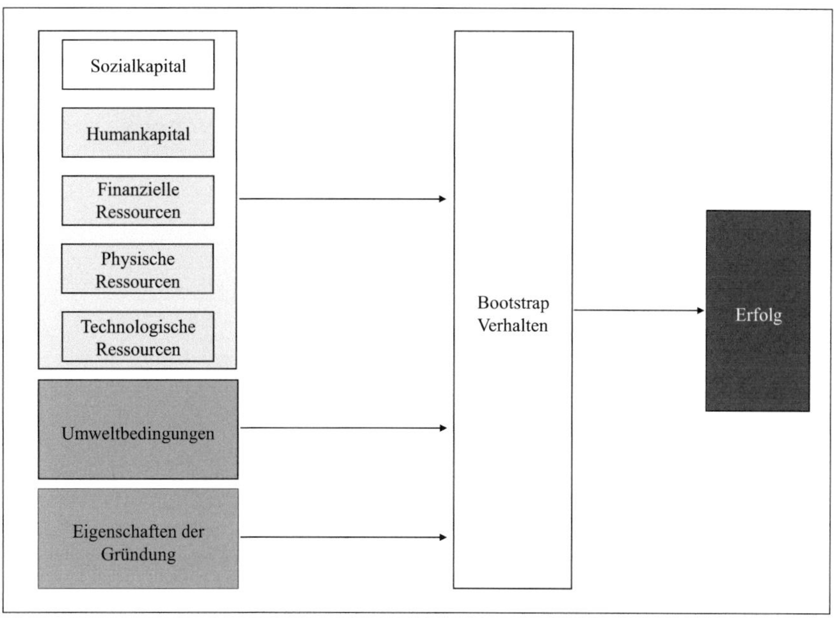

Abb. 16: Konzeptioneller Untersuchungsrahmen

1. Operationalisierung des Bootstrap-Verhaltens

Das Bootstrap-Verhalten der betrachteten Gründer wird in dieser Arbeit hauptsächlich aus ganzheitlicher Perspektive untersucht. Das bedeutet, dass zwischen der Anwendung einzelner Instrumente keine Unterscheidung getroffen wird. Grundsätzlich können weitere Betrachtungsperspektiven verwendet werden. Zum einen kann das Bootstrap-Verhalten des Gesamtsamples nach explorativ oder vorab kategorisierten Instrumenten untersucht werden. Zum anderen können noch zu identifizierende Nutzergruppen hinsichtlich ihres Bootstrap-Verhaltens separat voneinander analysiert werden. Allerdings hängt die Eignung dieser in Abb. 17 dargestellten Betrachtungsperspektiven davon ab, ob sie statistisch valide Aussagen zulassen.

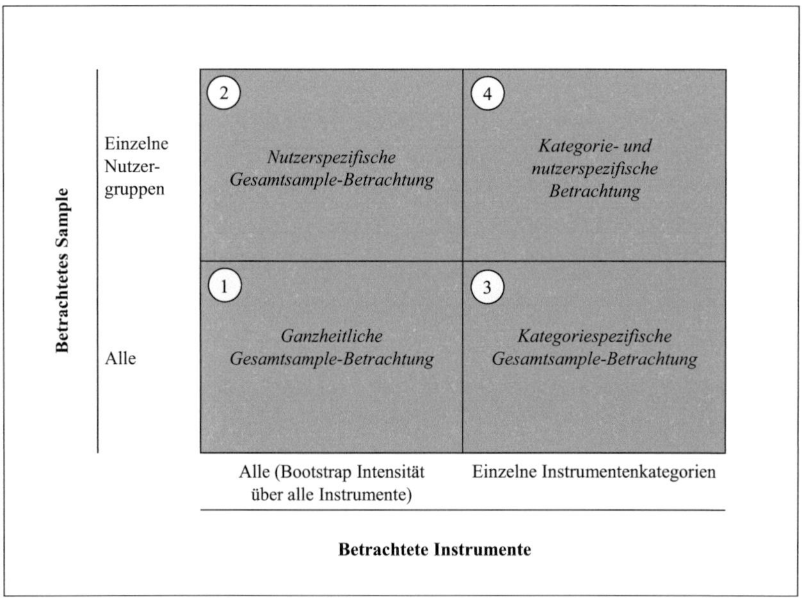

Abb. 17: Betrachtungsperspektiven des Bootstrap-Verhaltens

Die im Vordergrund stehende ganzheitliche Gesamtsample-Betrachtung versucht, über alle Bootstrap-Instrumente hinweg Aussagen zu treffen. Dies reduziert zum einen die Analysekomplexität und erhöht zum anderen die Übersichtlichkeit.

Als Basis für die Abfrage wurden die in Abschnitt III.3.4 vorgestellten Bootstrap-Instrumente verwendet. Die Befragungsteilnehmer wurden aufgefordert, für jedes Instrument anzugeben, ob sie das Instrument in der Aufbauphase ihres Unternehmens angewendet haben bzw. noch anwenden, falls sie sich nach eigener Einschätzung noch in der Aufbauphase befanden. Für die 22 Instrumente wurde die Intensität auf einer fünfstufigen Bewertungsskala abgefragt wobei „keine Nutzung" den Zahlenwert „0" und „eine intensive Nutzung" den Zahlenwert „4" zugewiesen bekommt.[363] Je nachdem welche Zahlenwerte aufaddiert werden, entstehen – vorbehaltlich einer Überprüfung ihrer Aussagekraft – die hier verwendeten Nutzungsintensitäten.

Es wurde zusätzlich auf einer fünfstufigen Skala abgefragt, welche wahrgenommene Wichtigkeit die angewendeten Bootstrap-Instrumente in der Aufbauphase jeweils für das Überleben und den Aufbau von Wettbewerbsvorteilen gespielt haben. Diejenigen Befragungsteilnehmer, die eine Wichtigkeit für eines der beiden Ziele anzeigten, wurden zudem gebeten, bis zu fünf der wichtigsten Bootstrap-Instrumente zu nennen. Hierdurch lassen sich evtl. abseits des vorgestellten Untersuchungsrahmens zusätzliche Erkenntnisse generieren.

Die Bereitstellung finanzieller Mittel durch Familie und Freunde, die Verwendung eigener Kapitalreserven oder Beleihungen sowie die Nutzung öffentlicher Förderinstitutionen wurden bez. ihrer Wichtigkeit im Vergleich zu anderen rein monetären Finanzierungsquellen abgefragt, um ggf. auch Aussagen hinsichtlich der Wichtigkeit von Bootstrap-Instrumenten i. w. S. treffen zu können.

363 Die richtige Anzahl verwendeter Stufen einer Skala ist seit langem Gegenstand wissenschaftlicher Diskussionen. Im Allgemeinen werden Skalen mit 2 bis 10 Stufen angewendet. Bei höherer Stufenanzahl ist allerdings fraglich, inwiefern der Befragte wirklich zwischen den einzelnen Stufen differenziert. Gerade bei Fragestellungen, die der Befragte aus der Erinnerung heraus beantworten muss sowie bei einer hohen Anzahl an abgefragten Items, führt eine hohe Stufenanzahl zu scheingenauen Ergebnissen. Die vorliegend verwendete Stufenanzahl entspricht der anderer Bootstrap-Studien, vgl. Winborg/Landström (1997): a. a. O., S. 475. Für eine Diskussion adäquater Skalenstufen vgl. Susan J. Devlin et al. (1993): Selecting a Scale for Measuring Quality. In: *Marketing Research, Vol. 5(3)*, S. 12 ff.

2. Operationalisierung der Einflussfaktoren auf das Bootstrap-Verhalten in der Aufbauphase

Entsprechend des Aufbaus des Untersuchungsrahmens, sollen im Folgenden soziale, intellektuelle, finanzielle, physische und technologische Ressourcen operationalisiert werden. Zudem werden ausgewählte gründungsstrategische Parameter und die Abfrage der Umweltbedingungen vorgestellt.

2.1 Operationalisierung des sozialen Kapitals

Zur Operationalisierung des sozialen Kapitals einer Person stehen grundsätzlich zwei verschiedene Möglichkeiten zur Verfügung. Im Idealfall kann die Struktur des sozialen Netzwerks einer Person auf Basis einer Gesamt- oder Teilnetzwerkerhebung bestimmt werden. Hierbei werden sämtliche Beziehungen eines abgegrenzten Netzwerks erfasst und mittels netzwerkanalytischer Verfahren untersucht.[364] Diese Vorgehensweise eignet sich allerdings nur für Datensituationen, in denen das betrachtete Netzwerk klar abgrenzbar ist und Informationen über sämtliche Netzwerkteilnehmer vorliegen.[365] Dies ist in Umfragesituationen nicht der Fall. Es kommt deshalb nur der ego-zentrierte Forschungsansatz in Frage.[366]

Bei der ego-zentrierten Netzwerkanalyse werden, wie der Name bereits andeutet, benötigte Netzwerkdaten durch die Befragung einer fokalen Person (Ego) erhoben.[367] Mit dieser Methode lassen sich zwar keine Netzwerkpositionen oder Rollenverflechtungen analysie-

364 Hierbei kommen meist linearalgebraische Analysemethoden zum Einsatz, die auf die bei einer Gesamtnetzwerkerhebung erhobenen Sozio- und Affiliationsmatrizen zurückgreifen. Vgl. Jansen (1999): a. a. O., S. 93 ff.

365 Die Abgrenzung erfolgt hierbei entweder über die nominalistische oder die realistische Methode. Bei der nominalistischen Methode wird das Netzwerk auf Basis der Forschungsfrage durch den Wissenschaftler abgegrenzt. Die realistische Methode setzt im Gegensatz dazu bei dem Zugehörigkeitsgefühl der Untersuchungspersonen an. Vgl. Edward O. Laumann et al. (1983): The Boundary Specification Problem in Network Analysis. In: *Ronald S. Burt und Michael J. Minor (Hrsg.): Applied Network Analysis*, S. 18ff. Eine besondere Form der realistischen Methode ist das Schneeballsystem, bei dem ausgehend von einer Stichprobe eine erste Ebene des persönlichen Netzwerks erhoben wird. Auf Basis der persönlichen Kotakte wird dann eine zweite Ebene gebildet. Vgl. hierzu David Knoke und James Kuklinski (1982): Network Analysis, S. 24.

366 Vgl. Jansen (1999): a. a. O., S. 73.

367 Vgl. James S. Coleman (1958): Relational Analysis: The Study of Social Organizations with Survey Methods. In: *Human Organization, Vol. 17(1)*, S. 29.

ren.[368] Sie ist allerdings im Rahmen einer empirischen Umfrage die einzige Möglichkeit, um überhaupt einen netzwerkanalytischen Zugang zur Realität zu erhalten.[369]

Zur Erhebung von ego-zentrierten Netzwerken werden so genannte Namensgeneratoren und Namensinterpretatoren verwendet. Namensgeneratoren dienen zur Generierung einer Liste von Personen, die zu Egos Netzwerk gehören. Namensinterpretatoren liefern weitere Informationen hinsichtlich dieser Personen (Alteri) und ihren Beziehungen zu Ego.[370]

Es existieren je nach Forschungsfrage verschiedene Namensgeneratoren.[371] In dieser Arbeit wurde erstens nach der Anzahl der Mitgliedschaften der Gründer in Vereinen, Verbänden, Initiativen oder anderen privaten oder professionellen Netzwerken gefragt. Zweitens sollten die Gründer erhoffte Unterstützergruppen (frühere Arbeitgeber, potenzielle Lieferanten, selbständige Bekannte etc.) in der Aufbauphase spezifizieren. Drittens wurde nach den Personen gefragt, die während der Aufbauphase des Unternehmens tatsächlich von maßgeblicher Bedeutung für die Umsetzung des Gründungsvorhabens waren.[372]

Im Einklang mit der gängigen Praxis sollte Ego bei der Frage nach den tatsächlich maßgeblichen Unterstützern so viele Personen nennen, wie möglich.[373] Zur Vermeidung von hohen

---

368 Aus diesem Grund wurden zum Zusammenhang zwischen Position der Gründer in ihrem Netzwerk und Bootstrap-Verhalten keine Hypothese gebildet. Vgl. Abschnitt IV.2.1.4 dieser Arbeit.

369 Vgl. Jansen (1999): a. a. O., S. 73.

370 Vgl. hierzu grundlegend Claude S. Fischer (1982): To Dwell Among Friends, S. 37 ff.

371 Vgl. z. B. Fischer (1982): a. a. O., S. 40, van der Gaag und Snijders (2004): a. a. O., S. 7 oder Barry Wellman (1993): An Egocentric Network Tale. In: *Social Networks, Vol. 15*, S. 426.

372 Lin (2001) unterscheidet zwischen bloßem Zugang zu sozialem Kapital und Nutzung des sozialen Kapitals: Während der Zugang zu sozialem Kapital Aussagen über potenziell mobilisierbare Ressourcen trifft, sagt die Nutzung etwas über die tatsächlichen Aktivitäten der betrachteten Akteure aus, mit denen Ressourcen aus dem sozialen Netzwerk akquiriert werden. Vgl. Lin (2001a): a. a. O., S. 82. Die Zugangsperspektive ist daher eher geeignet für prospektive, zukunftsgerichtete Studien, während die Nutzungsperspektive eher für retrospektive Untersuchungen zweckdienlich ist. Vgl. van der Gaag und Snijders (2004): a. a. O., S. 4. Vorliegend sollte Ego sowohl die erhoffte Unterstützung als auch die tatsächliche Unterstützung konkretisieren. Während die erhofften Unterstützer aus einer vorgegebenen Liste potenzieller Unterstützergruppen stammen, wurden Ego bei der Frage nach den tatsächlich maßgeblichen Personen keine Vorgaben gemacht.

373 Vgl. Stanley Wasserman und Katherine Faust (1994): Social Network Analysis: Methods and Applications, S. 58 f.

Abbruchquoten und zur Verringerung der Analysekomplexität wurden allerdings nur für die wichtigsten drei maßgeblichen Unterstützer weitere Informationen erhoben.[374]

Diese Informationen bezogen sich auf die Güte der Beziehung zwischen Ego und den Alteri, die durch die Alteri erhaltenen Leistungen sowie den gesellschaftlichen Status der Alteri im Vergleich zum eigenen. Hierdurch lassen sich die in Abschnitt IV.2.1.1 angesprochenen Dimensionen des sozialen Netzwerks wie folgt operationalisieren.

2.1.1 Diversität des Netzwerks

Die Diversität des Netzwerks kommt zum einen über die Fragen nach der Anzahl der Mitgliedschaften, der Anzahl erhoffter Unterstützerkategorien sowie der Anzahl tatsächlich maßgeblicher Unterstützer zum Ausdruck. Diese Indikatoren werden zu einem Konstrukt verdichtet.[375] Zum anderen wurde nach der Art der erhaltenen Leistungen durch die wichtigsten drei Unterstützer des Gründungsvorhabens gefragt. Hier konnten die Befragungsteilnehmer angeben, auf welchen Dimensionen sie in der Aufbauphase unterstützt wurden.[376] Die Analyse der Überschneidungsfreiheit der erhaltenen Leistungen gibt ebenfalls Auskunft darüber, wie verschiedenartig (divers) das relevante Unterstützernetzwerk strukturiert ist.[377] Zusätzlich ließe sich durch die Angaben auch die Bandbreite an erhaltenen Leistungen der Unterstützer analysieren, was eine Aussage über die Multiplexität der Bindungen ermöglichen würde.[378] Dies wurde jedoch vernachlässigt, da eine Aussage über den Zusammenhang zwischen der Bandbreite an erhaltenen Leistungen und der BSI tautologisch wäre.

---

374 Im durchgeführten Pretest des eingesetzten Fragebogens wurden für fünf Alteri weitere Informationen eingeholt. Dies führte allerdings zu erhöhten Abbruchquoten an dieser Stelle. Retrospektiv stellte sich zudem heraus, dass über 65% der befragten Gründer weniger als drei Unterstützer ihres Vorhabens benannt haben. Vgl.hierzu die Ausführungen in Abschnitt VI.4.3.1 auf S. 200 ff.

375 Vgl. die Ausführungen in Abschnitt VI.4.3.1 auf S. 194 ff.

376 Die Dimensionen umfassen (1) moralische Unterstützung, (2) Erhöhung des Vertrauens bei Dritten, (3) Funktion als kompetenter Ideenpartner, (4) Finanzierung, (5) Zur Verfügungstellung von Arbeitskraft oder betriebsspezifischem Know How, (6) physische Betriebsmittel, (7) Funktion als Referenzkunde, (8) den Zugang zu Technologien und (9) sonstige Leistungen.

377 Vgl. Ronald S. Burt (1983): Range. In: *Ronald S. Burt und Michael J. Minor (Hrsg.): Applied Network Analysis*, S. 174 ff.

378 Eine Beziehung wird dann als multiplex bezeichnet, wenn sie nicht nur in einer Beziehungsdimension gegeben ist, wenn also ein Unterstützer mehrere Leistungsdimensionen bereitgestellt hat. Vgl. Jansen (1999): a. a. O., S. 74.

2.1.2 Die hierarchische Netzwerkposition

Die Position der Gründer in der Hierarchie ihres Netzwerks wird über die Abfrage nach dem allgemeinen gesellschaftlichen Einfluss der drei wichtigsten Unterstützer im Vergleich zu ihrem eigenen operationalisiert. Den Befragungsteilnehmern wurde bezogen auf die drei wichtigsten Unterstützer aus dem sozialen Netzwerk jeweils folgende, in Tab. 1 dargestellte Frage gestellt:

Wie würden Sie den allgemeinen gesellschaftlichen Einfluss des Austauschpartners zum Gründungszeitpunkt im Vergleich zu Ihrem eigenen einordnen?					
Höher	*Eher höher*	*Gleich*	*Eher niedriger*	*Niedriger*	*Weiß nicht / keine Angabe*
5	*4*	*3*	*2*	*1*	*Missing value*

Tab. 1: Darstellung des Fragebogenitems zur Feststellung der hierarchischen Netzwerkposition

Je höher der Wert der addierten gesellschaftlichen Einflüsse, desto höher ist die gesellschaftliche Position der Unterstützer im Vergleich zur Position des Gründers.

2.1.3 Stärke der Beziehungen

Die Stärke der Beziehungen wurde derart operationalisiert, dass die Befragungsteilnehmer für die drei wichtigsten Unterstützer angeben mussten, ob sie diese vor dem Austausch direkt oder über jemand anderen kannten, um dann die direkte Beziehung bzw. die Dreiecksbeziehung (Ego – Mittelsmann und Mittelsmann – Unterstützer) hinsichtlich ihrer Beziehungsgüte auf einer vierstufigen Skala zu bewerten.[379] Die Vergleichbarkeit der Angaben wurde über den in Abb. 16 dargestellten Algorithmus sichergestellt.

---

[379] Hier wurde von der ansonsten im Fragebogen verwendeten fünfstufigen Skala abgewichen, da hinsichtlich einer Folgefrage bez. der Beziehungen der Unterstützer untereinander der Wert "gar nicht" eingefügt werden musste, was bei dieser Frage unsinnig gewesen wäre.

(A) *Übernahme der Skaleneinträge für direkte Beziehungen*

Güte der direkten Beziehungen	Sehr gut	gut	mittelgut	flüchtig
	1	2	3	4

(B) *Verortung der indirekten Kontakte entlang Matrix*

Güte der Beziehung zw. Ego und Mittelsmann		Güte der Beziehung zw. Mittelsmann und Alteri: Sehr gut	gut	mittelgut	flüchtig
		1	2	3	4
Sehr gut	1	2	3	4	5
gut	2	3	4	5	6
mittelgut	3	4	5	6	7
flüchtig	4	5	6	7	8

(C) *Rekodierung aller farbig hinterlegten Einträge gemäß folgender Rekodierungslogik*

(8=1) (7=2) (6=3) (5=4) (4=5) (3=6) (2=7) (1=8)

Abb. 18: Überführungslogik zur Herstellung der Vergleichbarkeit direkter und indirekter Kontakte

Je höher also der Wert der addierten Beziehungsqualitäten, desto stärker die Tendenz zur Nutzung starker Bindungen zum Erhalt von Unterstützungsleistungen.

2.2 Operationalisierung des Humankapitals

2.2.1 Operationalisierung der sozialen Kompetenzen

Zur Erfassung der sozialen Kompetenzen existieren grundsätzlich drei verschiedene Feststellungsverfahren. So können standardisierte Testverfahren eingesetzt werden, die versuchen, über Eignungstests die Fähigkeiten einer Person objektiv zu messen. Als zweites Verfahren können Selbsteinschätzungsinstrumente verwendet werden, bei denen die Befragungspersonen ihre Kompetenzen über Selbstbeobachtung oder -beschreibung wiedergeben. Als drittes Verfahren stehen grundsätzlich Fremdeinschätzungsverfahren zur Verfügung. Hierzu sind

Beurteilungen Dritter über die Fähigkeiten einer betrachteten Person notwendig.[380] Im Rahmen dieser Arbeit wurde sich für ein Instrument der zweiten Kategorie entschieden. Zum einen existieren standardisierte und validierte Eignungstests sozialer Kompetenzen lediglich für bestimmte Zwecke (z. B. Berufsorientierung) und erfüllen somit nicht die in Abschnitt IV.2.1.2.1 erhobenen Forderungen an eine Erfassung der Basiskompetenzen. Zum anderen wurden Fremdeinschätzungsverfahren als zu aufwändig eingestuft, um sie im Rahmen der dieser Arbeit durchführen zu können.

Eine Literaturanalyse führte zu einer Reihe von verschiedenen Selbsteinschätzungsinstrumenten.[381] Unter Abwägung ihrer Eignung für die hier behandelte Fragestellung und Zielgruppe, unter Berücksichtigung ihrer empirisch überprüften Validität sowie mit Hinblick auf die insgesamte Fragebogenlänge wurde sich für eine verkürzte Version von RIGGIO's Social Skills Inventory (SSI) entschieden. Mit diesem Selbsteinschätzungsverfahren besteht ein seit mehr als 20 Jahren eingesetztes statistisch validiertes Erhebungsinstrument, das für eine Reihe von Forschungszielen gute Ergebnisse gezeigt hat.[382] Das ursprüngliche SSI besteht aus einer Itembatterie, die anhand von 90 Fragen die sozialen Kompetenzen einer Befragungsperson auf einer fünfstufigen Likert Skala (5 = "trifft genau auf mich zu" bis 1 = "trifft überhaupt nicht auf mich zu") misst. Es stellt dabei auf das Senden und Empfangen von emotionalen und sozialen Informationen sowie die Kontrolle hierüber ab. Zur Ermöglichung der Integration des Erhebungsinstruments in umfassendere Fragebögen haben RIGGIO ET AL. (2003) auf Basis des ursprünglichen SSI eine Version mit lediglich 30 Items entwickelt. Auch hinsichtlich der verkürzten Version des SSI liegen für den US-amerikanischen Raum gute Validitäts- und

---

380 Vgl. z. B. S. V. Faraone und R. R. Hurtig (1985): An Examination of Social Skill, Verbal Productivity and Guttman's Model of Interaction Using Observational Methods and Sequential Analyses. In: *Behavioral Assessment, Vol. 7(x)*, S. 349 ff.

381 Vgl. z. B. Peter Marz (1996): Selbstkonzept und Internalität – Faktorielle Validität des Fragebogens zu Kompetenz- und Kontrollüberzeugungen (FKK) bei einer ostdeutschen Stichprobe. In: *Diagnostica, Vol. 42(4)*, S. 377ff.; Klaus Moser et al. (1996): Inkonsistenz und soziale Fertigkeit als zwei Komponenten von Self-Monitoring. In: *Diagnostica, Vol. 42(3)*, S. 268 ff.; Sabine Wegner (1989): Effizientes Konfliktlösen. Ein neuer Ansatz zur Erfassung sozial-intelligenter Lösungsstrategien im Betrieb, H. A. Jr. Marlowe (1986): Social Intelligence: Evidence for Multidimensionality and Construct Independence. In: *Journal of Educational Psychology, Vol. 78(1)*, S. 52 ff. oder M. Afzalur Rahim (1983): A Measure of Styles of Handling Interpersonal Conflict. In: *Academy of Management Journal, Vol. 26(2)*, S. 368 ff.

382 Vgl. hierzu Riggio und Carney (2003): a. a. O., S. 6 ff. und die dort angegebenen Literaturhinweise. Für die statistischen Reliabilitäts- und Validitätskennzahlen vgl. ebenfalls Riggio und Carney (2003): a. a. O., S. 21 ff. Diese sollen hier nicht ausführlich dargestellt werden, da der Mehrwert einer Darstellung als begrenzt eingestuft wird.

Reliabilitätskennzahlen vor.[383] Allerdings sollte das verkürzte Instrument nur zur Beurteilung der globalen sozialen Kompetenzen verwendet werden und nicht mehr für die dahinter liegenden Subfaktoren der emotionalen und sozialen Sende-, Empfangs- und Kontrollfähigkeiten.[384]

Die verwendeten, einzelnen Fragen sind in Abb. 19 dargestellt.[385] Sie wurden entsprechend der emotionalen und sozialen Sende-, Empfangs- und Kontrollitems gruppiert, allerdings rotiert abgefragt. Dies dient aufgrund der mangelnden Interpretierbarkeit der Subfaktoren allerdings lediglich der besseren Übersichtlichkeit. Sie basieren auf einer von RIGGIO autorisierten Übersetzung der originalen Items. In der deutschen Forschung wurde das Instrument allerdings erst einmal in der auch hier verwendeten Version eingesetzt.[386]

Abschließend sei angemerkt, dass, obwohl eine Unterteilung in emotionale und soziale Sende-, Empfangs- und Kontrollfähigkeiten stattfindet, die Gesamtskala die Basisfähigkeiten von Personen misst, effektiv mit anderen zu interagieren, was der Definition sozialer Kompetenzen entspricht.

---

383 Vgl. Kevin S. Groves (2003): The Contribution of Leader Emotional and Social Skills to Leadership Effectiveness During Strategic Organizational Change. In: Leadership Review Download unter http://www.leadershipreview.org/2003winter/article1_winter_2003.asp am 02.02.2007 oder R. S. Rubin et al. (2008 (in press)): Screening for Social Skills: A Psychometric Evaluation of the Brief Social Skills Inventory. In: *Journal of Personality Assessment, Vol. 90(x),* S. 1ff. (manuscript).

384 Vgl. Riggio und Carney (2003): a. a. O., S. 36.

385 9 der 30 Items sind umgekehrt gepolt. Dies ist in den Abbildungen durch ein (*) gekennzeichnet.

386 Vgl. Cordula Zumkley-Münkel et al. (2003): Der „FACES-Index“ – Ein computergesteuertes Messverfahren zur Erfassung der emotionalen Sensitivität. Arbeitsbericht Nr. 87 aus der Fachschaft Erziehungswissenschaften der Universität des Saarlandes. Download unter http://psydok.sulb.uni-saarland.de/volltexte/2003/5/pdf/Arbeitsbericht.pdf am 07.01.2007, S. 23.

Items der SSI Kurzversion – Emotionale Fähigkeiten

Emotionale Fähigkeiten		
	Sendung	▪ Es ist mir gewöhnlich unangenehm, mit anderen Leuten in Körperkontakt zu kommen.(*) ▪ Mein Gesichtsausdruck ist im Allgemeinen neutral.(*) ▪ Ich zeige selten meinen Ärger.(*) ▪ Ich kann eine langweilige Party in Schwung bringen. ▪ Ich zeige selten meine Stimmungen oder Gefühle.(*)
	Empfang	▪ Ich interessiere mich dafür, was in anderen so vorgeht. ▪ Ich kann leicht sagen, was für einen Menschen ich vor mir habe, wenn ich ihn mit anderen interagieren sehe. ▪ Ich schein‘ immer zu wissen, was die wahren Gefühle anderer sind, egal wie sehr sie darauf aus sind, ihre Gefühle zu verbergen. ▪ Ich kann einen Scharlatan sofort, wenn ich ihm begegne, erkennen. ▪ Mir wird oft gesagt, dass ich feinfühlig und verständnisvoll bin.
	Kontrolle	▪ Ich kann meine Gefühle nicht sehr gut kontrollieren.(*) ▪ Es fällt mir sehr schwer, meine Gefühle zu kontrollieren.(*) ▪ Ich kann sehr gut nach außen ruhig wirken, auch wenn ich innerlich aufgewühlt bin. ▪ Wenn ich innerlich nervös bin, kann ich das sehr gut vor anderen verbergen. ▪ Es gelingt mir selten, ein starkes Gefühl zu verbergen.(*)

Items der SSI Kurzversion – Soziale Fähigkeiten

Soziale Fähigkeiten		
	Sendung	▪ Ich knüpfe sehr gerne soziale Kontakte. ▪ Ich habe auf Partys immer leicht Kontakt zu allen Gästen. ▪ Gewöhnlich ergreife ich die Initiative, um mich Fremden vorzustellen. ▪ Auf Partys liebe ich es, mit einer Menge verschiedener Leute zu reden. ▪ Es macht mir Spaß, zu großen Partys zu gehen und neue Leute zu treffen.
	Empfang	▪ Es gibt gewisse Situationen, in denen es mir Sorge macht, ob ich das Richtige sage oder tue. ▪ Ich mache mir oft Sorgen, dass andere das, was ich zu ihnen gesagt habe, falsch verstehen. ▪ Es kann mich stark berühren, wenn jemand über mich lächelt oder mich missbilligend anschaut. ▪ Es ist mir sehr wichtig, dass andere Leute mich mögen. ▪ Es beschäftigt mich generell, was für einen Eindruck ich auf andere mache.
	Kontrolle	▪ Ich komme mit jeder Art von Menschen gut zurecht, egal ob jung, alt, reich oder arm. ▪ Wenn ich in einer Gruppe bin, fallen mir oft nicht die richtigen Gesprächsthemen ein.(*) ▪ Ich würde mich auf einer Party, die von vielen sehr prominenten Leuten besucht wird, fehl am Platze fühlen.(*) ▪ Ich werde oft als Gruppenführer gewählt. ▪ Ich kann mich fast jeder sozialen Situation anpassen.

Abb. 19: Items des verkürzten SSI aus RIGGIO (2003)

2.2.2 Operationalisierung anderer Humankapitalkomponenten

Die weiteren Humankapitalkomponenten wurden durch Single Items abgefragt. Der höchste Bildungsabschluss ist genau wie die Teamgröße ein häufig verwendeter Indikator des allgemeinen Humankapitals in Studien der Gründungsforschung.[387] Das spezifische Humankapital kann über die dichotome Abfrage nach Industrie- und Gründungserfahrung approximiert werden.[388] Abb. 20 gibt einen Überblick über die verwendeten Parameter und ihr Skalenniveau.

	Variablen	**Skalenniveau**
Allgemeines Humankapital	▪ Höchster Bildungsabschluss	▪ Ordinal (9 Stufen)
	▪ Anzahl Gründungsbeteiligter	▪ Metrisch
Spezifisches Humankapital	▪ Erfahrung in der Industrie	▪ Dichotom (Ja/Nein)
	▪ Gründungserfahrung	▪ Dichotom (Ja/Nein)

Abb. 20: Operationalisierung übriger Humankapitalkomponenten

2.3 Operationalisierung finanzieller, physischer und technologischer Ressourcen

Die Operationalisierung der finanziellen, physischen und technologischen Ressourcen erfolgt ebenfalls auf Basis gängiger und single-item-basierter Abfragekriterien. Sie sind in Abb. 21 übersichtlich dargestellt. Auf eine ausführliche Darstellung wird verzichtet.

---

387 Vgl. Lechler und Gemünden (2003): a. a. O., S. 57.

388 Vgl. z. B. Josef Brüderl et al. (1992): Survival Chances of Newly Founded Business Organizations. In: *American Sociological Review, Vol. 57(2)*, S. 232 oder Arnold C. Cooper et al. (1994): Initial Human and Financial Capital as Predictors of New Venture Performance. In: *Journal of Business Venturing, Vol. 9(5)*, S. 380.

	Variablen	Skalenniveau
Finanzielle Ressourcen	▪ Anzahl in Anspruch genommener Finanzierungsquellen in der Aufbauphase	▪ Metrisch (Auswahl aus 7 Kategorien)
	▪ Zur Verfügung stehende finanzielle Mittel zum Gründungszeitpunkt	▪ Ordinal auf Basis metrischer Klassen (9 Klassen)
	▪ Frequenz von Liquiditätsengpässen in Aufbauphase	▪ Ordinal (5-stufige Skala)
Physische Ressourcen	▪ Wert der bilanzierbaren Vermögensgüter zum Gründungszeitpunkt	▪ Ordinal auf Basis metrischer Klassen (9 Klassen)
Technologische Ressourcen	▪ Existenz Patentschutz in der Aufbauphase	▪ Digital (Ja/Nein)

Abb. 21: Operationalisierung finanzieller, physischer und technologischer Ressourcen

2.4 Operationalisierung der gründungsstrategischen Parameter

Die gründungsstrategischen Parameter wurden auf Basis der Ausführungen zu den Eckpfeilern des Bootstrap-Ansatzes unter Berücksichtigung der eingrenzenden Ausführungen in Abschnitt IV.2.2 mit je einem Single Item auf einer fünfstufigen Skala abgefragt. Die Items sind in Abb. 22 dargestellt.

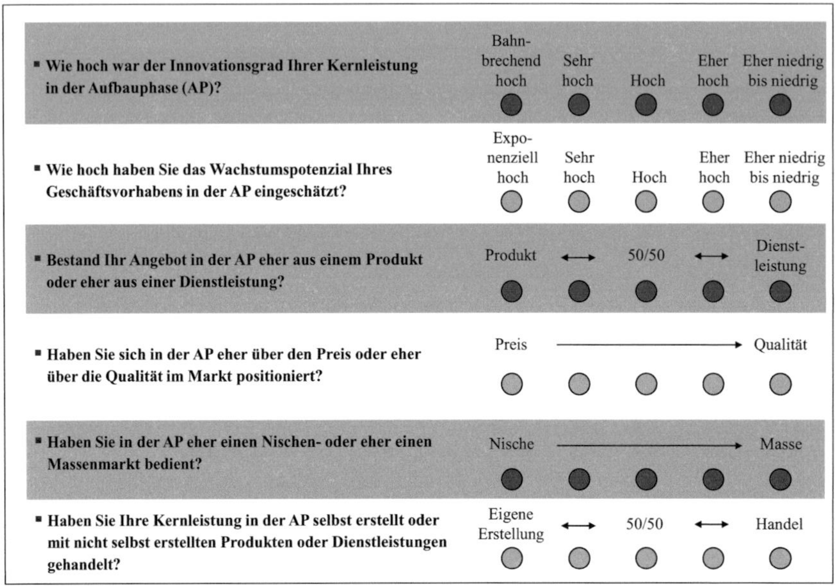

Abb. 22: Operationalisierung der gründungsstrategischen Parameter

2.5 Operationalisierung externer Einflussfaktoren

In Abschnitt IV.2.3 wurde PORTERs Modell der fünf Wettbewerbskräfte eingeführt. Die Operationalisierung der Umweltbedingungen erfolgt entlang dieser Logik. Dies bedeutet, dass die Gründer Angaben zu der in der Aufbauphase wahrgenommenen Wettbewerbsintensität auf relevanten Faktormärkten, Zielmärkten und innerhalb der eigenen Branche machen konnten. Zudem wurden sie gebeten, ihre Einschätzung während der Aufbauphase hinsichtlich der Gefahr neuer Wettbewerber sowie hinsichtlich ihre eigene Leistung substituierender Produkte bzw. Dienstleistungen abzugeben.[389] Alle Abfragen erfolgten mittels Single Items auf einer fünfstufigen Bewertungsskala. Zwar lässt sich argumentieren, dass die beschriebenen Wettbewerbskräfte komplexe Konstrukte darstellen, auf eine Multi-Item Abfrage wurde allerdings aus Praktikabilitätsgründen verzichtet.

[389] Diese beiden Fragen werden im Licht tatsächlich eingetretener Ereignisse mit einem "hindsight bias" behaftet sein. Vgl. Pohl (1992): a. a. O., S. 38 ff. Dies spielt insofern nur eine untergeordnete Rolle, als dass hierdurch zumindest die objektiv vorhanden gewesene Gefahr zu Tage tritt. Allerdings lassen sich keine Kausalitäten zwischen empfundener Gefahr und Bootstrap-Verhalten überprüfen.

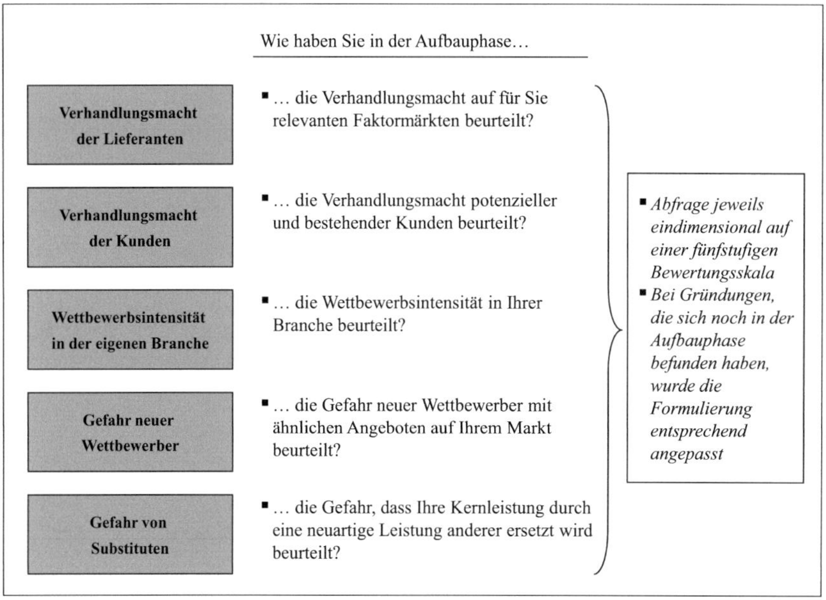

Abb. 23: Operationalisierung der Umweltbedingungen in Anlehnung an Porter (1985)

3. Operationalisierung der Erfolgswirkungen des Bootstrap-Verhaltens

Der nun folgende Abschnitt stellt die verwendeten Erfolgsparameter vor, die im Rahmen der empirischen Analyse zum Betrachtungszeitpunkt abgefragt wurden. Auf die Einbeziehung objektiver Erfolgsparameter in das Untersuchungsmodell wurde verzichtet.[390] Die Verwendung objektiver, quantitativer Erfolgsindikatoren ist im Gründungskontext nicht unumstritten, da sie verschiedene Probleme aufwirft: Der Erfolg unternehmerischer Aktivitäten der ersten Perioden kann erst in späteren Perioden zum Tragen kommen.[391] Dies gilt vor allem bei Gründungen, die sich durch lange Entwicklungszeiten auszeichnen.[392] Zudem sind kleine Unter-

[390] Als objektive Erfolgsparameter werden in der Literatur Größen wie der Gewinn, der Umsatz, die Anzahl der Mitarbeiter und die mit diesen verbundenen Wachstumsraten verstanden. Sie zeichnen sich dadurch aus, dass sie quantitativer Natur sind und unabhängig von der persönlichen Einstellung der befragten Person ermittelt werden können. Vgl. Kulicke et al. (1993): a. a. O., S. 140.

[391] Vgl. Lechler und Gemünden (2003): a. a. O., S. 65 f.

[392] Vgl. Arnold C. Cooper (1979): Strategic Management: New Ventures and Small Business. In: *Dan E. Schendel und Charles W. Hofer (Hrsg.): Strategic Management: A New View of Business Policy and Planning*, S. 326.

nehmen nach FIORITO UND LAFORGE (1986) dafür bekannt, weder in der Lage noch willens zu sein, akkurate Informationen über die gewünschten Erfolgsparameter bereitzustellen.[393] Außerdem werden quantitative Erfolgsparameter stark von industriespezifischen Faktoren beeinflusst, so dass der direkte Vergleich von Unternehmensgründungen verschiedener Sektoren zu irreführenden Aussagen gelangen würde.[394] Schließlich sind die Umsätze und damit auch andere objektive Erfolgsparameter der ersten Perioden mitunter starken Schwankungen ausgesetzt, so dass KULICKE ET AL. (1993) für quantitative Erfolgsanalysen junger Unternehmen ein Unternehmensalter von mindestens fünf Jahren fordern.[395] Dieses ist bei einer Großzahl der untersuchten Unternehmen nicht gegeben.[396] Es kommen daher als Erfolgswirkungen lediglich subjektive Erfolgsmaße zum Einsatz. Nach SMITH, CAROLL UND ASHFORD (1995) ist die subjektive Wahrnehmung von Befragungsteilnehmern adäquat, da *"many benefits of cooperation ... can be defined in non-economic terms"*.[397] Außerdem zeigen DESS UND ROBINSON (1984) für Manager von US-amerikanischen Unternehmen, dass deren subjektive Wahrnehmung der Unternehmensperformance generell mit der tatsächlichen Perfomance übereinstimmt.[398] Objektive Erfolgsmaße wie z. B. der Umsatz oder die Beschäftigtenanzahl werden zwar ebenfalls erhoben. Diese dienen allerdings nur der Beschreibung des Datensatzes und nicht der Überprüfung der aufgestellten Hypothesen.

3.1 Operationalisierung der subjektiven Erfolgswahrnehmung

Zur Operationalisierung der Effizienz und Effektivtät des Ressourceneinsatzes wurden fünf Indikatorfragen gestellt. So sollten die Befragten angeben, inwieweit sie den in Abb. 24 dar-

---

393 Vgl. Susan S. Fiorito und Raymond W. LaForge (1986): A Marketing Strategy Analysis of Small Retailers. In: *American Journal of Small Business Finance, Vol. 10(4)*, S. 11. Ähnlich argumentiert Michael D. Hu et al. (1996): Impact of Level of Aggregation on Response Accuracy in Surveys of Behavioral Frequency. In: *Marketing Letters, Vol. 7(4)*, S. 4 ff.

394 Vgl. Danny Miller und Jean Marie Tolouse (1986): Strategy, Structure, CEO Personality and Performance in Small Firms. In: *American Journal of Small Business, Vol. 10(3)*, S. 52.

395 Vgl. Kulicke et al. (1993): a. a. O., S. 140 f.

396 Vgl. die deskriptiven Ergebnisse des vorliegend zur Anwendung gelangenden Datensatzes in Abschnitt VI.3.1.

397 Vgl. Ken G. Smith et al. (1995): Intra- and Interorganisation Cooperation: Toward a Research Agenda. In: *Academy of Management Journal, Vol. 38(2)*, S. 17.

398 Vgl. Gregory G. Dess und Richard B. Jr. Robinson (1984): Measuring Organizational Performance in the Absence of Objective Measures: The Case of the Private-Held Firm and Conglomerate Business Unit. In: *Strategic Management Journal, Vol. 5(3)*, S. 270.

gestellten Aussagen bezüglich ihrer Gründung zustimmen. Sie werden im Rahmen dieser Arbeit zum ersten Mal abgefragt. Drei der fünf Indikatoren sind anders herum gepolt, d. h. dass eine stark ablehnende Haltung gegenüber der Aussage einen hohen Wert zugeschrieben bekommt, während eine starke Zustimmung einen niedrigen Wert erhält. Diese sind in der Abbildung mit einem (*) versehen.

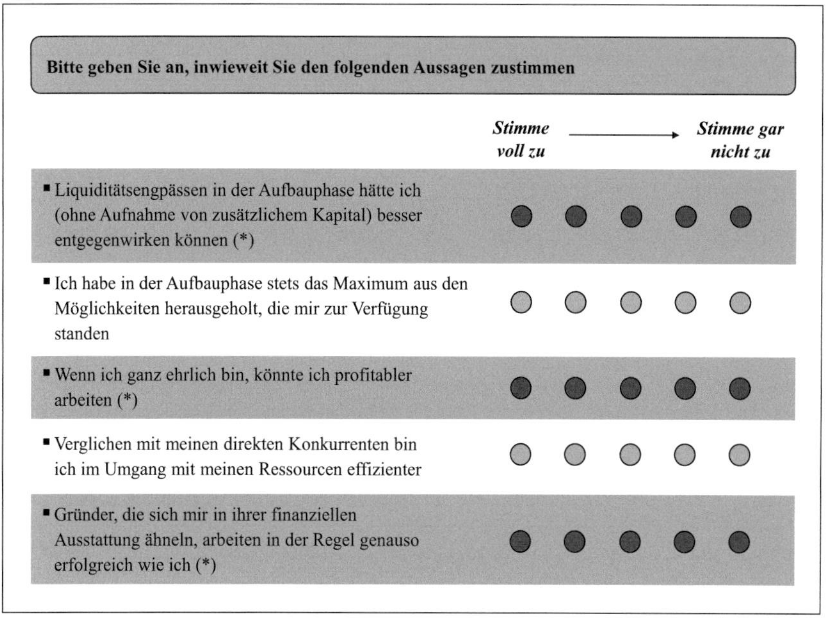

Abb. 24: Operationalisierung der subjektiven Erfolgswahrnehmung

3.2 Operationalisierung bestehender Wettbewerbsvorteile

Die Bereiche, in denen Wettbewerbsvorteile auftreten können, sind vielfältig. So können Wettbewerbsvorteile im Human Resource Management dazu führen, dass ein Unternehmen die besten verfügbaren Mitarbeiter rekrutieren kann. Allerdings wird die Auffassung vertreten, dass alle Wettbewerbsvorteile vom Kunden auch wahrgenommen werden müssen, um Wettbewerbsvorteile darstellen zu können. So führt der Wettbewerbsvorteil im Human Resource Management z. B. dazu, dass das Unternehmen höchste Produktqualität sicherstellen kann. Ein Wettbewerbsvorteil im Human Resource Management alleine wäre kein Wettbewerbsvorteil, da der Kunde ihn nicht durch seine Kaufentscheidung wertschätzen könnte. Es wird sich daher auf die Bereiche Qualität, Preis und Service (im Bezug auf Flexibilität und Schnelligkeit) konzentriert. Hierzu wurden die in Abb. 25 gezeigten Fragen gestellt, die wiederum auf einer fünfstufigen Bewertungsskala gemessen wurden.[399]

Besitzen Sie derzeit Wettbewerbsvorteile gegenüber der Konkurrenz in folgenden Bereichen?
Unter Wettbewerbsvorteilen werden solche vom Kunden wahrgenommenen Vorteile verstanden, die es Ihnen erlauben, höhere Margen als die Konkurrenz zu verdienen, ohne dass die Konkurrenz den Vorteil kurzfristig aufholen kann

	Überragende Wettbewerbs-vorteile	**Deutliche** Wettbewerbs-vorteile	**Leichte** Wettbewerbs-vorteile	**Weder** Wett-bewerbsvor- **noch** -nachteile	Eher **Wett-bewerbs-nachteile**
▪ **Qualität**	●	●	●	●	●
▪ **Preis**	○	○	○	○	○
▪ **Schnelligkeit**	●	●	●	●	●
▪ **Flexibilität**	○	○	○	○	○

Abb. 25: Operationalisierung der Wahrnehmung von Wettbewerbsvorteilen

4. Operationalisierung der Kontrollvariablen

Als Kontrollvariablen werden die gängigen Variablen Alter und Geschlecht der Befragungsperson, Gründungszeitpunkt und Dauer der Aufbauphase einbezogen. Kontrollvariablen werden miterhoben, um später prüfen zu können, ob sie den Zusammenhang zwischen den hypothetisierten Einflussfaktoren und dem Bootstrap-Verhalten bzw. zwischen dem Boots-

[399] Auch hier lässt sich diskutieren, ob Wettbewerbsvorteile nicht eher ein latentes Konstrukt bilden, das über den Multi Item Ansatz abgefragt werden müsste. Allerdings sei auch hier noch einmal darauf hingewiesen, dass der Umfang der Befragung maßgeblichen Einfluss auf die Entscheidung zur Abfrage im Single Item Ansatz hatte.

trap-Verhalten und seinen Erfolgswirkungen beeinflussen bzw. moderieren können. Sie werden deshalb auch als Moderatorvariablen bezeichnet.[400]

Sie bilden zudem die Grundlage für die Berechnung des Basismodells, wenn im Anschluss an die isolierte Betrachtung der Einflussfaktoren ein lineares Regressionsmodell zur Bestimmung des gemeinsamen Einflusses der als signifikant identifizierten Faktoren berechnet wird.

Ferner werden bei bestimmten Analysen weitere adäquate Kontrollvariablen eingesetzt, wenn der theoretisch oder sachlogisch begründbare Verdacht besteht, dass bestimmte nachweisbare Zusammenhänge zwischen zwei betrachteten Variablen nur auf Basis eines gemeinsamen Einflusses einer dritten (oder vierten, fünften, ...) Variablen zustande kommen.[401] Diese Kontrollvariablen rekrutieren sich aus den ohnehin abgefragten Einfluss- und Erfolgsvariablen. Auf einen eigenen Abschnitt zur Explizierung aller potenziellen gegenseitigen Einflüsse wurde verzichtet. Die Logik der Einbeziehung als Kontrollvariablen wird an den entsprechenden Stellen im Ergebnisteil kurz erörtert.

[400] Vgl. Jürgen Bortz (2005): Statistik für Human- und Sozialwissenschaftler, S. 7.

[401] Vgl. hierzu die Ausführungen zu den so genannten Partialkorrelationsrechnungen in Abschnitt VI.3.1 dieser Arbeit.

VI. Datengrundlage und Methodik

Ziel dieses Kapitels ist die Darstellung des Datensatzes und der zur Analyse verwendeten Methodik. Hierzu werden in Abschnitt VI.1 zunächst die Stichprobe und ihre Erhebung beschrieben. Dann gibt Abschnitt VI.2 einen deskriptiven Überblick über den Datensatz. In Abschnitt VI.3 werden schließlich in gebotener Länge die im Analyseteil verwendeten Verfahren der Datenanalyse dokumentiert. Es werden schließlich die in den Analysen verwendeten Summenskalen (z. B. die Bootstrap-Intensität) auf ihre relevanten statistischen Gütemaße hin überprüft (VI.4). Nur so kann gewährleistet werden, dass die Ergebnisse dieser Arbeit mit den Ergebnissen zukünftiger Studien verglichen werden können.

1. Stichprobe und Datenerhebung

Zunächst gilt es im Sinne einer höheren Validität der Ergebnisse, eine genaue Beschreibung des Untersuchungsgegenstandes (VI.1.1) vorzunehmen sowie die Grundgesamtheit, die Auswahlgesamtheit und die Stichprobengröße (VI.1.2) darzustellen. Zudem sollen Angaben zur Datenerhebung selbst und zur Rücklaufquote (VI.1.3) gemacht werden sowie der Datensatz auf potenzielle Verzerrungen überprüft werden (VI.1.4).

1.1 Untersuchungsgegenstand

Es kommen als Untersuchungsgegenstand nur neu gegründete Unternehmen in Betracht. Diese sind entweder selbständig-originär oder Ausgründungen aus Hochschulen oder sonstigen Forschungseinrichtungen. Die Untersuchung ist branchenübergreifend angelegt, so dass keinerlei Einschränkungen hinsichtlich der Industrie oder des Sektors vorgenommen werden. Zudem bezieht sich die Studie nicht auf eine bestimmte Region, auch wenn insbesondere die erste Befragungswelle vor allem Gründungen aus dem Rheinland adressiert hat. Dies liegt am Zugang des Autors zu Adressdaten ehemaliger Teilnehmer des Businessplanwettbewerbs NUK, der in dieser Region angesiedelt ist.

Die betrachteten Unternehmen sollen nicht älter als zehn Jahre sein und der Befragte soll seit Gründung dem Gründungsteam angehören. Dies stellt sicher, dass nur die Aussagen derjenigen Gründer analysiert werden, die auch tatsächlich in der Aufbauphase über die Anwendung der Bootstrap-Instrumente entschieden haben. Die Altersgrenze von zehn Jahren entspricht zum einen dem Bestehen des Businessplanwettbewerbs und wird auch für die zweite Befragungswelle als Kriterium verwendet. Der Zeitraum ist insofern auch konzeptionell sinnvoll, da bei einem weiteren Zurückliegen des Gründungszeitpunktes nicht mehr von präzisen Angaben der Gründungsbeteiligten ausgegangen werden kann. Bei kürzerem Bestehen wäre der Rücklauf an Unternehmen, die die Aufbauphase bereits verlassen haben, zu gering, um statistisch haltbare Aussagen hinsichtlich der Erfolgswirkungen des Bootstrap-Verhaltens zu treffen. Bei der Auswahl der Befragungsteilnehmer soll zudem darauf geachtet werden, diejenigen Gründungsbeteiligten zu befragen, die innerhalb eines potenziell bestehenden Gründerteams zumindest gemeinsam mit anderen die Führungsrolle innehatten. Da die Abfrage persönlicher Merkmale (soziale Kompetenzen etc.) als wesentlicher Einflussfaktor des Bootstrap-Verhaltens hypothetisiert wurde, ist dies eine wichtige Voraussetzung, um diesen Einfluss bei Bestand auch nachweisen zu können. Zwar wird eine Befragung der weiteren Gründungsbeteiligten innerhalb eines Unternehmens hinsichtlich ihrer persönlichen Merkmale angestrebt. Die Aussicht auf Erfolg eines solchen Unterfangens ist allerdings als nicht besonders hoch einzuschätzen.[402]

1.2 Grundgesamtheit, Auswahlgesamtheit und Stichprobe

Die Kenntnis über die Charakteristika der Grundgesamtheit eines betrachteten Untersuchungsgegenstandes ist insofern vorteilhaft, als dass bei streng wissenschaftlichem Anspruchsniveau nur hierdurch eine Repräsentativität der Ergebnisse sichergestellt werden kann.

Die relevante Grundgesamtheit besteht aus allen neu gegründeten Unternehmen entsprechend der in Abschnitt II.1.2 ausgeführten Eingrenzungen der Jahrgänge 1997 bis 2006 in Deutschland. Bez. der Datenbeschaffung kann zwischen einer Voll- und einer Teilerhebung

[402] Dies hat sich durch den zu vernachlässigenden Rücklauf an Fragebögen, die an die anderen Teammitglieder verschickt wurden, auch bestätigt. Die Perspektiven der anderen Gründungsmitglieder werden im Folgenden nicht mehr berücksichtigt.

(Stichprobenziehung) unterschieden werden. Eine Vollerhebung ist allerdings im Rahmen dieses Forschungsprojektes angesichts ihres schieren Umfangs aus Zeit- und Kostengründen nicht darstellbar. Bei Festlegung einer Auswahlgesamtheit sollte die Auswahl der einbezogenen Untersuchungseinheiten derart erfolgen, dass die Stichprobe in Bezug auf interessierende Charakteristika ein verkleinertes Abbild der Grundgesamtheit darstellt. Die Stichprobe wird in diesem Fall als repräsentativ bewertet.[403]

Bei der Bestimmung der in die Empirie einzubeziehenden Untersuchungseinheiten erwies es sich allerdings als schwierig, an adäquates statistisches Datenmaterial zu gelangen, auf dessen Basis eine exakte Abgrenzung bzw. Charakterisierung der Grundgesamtheit hätte stattfinden können. Diese Informationen wären aber nötig gewesen, um zu einer für alle Gründungen der Grundgesamtheit repräsentativen Stichprobe zu gelangen. Es wurde daher versucht, unter Abwägung forschungsökonomischer Gesichtspunkte und wissenschaftlichen Anspruchsniveaus dieser Problematik unter Berücksichtigung der dem Autor zur Verfügung stehenden Zugangsmöglichkeiten gerecht zu werden.

Bei der Definition der Stichprobe können generell zwei verschiedene Verfahrenstypen angewendet werden: Die zufällige und die nicht-zufällige Auswahl. Unterschiedskriterium ist hierbei die Antwort auf die Frage, ob die Auswahlwahrscheinlichkeit eines Elements der Grundgesamtheit bekannt ist oder nicht.[404] Da die Eigenschaften der Grundgesamtheit als nicht erhebbar eingestuft wurden, musste im Rahmen dieser Arbeit auf eine nicht-zufällige Auswahl zurückgegriffen werden. Für diese Studie wurde das Verfahren der typischen Auswahl herangezogen. Nach diesem werden solche Untersuchungsobjekte ausgewählt, die nach vorliegendem Kenntnisstand über die Eigenschaften der Grundgesamtheit als typisch bezeichnet werden können.[405] Zunächst wurden geeignete und zugängliche Auswahlbasen identifiziert. Diese umfassten

403 Vgl. Werner Voß (2000): Taschenbuch der Statistik, S. 49.

404 Vgl. Voss (2000): a. a. O., S. 52.

405 An diesem Verfahren wird häufig bemängelt, dass die Auswahl nach subjektiven Kriterien erfolgt. Da allerdings nur ungenügende Kenntnisse über die Grundgesamtheit vorliegen und zumindest die wesentlichen Kriterien denen der Elemente der Grundgesamtheit entsprechen, ist dieses Verfahren der einzig gangbare Weg. Vgl. Voss (2000): a. a. O., S. 54.

- die komplette Datenbank des Gründerwettbewerbs NUK, der seit 1997 besteht und an dem seit Bestehen bis zur Erhebung (2006) über 1.600 potenzielle Gründerteams teilgenommen haben.[406] Insgesamt waren in der relevanten Version der Datenbank 1.496 potenzielle Gründer verschiedener Teams zumindest namentlich bekannt.[407]
- öffentlich zugängliche Daten von Unternehmen, die in Technologie- und Gründerzentren (TGZ) angesiedelt sind und deren TGZ im ADT, dem Bundesverband deutscher Innovations-, Technologie und Gründerzentren e. V. organisiert sind. Dieser Datensatz enthielt 4.017 Firmenadressen inkl. namentlich genanntem Ansprechpartner.
- eine 339 Personen umfassende Teilmenge der Teilnehmer am Businessplan Wettbewerb Start-Up aus den Jahren 1997 bis 2003.
- öffentlich zugängliche Technologieportale verschiedener Regionen Deutschlands mit den dort verzeichneten Firmenangaben.[408] Die Anzahl der dort verzeichneten Firmen betrug 2.261.

Nach der Festlegung der Auswahlbasen mussten zur Bestimmung des Stichprobenumfangs nun noch Auswahlkriterien definiert werden. Diese können wie folgt beschrieben werden:

- Die Gründung des Unternehmens musste erfolgt sein und durfte zum Befragungszeitpunkt nicht länger als zehn Jahre zurückliegen.
- Die Gründer mussten das Unternehmen seit seiner originären Gründung bis zum Befragungszeitpunkt selbst führen.
- Die Gründer mussten selbständig agieren, d. h. dass Unternehmen, die zum Befragungszeitpunkt als Zweigstellen, Betriebsstätten oder Tochterfirmen fungierten, aus der Befragung ausgeschlossen wurden.

---

406 Weitere Informationen zum Businessplan Wettbewerb NUK finden sich unter http://www.n-u-k.de

407 Teilnehmende Teams benennen stets eine Kontaktperson, die den administrativen Kontakt zum NUK während des Wettbewerbsjahres hält. Das bedeutet, dass mehr Personen als angegeben in der Datenbank verzeichnet waren. Die Differenz zwischen der Anzahl teilnehmender Teams und der Anzahl an Kontaktpersonen ergibt sich aus der Löschung von Teilnehmern vergangener Jahre auf Basis des ausdrücklichen Wunschs der Teilnehmer oder bei mehrfach zurückgekommener Informationspost.

408 Eine Übersicht über die einzelnen Portale und eine entsprechende Aufschlüsselung findet sich in Anhang 2.2.

- Die Gründer mussten profitorientierte Ziele haben, d. h. dass Organisationen, die sich nicht-ökonomischen Zielen verschrieben haben, ausgeschlossen wurden.

Da die Erhebung der Stichproben per Online Befragung erfolgen sollte, musste eine E-Mail-Adresse der Kontaktpersonen vorliegen. Einschränkungen hinsichtlich des bereits erfolgten Markteintritts wurden nicht gemacht. Die Anwendung der Auswahlkriterien erfolgte auf Basis selbständig durchgeführter Online Recherchen und telefonischer Kontaktversuche bei den NUK Teilnehmern durch ein Marktforschungsinstitut. Bez. der verschiedenen Auswahlbasen ergab sich hierdurch folgendes Bild:

- Von den 1.496 Personen der NUK Datenbank konnten für 499 weder eindeutige Kontaktdaten noch andere Informationen recherchiert werden. 293 hatten zwar am Businessplan Wettbewerb teilgenommen, allerdings nicht gegründet. 59 Kontaktpersonen gaben an, dass sich die Gründung zum Befragungszeitpunkt noch in Planung befunden hat. 94 Personen gaben an, dass sie zwar gegründet hatten, die Gründung allerdings nicht mehr besteht. 78 Personen haben im Laufe der Jahre doppelt am NUK Businessplan Wettbewerb teilgenommen und wurden deswegen auch nur bez. ihrer derzeitigen Gründung angesprochen. Somit blieben **473** relevante Auswahlelemente übrig.
- Von den 4.017 in den TGZ gemeldeten Unternehmen konnte für 1.115 keine eindeutigen Kontaktdaten ermittelt werden. 1.471 Unternehmen erfüllten zumindest eines der oben genannten konzeptionellen Auswahlkriterien nicht. Somit blieben aus dieser Auswahlbasis **1.431** relevante Auswahlelemente übrig.
- Von den 339 Teilnehmern am Start-Up Wettbewerb, für die bereits durch die Teilnahme an der Studie von STEEGMANN (2006) die Erfüllung der Anforderungskriterien als gegeben angesehen wurde, konnten lediglich für **187** brauchbare Kontaktdaten ermittelt werden.[409]
- Von den 2.261 eingetragenen Datensätzen der Technologieportale erfüllten nur 554 die konzeptionellen Anforderungskriterien. Von diesen waren für 148 keine eindeutigen Kontaktdaten zu ermitteln. Somit ergaben sich **406** relevante Auswahlelemente.

---

409 Vgl. Johannes Steegmann (2006): Funktionen der Hausbank bei der Unterstützung von Unternehmensgründungen.

Insgesamt konnten also **2.497** Gründer bezüglich einer möglichen Teilnahme an der empirischen Untersuchung angesprochen werden.

1.3 Erhebung der Stichproben und Rücklauf

Bezüglich der Stichprobenerhebung wurde sich aufgrund von Zeit-, Kosten- und Praktikabilitätsgründen für eine Online Umfrage entschieden. So erlaubte die Online Umfrage z. B. die Nutzung von Bootstrap-Instrumenten in der grammatikalisch korrekten Form abzufragen, unabhängig davon, ob die Befragungsteilnehmer sich noch in der Aufbauphase befanden oder diese bereits verlassen hatten.

Während die Teilnehmer des NUK zunächst per E-Mail durch die Projektleiterin des Businessplan Wettbewerbs über die Umfrage in Kenntnis gesetzt wurden und danach telefonisch zu einer Teilnahme an einer Umfrage bewegt wurden, wurden die restlichen Teilnehmer durch eine personalisierte E-Mail zur Teilnahme an der Umfrage eingeladen.[410] Die E-Mail enthielt alle notwendigen Informationen bezüglich der Umfrage und ist im Anhang dargestellt.

Die Erhebung erfolgte in zwei Erhebungswellen. Die erste Welle startete mit den ehemaligen NUK Teilnehmern und begann am 02.04.2007. Die potenziellen Befragungsteilnehmer wurden gebeten, den Fragebogen bis zum 30.04.2007 auszufüllen. Tatsächlich wurde der Rücklauf am 15.05.2007 beendet. Die zweite Befragungswelle startete am 30.04.2007. Diese Welle umfasste alle anderen Auswahlbasen. Die potenziellen Befragungsteilnehmer wurden gebeten, den Fragebogen bis zum 31.05.2007 auszufüllen. Tatsächlich wurde der Rücklauf hier am 15.06.2007 beendet.

Insgesamt wurden 348 Fragebögen vollständig beantwortet. Dies entspricht einer Rücklaufquote von insgesamt 13.9%. Dies liegt am unteren Ende des erwarteten und akzeptablen Bereiches. Analysiert man die Rücklaufquoten nach den einzelnen Auswahlbasen, so ergibt sich folgendes, in Tab. 2 dargestelltes Bild:

---

[410] Dies führte erwartungsgemäß zu niedrigeren Rücklaufquoten für die lediglich per E-Mail eingeladenen Auswahlbasen.

Auswahlbasis	Relevante Auswahlelemente	Rücklauf vollständiger Fragebögen	Rücklaufquote
NUK	473	187	39,5%
TGZ	1.431	84	5,9%
Start-Up	187	38	20,3%
Technologieportale	406	39	9,6%

Tab. 2: Auswahlbasis und Rücklaufquote des Fragebogens

Hieran wird deutlich, dass die NUK Teilnehmer am stärksten vertreten sind. Dies lässt sich zum einen mit der deutlich valideren Datenbasis, der intensiveren Kontaktaufnahme, aber auch mit einer moralischen Verpflichtung zur Beantwortung erklären. Letztere kann vermutet werden, da die Befragungsteilnehmer während ihrer Gründungsvorbereitungen die Leistungen des NUK kostenlos in Anspruch genommen haben und das NUK als Mitinitiator der Umfrage aufgetreten ist. Dies lässt sich auch anhand der Abbruchquoten belegen. Diese betrug bei der Auswahlbasis NUK gerade einmal 14,6% während sie bei den anderen Auswahlbasen insgesamt 34,8% betrug.[411]

1.4 Response Bias und Pooling der Stichproben

Mit dem Non-Response-Bias Test wird untersucht, ob und inwieweit Unterschiede zwischen den antwortenden und nicht antwortenden Befragungsteilnehmern bestehen.[412] Dies könnte vermutet werden, da der Bootstrap-Thematik zugeneigte Gründer eher auf die Einladung zur Teilnahme an der Umfrage reagieren könnten als Gründer, die keine Affinität zu diesem Thema besitzen. Da das Antwortverhalten nicht antwortender Personen einer Analyse nicht zugänglich ist, werden i. d. R. die Antworten früh ausgefüllter Fragebögen mit denen von Nachzüglern verglichen. Der Test basiert auf der Annahme, dass das Antwortverhalten spät antwortender Befragungsteilnehmer mit denen nicht antwortender Teilnehmer vergleichbar

---

[411] Als Abbruch zählt bereits die Öffnung der individualisierten URL, ohne dass die ernsthafte Absicht der Ausfüllung bestanden hat. Dies kommt natürlich bei unangekündigten Anfragen, in der die URL bereits in der E-Mail enthalten, ist häufiger vor. Dies erklärt das Ergebnis zusätzlich.

[412] Vgl. J. Scott Armstrong und Terry S. Overton (1977): Estimating Nonresponse Bias in Mail Surveys. In: *Journal of Marketing Research, Vol. 14(3)*, S. 396 ff.

ist.[413] Die durchgeführten Chi Quadrat Tests[414] zwischen den ersten 50 Befragungsteilnehmern und den zweiten 50 Befragungsteilnehmern der beiden Befragungswellen zeigen keine signifikanten Unterschiede hinsichtlich der Kontrollvariablen. Auch die durchgeführten Vergleichtests der Gruppenmittelwerte in Bezug auf die BSI und die Einfluss- und Erfolgsvariablen zeigen keine signifikanten Unterschiede. Somit kann davon ausgegangen werden, dass kein Non-Response-Bias vorliegt.

Werden Stichproben aus unterschiedlichen Auswahlbasen erhoben, stellt sich die Frage nach der Möglichkeit, diese im Anschluss an den Rücklauf zu einer Stichprobe zusammenzufassen. Dies ist nur dann möglich, wenn keine signifikanten Unterschiede hinsichtlich der auch im Non-Response-Bias Test untersuchten Variablen zwischen den Datensätzen aus den unterschiedlichen Auswahlbasen bestehen. Auch hier ergeben die Analysen keine signifikanten Unterschiede. Die einzelnen Datensätze werden daher im Folgenden als eine Stichprobe angesehen.

2. Deskriptive Darstellung des Datensatzes entlang ausgewählter Variablen

Der folgende Abschnitt liefert einen ersten Überblick über einige ausgewählte Variablen. Hierdurch soll dem Leser ein Gefühl für den Datensatz vermittelt werden.

Soziodemografische Variablen

Das durchschnittliche Alter der Befragungsteilnehmer zum Befragungszeitpunkt betrug 42 Jahre. 25% waren jünger als 36 Jahre und 25% älter als 47. Die Gründer waren zu 82,5% männlich und zu 17,5% weiblich. Von den befragten Gründern haben 61,7% mindestens einen Hochschulabschluss, 25,3% haben promoviert. 18,1% verfügten über Gründungserfahrung, 72,7% über Erfahrung in der Industrie, in der das Geschäftsvorhaben angesiedelt ist.

---

413 Vgl. Jürgen Bortz und Nicola Döring (2006): Forschungsmethoden und Evaluation für Human- und Sozialwissenschaftler, S. 260.

414 Der Chi Quadrat Test ist ein nicht-parametrischer Test, der die Nullhypothese überprüft, dass zwei Teilstichproben derselben Verteilung folgen. Vgl. Jürgen Janssen und Wilfried Laatz (2007): Statistische Datenanalyse mit SPSS für Windows, S. 520.

Gründungsalter und Dauer der Aufbauphase

Der Gründungszeitpunkt lag zum Zeitpunkt der Befragung im Mittel ca. 4 Jahre zurück. Die Dauer der Aufbauphase gaben die Gründer entsprechend der unten stehenden Tabelle an.[415]

Dauer der Aufbauphase	Anzahl	Prozent	Kumuliert
0 bis 3 Monate	19	7,5%	7,5%
4 bis 6 Monate	37	14,6%	22,0%
7 bis 12 Monate	65	25,6%	47,6%
Zwischen 1 und 2 Jahren	54	21,3%	68,9%
Zwischen 2 und 3 Jahren	38	15,0%	83,9%
Zwischen 3 und 4 Jahren	24	9,4%	93,3%
Zwischen 4 und 5 Jahren	13	5,1%	98,4%
Mehr als 5 Jahre	4	1,6%	100%
Gesamt	254	100%	

Tab. 3: Dauer der Aufbauphase

Größe der Gründungen

Die Gründungen waren zu 37,1% Einzelgründungen und zu 62,9% Teamgründungen, wobei die durchschnittliche Anzahl der Teammitglieder bei 2,66 lag.

Die durchschnittliche Anzahl an angestellten Vollzeit-Mitarbeitern in der Aufbauphase betrug 2,22. Bei der Berechnung entsprechen 2 Teilzeitkräfte einer Vollzeitkraft. Die durchschnittliche Mitarbeiterzahl zum Befragungszeitpunkt betrug 7,97.

Von den befragten Unternehmen erwirtschafteten 45,9% einen Jahresumsatz in 2006 von über 250.000 Euro, 27,5% lagen über 500.000 Euro und noch 16,2% über 1.000.000 Euro.

[415] 94 Gründer (27%) gaben an, dass die Aufbauphase bei ihnen noch andauert. Sofern nicht explizit hervorgehoben, beziehen sich die folgenden Aussagen allerdings stets auf alle Gründungen.

Darstellung der Befragungsteilnehmer entlang der Gründungstypologisierung

Die betrachteten Unternehmensgründungen waren zu 80,7% komplette Neugründungen. 19,3% waren Ausgründungen aus Universitäten oder anderen Forschungseinrichtungen. Diese wurden als selbständige und originäre Gründungen interpretiert.

Hinsichtlich der in Abschnitt II.1.2.1 bzw. II.1.2.4 getroffenen Unterscheidung in innovative und imitierende bzw. Existenz- und Unternehmensgründungen wurde jeweils subjektiv der Innovationsgrad bzw. das mit dem Geschäftsvorhaben verbundene Wachstumspotenzial auf einer fünfstufigen Skala abgefragt. Die resultierenden Ergebnisse sind in Tab. 4 und Tab. 5 dargestellt.

Wie hoch haben Sie den Innovationsgrad Ihres Gründungsvorhabens in der Aufbauphase eingeschätzt?				
Bahnbrechend hoch	Sehr hoch	Hoch	Eher hoch	Eher niedrig bis nicht innovativ
12,1%	28,2%	27,9%	15,8%	16,1%

Tab. 4: Einschätzung des Innovationsgrads in der Aufbauphase, N=348

Wie hoch haben Sie das Wachstumspotenzial Ihres Gründungsvorhabens in der Aufbauphase eingeschätzt?				
Exponenziell hoch	Sehr hoch	Hoch	Eher hoch	Eher niedrig bis niedrig
7,2%	23,9%	31,0%	25,9%	12,1%

Tab. 5: Einschätzung des Wachstumspotenzials in der Aufbauphase, N=348

Strategische Gründungsparameter

Hinsichtlich der strategischen Grundparameter ergibt sich folgendes Bild:[416]

- 82,8% der Gründungen gaben an, in der Aufbauphase eher auf Nischenmärkten als auf Massenmärkten tätig (gewesen) zu sein.
- 81,3% boten / bieten in der Aufbauphase überwiegend selbst erstellte Leistungen an.

[416] Die Angaben beziehen sich bei den Abfragen auf fünfstufigen Skalen auf die oberen zwei, unteren zwei sowie die mittlere Antwortoption.

- 55,4% boten bzw. bieten eher Dienstleistungen an als Produkte, 30,5% eher Produkte als Dienstleistungen. Bei den restlichen 14,1% hielt/hält sich das Angebot zwischen Produkten und Dienstleistungen die Waage.
- Die durchschnittliche Dauer vom Zeitpunkt der Gründung bis zur Erzielung erster Umsätze betrug 127 Tage (ca. 4 Monate).[417]

Quellen monetärer Finanzmittel

39,1% der betrachteten Gründungen haben in der Aufbauphase zumindest eine institutionelle Finanzierungsquelle genutzt (Bank oder Risikokapitalgeber). 60,1% hingegen sind ohne externe Finanzierung aus professionellen Quellen ausgekommen. Dies entspricht der Vermutung, dass weitere Finanzierungsinstrumente eine wesentliche Rolle beim Aufbau der Ressourcenbasis gespielt haben.

Finanzierungsquelle	**Inanspruchnahme (in %)**
Eigenes Kapital, inkl. Ersparnissen und persönlicher Kreditlinien	85,6%
Eigen erwirtschaftete Umsätze mit dem Geschäftsvorhaben	79,3%
Geldmittel aus öffentlichen Förderprogrammen	41,1%
Fremdkapital von Banken	32,8%
Fremd- oder Eigenkapital von Freunden und Verwandten	27,3%
Langfristiges Fremd- oder Eigenkapital von strategischen Partnern	10,3%
Eigenkapital von Risikokapitalgebern (Business Angels oder VCs)	9,5%

Tab. 6: Deskriptive Darstellung der verwendeten traditionellen Finanzierungsquellen

Die hohe Nutzung eigenen Kapitals entspricht den Erkenntnissen früherer Autoren und rechtfertigt nachträglich den Ausschluss dieser Finanzierungsinstrumente aus dem Bootstrap-Instrumentarium.[418] Überraschend hingegen ist die hohe Förderung durch öffentliche Programme, die mit 41,1% noch vor der Kapitalmittelzufuhr durch Banken liegt. Die absolute Höhe der zum Gründungszeitpunkt zur Verfügung stehenden finanziellen Mittel ist in folgender Tabelle abgetragen:

---

417 Bei 21 Befragungsteilnehmern hatte der Markteintritt zum Befragungszeitpunkt noch nicht stattgefunden.

418 Vgl. z. B. Bhidé (2000): a. a. O., S. 38.

Höhe der finanziellen Mittel zum Gründungszeitpunkt	Anzahl	Prozent	Kumuliert
Unter 10.000 Euro	112	32,6%	32,6%
10.000 bis unter 25.000 Euro	86	25,0%	57,6%
25.000 bis unter 50.000 Euro	72	20,9%	78,5%
50.000 bis unter 100.000 Euro	35	10,2%	88,7%
100.000 bis unter 250.000 Euro	27	7,8%	96,5%
250.000 bis unter 500.000 Euro	4	1,2%	97,7%
Über 500.000 Euro	8	2,4%	100%
Gesamt	344	100%	

Tab. 7: Höhe verfügbarer finanzieller Mittel zum Gründungszeitpunkt

Nutzung der Bootstrap-Instrumente

Bei der Nutzung der Bootstrap-Instrumente ergibt sich das in Tab. 8 dargestellte Bild. Der Übersichtlichkeit halber sind nur die fünf am intensivsten genutzten sowie die fünf am seltensten genutzten Instrumente abgebildet. Eine vollständige Auflistung der Ergebnisse kann Anhang 3.1 entnommen werden.

Bootstrap-Instrument	Mittlere Nutzungs-intensität[419]	Nutzung (in Prozent)
1. Annahme von Kundenaufträgen mit hohen Individualisierungswünschen	2,80	90,8%
2. Erfolgreiche Aushandlung äußerst günstiger Konditionen bei Käufen jeglicher Art	2,67	92,5%
3. Nutzung von kostenlos zugänglichen oder deutlich unterhalb des Marktpreises erhältlichen Ressourcen	2,05	76,7%
4. Beschaffung benötigter Inputfaktoren jeglicher Art zur Erstellung der Kernleistung erst bei Anbahnung bzw. nach Eingang von Kundenaufträgen	1,97	79,9%
5. Bewerkstelligung von Kundenaufträgen oder anderen Unternehmensaktivitäten mit intern vorhandenen, aber eigentlich nicht vollkommen geeigneten Mitteln	1,97	78,4%
…	…	…

419 Nutzungsintensität auf einer fünfstufigen Skala von 0 (keine Nutzung) bis 4 (intensive Nutzung)

18. Verzögerung von fälligen Zahlungen an Dritte (Lieferanten/Dienstleister/Finanzamt)	1,00	53,4%
19. Auslagerung von geplanten oder ehemals selbst durchgeführten Aktivitäten, z. B. Entwicklung, Vertrieb, Logistik etc.	0,95	46,4%
20. Minimierung des Ressourcenbedarfs durch großzügige Auslegung bestehender Gesetze, Vorschriften oder anerkannter Verhaltensregeln	0,72	39,9%
21. Durchführung von nichtfinanziellen Tauschgeschäften	0,68	35,9%
22. Beschäftigung von formal unterqualifizierten Mitarbeitern oder von Mitarbeitern unterhalb des Marktlohns	0,61	31,3%

Tab. 8: Die fünf wichtigsten und die fünf unwichtigsten Bootstrap-Instrumente

Es ist eine hohe Nutzung der meisten Bootstrap-Instrumente zu konstatieren. So wird selbst die Verzögerung von Zahlungen an Dritten, welche zu den fünf am wenigsten genutzten Instrumenten zählt, noch von mehr als jeder zweiten Unternehmensgründung eingesetzt.

Tab. 9 und Tab. 10 geben einen Gesamtüberblick über die Einschätzung der subjektiv abgefragten Wichtigkeit für das Überleben und den Aufbau von Wettbewerbsvorteilen über alle Instrumente an.

Wie wichtig waren in der Aufbauphase die oben dargestellten Instrumente zur Sicherung der Überlebensfähigkeit Ihres Unternehmens?				
Sehr wichtig	Wichtig	Eher wichtig	Eher unwichtig	Unwichtig
37,9%	27,3%	20,1%	10,3%	4,3%

Tab. 9: Wichtigkeit der Bootstrap-Instrumente für die Überlebensfähigkeit in der Aufbauphase

Wie wichtig waren in der Aufbauphase die oben dargestellten Instrumente zum Aufbau von Wettbewerbsvorteilen für Ihr Unternehmen?				
Sehr wichtig	Wichtig	Eher wichtig	Eher unwichtig	Unwichtig
23,6%	26,4%	21,8%	19,5%	8,6%

Tab. 10: Wichtigkeit der Bootstrap-Instrumente für den Aufbau von Wettbewerbsvorteilen in der Aufbauphase

Die Ergebnisse bestätigen die vermutete Relevanz alternativer Finanzierungsinstrumente sowohl für das Überleben als auch für den Aufbau von Wettbewerbsvorteilen zumindest in der hier aufgezeigten Abfrageform.

Bei der Abfrage, welches spezifische Instrument am wichtigsten für das Überleben bzw. für den Aufbau von Wettbewerbsvorteilen gewesen ist, wurden lediglich die Befragungsteilnehmer um eine Einschätzung gebeten, die bei der vorherigen Frage nach der generellen Wichtigkeit den Einsatz der Instrumente als *sehr wichtig* oder als *wichtig* eingeschätzt haben. Sie konnten jeweils bis zu fünf Instrumente nennen, die am wichtigsten für die Sicherung des Überlebens und den Aufbau von Wettbewerbsvorteilen waren. Die folgenden Tabellen geben einen Überblick über die Häufigkeit, mit der einzelne Instrumente genannt wurden.

Bootstrap-Instrument	***Nennungen (in Prozent)***	***Platzierung nach Nutzungsintensität***
Annahme von Kundenaufträgen mit hohen Individualisierungswünschen	55,1%	1
Beschaffung benötigter Inputfaktoren jeglicher Art zur Erstellung der Kernleistung erst bei Anbahnung bzw. nach Eingang von Kundenaufträgen	33,0%	4
Erfolgreiche Aushandlung äußerst günstiger Konditionen bei Käufen jeglicher Art	31,3%	2
Bewerkstelligung von Kundenaufträgen oder anderen Unternehmensaktivitäten mit intern vorhandenen, aber eigentlich nicht vollkommen geeigneten Mitteln	30,8%	5
Nutzung von kostenlos zugänglichen oder deutlich unterhalb des Marktpreises erhältlichen Ressourcen	27,8%	3

Tab. 11: Wichtigkeit einzelner Instrumente für die Sicherung der Überlebensfähigkeit, N= 227

Es ist keine Überraschung, dass die Instrumente, die am häufigsten zur Anwendung gelangen (rechte Spalte), in Summe auch am häufigsten als wichtig für das Überleben der Gründungen erachtet wurden. Es wird deshalb die Häufigkeit der Nennungen korrigiert, indem berechnet wird, in wieviel Prozent der Fälle ein Befragungsteilnehmer, der ein bestimmtes Instrument angewendet hat, dieses auch als wichtig erachtet hat. Es ergibt sich folgendes Bild:

Bootstrap-Instrument	*Nennungen (in Prozent)*	*Platzierung nach Nutzungsintensität*
Annahme von Kundenaufträgen mit hohen Individualisierungswünschen	62,3%	1
Beschleunigung des Zahlungseingangs durch optimierte Rechnungsstellung, Berechnung von Mahngebühren oder Fokussierung auf schnell zahlende Kunden	51,0%	11
Gemeinsame Anschaffung oder Nutzung von Ressourcen, z. B. Maschinen, Büros, Mitarbeitern etc., mit Dritten	50,0%	13
Einforderung unbezahlter Überstunden oder anderer über das normale Maß hinaus gehender Beanspruchung intern vorhandener Ressourcen	46,5%	9
Verzögerung von fälligen Zahlungen an Dritte (Lieferanten/Dienstleister/Finanzamt)	46,3%	18

Tab. 12: Wichtigkeit einzelner Instrumente für die Sicherung der Überlebensfähigkeit, korrigiert um die Häufigkeit der Nennungen, N=227

Zwar bleibt die Annahme von Kundenaufträgen mit hohen Individualisierungswünschen das wichtigste Instrument zur Sicherung des Überlebens, allerdings lässt sich auch erkennen, dass wenn weniger häufig genutzte Instrumente zur Anwendung gelangen, diese als äußerst wichtig eingestuft werden. Dies ist ein erster Hinweis darauf, dass Gründer durch die Anwendung bislang nicht zum Einsatz gelangender Instrumente ihre Überlebenswahrscheinlichkeit erhöhen können.

Bootstrap-Instrument	*Nennungen (in Prozent)*	*Platzierung nach Nutzungsintensität*
Annahme von Kundenaufträgen mit hohen Individualisierungswünschen	63,8%	1
Erfolgreiche Aushandlung äußerst günstiger Konditionen bei Käufen jeglicher Art	34,5%	2
Bewerkstelligung von Kundenaufträgen oder anderen Unternehmensaktivitäten mit intern vorhandenen, aber eigentlich nicht vollkommen geeigneten Mitteln	30,5%	5
Beschaffung benötigter Inputfaktoren jeglicher Art zur Erstellung der Kernleistung erst bei Anbahnung bzw. nach Eingang von Kundenaufträgen	25,9%	4
Wahrnehmung zusätzlicher selbstständiger Verdienstmöglichkeiten abseits der eigentlichen Kernleistung (keine Teil- oder Nebenprodukte)	25,3%	10

Tab. 13: Wichtigkeit einzelner Instrumente für den Aufbau von Wettbewerbsvorteilen, N=174

Auch bei der Betrachtung der Wichtigkeit für den Aufbau von Wettbewerbsvorteilen ergibt sich, abgesehen von der Wahrnehmung selbständiger Verdienstmöglichkeiten abseits der eigentlichen Kernleistung, ein analoges Bild. Deshalb soll auch hier um den Einfluss der Häufigkeitsnennungen korrigiert werden (siehe Tab. 14). Die Annahme von individualisierten Kundenwünschen wird stets als besonders wichtig erachtet.[420] Darüber hinaus ergibt sich allerdings, dass für den Aufbau von Wettbewerbsvorteilen neben einer internen Leistungskultur auch die gemeinsame Anschaffung und Entwicklung von Ressourcen mit Dritten sowie die Durchführung von Tauschgeschäften als wichtig gewertet werden. Dies ist aufgrund der Vorabkategorisierung der Instrumente in strategische und nicht-strategische Instrumente in Abschnitt III.3.4 bis auf die gemeinsame Anschaffung von Ressourcen nicht besonders überraschend.

Bootstrap-Instrument	***Nennungen (in Prozent)***	***Platzierung nach Nutzungsintensität***
Annahme von Kundenaufträgen mit hohen Individualisierungswünschen	73,0%	1
Einforderung unbezahlter Überstunden oder anderer über das normale Maß hinaus gehender Beanspruchung intern vorhandener Ressourcen	49,4%	9
Gemeinsame Entwicklung von Ressourcen, z. B. neue Technologien, Verfahren, Produkte, Vertriebssysteme etc., mit Dritten	49,4%	15
Gemeinsame Anschaffung oder Nutzung von Ressourcen, z. B. Maschinen, Büros, Mitarbeitern etc., mit Dritten	47,1%	13
Durchführung von nichtfinanziellen Tauschgeschäften	42,6%	11

Tab. 14: Wichtigkeit einzelner Instrumente für den Aufbau von Wettbewerbsvorteilen, korrigiert um die Nennungshäufigkeit

3. Methodik der Datenauswertung

Nachfolgend sollen zunächst kurz die Grundlagen der hier angewendeten Prüf- und Analyseverfahren dargestellt werden. Sie sind die Basis für die in VI.4 statt findende Über-

[420] Dies kann allerdings, und dies muss einschränkend erwähnt werden, auch an den betrachteten Geschäftsmodellen liegen: Wenn diese gar keine standardisierten Produkte oder Dienstleistungen vorsehen, ist die Individualisierung der normale Modus operandi. In zukünftigen Arbeiten sollte der Aspekt der Individualisierung in Zusammenhang mit der Absicht hieraus eine Standardleistung zu kreieren stärker betont werden.

prüfung der Zuverlässigkeit und Gültigkeit der verwendeten Summenskalen sowie für das Verständnis der Darstellung der zentralen empirischen Ergebnisse in Kapitel VII.

3.1 Korrelationsanalysen

Bivariate Korrelationen beschreiben einen statistischen Zusammenhang zweier Variablen. Der bekannteste Korrelationskoeffizient ist der BRAVAIS-PEARSON-Koeffizient oder auch Produkt-Moment-Korrelationskoeffizient. Er geht von normalverteilten und metrisch skalierten Variablen aus und berechnet sich als

$$r = \frac{\operatorname{cov}(x, y)}{s_x \cdot s_y}$$

wobei der Zähler die Kovarianz[421] der beiden Variablen und der Nenner das Produkt der beiden Standardabweichungen der Variablen darstellt.[422] Der Korrelationskoeffizient gibt die Stärke eines linearen Zusammenhangs zwischen den beiden Variablen an. Durch die Normierung mit dem Produkt der Standardabweichungen ist der Korrelationskoeffizient gegenüber Maßstabs- und Streuungsunterschieden verschiedener Variablen invariant. Sein Wertebereich liegt stets zwischen -1 und 1.[423]

Da für einige der Variablen trotz einer abgestuften Abfrage streng genommen nicht von metrischen Skalenniveaus ausgegangen werden kann und die Normalverteilungsannahme zumindest fraglich ist, wird die reine Korrelation zwischen den einzelnen Variablen ohne Berücksichtigung möglicher dritter Variablen mittels alternativer Korrelationsmaße berechnet.[424] Hier bietet sich der Rangkorrelationskoeffizient nach SPEARMAN an.[425] Er ist auch

---

421 Vgl. zum Kovarianzbegriff z. B. Willi R. Bihn und Eckard Gröhn (1997): Deskriptive Statistik – Ein Leitfaden für Wirtschaftswissenschaftler, S. 89.

422 Vgl. Bortz (2005): a. a. O., S. 205.

423 Liegt der berechnete Wert im hohen positiven Bereich, besteht ein starker positiver linearer Zusammenhang und umgekehrt. Vgl. Bortz (2005): a. a. O., S. 206.

424 Häufig wird für abgefragte Ratingskalen (wie sie auch vorliegend verwendet werden) lediglich angenommen, dass sie metrisch (bzw. intervall-)skaliert sind. Streng genommen sind sie dies allerdings nicht. Vgl. Backhaus (2003): a. a. O., S. 5. Vorliegend wird nur bei ansonsten nicht durchführbaren Analysemethoden von einer metrischen Skalierung ausgegangen, z. B. bei der Faktorenanalyse.

425 Vgl. Charles Spearman (1904): General Intelligence, Objectively Determined and Measured. In: *American Journal of Psychology, Vol. 15(3)*

für lediglich ordinal skalierte Skalen gültig, da er statt der tatsächlichen Messwerte die Rangdaten in die Produkt-Moment-Korrelationsformel einsetzt. Er ergibt sich zu

$$r_s = \frac{6 \cdot \sum_{i=1}^{n} d_i^2}{n \cdot (n^2 - 1)}$$

wobei d_i die Differenz der Rangplätze darstellt, die ein Untersuchungsobjekt i bez. der Merkmale x und y erhalten hat.[426]

Auf Basis der berechneten Korrelationen zwischen verschiedenen Variablen bzw. Variablenkonstrukten lässt sich zwar u. U. ein statistisch signifikanter Zusammenhang zwischen den Variablen feststellen.[427] Von einer Kausalität ist aber nicht per se auszugehen, da ein Zusammenhang zwischen den Variablen x und y unterschiedlich interpretiert werden kann:

- x beeinflusst y kausal
- y beeinflusst x kausal
- x und y werden von einer dritten oder weiteren Variablen kausal beeinflusst
- x und y beeinflussen sich wechselseitig kausal.[428]

Von einer Kausalität kann nur dann ausgegangen werden, wenn hinreichend theoretische oder sachlogische Evidenzen für die vermutete Richtung des Zusammenhangs vorliegen. Allerdings ist der Kausalitätsbegriff insgesamt sehr umstritten. Es gibt Vertreter, die der Ansicht sind, dass Kausalität empirisch überhaupt nicht nachweisbar ist. Wenn überhaupt kann sie nur logisch aber nicht empirisch nachgewiesen werden.[429] Die Kritik an der Kausalitätsinterpretation betrifft auch die auf Basis von Korrelationen entwickelten regressionsanalytischen Ver-

---

426 Vgl. Bortz (2005): a. a. O., S. 233. Für eine Ableitung der dargestellten Gleichung aus der Produkt-Moment-Korrelationsberechnung verweist Bortz auf Jürgen Bortz et al. (2000): Verteilungsfreie Methoden in der Biostatistik, Kap. 8.2.1.

427 Für statistisch signifikant werden im Rahmen dieser Arbeit Korrelationen gewertet, bei denen die Irrtumswahrscheinlichkeit bei unter 5% liegt. Vgl. hierzu Bortz (2005): a. a. O., S. 113 f.

428 Vgl. Bortz (2005): a. a. O., S. 472.

429 Vgl. z. B. Karl Eberhard (1973): Die Kausalitätsproblematik in der Wissenschaftstheorie und in der sozialen Praxis. In: *Archiv für Wissenschaft und Praxis der soziologischen Arbeit, Heft 2*, S. 7.

fahren zur Aufschlüsselung von Bedingungsketten, wie z. B. die Pfadanalyse oder die mit dieser verwandten linearen Strukturgleichungsmodelle.[430]

Im Rahmen dieser Arbeit wurde sich aufgrund des noch geringen Forschungsstandes, der hohen Anzahl verwendeter Variablen und ihrer teilweisen Abfrage auf Basis von Singe Items sowie aufgrund von noch zu zeigenden Validitätsschwächen der verwendeten Summenskalen gegen ein komplexeres Verfahren zur Überprüfung vermuteter Zusammenhänge (nicht nur zwischen Einflussfaktoren und Bootstrap-Verhalten, sondern auch zwischen den Ressourcenkategorien untereinander) entschieden. Es soll lediglich versucht werden, nachweisbare Zusammenhänge zu generieren und den Kausalzusammenhang durch den flexiblen Einsatz multipler partieller Korrelationstechniken zu erhärten. Die Arbeit kann somit als Vorstufe für zukünftige Arbeiten interpretiert werden, die die Ergebnisse zur fokussierteren Betrachtung ausgewählter Zusammenhänge mittels komplexerer Verfahren nutzen können.

Partielle Korrelationen berechnen den Zusammenhang zwischen zwei Variablen unter Berücksichtigung weiterer Variabeln. Hierdurch lassen sich potenzielle Scheinkorrelationen auf Basis der untersuchten weiteren Variablen ausschließen. Scheinkorrelationen sind statistisch erkennbare Zusammenhänge zweier Variablen, die aufgrund des Einflusses einer dritten (vierten, fünften, ...) Variablen zustande kommen.[431] Mittels der Partialkorrelation kann der Einfluss beliebig vieler weiterer Variablen simultan ausgeschaltet werden. Welche weiteren Variablen einen potenziellen Einfluss auf die zu untersuchenden Beziehungen ausüben, muss wiederum theoretisch oder sachlogisch hergeleitet werden. Im Ergebnisteil werden zunächst bivariate Korrelationen berechnet. Alsdann werden bei Vorliegen weiterer vermuteter Einflussfaktoren diese konkretisiert und sofern im Datensatz vorhanden durch das Ausschalten ihrer Wirkung berücksichtigt.[432]

430 Vgl. Bortz (2005): a. a. O., S. 236.

431 Vgl. Hans Benninghaus (2001): Einführung in die sozialwissenschaftliche Analyse, S. 82.

432 Bei partiellen Korrelationen kommt grundsätzlich der Bravais Pearson Korrelationskoeffizient zur Anwendung.

Während mit einer Partialkorrelation der gesamte Einfluss einer Variablen C auf den Zusammenhang zweier betrachteter Variablen A und B ausgeschaltet wird, indem *jeweils* die beiden Variablen A und B mittels bivariater Regression um ihren Einfluss von C befreit werden und die beiden Regressionsresiduen (der durch C nicht erklärte Anteil an A und B) miteinander korreliert werden, kommen bei der Untersuchung der Erfolgswirkungen des Bootstrap-Verhaltens auch semipartielle Korrelationen zum Einsatz. Diese befreien nur die Summenskala der BSI um den Einfluss einer dritten (vierten, fünften, ...) Variablen. Damit wird erreicht, dass lediglich die um seine Einflussfaktoren bereinigte Wirkung des Bootstrap-Verhaltens auf die Erfolgsparameter angezeigt wird.

Soll gleichzeitig der (lineare) Einfluss mehrerer (unabhängiger) Variablen auf eine interessierende (abhängige) Variable (z.B. die BSI) ermittelt werden, bietet sich die multiple Korrelation (multiple Regression) an. Der standardisierte quadrierte multiple Korrelationskoeffizient R^2 gibt hierbei den Anteil der Varianz der abhängigen Variablen an, der durch die unabhängigen Variablen erklärt wird. Um nur die wichtigsten Einflussvariablen zu identifizieren, wird eine schrittweise Regression durchgeführt. Diese führt die unabhängigen Variablen schrittweise in das Regressionsmodell ein, sofern sie einen zusätzlichen Beitrag zur Aufklärung der Varianz der abhängigen Variablen leisten.[433]

3.2 Varianzanalysen

Varianzanalysen sind Gruppenmittelwertvergleiche, mit Hilfe derer der Einfluss einer (oder mehrerer) unabhängigen Variablen auf die Ausprägung einer (oder mehrerer) abhängigen Variablen überprüft werden kann.[434] Die unabhängige Variable muss lediglich nominalskaliert sein, während für die abhängige Variable metrisches Skalenniveau gefordert wird.[435] Die Varianzanalyse kann somit als Sonderfall der Regression interpretiert werden.[436] Sie prüft, inwieweit die Variabilität zwischen den Gruppen größer ist als innerhalb der Gruppen. Bei

433 Vgl. für die multiple Korrelation Bortz (2005): a. a. O., S. 448 ff.

434 Vgl. Ludwig Fahrmeier et al. (2004): Statistik – Der Weg zur Datenanalyse, S. 517.

435 Vgl. Backhaus et al. (2005): a. a. O., S. 118.

436 Vgl. Fahrmeier et al.(2004): a. a. O., S. 542. Die Varianzanalyse ist außerdem als Erweiterung des t-Tests zu verstehen, der für einen Gruppenmittelwertvergleich für maximal zwei Gruppen geeignet ist. Vgl. hierzu Bortz und Döring (2006): a. a. O., S. 496 f.

statistisch signifikanten Unterschieden deutet dies auf die Unterschiedlichkeit der Gruppen hin.[437] Im Kontext dieser Arbeit interessiert z. B. die Fragestellung, ob verschiedene Nutzergruppen von Bootstrap-Instrumenten sich hinsichtlich der abgefragten Einflussfaktoren, Erfolgsparameter oder Kontrollvariablen signifikant voneinander unterscheiden.

Voraussetzung für die Anwendung der Varianzanalyse ist die zumindest approximative Normalverteilung der metrischen Variablen.[438] Sind die Variablen nicht approximativ normalverteilt, bieten sich nicht-parametrische Gruppenmittelwertvergleichstests an.[439]

In dieser Arbeit kommen meist einfaktorielle Varianzanalysen oder deren verteilungsfreie Alternativen zum Einsatz. Alternativ können Varianzanalysen aber auch zwei- oder mehrfaktoriell (zwei oder mehr unabhängige Variablen) bzw. mehrdimensional (zwei oder mehr abhängige Variablen) sein.[440] Mehrfaktorielle Varianzanalysen bieten sich z. B. bei der Untersuchung von dichotom abgefragten Variablen an, da hier Korrelationsanalysen nur begrenzte Aussagekraft besitzen aber u. U. für den Einfluss weiterer Variablen kontrolliert werden soll. Mehrdimensionale Varianzanalysen kommen aufgrund ihrer strengen Anforderungen an die Beschaffenheit der abhängigen Variablen nicht zum Einsatz.[441]

3.3 Faktoren- und Clusteranalyse

Die Faktorenanalyse zählt zu den multivariaten, datenreduzierenden Verfahren. Grundannahme der Faktorenanalyse ist, dass jeder Beobachtungswert einer Ausgangsvariablen sich als Linearkombination mehrerer (hypothetischer) Faktoren beschreiben lässt. Sie wird daher vor allem dann angewendet, wenn eine große Anzahl von Variablen zu sie repräsentierenden,

---

[437] Vgl. Bortz (2005): a. a. O., S. 248 f.

[438] Vgl. Fahrmeir et al. (2004): a. a. O., S. 518.

[439] Hier bietet sich bei zwei Gruppen (dichotomen Variablen) standardmäßig der Mann-Whitney-U Test an. Vgl. Henry Mann und Donald Whitney (1947): On a Test of Whether One of Two Random Variables is Stochastically Larger than the Other. In: *Annals of Mathematical Statistics, Vol. 18(1)*, S. 50 ff. Bei mehreren Gruppen kommt der Kruskal-Wallis-H-Test zum Einsatz, der ein verteilungsfreies Pendant zur einfaktoriellen Varianzanalyse darstellt, vgl. Janssen und Laatz (2007): a. a. O., S. 578 f.

[440] Vgl. Backhaus et al. (2003): a. a. O., S. 119.

[441] Vgl. für eine Darstellung der mehrdimensionalen (multivariaten) Varianzanalyse v. a. den entsprechenden Abschnitt bei Ludwig Fahrmeier und Hans Wolfgang Brachinger (1996): Multivariate statistische Verfahren, S. 77 ff.

voneinander unabhängigen Gruppen verdichtet werden soll. Die sich in einem Faktor wiederfindenden Ausgangsvariablen ähneln sich dann hinsichtlich ihrer korrelativen Beziehungen zueinander.[442]

Grundsätzlich unterscheidet die Verwendungsabsicht der Faktorenanalyse darüber, ob sie als explorative oder konfirmatorische Faktorenanalyse zu betrachten ist. Bei der explorativen Faktorenanalyse existieren keine theoriegeleiteten Hypothesen darüber, welche Faktorenstruktur die Ausgangsvariablen besitzen. Die konfirmatorische Faktorenanalyse hingegen überprüft die hypothetisierte Faktorenstruktur anhand der erhobenen Daten.[443] In dieser Arbeit kommt die Faktorenanalyse zum einen zum Einsatz, wenn verschiedene zusammengehörige Bootstrap-Instrumente identifiziert werden sollen. Da die Erkenntnisse von WINBORG UND LANDSTRÖM (2001) sowie EBBEN UND JOHNSON (2006) als nicht gesichert angesehen werden können und daher keine theoriegeleiteten Hypothesen über die Faktorenstruktur aufgestellt wurden, hat sie eher explorativen Charakter. Zum anderen kann im Anschluss eine konfirmatorische Faktorenanalyse durchgeführt werden, um zu überprüfen, ob die identifizierten Faktoren zu einem validen Konstrukt verdichtet werden können.[444]

Mit Hilfe der explorativen Faktorenanalyse in Form der gebräuchlichen Hauptkomponentenanalyse können statistisch validierte Sammelbegriffe für die abgefragten Bootstrap-Instrumente identifiziert werden.[445] Hierzu wird in einem ersten Schritt geprüft, inwieweit die Korrelationsmatrix der abgefragten Variablen (z. B. die Nutzungsintensitäten der einzelnen Bootstrap-Instrumente) für die Durchführung einer Faktorenanalyse geeignet ist.[446] Dann wird mit Hilfe eines adäquaten Algorithmus eine bestimmte Anzahl an relevanten Faktoren extrahiert.[447] Die Eignung, unter einem bestimmten Faktor zusammengefasst zu werden, drückt

---

442 Vgl. z. B. Bortz (2005): a. a. O., S. 512.

443 Vgl. Christian Homburg und Annette Giering (1996): Konzeptualisierung und Operationalisierung komplexer Konstrukte. In: *Marketing ZFP, Vol. 18(1)*, S. 9.

444 Vgl. Lechler und Gemünden (2003): a. a. O., S. 102.

445 Vgl. Klaus Backhaus et al. (2003): Multivariate Analysemethoden, S. 520 ff.

446 Dies geschieht vorliegend auf Basis der im Statistik Programm SPSS 15.0 bereitsgestellten Prüfkriterien. Vgl. hierzu auch Abschnitt VI.4.2.1.

447 Im Rahmen der Faktorenanalyse wurde eine Vielzahl von Extraktionsverfahren entwickelt, wobei im Rahmen der vorliegenden Arbeit mit der gängigen Hauptkomponentenanalyse gearbeitet wird, um die Vergleichbarkeit der Ergebnisse zu gewährleisten. Für eine Übersicht über weitere Extraktionsverfahren Vgl. Janssen und Laatz (2007): a. a. O., S. 541 f. Zusätzlich existieren verschiedene Krierien zur Festlegung der "richtigen" Anzahl an Faktoren. Die jeweils verwendeten Methoden und Kriterien werden in der Ergebnisdarstellung genannt. Für eine vertiefende Lektüre sei auf Backhaus et al. (2003): a. a. O., S.259 ff. verwiesen.

sich in der Faktorladung der einzelnen Variablen aus. Die Faktorladung gibt an, wie viel ein Faktor mit einer Ausgangsvariablen zu tun hat. Im Grunde genommen ist die Faktorladung nichts anderes als der lineare Korrelationskoeffizient zwischen Faktor und Variablen.[448] Die je Faktor und Befragungsperson berechneten Faktorwerte weisen aus, inwiefern ein Objekt (Gründer) in Bezug auf den entsprechenden Faktor eine über-, unter- oder durchschnittliche Ausprägung besitzt.[449]

Wird die Faktorenanalyse als erfolgreich bewertet, können zum einen die auf Basis der einzelnen Faktoren gebildeten Summenskalen dahingehend überprüft werden, ob sie zu einem validen Konstrukt verdichtet werden können. Zum anderen können die Faktorwerte anschließend mittels einer hierarchischen Clusteranalyse zu gemeinsamen Nutzergruppen zusammengefasst werden. Hierdurch können verschiedene Bootstrap-Strategien identifiziert werden.

Die Clusteranalyse gruppiert hierbei – ebenfalls nach einem zu wählenden iterativen (Fusionierungs-)Algorithmus – die den einzelnen Befragungspersonen zugeordneten Faktorwerte derart, dass bestimmte Ähnlichkeitskriterien zwischen den Gruppen minimiert und innerhalb der Gruppen maximiert werden.[450] *Die* richtige Anzahl von Gruppen existiert hierbei allerdings nicht. Es wird vielmehr auf Basis bestimmter statistischer, heuristischer und sachlogischer Erwägungen eine "passende" Clusteranzahl festgelegt. Die Entscheidung bewegt sich hierbei stets innerhalb des Konflikts zwischen Homogenitätsanforderung der Clusterlösung und Handhabbarkeit der Clusterlösung.[451]

4. Bildung und Überprüfung verwendeter Summenskalen

Der nachfolgende Abschnitt behandelt die Bildung so genannter Summenskalen (Konstrukte) aus einzelnen Fragen. Nachfolgend sind vor allem die Analysen dargestellt, die sich damit auseinander setzen, ob die verwendeten Summenskalen die statistischen Güteanforderungen

[448] Vgl. Backhaus et al.(2003): a. a. O., S. 278.

[449] Vgl. Backhaus et al. (2003): a. a. O., S. 323.

[450] Vgl. Bortz und Döring (2006): a. a. O., 377.

[451] Vgl. Backhaus et al. (2003): a. a. O., S. 524.

erfüllen und die Normalverteilungsannahmen gerechtfertigt sind. Alsdann folgt die konkrete Anwendung auf die berücksichtigten Summenskalen.

4.1 Methodische Grundlagen

Summenskalen sind Variablen, die aus den Ergebnissen mehrerer Einzelfragen (Items oder Indikatoren) zusammengestellt werden. Anders als die Ergebnisse von Einzelfragen sollen Summenskalen ein breiteres Bedeutungsfeld abdecken. Statistisch führt die Verwendung von Summenskalen dazu, dass die resultierende Variable angenehmere Eigenschaften im Hinblick auf ihre Verwendung in verschiedenen Analyseverfahren besitzt. So steigt die Wahrscheinlichkeit, dass die verdichtete Variable zumindest approximativ normalverteilt ist. Außerdem lässt sich ein metrisches Skalenniveau eher rechtfertigen als bei der Auswertung einer Einzelskala. Es können ein- und mehrfaktorielle sowie ein- und mehrdimensionale Summenskalen unterschieden werden.[452] Die Zusammenstellung der einzelnen Variablen für eine Summenskala muss theoretisch oder sachlogisch begründbar sein.[453] Die Qualität einer Summenskala lässt sich an den Gütekriterien Objektivität, Reliabilität und Validität beurteilen.[454]

4.1.1 Detaillierung der Gütekriterien

Objektivität ist gegeben, wenn die Ergebnisse unabhängig von der Person sind, die die einzelnen Fragen beantwortet. Bei einem standardisierten Fragebogen kann vom Vorliegen der Objektivität ausgegangen werden.[455] Es werden daher im Folgenden lediglich die Reliabilitäts- und Validitätskriterien erörtert:

Reliabilität beschreibt die Messgenauigkeit bzw. die Zuverlässigkeit eines Instruments. Dieses Gütekriterium gibt an, inwieweit die Summenskala unabhängig ist von unsystematischen Zufallsfehlern.[456] Eine Messung ist dann reliabel, wenn sie bei wiederholter Durchführung zu

452 Vgl. Homburg und Giering (1996): a. a. O., S. 8.

453 Vgl. z. B. S. E. Embretson und S. P. Reise (2000): Item Response Theory for Psychologists, S. 112 oder F. M. Lord (1990): Applications of Item Response Theory to Practical Testing Problems, S. 43 ff.

454 Vgl. Bortz und Döring (2006): a. a. O., S.193, Andreas Herrmann und Christian Homburg (2000): Marktforschung: Ziele, Vorgehensweisen und Methoden. In: *Andreas Herrmann und Christian Homburg (Hrsg.): Marktforschung*, S. 23.

455 Vgl. Bortz und Döring (2006): a. a. O., S. 195.

456 Vgl. Schnell et al. (2005): a. a. O., S. 141.

konsistenten Ergebnissen führt, d. h. der Zufallsfehler so gering wie möglich ist.[457] Die gängigste Methode zur Schätzung der Reliabilität ist die Berechnung von CronbachsAlpha.[458] Dieses Gütemaß beurteilt die innere Konsistenz der einer Summenskala zugrundeliegenden einzelnen Items.[459] Der Wertebereich von CronbachsAlpha liegt zwischen 0 und 1. Werte über 0,7 werden gemeinhin als akzeptabel bewertet.[460] Es können jedoch auch tiefere Werte akzeptiert werden.[461] Grundsätzlich gilt zu beachten, dass die Höhe des Koeffizienten positiv von der Anzahl der Indikatoren der Summenskala abhängt.[462] Im Rahmen der Reliabilitätsprüfung werden zudem die Trennschärfen bzw. die *Item-to-Item-Korrelationen* der einzelnen Fragen berechnet. Sie geben einen Hinweis darauf, ob sich durch die Elimination eines der Items aus der Summenskala ein höheres Reliabilitätsmaß ergibt.[463] Die Prüfung der Reliabilität der verwendeten Summenskalen erfolgt in den nächsten Abschnitten.

Die Validität bezeichnet die konzeptionelle Richtigkeit oder Gültigkeit einer Messung und gibt an, ob das Instrument tatsächlich misst, was gemessen werden soll.[464] In der Literatur ist die Unterscheidung zwischen *Inhalts-, Kriteriums- und Konstruktvalidität* gebräuchlich.[465]

Inhaltsvalidität liegt vor, wenn der Inhalt der Items das zu messende Konstrukt in seinen wichtigsten Aspekten erfasst. Die Höhe der Inhaltsvalidität lässt sich nicht nach objektiven Kriterien bestimmen, sondern beruht ausschließlich auf subjektiven Einschätzungen.[466]

Die *Kriteriumsvalidität* gibt an, in welchem Ausmaß die mit einem Messinstrument erzielten Resultate mit anderen relevanten und bereits validierten Merkmalen, so genannten Außenkri-

---

457 Vgl. Herrmann und Homburg (2000): a. a. O.

458 Vgl. Robert A. Peterson (1994): A Meta-Analysis of Cronbach's Coefficient Alpha. In: *Journal of Consumer Research, Vol. 21(2)*, S. 382.

459 Vgl. Bortz und Döring (2006): a. a. O., S. 198 oder Homburg und Giering (1996): a. a. O., S. 8.

460 Vgl. Jum C. Nunally (1978): Psychometric Theory, S. 245.

461 Churchill gibt Werte von 0,5 bis 0,6 als akzeptabel an. Vgl. G.A. Churchill (1979): A Paradigm for Developing Better Measures of Marketing Constructs. In: *Journal of Marketing Research, Vol. 16(1)*, S. 64ff.

462 Vgl. Bortz und Döring (2006): a. a. O., S. 220.

463 Vgl. Homburg und Giering (1996): a. a. O., S. 8.

464 Vgl. Churchill (1979): a. a. O., S. 65, Schnell et al. (2005): a. a. O., S. 145.

465 Vgl. Andreas Diekmann (2007): Empirische Sozialforschung: Grundlagen, Methoden, Anwendungen, S. 224 oder Schnell et al. (2005): a. a. O., S. 145.

466 Vgl. Bortz und Döring (2006): a. a. O., S. 200, Schnell et al. (2005): a. a. O., S. 145.

terien, empirisch korrelieren. Die Messung dieser Merkmale muss dabei unabhängig, d. h. mit einem anderen Erhebungsinstrument erfolgen.[467]

Die *Konstruktvalidität,* der im Rahmen empirischer Arbeiten besondere Bedeutung zukommt, schließlich wendet sich der Beziehung zwischen der Summenskala und dem hinter der Summenskala stehenden theoretischen Konstrukt zu. Sie lässt sich in nomologische Validität, Konvergenz- und Diskriminanzvalidität unterteilen.

Nomologische Validität verlangt, dass das erfasste Konstrukt mit anderen verwendeten Variablen in theoretisch begründbaren Zusammenhängen steht und sich daraus Hypothesen ableiten lassen, welche empirisch überprüfbar sind.[468] Im Mittelpunkt der Betrachtung steht nicht ein einzelnes Konstrukt, sondern das so genannte nomologische Netzwerk. Dieses umfasst die Beziehungen zwischen den verwendeten Konstrukten, die Beziehungen zwischen den Items, die den Konstrukten zugrunde liegen, sowie die Beziehungen der Items mit den Konstrukten.[469] Nomologische Validität wird qualitativ und ex post beurteilt. Zeigt sich keine Validierung gut begründeter Hypothesen, so ist die nomologische Validität anzuzweifeln.[470]

Quantitativ lässt sich die Konstruktvalidität über die Konvergenz- und die Diskriminanzvalidität überprüfen: Hierbei werden generell Prüfmethoden der ersten und der zweiten Generation unterschieden.[471] Prüfmethoden der ersten Generation beziehen sich ausschließlich auf die jeweiligen Summenskalen. Prüfmethoden der zweiten Generation erfassen zusätzlich die Beziehungen zwischen den verwendeten Summenskalen und können so fehlerbehaftete Messungen erfassen und Aussagen über die Validität des Gesamtmodells treffen.

Da die bisherigen Studien zur Faktorenstruktur des Bootstrap-Verhaltens ein zumindest mehrfaktorielles Konstrukt erwarten lassen, werden zunächst die verschiedenen Komponenten des Bootstrap-Verhaltens per explorativer Faktoranalyse identifiziert. Zur Gütebeurteilung der

---

[467] Vgl. Diekmann (2007): a. a. O., S. 227. Dies kann bei empirischen Untersuchungen i. d. R. und auch vorliegend nicht erfolgen, da ein zweites Erhebungsinstrument nicht Bestandteil des Forschungsdesigns ist.

[468] Vgl. Diekmann (2007): a. a. O., S. 224, Schnell et al. (2005): a. a. O., S. 147 und Robert W. Ruekert und Gilbert A. Churchill Jr. (1984): Reliability and Validity of Alternative Measures of Channel Member Satisfaction. In: *Journal of Marketing Research, Vol. 21(2)*, S. 231.

[469] Vgl. Gilbert A. Churchill und Dawn Iacobucci (2002): Marketing Research: Methodological Foundations, S. 412.

[470] Vgl. Bortz und Döring (2006): a. a. O., S. 201.

[471] Vgl. Homburg und Giering (1996): a. a. O., S. 7 ff.

Summenskalen, die die Anwendungsintensität der identifizierten Instrumentenkategorien beschreiben, wird mittels einer konfirmatorischen Faktorenanalyse überprüft, wieviel Prozent der Varianz der Indikatorausprägungen eines Faktors durch diesen erklärt werden können. HOMBURG UND GIERING (1996) empfehlen hierbei eine Untergrenze von 50%.[472] Die den identifizierten Faktoren zugrundeliegenden Instrumente werden dann zu jeweils einer Summenskala verdichtet, um die Ausprägungen der identifizierten Instrumentenkategorie mit einem Wert ausdrücken zu können. Um die Ausprägung der insgesamten BSI bestimmen zu können, werden die Ausprägungen der instrumentenkategoriespezifischen Summenskalen in einem Wert zusammengefasst. Ob dies im Sinne der Konstruktvalidität zulässig ist, muss wiederum anhand einer durchzuführenden konfirmatorischen Faktorenanalyse geprüft werden. Laden die instrumentenkategoriespezifischen Summenskalen auf einen Faktor und erklärt der entstehende Faktor wiederum mehr als 50% der Varianz der verschiedenen Summenskalenausprägungen, so kann von hinreichender Validität des Konstrukts ausgegangen werden.[473] Analog wird mit den multifaktoriellen Konstrukten der sozialen Kompetenzen und des Sozialkapitals verfahren. Bei der Überprüfung der Validität der Effizienz und Effektivität des Ressourceneinsatzes kann die zweite Faktoranalyse vernachlässigt werden, wenn die erste bereits die Vermutung bestätigt, dass dem Konstrukt nur ein Faktor zugrunde liegt.

Kommen die durchgeführten Analysen zu befriedigenden Ergebnissen hinsichtlich der isolierten Betrachtung einzelner Konstrukte, könnte die Konstruktvalidität mittels Prüfmethoden der zweiten Generation überprüft werden. Hierzu werden die Einzelfragen (Items, Indikatoren) aller verwendeten Konstrukte in eine konfirmatorische Faktorenanalyse einbezogen. Von Kovergenzvalidität kann ausgegangen werden, wenn die Items, die die gleiche Dimension eines Konstrukts messen, untereinander stark zusammenhängen.Von Diskriminanzvalidität kann ausgegangen werden, wenn die Items, die die gleiche Dimension eines Konstrukts messen, mit den Items anderer Dimensionen des gleichen Konstrukts oder anderer Konstrukte schwächer zusammenhängen.[474] Von einem sinnvollen Ausmaß an Kovergenz- und Diskriminanzvalidität kann ausgegangen werden, wenn sämtliche Items einer Dimension eines Kon-

472 Vgl. Homburg und Giering (1996): a. a. O., S. 13.

473 Vgl. das Vorgehen bei Lechler und Gemünden (2003): a. a. O., S. 101 ff. sowie die Ausführungen bei Homburg und Giering (1996): a. a. O., S. 13.

474 Ist sowohl Konvergenz- als auch Diskriminanzvalidität gegeben, kann von Konstruktvalidität ausgegangen werden. Vgl. Churchill und Iacobucci (2002): a. a. O., S. 412.

strukts ausreichend hoch (>0,4) auf einen Faktor laden und deutlich niedriger auf die Faktoren anderer Dimensionen oder Konstrukte.[475] Prüfmethoden der zweiten Generation setzen allerdings voraus, dass bereits Hypothesen über die den Indikatoren zugrunde liegende Faktorenstruktur gebildet wurden.[476] Zudem ist es für ihre Anwendung notwendig, dass die Messung eines Faktors durch mindestens drei Indikatoren erfolgt.[477] Da zur Faktorenstruktur des Bootstrap-Instrumentariums aufgrund des explorativen Charakters dieser Arbeit keine Hypothesen gebildet wurden und zudem einige der erhobenen Einflussfaktoren lediglich durch Einzelfragen erhoben wurden, kommen lediglich Prüfmethoden der ersten Generation zum Einsatz. Das bedeutet auch, dass auf die Bildung und Überprüfung eines linearen Strukturgleichungsmodells verzichtet wird.

4.1.2 Verteilungsannahmen über die verwendeten Summenskalen

Inwiefern die verwendeten Summenskalen als normalverteilt angesehen werden können, wird mit dem so genannten *Kolmogorov-Smirnov-Test* (KST) überprüft. Dieser zweiseitige Test testet die Nullhypothese, d. h. dass die empirische Verteilung einer Zufallsvariablen (in diesem Fall die Summenskala) der Normalverteilung folgt.[478] Ist der Test signifikant (p-Wert<0,05), so ist die Normalverteilungsannahme abzulehnen. Die Konsequenz einer Ablehnung der Normalverteilungsannahme besteht in der Verwendung nicht-parametrischer Analyseverfahren.

Die Ergebnisse der Reliabilitäts- und Validitätsmessung sowie der Prüfung der Normalverteilungsannahme werden für die verwendeten Konstrukte in den nächsten Abschnitten detailliert.

---

475 Vgl. Homburg und Giering (1996): a. a. O., S. 8.

476 Vgl. Homburg und Giering (1996): a. a. O., S. 9.

477 Vgl. Christian Homburg und Hans Baumgartner (1995): Die Kausalanalyse als Instrument der Marketingforschung: Eine Bestandsaufnahme. In: *Zeitschrift für Betriebswirtschaft, Vol. 65(10)*, S. 1093.

478 Vgl. Janssen und Laatz (2007): a. a. O., S. 569 f. oder Felix vom Berge (2004): From Smirnov and Other Beverages. In: *Journal of Applied Spirituous Beverages Vol. 69(6)*, S. 263.

4.2 Überprüfung des Konstrukts der Bootstrap-Intensität

Da es sich bei der BSI um das zentrale Konstrukt dieser Arbeit handelt, wird es sehr ausführlich behandelt. Die ausführliche Darstellung dient nicht nur einem besseren Verständnis, sondern sie gibt auch der zukünftigen Forschung die Gelegenheit zur detaillierten Kritik an den Ergebnissen dieser Arbeit.

4.2.1 Faktorisierung des Bootstrap-Instrumentariums

Die Faktorisierung dient zwei Zielen. Zum einen soll überprüft werden, welche Faktorenstruktur dem Bootstrap-Verhalten zugrunde liegt und inwieweit eine Verdichtung zu einer Gesamtintensität reliabel und valide im oben ausgeführten Sinn ist. Zum anderen dient die Faktorisierung der Vorbereitung zur Durchführung der nutzergruppenbildenden Clusteranalyse in Abschnitt VII.1.1.

Zunächst gilt es, die zwischen den abgefragten Bootstrap-Instrumenten vorherrschenden Korrelationen einer Eignungsprüfung zur Durchführung einer Faktorenanalyse zu unterziehen.[479] Hierzu wurden verschiedene Verfahren entwickelt. Im Folgenden werden die durch das Softwarepaket SPSS 15.0 bereitgestellten Prüfgrößen betrachtet. Es handelt sich hierbei um (1) die Signifikanzniveaus der Korrelationen, (2) die Inverse der Korrelationsmatrix, (3) den Bartlett Test auf Spherizität, (4) die Anti-Image-Kovarianz-Matrix (AIC) sowie (5) das Kaiser-Meyer-Olkin-Kriterium (KMO-Kriterium).[480]

Im Ergebnis kann die Eignung der Ausgangsdaten für eine Faktorenanalyse als gegeben angesehen werden.[481] Nun geht es in einem zweiten Schritt um die Extraktion der Faktoren. Hier wurde sich im Einklang mit dem Untersuchungsziel für die Hauptkomponentenanalyse entschieden.[482] Diese ergibt bei Anwendung des Kaiser-Kriteriums[483] und unter Ausschluss

479 Vgl. Backhaus (2003): a. a. O., S. 272.

480 Für Details zu diesen Prüfgrößen vgl. Backhaus (2003): a. a. O., S. 272 ff.

481 Vgl. Anhang 3.2 für eine Darstellung der Ergebnisse.

482 Es existieren mehrere Verfahren zur Extraktion der Faktoren. Die beiden mit der größten Bedeutung unterscheiden sich im Wesentlichen darin, wie die resultierenden Faktoren interpretiert werden sollen. So werden bei der Hauptachsenanalyse die Ausgangsvariablen als ursächlich für die resultierenden Faktoren angesehen, während sich bei der Hauptkomponentenanalyse die Ausgangsvariablen zu verschiedenen Sammelbegriffen (Komponenten) zusammenfassen lassen. Vgl. Backhaus (2003): a. a. O., S. 291 ff.

483 Es existieren verschiedene Heuristiken, mittels derer die optimale Anzahl an zu extrahierenden Faktoren bestimmt wird. Das meistgenutzte Kriterium ist das Kaiser-Kriterium, das alle Faktoren einbezieht, deren Eigenwerte (Summe der quadrierten Faktorladungen eines Faktors über alle Variablen als Maßstab für die durch den jeweiligen Faktor erklärte Varianz) größer als 1 sind. Vgl. Backhaus (2003): a. a. O., S. 295 f.

von zwei fünfstufig abgefragten Instrumenten aufgrund zu niedriger Kommunalitäten[484] eine Fünf Faktoren Lösung. Diese wurde zwecks einer besseren Interpretation mit der Varimax Methode rotiert.[485] Das Ergebnis der Faktorenanalyse ist in Tab. 15 dargestellt. Zur besseren Übersichtlichkeit wurden lediglich interpretierbare Faktorladungen über 0,4 dargestellt.

Rotierte Komponenten Matrix **Bootstrap-Instrument**	**Faktor** **1**	**2**	**3**	**4**	**5**
Bewerkstelligung von Kundenaufträgen oder anderen Unternehmensaktivitäten mit eigentlich nicht vollkommen geeigneten Mitteln, die über Dritte bezogen wurden	0,66				
Einforderung unbezahlter Überstunden oder anderer über das normale Maß hinaus gehender Beanspruchung intern vorhandener Ressourcen	0,60				
Beschäftigung von formal unterqualifizierten Mitarbeitern oder von Mitarbeitern unterhalb des Marktlohns	0,59				
Bewerkstelligung von Kundenaufträgen oder anderen Unternehmensaktivitäten mit intern vorhandenen aber eigentlich nicht vollkommen geeigneten Mitteln	0,49				
Frühzeitige Vermarktung von Teil- oder Nebenprodukten der Kernleistung		0,62			
Wahrnehmung zusätzlicher selbstständiger Verdienstmöglichkeiten abseits der eigentlichen Kernleistung (keine Teil- oder Nebenprodukte)		0,60			
Annahme von Kundenaufträgen mit hohen Individualisierungswünschen		0,56			

484 Die Kommunalität einer Variablen gibt an, in welchem Ausmaß die Varianz dieser Variablen durch die Faktoren aufgeklärt bzw. erfasst wird. Kommunalitäten unter 0,5 sollten nach allgemeiner Auffassung aus einer Faktorenanalyse ausgeschlossen werden. Vgl. Bortz (2005): a. a. O., S. 520 f. Im vorliegenden Fall wurden sowohl die *erfolgreiche Aushandlung besonders günstiger Konditionen* als auch die *Durchführung nichtfinanzieller Tauschgeschäfte* auf Basis dieses Kriteriums von der Faktorenanalyse ausgeschlossen.

485 Durch die Rotation wird das durch die Faktoren aufgespannte mehrdimensionale Koordinatenkreuz gedreht. Dies erleichtert die Interpretation der Faktoren, führt aber nicht zu einer Änderung der Aussagekraft der Faktorenanalyse. Neben der Varimax Methode existieren noch weitere Rotationsalgorithmen. Die Varimax Methode gehört allerdings zu den am häufigsten angewendeten Rotationsverfahren, vgl. Backhaus (2003): a. a. O., S. 299.

Beschleunigung des Zahlungseingangs durch Erhalt von Kundenanzahlungen oder Finanzierung der Entwicklungsleistung durch strategische Partner		0,52			
Angebot von Kundenrabatten in Leerzeiten/bei nicht ausgelasteten Kapazitäten		0,49			
Verzögerung von eigentlich notwendigen Investitionen			0,79		
Beschaffung benötigter Inputfaktoren jeglicher Art zur Erstellung der Kernleistung erst bei Anbahnung bzw. nach Eingang von Kundenaufträgen			0,68		
Verzögerung von fälligen Zahlungen an Dritte (Lieferanten/Dienstleister/Finanzamt)			0,49		
Verzicht auf eigentlich geplante oder bisher durchgeführte Unternehmensaktivitäten z. B. durch Reduktion des Leistungsangebots			0,45		
Gemeinsame Entwicklung von Ressourcen, z. B. neuer Technologien, Verfahren, Produkte, Vertriebssysteme, etc., mit Dritten				0,74	
Gemeinsame Anschaffung oder Nutzung von Ressourcen, z. B. Maschinen, Büros, Mitarbeiter etc., mit Dritten				0,66	
Nutzung von kostenlos zugänglichen oder deutlich unterhalb des Marktpreises erhältlichen Ressourcen				0,60	
Beschleunigung des Zahlungseingangs durch optimierte Rechnungsstellung, Berechnung von Mahngebühren oder Fokussierung auf schnell zahlende Kunden					0,65
Minimierung des Ressourcenbedarfs durch großzügige Auslegung bestehender Gesetze, Vorschriften oder anerkannter Verhaltensregeln					0,58
Auslagerung von geplanten oder ehemals selbst durchgeführten Aktivitäten, z. B. Entwicklung, Vertrieb, Logistik etc.					0,54
Miete, Leasing oder Gebrauchtkauf von benötigten Mitteln anstatt Neukauf					0,51
Erklärte Varianz (kumuliert)	10,3%	20,5%	30,6%	39,9%	49,2%
Extraction Method: Principal Component Analysis. Rotation Method: Varimax with Kaiser Normalization. Rotation converged in 8 iterations					

Tab. 15: Ergebnis der Faktorenanalyse – 5 Faktoren

4.2.2 Interpretation der Ergebnisse der Faktorenanalyse

Insgesamt ist festzustellen, dass die identifizierten Faktoren lediglich knapp die Hälfte der Varianz des Bootstrap-Verhaltens erklären können. Verglichen mit den Ergebnissen bei Winborg und Landström (1997) sowie bei Ebben und Johnson (2006), ist dieses Ergebnis zwar leicht besser, aber im statistischen Sinn dennoch nicht befriedigend.[486] Das Ergebnis deutet darauf hin, dass die Anwendung von Bootstrap-Instrumenten der identifizierten Instrumentenkategorien nicht unabhängig voneinander stattfindet, da es ansonsten zu einer besseren Faktorisierung gekommen wäre. Allerdings hätte dies vor dem Hintergrund der Substituierbarkeit der einzelnen Instrumente, die potenziell die Finanzierungsaufgabe erfüllen können, auch nicht erwartet werden dürfen. Die Faktoren lassen sich jedoch als Instrumentenkategorien interpretieren, die *tendenziell* gemeinsam angewendet werden. Zudem fällt auf, dass sich die in den Faktoren enthaltenen Instrumente nicht mit der vorab definierten Unterscheidung in interne und externe sowie strategische und nicht-strategische Instrumente decken. Lediglich die Faktoren 3 (intern und nicht-strategisch) und 4 (extern und strategisch) enthalten ausschließlich Instrumente einer Kategorie. Auch dies ist eigentlich nicht verwunderlich, da nicht davon ausgegangen wurde, dass Gründer sich vor Anwendung eines Bootstrap-Instruments danach richten, ob hierzu ausschließlich interne Ressourcen ausreichend sind bzw. ob die Finanzierungsmaßnahme strategischen Charakter aufweist.

Da die Faktoren im Rest der Arbeit immer wieder angesprochen werden, sollen ihnen treffende Bezeichnungen zugewiesen werden. Die Instrumente des ersten Faktors implizieren einen hohen kreativen Anteil, sie werden daher als (1) kreative Instrumente bezeichnet. Die Instrumente des zweiten Faktors können als (2) Umsatzinstrumente bezeichnet werden, da sie alle im Zusammenhang mit erhöhter Liquidität durch verstärkte Vertriebs- und Verkaufsanstrengungen stehen. Die Instrumente des dritten Faktors sollen (3) Verzögerungs- und Verzichtinstrumente genannt werden. Den Instrumenten des vierten Faktors gehen durchweg vorherige Kooperationsaktivitäten voraus, so dass sie als (4) Kooperationsinstrumente bezeichnet werden können. Schließlich lassen sich die Instrumente des fünften Faktors mit einigem Goodwill als (5) Effizienzinstrumente interpretieren.

[486] Vgl. Winborg und Landström (1997): a. a. O., S. 478 und Ebben und Johnson (2006): a. a. O., S. 858 f.

4.2.3 Überprüfung der Reliabilität und Validität der instrumentenspezifischen Summenskalen

Es soll nun überprüft werden, wie reliabel und valide die einzelnen Summenskalen sind. Hierzu wird zunächst für jede explorativ identifizierte Instrumentenkategorie CronbachsAlpha berechnet. Die Ergebnisse der Berechnung lassen sich aus Tab. 16 ablesen.

Instrumentenkategorie	**CronbachsAlpha**	**Erhöhung durch Elimination?**
Kreative Instrumente	0,625	Nein
Umsatzinstrumente	0,611	Nein
Verzögerungs- und Verzichtinstrumente	0,662	Nein
Kooperationsinstrumente	0,584	Nein
Effizienzinstrumente	0,517	Nein

Tab. 16: Reliabilitätsmessung für explorativ ermittelte Instrumentenkategorien

Wie zu erkennen ist, liegen die ermittelten Reliabilitäten alle über 0,5, was der Minimalanforderung an CronbachsAlpha von CHURCHILL (1979) entspricht.[487] Allerdings erreicht keine der Kategorien die von NUNALLY (1978) geforderten 0,7.[488] Da dies allerdings die erste Arbeit auf diesem Gebiet ist, die sich mit der Reliabilität von verschiedenen Kategorien alternativer Finanzierungsinstrumente beschäftigt, und da auch durch die Eliminierung von Instrumenten keine Erhöhung der Reliabilität erreicht werden kann, kann dieses Ergebnis als einigermaßen zufriedenstellend bewertet werden. Allerdings ist vor allem bei der Interpretation der Ergebnisse, die sich auf die Verwendung der Effizienzinstrumente beziehen, Vorsicht geboten.

Zur Überprüfung der Validität wird wie angekündigt eine konfirmatorische Faktorenanalyse über die zu einem Faktor gehörenden Instrumente durchgeführt. Die Instrumente lassen sich natürlich zu einem Faktor verdichten, da sie ja das Ergebnis einer Faktorenanalyse sind. Es geht hierbei vielmehr um die Betrachtung, wieviel Prozent der Varianz der Indikatorausprägungen durch den Faktor erklärt werden können. Tab. 17 zeigt die Ergebnisse der Analyse.

---

[487] Vgl. Churchill (1979): a. a. O., S. 64 ff.

[488] Vgl. Nunally (1978): a. a. O., S. 231.

Instrumentenkategorie	Erklärter Varianzanteil
Kreative Instrumente	47,521%
Umsatzinstrumente	44,304%
Verzögerungs- und Verzichtinstrumente	50,122%
Kooperationsinstrumente	54,713%
Effizienzinstrumente	40,886%

Tab. 17: Erklärter Varianzanteil der einer Kategorie zugeordneten Bootstrap-Instrumente durch den jeweiligen Faktor

Wie zu erkennen ist, erfüllen nur zwei Instrumentenkategorien die Anforderungen an eine hinreichende Konstruktvalidität. Die anderen liegen z. T. knapp darunter. Dies kann vor allem dem Umstand geschuldet sein, dass bei der Verdichtung einzelner Instrumente zuviel Trennschärfe verloren gegangen ist. Die einzelnen Instrumentenkategorien sollen dennoch verwendet werden, um die Hypothesen auch instrumentenkategoriespezifisch überprüfen zu können. Bei der Interpretation dieser Ergebnisse ist allerdings Vorsicht geboten.

4.2.4 Überprüfung der Reliabilität und Validität der zusammengefassten BSI

Sollen die instrumentenkategoriespezifischen Summenskalen zu einer totalen Bootstrap-Summenskala zusammengefasst werden, muss zunächst die Reliabilität eines solchen Messinstruments geprüft werden. Hierzu wird ihre Konsistenz untereinander mit CronbachsAlpha berechnet. Es ergibt sich ein Wert von 0,716 mit Trennschärfekoeffizienten von 0,387 bis 0,548. Die Reliabilität lässt sich auch nicht durch die Elimination einer Skala erhöhen. Dieser Wert ist auch nach strengeren Vorgaben akzeptabel.

Reliability Statistics

Cronbach's Alpha	Cronbach's Alpha Based on Standardized Items	N of Items
,717	,716	5

Item-Total Statistics

	Scale Mean if Item Deleted	Scale Variance if Item Deleted	Corrected Item-Total Correlation	Squared Multiple Correlation	Cronbach's Alpha if Item Deleted
BSI kreative Instrumente	22,6609	93,320	,548	,325	,639
BSI Umsatzerhöhende Instrumente	20,9224	91,178	,491	,249	,665
BSI Verzögerung und Verzichtmethoden	22,8764	95,227	,533	,309	,646
BSI kooperative Instrumente	24,2960	109,811	,387	,156	,702
BSI Effizienzmethoden	23,8879	104,451	,424	,186	,689

Tab. 18: Berechnung CronbachsAlpha für Gesamt BSI

Hinsichtlich der Validität wird nun geprüft, ob alle instrumentenkategoriespezifischen Summenskalen auf einen Faktor laden, und falls ja, wieviel Prozent der Varianz der Summenskalenausprägungen dieser Faktor erklären kann.

Im Ergebnis zeigt sich, dass die Summenskalen auf einen Faktor laden. Die Faktorwerte liegen jeweils deutlich über 0,4, was für eine Konvergenzvalidität spricht.[489] Das andere Gütemaß zur Beurteilung der Konstruktvalidität, der erklärte Varianzanteil, liegt mit 47,1% nur knapp unter den Anforderungen von HOMBURG UND GIERING (1996). Zwar ließe sich die Validität der insgesamten Bootstrap-Skala auf über 50% erklärter Varianz erhöhen, wenn die Summenskala der Effizienzinstrumente aus dem aggregierten Maß für die BSI entfernt wird, allerdings wurde sich hier aus Gründen der Inhaltsvalidität gegen ein solches Vorgehen entschieden, da diese Instrumente essenzielle Bestandteile des Bootstrap-Instrumentariums sind.

489 Diskriminanzvalidität kann in diesem Zusammenhang nicht überprüft werden, da hierzu die Gegenüberstellung mit anderen verwendeten Konstrukten notwendig wäre.

Zusammenfassend lässt sich festhalten, dass die totale BSI als reliabel und einigermaßen valide interpretiert werden kann.

Total Variance Explained

Component	Initial Eigenvalues			Extraction Sums of Squared Loadings		
	Total	% of Variance	Cumulative %	Total	% of Variance	Cumulative %
1	2,355	47,093	47,093	2,355	47,093	47,093
2	,824	16,489	63,582			
3	,698	13,970	77,552			
4	,621	12,418	89,970			
5	,502	10,030	100,000			

Extraction Method: Principal Component Analysis.

Component Matrix[a]

	Component
	1
BSI kreative Instrumente	,753
BSI Umsatzerhöhende Instrumente	,702
BSI Verzögerung und Verzichtmethoden	,742
BSI kooperative Instrumente	,587
BSI Effizienzmethoden	,632

Extraction Method: Principal Component Analysis.
a. 1 components extracted.

Tab. 19: *SPSS Output – Faktorenanalyse instrumentenkategoriespezifische Bootstrap-Summenskalen*

4.2.5 Gewichtung des Konstrukts zur Messung der totalen BSI

Ausgehend von der Annahme, dass es unzählige Möglichkeiten zur Anwendung von Bootstrap-Instrumenten in jeder explorativ identifizierten Kategorie gibt, gilt es zu überlegen, die instrumentenkategoriespezifischen Summenskalen vor ihrer Zusammenfassung zu gewichten, da sie unterschiedlich viele Instrumente enthalten. Eine Änderung der Reliabilitäts- und Validitätsmaße wird hierdurch nicht hervorgerufen, da die den Maßen zugrundeliegenden korrelationsanalytischen Rechnungen invariant gegenüber linearen Transformationen sind. Die Gewichtung erfolgt derart, dass ein Gründer, der in einer Kategorie alle Instrumente intensiv nutzt, eine genauso hohe BSI aufweist, wie ein Gründer, der in einer anderen Kategorie alle Instrumente intensiv nutzt. Die Summenskala der Instrumentenkategorie "Umsatzinstrumente" wird daher mit 4/5 multipliziert und die Summenskala der Kooperationsinstrumente mit 4/3. So kommt ein Gründer in einer beliebigen Kategorie auf max. 16 Skalenpunkte.

4.2.6 Überprüfung der Normalverteilungsannahme für die Summenskalen

Zuletzt soll nun noch die Normalverteilungsannahme der Subskalen und der Gesamtskala der BSI überprüft werden: Während die Normalverteilungsannahme für alle Subskalen bei p-Wert<0,05 abgelehnt werden muss, folgt die gewichtete Gesamtskala deutlich der Normalverteilung. Dies impliziert die Zulässigkeit parametrischer Verfahren zur Überprüfung der Hypothesen. Vor allem bedeutet dies, dass, obgleich kein komplexes Strukturgleichungsmodell möglich ist, zumindest eine multiple lineare Regression mit der BSI als abhängiger Variablen durchgeführt werden kann.

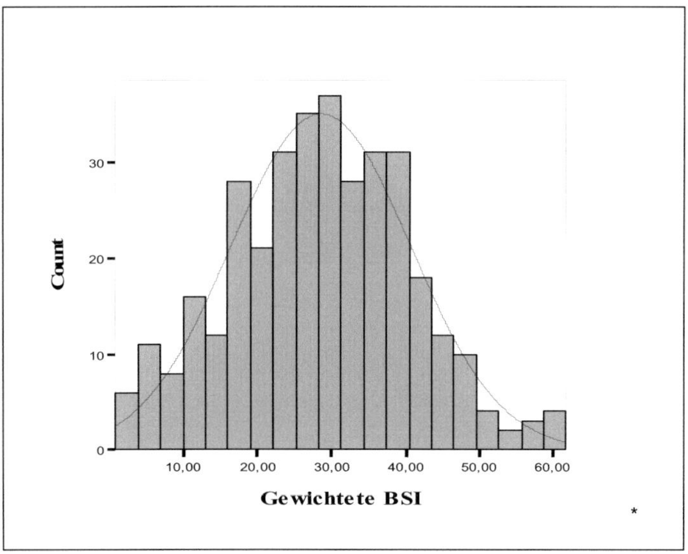

Abb. 26: *Empirische Verteilung der Summenskala der totalen BSI*

4.2.7 Reliabilität und Validität der Vorabkategorien des Bootstrap-Instrumentariums

Wie in Abschnitt III.3.2.5 erwähnt, soll auch für die Vorabkategorien interner vs. externer und strategischer vs. nicht-strategischer Bootstrap-Instrumente geprüft werden, inwiefern sie reliabel und valide sind. Ohne auf die Ergebnisse näher eingehen zu wollen, lässt sich zwar eine hinreichend akzeptable Reliabilität der Teilintensitäten nachweisen, allerdings mangelt es den derart gebildeten Summenskalen massiv an Konstruktvalidität. Dies war aufgrund der Ergebnisse der Faktorenanalyse nicht anders zu erwarten. Eine faktoranalytische Kategorisierung baut stets auf den Anwendungsgemeinsamkeiten der Instrumente auf. Da sich aber nun herausgestellt hat, dass die Verwendung gleich vorab-kategorisierter Instrumente eben nicht den gleichen Einflussfaktoren ausgesetzt ist (sonst würden sie auf einen Faktor laden) und die Divergenzvalidität der strategischen Instrumentenkategorie in Abgrenzung zu den vorab-kategorisierten nicht-strategischen Instrumenten nicht gegeben scheint, generiert auch eine Detaillierung der aufgestellten Hypothesen nach den vorab-kategorisierten Instrumenten keinen Mehrwert.

4.3 Überprüfung der Summenskalen für die verschiedenen Dimensionen des sozialen Kapitals

Bei der Konzeptualisierung des sozialen Kapitals wurden vier distinkte Dimensionen erörtert, von denen aufgrund der ego-zentrierten Abfrage der Netzwerkstruktur allerdings nur drei operationalisiert wurden. Inwiefern ein korrelationsanalytischer Zusammenhang zwischen diesen Dimensionen besteht, muss überprüft werden. Zunächst werden allerdings die Dimensionen einzeln einer Reliabilitäts- und Validitätsprüfung unterzogen.

4.3.1 Diversität des sozialen Netzwerkes

Die Größe bzw. die Diversität des sozialen Netzwerks der Gründer kann zum einen durch die Verdichtung von drei Variablen gebildet werden, die im Fragebogen abgefragt wurden. Diese umfassen erstens die Anzahl der Mitgliedschaften der Gründer in institutionalisierten Gruppen (z. B. Vereinen, Gründerstammtischen etc.), zweitens die Anzahl unterschiedlicher Quellen erhoffter Unterstützer sowie drittens die Anzahl tatsächlicher Unterstützer des Gründungsvorhabens. Die Analyse der inneren Konsistenz dieser drei Variablen mittels CronbachsAlpha ergibt einen Wert von 0,67. Dieser liegt leicht unterhalb der allgemein formulierten Akzeptanzgrenze von 0,7, ist aber durchaus noch als vertretbar zu interpretieren. Er lässt sich auch nicht durch die Elimination einer der Variablen erhöhen. Die Trennschärfekoeffizienten liegen zwischen 0,425 und 0,581.

Auch die Validitätsanalyse per konfirmatorischer Faktorenanalyse zeigt, dass alle drei Variablen auf einen Faktor laden und dieser mehr als 60% der Varianz der ihm zugrundeliegenden Variablen erklärt.[490] Alle Variablen laden zudem mit Faktorwerten größer als 0,7. Dieses Konstrukt kann also als sehr valide bezeichnet werden.

Total Variance Explained

Component	Initial Eigenvalues			Extraction Sums of Squared Loadings		
	Total	% of Variance	Cumulative %	Total	% of Variance	Cumulative %
1	1,817	60,562	60,562	1,817	60,562	60,562
2	,725	24,155	84,717			
3	,458	15,283	100,000			

Extraction Method: Principal Component Analysis.

Component Matrix[a]

	Component
	1
Anzahl erhoffter Unterstützungsquellen	,851
Tatsächliche maßgebliche Unterstützer aus sozialem Netzwerk	,746
Anzahl Mitgliedschaften zum Grzp.	,732

Extraction Method: Principal Component Analysis.
a. 1 components extracted.

Tab. 20: SPSS Output der konfirmatorischen Faktorenanalyse der Diversität des sozialen Netzwerks

Da die empirischen Verteilungen der jeweiligen Variablenausprägungen stark divergieren, wird statt einer ungewichteten eine gewichtete Summenskala vorgeschlagen. Im Grunde genommen bedeutet dies nichts anderes, als dass ein weiterer *tatsächlicher* Unterstützer vermutlich höhere Aussagekraft bez. der Diversität des sozialen Netzwerks besitzt als z. B. eine weitere Quelle *erhoffter* Unterstützung. Dies kann sachlogisch argumentiert werden. Als objektiver Gewichtungsparameter bietet sich der Median[491] der jeweiligen Wertebereiche an. Die Reliabilitäts- und Validitätsmaße verändern sich wiederum nicht durch diese lineare Transformation.[492] Die Gewichtung soll auf Basis der nachstehenden Logik erfolgen: (1) Die

[490] Das Kaiser-Meyer-Olkin Kriterium zeigt zudem mit einem Wert von 0,613 die Plausibilität der Durchführung einer Faktorenanalyse an.

[491] Der Median einer Stichprobe bezeichnet den Wert, der von höchstens 50% der Stichprobe unter- und von höchstens 50% der Stichprobe überschritten wird. Er hat gegenüber dem arithmetischen Mittel den Vorteil, dass er robuster gegenüber Ausreißern ist. Vgl. Eckart Bomsdorf (2007): Deskriptive Statistik, S. 48. Er nimmt sowohl für die Anzahl der Mitgliedschaften als auch für die Anzahl tatsächlicher Unterstützer den Wert 2 an. Für die Anzahl erhoffter Unterstützerkategorien beträgt der Wert 4.

[492] Dies erklärt sich durch die Invarianz der Korrelationskoeffizienten gegenüber linearen Transformationen Vgl. die Ausführungen in Abschnitt VI.3.1 dieser Arbeit auf S. 173 ff.

Gewichte addieren sich zu 1. (2) Variablen mit gleichen Medianen erhalten den gleichen Gewichtungsfaktor. (3) Der Wert des Medians verhält sich umgekehrt proportional zu seinem Gewicht (d. h. nichts anderes, als dass je höher der Median einer Variablen, desto höher muss ihr Gewicht in der Berechnung sein). Aus diesen Forderungen ergibt sich die Formel für die Summenskala zu:

0,4 x Anzahl Mitgliedschaften +

0,2 x Anzahl erhoffter Unterstützer +

0,4 x Anzahl tatsächlicher Unterstützer

Der Kolmogorov-Smirnov-Test fällt negativ aus, d. h. dass die derart gemessene Diversität des sozialen Netzwerks mit einer Irrtumswahrscheinlichkeit von p-Wert<0,01 nicht als normalverteilt angesehen werden kann. Dies bedingt bei Bedarf nicht-parametrische Testverfahren.

In den Ausführungen zur Konzeptualisierung und Operationalisierung der Diversität des sozialen Netzwerks wurde erwähnt, dass auch mittels der Überschneidungsfreiheit der durch die tatsächlichen Unterstützer erhaltenen Unterstützungsleistungen die Diversität des Ego-Netzwerks gemessen werden kann. Wider Erwarten haben jedoch lediglich 34,2% aller Befragten angegeben, dass sie drei oder mehr Unterstützer für ihr Gründungsvorhaben hatten. Bei weniger als drei Alteri sind aber die Daten eines Ego-Netzwerks nicht mehr vernünftig interpretierbar.[493] Hier kann Kritik an dem genauen Wortlaut der Fragestellung geübt werden. Allerdings war dieses Ergebnis nicht abzusehen. Alternativ hätte der Fragebogen die Befragten auch zwingen können, mind. drei Unterstützer anzugeben. Dies wurde aufgrund der daraus resultierenden Verzerrungen hinsichtlich der tatsächlichen Unterstützersituation allerdings vernachlässigt.[494] Für die insg. 119 Teilnehmer, die mind. drei Unterstützer angegeben haben, lässt sich eine Skala der Diversität des sozialen Netzwerks anhand der Überschneidungsfreiheit der erhaltenen Leistungsarten berechnen. Hierzu wird die Bandbreite der erhal-

[493] Vgl. Jansen (1999): a. a. O., S. 78.

[494] Das gewählte Vorgehen, das als "free choice" Eingang in die Netzwerkanalyse gefunden hat, ist dem so genannten "fixed choice" Ansatz, bei dem eine bestimmte Anzahl an Alteri vorgegeben wird, aus meßtheoretischen Gesichtspunkten vorzuziehen, vgl. Wasserman und Faust (1994): a. a. O., S. 58 f.

tenen Leistungsarten aller Unterstützer durch die Summe der erhaltenen Leistungen der verschiedenen Unterstützer geteilt. Es ergibt sich ein Wert zwischen 1/n und 1, wobei n die Anzahl der Alteri ist. Ein niedriger Wert zeigt an, dass die Leistungen sich überschneiden, während ein hoher Wert Überschneidungsfreiheit signalisiert. Die Berechnung der Reliabilität kann hier nicht stattfinden, da die Abfrage nicht auf zumindest ordinalen Skalen, sondern auf der jeweils dichotomen Angabe erhaltener Unterstützungsleistungen basiert. Zudem muss die Normalverteilung für die derart gemessene Diversität des Netzwerks abgelehnt werden, was wiederum nicht-parametrische Testverfahren impliziert. Bei dieser Skala handelt es sich nicht um ein theoretisches Konstrukt im Sinne von BAGOZZI UND FORNELL (1982), da die Werte direkt beobachtbar sind. Reliabilitäts- und Validitätsmaße müssen daher nicht berechnet werden.[495]

4.3.2 Strong-Tie-Weak-Tie-Indikator

Die Indikation, ob ein Gründer zur Unterstützung seines Gründungsvorhabens eher starke oder eher schwache Bindungen nutzt, sollte über die Alteri Informationen seiner drei wichtigsten Unterstützer abgeleitet werden. Hier gelten die Aussagen zur nicht durchführbaren Berechnung aufgrund zu kleiner Ego-Netzwerke ebenso wie für das Maß der Überschneidungsfreiheit erhaltener Leistungen aus dem sozialen Netzwerk. Entsprechend den Ausführungen in V.2.1.3 zu der Operationalisierung des Strong-Tie-Weak-Tie-Indikators (für mind. drei Unterstützer), ergibt sich ein CronbachsAlpha von lediglich 0,41. Dies ist auch nicht weiter verwunderlich, da die einzelnen Items ja nicht die konsistent zu erfassende Beziehungsstärke zu einem Unterstützer durch verschiedene semantisch ähnliche Fragestellungen zu erfassen versuchen. Die drei einzelnen Beziehungsstärken sollen vielmehr Auskunft darüber geben, ob ein Gründer tendenziell nur starke, sowohl starke als auch schwache oder nur schwache Bindungen zur Unterstützung seines Gründungsvorhabens verwendet. Dies hat gemäß der Hypothese 3 einen Einfluss auf die BSI. Die Validitätsanalyse zeigt an, dass die Beziehungsstärke zu den drei wichtigsten Unterstützern auf einen Faktor lädt und hierdurch 48,5% der Varianz erklärt wird. Somit werden die Validitätsanforderungen nur leicht unterschritten. Zwar ließen sich sowohl Reliabilität als auch Konstruktvalidität erhöhen, wenn die Beziehungsstärke zum dritten Unterstützer eliminiert wird (CronbachsAlpha würde auf 0,54

495 Vgl. Richard P. Bagozzi und Claes Fornell (1982): Theoretical Concepts, Measurements, and Meaning. In: *Claes Fornell (Hrsg.): A Second Generation of Multivariate Analysis. Volume 2: Measurement and Evaluation*, S. 24.

und der erklärte Varianzanteil auf 68,6% steigen) allerdings ist nach JANSEN (1999) die Analyse von weniger als drei Alteri in Ego-Netzwerken nicht aussagekräftig und zudem ist es durchaus begründbar, dass Gründer sich *sowohl* starker *als auch* schwacher Bindungen bedienen, um an Ressourcen aus ihrem Netzwerk zu gelangen.[496] Daher ist die Bildung der Summenskala der Bindungsstärke aus Gründen der Inhalts-Validität durchaus zu rechtfertigen und wird im Folgenden auch verwendet.[497]

Hinsichtlich der Normalverteilungsannahme zeigt der KST für alle dargestellten Indikatoren, dass diese mit sehr hoher Wahrscheinlichkeit (p-Wert<0,01) nicht normalverteilt sind.

4.3.3 Soziale Position der Gründer in ihrem Netzwerk

Bei der Frage nach der sozialen Stellung der tatsächlichen Unterstützer im Vergleich zur eigenen tritt natürlich das gleiche Problem auf wie bei den beiden anderen vorgestellten Skalen zur Messung der verschiedenen Dimensionen des sozialen Kapitals. Der Indikator bei drei angegebenen Unterstützern zeigt einen Wert von CronbachsAlpha von 0,68. Dies liegt am unteren Ende der Akzeptanzgrenze (0,7). Er lässt sich auch nicht durch die Elimination einer der drei Variablen erhöhen. Die konfirmatorische Faktorenanalyse zeigt, dass alle drei Variablen auf einen Faktor laden und dieser 59,5% ihrer Varianz erklärt. Es ist also von einer hohen Validität des Konstrukts auszugehen.

Der KST zeigt, dass das Konstrukt zudem mit hoher Wahrscheinlichkeit (p-Wert<0,05) nicht normalverteilt ist.

4.3.4 Diskussion einer potenziellen Zusammenführung der Dimensionen des sozialen Kapitals

Nun ließe sich argumentieren, dass wenn das soziale Kapital ein theoretisches Konstrukt ist, dass dann die aufgezeigten Dimensionen dieses Konstrukts sich auch zu einer reliablen und validen Skala zusammenführen lassen müssten. Diese sollte dann die insgesamte Höhe des

496 Vgl. Jansen (1999): a. a. O., S. 78.

497 Alternativ – und dies hätte eventuell zu verbesserten Ergebnissen geführt – wäre die Bildung von zwei Konstrukten (eines zur Messung der Verwendung starker und eines zur Verwendung schwacher Bindungen) möglich gewesen. Zudem hätte hierdurch die Variabilität in der Nutzung besser herausgearbeitet werden können. Dies muss allerdings der weiteren Forschung überlassen werden. Vgl. für die unterschiedliche Rolle von starken und schwachen Bindungen im Entwicklungsverlauf neu gegründeter Unternehmen Hite und Hesterly (2001): a. a. O., S. 275.

sozialen Kapitals anzeigen. Dies ist aber nicht der Fall. Weder Reliabilität noch Konstruktvalidität können bei einer Zusammenführung nachgewiesen werden. So nimmt z. B. CronbachsAlpha einen Wert von 0,235 an. Dies ist allerdings auch nicht weiter verwunderlich, da die Bewertung des sozialen Kapitals immer kontextabhängig erfolgt und verschiedene Ausprägungen für verschiedene Situationen günstiger oder weniger günstig sind. So wurde bei der Konzeptualisierung des Strong-Tie-Weak-Tie-Indikators argumentiert, dass starke Bindungen eher emotionale Unterstützung liefern und schwache Bindungen eher tangible Ressourcen. Die Dimensionen werden daher mit LIN (2001A) als in der Tat distinkt angesehen und ihr Einfluss auf das Bootstrap-Verhalten separat voneinander untersucht.[498]

4.4 Summenskala der sozialen Kompetenzen

Die nächste verwendete Summenskala betrifft die sozialen Kompetenzen. Diese wurden entsprechend den in Abschnitt V.2.2.1 erörterten Indikatoren abgefragt, die einer autorisierten Übersetzung von RIGGIO entstammen. Da über die Dimensionen der Skala bereits Hypothesen bestehen, wird für die einzelnen Dimensionen zunächst die Reliabilität geprüft. Die Reliabilitäten fallen für ein bereits mehrfach validiertes Konstrukt erschreckend niedrig aus. Tab. 21 gibt einen Überblick über die Reliabilitäten der einzelnen Subskalen nach Bereinigung um Indikatoren mit zu geringem Trennschärfekoeffizienten.

Subskala	**Anzahl verbliebener Indikatoren**	**CronbachsAlpha**
Emotionale Sendefähigkeit	3	0,507
Emotionale Empfangsfähigkeit	3	0,610
Emotionale Kontrolle	3	0,605
Soziale Sendefähigkeit	4	0,816
Soziale Empfangsfähigkeit	4	0,746
Soziale Kontrolle	3	0,579

Tab. 21: Reliabilitäten der Subskalen der sozialen Kompetenzen nach Eliminierung einzelner Indikatoren

[498] Vgl. Lin (2001a): a. a. O., S. 63.

Bei der Eliminierung wurde darauf geachtet, dass mindestens drei Indikatoren eine Subskala beschreiben. Wird nun die Validität der Subskalen mittels konfirmatorischer Faktorenanalyse überprüft, so ergibt sich folgendes Bild:

Subskala	**1 Faktorlösung?**	**Anteil erklärter Varianz**
Emotionale Sendefähigkeit	Ja	51,409%
Emotionale Empfangsfähigkeit	Ja	56,322%
Emotionale Kontrolle	Ja	57,214%
Soziale Sendefähigkeit	Ja	64,515%
Soziale Empfangsfähigkeit	Ja	57,204%
Soziale Kontrolle	Ja	55,177%

Tab. 22: Validitätsprüfung der Subskalen der sozialen Kompetenzen

Zwar sind alle Subskalen valide, allerdings geht dies zum Teil auf Kosten der Reliabilität, da für zwei Subskalen nachträglich Indikatoren entfernt wurden, um die Validität zu erhöhen. Nun werden die Subskalen aggregiert, um dann mittels Berechnung ihres CronbachsAlpha sowie einer weiteren Faktorenanalyse, in die nun die aggregierten Subskalen eingehen, die Reliabilität und Validität der Skalensumme der sozialen Kompetenzen zu bestimmen.

Hier ergibt sich, dass sich die sozialen Kompetenzen, gemessen mit einem validierten Erhebungsinstrument, nicht zu einer Summenskala verdichten lassen dürfen. Ihre Reliabilität beträgt zwar ein gerade noch vertretbares CronbachsAlpha von 0,527. Bei der konfirmatorischen Faktorenanalyse allerdings bilden sich nach dem Kaiser Kriterium 3 Faktoren. So können die sozialen Kompetenzen nicht in die Untersuchung einbezogen werden.

Der Analyse zufolge beschreiben die Subskalen der emotionalen Sendefähigkeiten und der sozialen Empfangsqualitäten nicht das gleiche theoretische Konstrukt wie die anderen Subskalen.

KMO and Bartlett's Test

Kaiser-Meyer-Olkin Measure of Sampling Adequacy.		,591
Bartlett's Test of Sphericity	Approx. Chi-Square	385,825
	df	15
	Sig.	,000

Communalities

	Initial	Extraction
Subskala SSI ES (3 Items)	1,000	,844
Subskala SSI ES (3 Items)	1,000	,572
Subskala SSI EC (3 Items)	1,000	,783
Subskala SSI SS (4 Items)	1,000	,716
Subskala SSI SE (4 Items)	1,000	,946
Subskala SSI SC (3 Items)	1,000	,696

Extraction Method: Principal Component Analysis.

Total Variance Explained

	Initial Eigenvalues			Extraction Sums of Squared Loadings			Rotation Sums of Squared Loadings		
Component	Total	% of Variance	Cumulative %	Total	% of Variance	Cumulative %	Total	% of Variance	Cumulative %
1	2,091	34,847	34,847	2,091	34,847	34,847	2,076	34,592	34,592
2	1,453	24,216	59,063	1,453	24,216	59,063	1,442	24,030	58,622
3	1,013	16,891	75,954	1,013	16,891	75,954	1,040	17,332	75,954
4	,608	10,131	86,085						
5	,453	7,545	93,630						
6	,382	6,370	100,000						

Extraction Method: Principal Component Analysis.

Tab. 23: SPSS Output Faktorenanalyse über aggregierte Subskalen des SSI

Werden diese beiden Subskalen aus der Analyse entfernt, so erzielen die verbleibenden Subskalen ein CronbachsAlpha von nahezu akzeptablen 0,67 und die Validität kann über eine konfirmatorische Faktorenanalyse hergestellt werden. Der erklärte Varianzanteil am einzigen Faktor beträgt 51,19%.

Um die sozialen Kompetenzen überhaupt berücksichtigen zu können, wird mit dieser Lösung vorlieb genommen. Es muss allerdings in aller Deutlichkeit konstatiert werden, dass auch bei nahezu akzeptablen statistischen Werten das verwendete Erhebungsinstrument als wenig geeignet erscheint, um in zukünftigen Studien noch einmal Anwendung zu finden. Dies kann bereits als ein erstes Ergebnis dieser Arbeit gelten. Zudem ist zu konstatieren, dass selbst wenn sich statistisch signifikante Ergebnisse im Zusammenhang mit den sozialen Kompetenzen ergeben sollten, diese weiterer Überprüfungen durch geeignetere Erhebungsinstrumente bedürfen.

Zunächst soll allerdings auch für die "übrig gebliebenen" sozialen Kompetenzen überprüft werden, inwieweit sie einer Normalverteilung folgen. Die Normalverteilungsannahme kann auf Basis einer Irrtumswahrscheinlichkeit von 0,155 beim Kolmogorov-Smirnov-Test zumindest nicht verworfen werden. Dies impliziert die Eignung parametrischer Verfahren.

4.5 Subjektive Erfolgswahrnehmung der Gründer

Die subjektive Erfolgswahrnehmung wird gegenüber der objektiven Erfolgsmessung bei Unternehmensgründungen deshalb häufig bevorzugt, da letztere aufgrund unterschiedlicher Entwicklungsstadien der Befragungspersonen oftmals keine intersubjektiv vergleichbaren Aussagen zulässt.[499] Im Rahmen dieser Arbeit wurde insbesondere auf die Effizienz und Effektivität des Ressourceneinsatzes abgestellt. Die Analyse der fünf abgefragten Items zeigt, dass diese sehr gut geeignet sind, um die subjektive Erfolgswahrnehmung der Gründer zu messen. CronbachsAlpha liegt bei 0,80, was für die Unerprobtheit der verwendeten Items und aufgrund der geringen Itemanzahl als sehr gutes Ergebnis zu werten ist.

Auch die Validität des Konstrukts kann durch die Einfaktorenlösung der konfirmatorischen Faktorenanalyse mit einem erklärten Varianzanteil von 56,2% als gegeben angesehen werden.

KMO and Bartlett's Test

Kaiser-Meyer-Olkin Measure of Sampling Adequacy.		,726
Bartlett's Test of Sphericity	Approx. Chi-Square	631,936
	df	10
	Sig.	,000

Communalities

	Initial	Extraction
Liquiditätsengpässen hätte ich in der AP nicht besser entgegenwirken können (recoded)	1,000	,604
Ich habe in der AP stets das Maximum herausgeholt	1,000	,569
Wenn ich ehrlich bin, könnte ich profitabler arbeiten (recoded)	1,000	,648
Verglichen mit meinen Konkurrenten bin ich im Umgang mit meinen Ressourcen effizienter	1,000	,538
Gründer mit der gleichen finanziellen Ausstattung arbeiten mind. genauso erfolgreich wie ich (recoded)	1,000	,452

Extraction Method: Principal Component Analysis.

[499] Vgl. hierzu die Ausführungen in Abschnitt V.3 dieser Arbeit auf S. 151 f. und die dort angegebenen Quellenverweise.

Total Variance Explained

Component	Initial Eigenvalues			Extraction Sums of Squared Loadings		
	Total	% of Variance	Cumulative %	Total	% of Variance	Cumulative %
1	2,811	56,228	56,228	2,811	56,228	56,228
2	,914	18,275	74,503			
3	,661	13,226	87,729			
4	,317	6,333	94,062			
5	,297	5,938	100,000			

Extraction Method: Principal Component Analysis.

Tab. 24: SPSS Output der konfirmatorischen Faktorenanalyse zur Überprüfung der Konstruktvalidität der subjektiven Erfolgswahrnehmung

Bei der Überprüfung der Normalverteilungsannahme auf Basis des KST ist allerdings zu konstatieren, dass die Hypothese, dass die Summenskala einer Normalverteilung folgt, bei einer Irrtumswahrscheinlichkeit von p-Wert<0,01 abgelehnt werden muss.

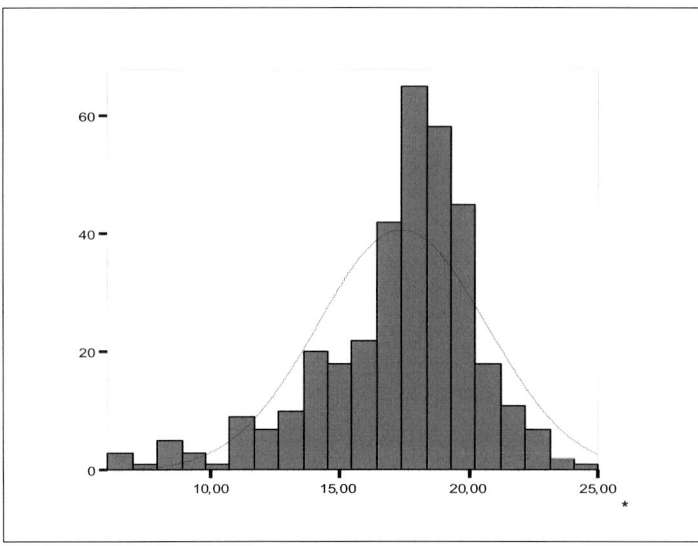

Abb. 27: Empirische Verteilung der Summenskala zur Messung der Effizienz und Effektivität des Ressourceneinsatzes

Wie zu erkennen ist, liegt dies v. a. an der nach rechts schiefen Verteilung. Diese kann u. U. damit erklärt werden, dass Gründer, die ihre Unzufriedenheit mit der Effizienz und Effektivität des Ressourceneinsatzes zugeben, ihre mangelnde Eignung als Unternehmer offenlegen.

Die Unzufriedenheit mit dem Ressourceneinsatz kann also als sozial unerwünschte Eigenschaft interpretiert werden. Bei der Abfrage sozial unerwünschter bzw. sozial erwünschter Eigenschaften kommt es häufig zu schiefen Verteilungen.[500] Die Ablehnung der Normalverteilungsannahme impliziert die Verwendung nicht-parametrischer Verfahren zur Überprüfung der aufgestellten Hypothesen.

4.6 Zusammenfassende Darstellung und Implikationen für das weitere Vorgehen

Tab. 25 gibt einen Überblick über die verwendeten Summenskalen und die mit diesen zusammenhängenden Gütemaße und Verteilungsannahmen.

Konstrukt	CronbachsAlpha	Erklärter Varianzanteil	Normalverteilung
BSI (gesamt)	0,72	47,1%	Ja
Diversität des sozialen Netzwerks	0,67	60,6%	Nein
Präferenz starker vs. schwacher Bindungen	0,41	48,5%	Nein
Soziale Stellung der Unterstützer	0,68	59,5%	Nein
Soziale Kompetenzen	0,67	51,2%	Ja
Subjektive Erfolgswahrnehmung	0,80	56,2%	Nein

Tab. 25: Zusammenfassende Darstellung verwendeter Summenskalen

Die Ergebnisse, die sich auf das Konstrukt zur Messung der Präferenz starker bzw. schwacher Bindungen beziehen, sind aus statistischer Sicht mit Vorsicht zu interpretieren, da es der reinen Lehre nach nicht als konsistentes Verhaltensmuster gedeutet werden kann. Es sei an dieser Stelle allerdings noch einmal darauf hingewiesen, dass es hier nicht darum ging, ein Verhaltensmuster zu beschreiben, das nur dann als konsistent gilt, wenn der Befragte nur starke oder nur schwache Verbindungen nutzt. So ist es durchaus möglich, dass Gründer sich sowohl starker als auch schwacher Bindungen bedienen. Dies tut der Interpretierbarkeit der Ergeb-

500 Ein Erklärungsansatz hierfür ist die Beseitigung kognitiver Dissonanzen, die v. a. in der Wirtschaftspsychologie thematisiert wird, vgl. z. B. Joel Cooper (2007): Cognitive Dissonance – 50 Years of a Classic Theory, S. 13 ff. für eine detaillierte Übersicht über die Theorie der kognitiven Dissonanz.

nisse keinen Abbruch. Es ist vielmehr zu bedauern, dass die Dimensionen des sozialen Kapitals (bis auf die erste Summenskala zur Bestimmung der Diversität des sozialen Netzwerks) nur für gut ein Drittel der Befragten auswertbar sind. Dies schränkt die generelle Aussagefähigkeit der Analysen ein, insbesondere wenn es darum geht, potenzielle gemeinsame Einflüsse auf hypothetisierte Zusammenhänge herauszupartialisieren. Ebenso sind die Schwächen des Konstrukts zur Messung der sozialen Kompetenzen frappierend. Daher sollten auch statistisch signifikante Ergebnisse nur sehr eingeschränkt für allgemeingültige Ableitungen verwendet werden.

VII. Darstellung zentraler empirischer Ergebnisse

Das nun folgende Kapitel beginnt mit der Darstellung der Ergebnisse der durchgeführten Clusteranalyse zur Identifikation verschiedener Nutzergruppen. Die Gruppen unterscheiden sich auf Basis der Faktorwerte der einzelnen explorativ ermittelten Bootstrap-Kategorien voneinander. Nach einer Diskussion der Aussagekraft und einer Darstellung signifikanter Unterschiede zwischen den Nutzergruppen werden in Abschnitt VII.2 die Parameter dargestellt, nach denen sich Gründungen unterscheiden, die dem Bootstrap-Instrumentarium eine unterschiedliche Wichtigkeit für die Sicherung des Überlebens und den Aufbau von Wettbewerbsvorteilen attestiert haben. Abschnitt VII.3 versucht dann, die Hypothesen 1 bis 9 anhand von bivariaten und partiellen Korrelationsanalysen zu erhärten und den gemeinsamen Einfluss der als relevant erachteten Variablen auf die BSI zu berechnen. Abschnitt VII.4 beschäftigt sich mit den vermuteten Zusammenhängen der Hypothesen 10 und 11, also zwischen BSI und den Erfolgswirkungen. Das siebte Kapitel schließt mit einer zusammenfassenden Darstellung der wichtigsten Erkenntnisse dieser Arbeit in Abschnitt VII.5.

1. Identifizierung unterschiedlicher Bootstrap-Strategien

Auf Basis der explorativ identifizierten Instrumentenkategorien sollen in diesem Abschnitt die Befragungsteilnehmer verschiedenen Nutzergruppen zugeordnet werden. Dies geschieht durch eine Clusteranalyse. Der Gruppierung der Befragungsteilnehmer folgt eine Darstellung signifikanter Unterschiede zwischen den Clustern.

1.1 Gruppierung von Befragungsteilnehmern mit ähnlichem Bootstrap-Verhalten

Die Faktorenanalyse hat dargelegt, mit welchen Sammelbegriffen einzelne Instrumente zusammengefasst werden können. Die auf den einzelnen Faktorwerten der Befragungsteilnehmer aufbauende Clusteranalyse soll nun aufzeigen, welche Instrumentengruppen häufig zusammen angewendet werden. Sie ordnet Befragungsteilnehmer, die sich in ihrem Bootstrap-Verhalten ähneln (gemessen auf Basis ihrer Faktorwerte), einer bestimmten Bootstrap-Strategie zu.

Jede Clusteranalyse läuft grundsätzlich in drei Schritten ab: Zunächst müssen mit Hilfe eines geeigneten Proximitätsmaßes die Ähnlichkeiten zwischen den Befragungsteilnehmern hinsichtlich der Ausprägungen der relevanten Beschreibungsmerkmale (der einzelnen Faktorwerte) ermittelt werden. Dann erfolgt die Auswahl und Anwendung eines geeigneten Fusionierungsalgorithmus. Schließlich muss die Zahl der Cluster bestimmt werden.

Als Proximitätsmaß wurde nach Untersuchung der Ausgangsdaten auf potenzielle Ausreißer mittels des Single-Linkage Verfahrens[501] die quadrierte euklidische Distanz gewählt.[502] Hinsichtlich des Fusionierungsalgorithmus wurde das Ward Verfahren angewendet.[503] Die Bestimmung der Clusterzahl sollte eigentlich über das Elbowkriterium erfolgen.[504] Dieses lieferte allerdings keinen eindeutigen Hinweis auf die "optimale" Anzahl an Clustern, so dass sich nach Betrachtung der bei verschiedenen Lösungen resultierenden Clustergrößen und unter Abwägung der Handhabbarkeit für eine Fünf Cluster Lösung entschieden wurde.

Diese ist in Tab. 26 dargestellt.

		Mittlere Faktorwerte für Faktor...				
Cluster	N	1	2	3	4	5
Cluster 1	104	0,29	0,00	**0,58**	**0,45**	<u>-0,69</u>
Cluster 2	57	-0,34	-0,09	-0,40	**1,18**	**0,69**
Cluster 3	88	**0,58**	**0,53**	-0,14	<u>-0,61</u>	0,36
Cluster 4	42	0,01	<u>-0,97</u>	<u>-1,19</u>	<u>-0,48</u>	<u>-0,55</u>
Cluster 5	57	<u>-1,07</u>	-0,01	**0,43**	<u>-0,72</u>	**0,42**

Tab. 26: Ergebnisse der Clusteranalyse auf Basis der Faktorwerte einzelner Instrumentenkategorien

Positive Faktorwerte stehen für eine überdurchschnittliche mittlere Ausprägung der Anwendungsintensität der jeweiligen Bootstrap-Instrumente in einem bestimmten Cluster. Negative

501 Vgl. Backhaus et al. (2003): a. a. O., S. 506, Bortz (2005): a. a. O., S. 572

502 Vgl. Backhaus et al. (2003): a. a. O., S. 491 ff.

503 Vgl. Bortz (2005): a. a. O., S. 578.

504 Vgl. Backhaus et al. (2003): a. a. O., S. 522 ff.

Werte stehen für eine unterdurchschnittliche mittlere Ausprägung. Zur besseren Übersichtlichkeit der daraus resultierenden Bootstrap-Strategien wurden die positiven Ausprägungen in der Tabelle **fett** gekennzeichnet und die relevanten negativen Ausprägungen unterstrichen.[505]

Nun können auf Basis des Bootstrap-Verhaltens die Cluster benannt werden. Die Benennung erfolgt auf Basis der zwei am stärksten überdurchschnittlichen Faktorwertausprägungen jedes Clusters.

In Cluster 1 finden sich (1) netzwerkende Verzögerer. Die Gründer in Cluster 2 sind ihrem Bootstrap-Verhalten nach zu urteilen (2) effiziente Netzwerker. Die Gründer in Cluster 3 können als (3) umsatzgetriebene Kreative bezeichnet werden, während die Gründer in Cluster 4 fast alle Instrumentenkategorien signifikant unterdurchschnittlich stark nutzen. Sie werden deshalb als (4) Bootstrap-Skeptiker bezeichnet. In Cluster 5 schließlich finden sich (5) effiziente Verzögerer. Die Namenswahl ist letztendlich ein kreativer Akt und soll lediglich der besseren Versinnbildlichung der Cluster dienen.

1.2 Darstellung signifikanter Unterschiede zwischen den einzelnen Clustern

Abschließend sollen nun signifikante Unterschiede der einzelnen Cluster bezüglich einzelner beschreibender Variablen dargestellt werden. Diese wurden mit geeigneten Gruppenmittelwertvergleichstests untersucht. Es wird aufgrund der Vielzahl der getesteten Variablen nur über signifikante Ergebnisse berichtet.

Im Ergebnis zeigen sich Unterschiede in der insgesamten BSI. Der Vergleich der strategischen Gründungsparameter zwischen den Gruppen zeigt signifikante Unterschiede zwischen den Gruppen hinsichtlich des Innovationsgrades und des Wachstumspotenzials. Zudem bringen die Resultate der Analysen signifikante Unterschiede in der Finanz- und allgemeinen Humankapitalausstattung zu Tage.

[505] Diese ergeben sich aus einer durchgeführten ANOVA und den daraus resultierenden signifikanten Gruppenmittelwertunterschieden zwischen den einzelnen Clustern hinsichtlich der einzelnen Faktorwerte.

Die folgenden Abbildungen zeigen die signifikanten Übergänge durch farbig hinterlegte Balken an. Sind die abgebildeten Balken nicht farbig oder in der gleichen Farbe hinterlegt, so konnten auf der Datengrundlage keine Gruppenmittelwertunterschiede zwischen den davor bzw. danach folgenden Balken festgestellt werden.

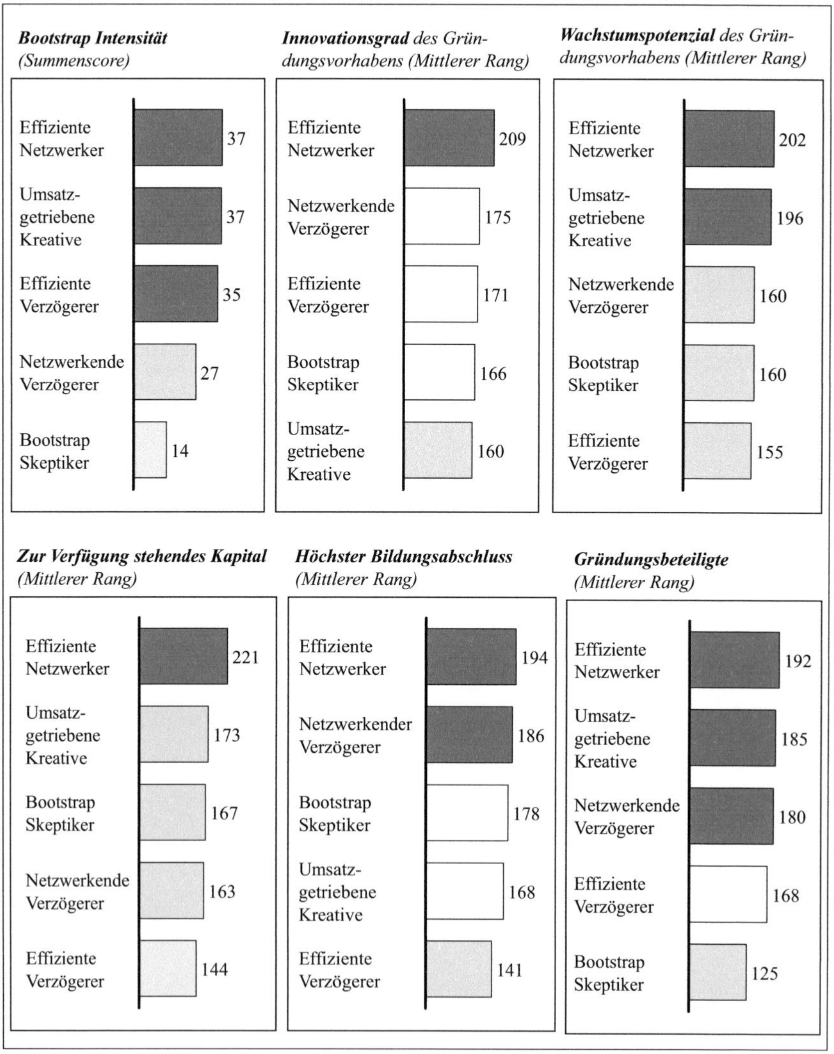

Abb. 28: Signifikante Gruppenunterschiede zwischen verschiedenen Nutzergruppen

Eine gemeinsame Betrachtung der einzelnen Gruppenmittelwertvergleiche offenbart einige interessante Erkenntnisse:

So sind die effizienten Netzwerker die Gruppe mit der besten Ressourcenausstattung und im Schnitt mit den innovativeren und wachstumsstärkeren Geschäftsvorhaben vertreten. Sie bilden gleichzeitig die Gruppe mit der höchsten insgesamten BSI. Dies lässt vor allem den Schluss zu, dass Bootstrapping eben nicht – wie des öfteren postuliert – das Finanzierungsinstrumentarium des mittellosen Gründers ist, sondern sehr wohl zum Repertoire innovativer und finanziell gut ausgestatteter Gründer gehört. Eine zweite interessante Gruppe ist diejenige der umsatzgetriebenen Kreativen: Zwar befinden sie sich mit ihrem Innovationsgrad im Schnitt auf dem letzten Platz unter den verschiedenen Nutzergruppen, das Wachstumspotenzial ihres Geschäftsvorhabens bewerten sie allerdings als hoch. Dies drückt sich auch in ihrer finanziellen Ausstattung aus. Ein weiteres interessantes Ergebnis ist, dass die hinsichtlich der BSI weit abgeschlagenen Bootstrap-Skeptiker auch bei der Anzahl der Gründungsbeteiligten hinten liegen. Dies kann als erstes Anzeichen dafür gelten, dass Hypothese 6 nicht unberechtigt aufgestellt wurde. Dies muss aber noch eingehender untersucht werden.

Die Ergebnisse bedeuten im Umkehrschluss, dass sich die Cluster weder entlang der Kontrollvariablen Alter und Geschlecht der Gründer noch auf Basis des Unternehmensalters oder der Dauer der Aufbauphase unterscheiden. Unterschiede in der Wahrnehmung der Wichtigkeit des Bootstrap-Instrumentariums zwischen den einzelnen Nutzergruppen werden erst bei p-Wert<0,1 signifikant. Hier beurteilen die effizienten Netzwerker die Wichtigkeit des Bootstrap-Instrumentariums für die Sicherung des Überlebens in der Aufbauphase am höchsten, während die Bootstrap-Skeptiker diese am niedrigsten beurteilen.

2. Klärende Untersuchungen zum Stellenwert des Bootstrap-Instrumentariums im Gründungskontext

Bei der Hypothesenbildung wurden keine Vermutungen dahingehend aufgestellt, welche Faktoren die Wichtigkeit des Bootstrap-Instrumentariums beeinflusst. Dort stand die tatsächliche Anwendungsintensität des Bootstrap-Instrumentariums im Vordergrund. Allerdings wären auch Erkenntnisse darüber interessant, welchen Stellenwert das Bootstrap-Instrumentarium für Gründer in Abhängigkeit von bestimmten Faktoren einnimmt unabhängig von ihrer tatsächlichen Nutzungsintensität, die wie vermutet von ihrer Ressourcenausstattung, bestimmten gründungsstrategischen Parametern sowie den Umfeldbedingungen abhängig ist. Es wurde daher explorativ versucht, auf Basis der ohnehin abgefragten Variablen signifikante Unterschiede zwischen der Gruppe derjenigen zu identifizieren, die die Anwendung von Bootstrap-Instrumenten als wichtig erachtet und der Gruppe, die dem Bootstrap-Instrumentarium keine besondere Wichtigkeit beimisst. Hierzu wurden jeweils die beiden oberen und die beiden unteren Antwortoptionen der Frage nach der Wichtigkeit des Bootstrap-Instrumentariums für das Überleben in der Aufbauphase zusammengefasst und explorative Gruppenmittelwertvergleiche durchgeführt.

Im Ergebnis lassen sich neben den erwarteten Abweichungen in der Anwendungsintensität zwischen den beiden Gruppen folgende signifikante Unterschiede (bei p-Wert<0,05) festhalten: So unterscheiden sich Gründer, die das Bootstrap-Instrumentarium als wichtig für das Überleben der Gründung in der Aufbauphase erachten, von Gründern, die diesem keine besondere Relevanz beimessen, dadurch, dass bei ersteren

- der Innovationsgrad des Gründungsvorhabens höher eingeschätzt wurde,
- das Wachstumspotenzial höher eingeschätzt wurde,
- Liquiditätsengpässe in der Aufbauphase häufiger vorkamen,
- ihr soziales Netzwerk eine größere Diversität aufwies sowie
- eher Zugang zu professionellen Finanzierungsinstrumenten bestand.

Diese Ergebnisse sind nur zum Teil intuitiv nachvollziehbar. Es ist schon bemerkenswert, dass innovative Gründungen mit hohem Wachstumspotenzial und Zugang zu professionellen Finanzierungsinstrumenten dem Bootstrap-Instrumentarium eine tendenziell höhere Relevanz beimessen als Gründungen ohne diese Eigenschaften. Dies ist ein weiteres Indiz dafür, dass die hier behandelten alternativen Finanzierungsinstrumente in den bisherigen Beiträgen zur Gründungsfinanzierung, die sich häufig aufgrund ihrer höheren gesamtwirtschaftlichen Bedeutung auf innovative, wachstumsstarke Gründungen fokussieren, eine ungerechtfertigt bescheidene Rolle eingenommen haben.

Die Analyse wurde bei analogem Vorgehen für die Wichtigkeit zum Aufbau von Wettbewerbsvorteilen wiederholt. Hier zeigen sich wiederum signifikante Unterschiede hinsichtlich des Innovationsgrades und des Wachstumspotenzials. Ansonsten unterscheiden sich Gründer, die dem Bootstrap-Instrumentarium eine hohe Wichtigkeit für den Aufbau von Wettbewerbsvorteilen attestierten, lediglich darin von den anderen Gründungen, dass ihr Unternehmen erstens kürzer bestand und dass sie zweitens eine kürzere Aufbauphase angaben. Dies lässt einigen Interpretationsspielraum: So kann angenommen werden, dass Gründer, deren Gründung bereits länger zurückliegt, eine besseres Urteilsvermögen darüber besitzen, ob die angewendeten Instrumente tatsächlich zu Wettbewerbsvorteilen geführt haben. Zweitens können die Unterschiede in der Dauer der Aufbauphase unterschiedlich gedeutet werden:

(1) Gründer, deren Gründung bereits länger zurückliegt, beurteilen auch die Dauer der Aufbauphase als länger, da sie das Ende der Aufbauphase nur mit dem zuletzt statt gefundenen Entwicklungssprung ihres Unternehmens verbinden.

(2) Gründer, die eine lange Aufbauphase angegeben haben, haben Wettbewerbsvorteile aus welchen Gründen auch immer, wenn überhaupt, nur langsam aufbauen können (da sie ansonsten die Aufbauphase hätten schneller verlassen können) und sind alleine deshalb nicht davon überzeugt, dass ihnen die Anwendung von Bootstrap-Instrumenten hierbei weitergeholfen hätte, da sie ansonsten eingestehen müssten, dass dies hätte schneller gehen können.

(3) Bei Geschäftsvorhaben mit einer konzeptinhärent langen Aufbauphase eignet sich das Bootstrap-Instrumentarium nicht für den Aufbau von Wettbewerbsvorteilen.

Welche der Interpretationen allerdings zutreffend ist, lässt sich aus der Analyse nicht ableiten und muss folglich unbeantwortet bleiben.

3. Überprüfung der Hypothesen zu den Einflussfaktoren des Bootstrap-Verhaltens

Dieser Abschnitt prüft die aufgestellten Hypothesen bez. der Einflussfaktoren auf Basis bivariater und ggf. partieller Korrelationsanalysen sowie auf Basis von Varianzanalysen im Fall dichotomer Variablen. In Abschnitt V.1 wurde erörtert, welche Perspektiven zur Analyse des Bootstrap-Verhaltens grundsätzllich zur Verfügung stehen. Im Folgenden wird hauptsächlich die erste Perspektive verwendet. Allerdings sollen auch die zweite (nutzerspezifische) und dritte (kategoriespezifische) Perspektive verwendet werden, sofern dies einen Erkenntnisgewinn verspricht. Auf einen Verzicht einer der beiden Perspektiven wird im Ergebnisteil stets gesondert hingewiesen. Auf eine Untersuchung der Daten mittels der vierten (gleichzeitig kategorie- und nutzerspezifischen) Betrachtungsperspektive wird mit einer Ausnahme verzichtet, da die geringe Validität der Subskalen in Verbindung mit den geringeren Fallzahlen für die einzelnen Nutzergruppen eine seriöse Interpretation potenzieller Ergebnisse erschwert.

Es sei an dieser Stelle angemerkt, dass die nachstehenden rein bivariaten Zusammenhänge Rangkorrelationen darstellen. Die Berücksichtigung von Kontrollvariablen (z. B. Alter und Geschlecht des Befragten, Gründungszeitpunkt und Dauer der Aufbauphase) kann allerdings nur mit Hilfe von partiellen Korrelationen erfolgen. Diese sind stets partielle *Produkt-Moment-Korrelationen.* Für Variablen, die in Abschnitt V.4 nicht als Kontrollvariablen definiert wurden, wird selektiv und bei theoretischer oder sachlogischer Begründbarkeit sowie bei empirischen Evidenzen von Zusammenhängen zwischen den verschiedenen Einflussfaktoren kontrolliert, um potenzielle Scheinzusammenhänge zu identifizieren.

3.1 Einfluss der Sozialkapitalvariablen auf die Bootstrap-Intensität

Die ersten drei Hypothesen beziehen sich auf die verschiedenen Dimensionen des sozialen Kapitals. Zusammenfassend lässt sich voranstellen, dass die Hypothesen bezüglich der Diversität des Netzwerks und der Stärke der Beziehungen eine gewisse Bestätigung erfahren. Die Hypothese bez. der sozialen Position der Gründer in ihrem Netzwerk findet keine Bestätigung. Ursachen hierfür werden im Ergebnisteil diskutiert.

3.1.1 Einfluss der Diversität des sozialen Netzwerks auf die Bootstrap-Intensität

Zunächst soll **Hypothese 1** getestet werden. Sie vermutete, dass die Diversität des sozialen Netzwerks – gemessen durch die in Abschnitt VI.4.3.1 beschriebene Summenskala – die BSI positiv beeinflusst. Hierzu werden die beiden Konstrukte rangkorreliert. Im Ergebnis zeigt sich ein schwacher linearer Zusammenhang in der erwarteten Richtung, der bei p-Wert<0,01 statistisch signifikant ist. Tabelle 27 zeigt den SPSS Output.[506]

Correlations

			Konstrukt zur Messung der Diversität des Netzwerks	Gewichtete BSI
Spearman's rho	Konstrukt zur Messung der Diversität des Netzwerks	Correlation Coefficient	1,000	,197**
		Sig. (2-tailed)	.	,000
		N	348	348
	Gewichtete BSI	Correlation Coefficient	,197**	1,000
		Sig. (2-tailed)	,000	.
		N	348	348

**. Correlation is significant at the 0.01 level (2-tailed).

Tab. 27: Rangkorrelation zwischen Diversität des sozialen Netzwerks und BSI

Von einem umgekehrten Kausalverhältnis kann nicht ausgegangen werden, da die BSI in der Aufbauphase allein aus Gründen der zeitlichen Abfolge nicht die Diversität des sozialen Netzwerks zum Gründungszeitpunkt beeinflussen kann. Wird von einem dritten, gemeinsamen Einflussfaktor abstrahiert, kann die Hypothese als nicht widerlegt angesehen werden. Es wird nun sukzessive für verschiedene Variablen kontrolliert, um potenzielle Scheinkorrelationen aufzudecken.

Kontrolle für den Einfluss des Humankapitals

Es lässt sich argumentieren, dass sowohl die Höhe des allgemeinen als auch die des spezifischen Humankapitals einen positiven Einfluss auf die Diversität des sozialen Netzwerks ausübt, da z. B. der Zugang zu verschiedenen Netzwerken mit der Anzahl der Gründungsbeteiligten steigt.[507] Auf Basis des Datensatzes kann tatsächlich ein positiver signifikanter Zusammenhang zwischen allgemeinem Humankapital (anhand des Indikators höchster Bildungsabschluss) und dem Konstrukt zur Messung der Diversität des sozialen Netzwerks nachgewiesen werden ($\rho=0,201^{**}$). Die partielle Korrelation zwischen der Diversität des sozialen Netzwerks und der BSI unter Konstanthaltung der Bildungsabschlussvariablen sowie der Stan-

506 Im Folgenden werden sehr signifikante Ergebnisse bei p-Wert<0,01 mit zwei Asterixen (**), signifikante Ergebnisse bei p-Wert<0,05 mit einem Asterix (*) und schwach signifikante Ergebnisse bei p-Wert<0,1 mit einem in Klammern gesetzten Asterix gekennzeichnet ((*)).

507 Vgl. Mellewigt und Späth (2002): a. a. O., S. 117.

dardkontrollvariablen senkt den zuvor identifizierten Zusammenhang allerdings nur unwesentlich ab (r=0,196**).

Hinsichtlich des anderen Indikators des allgemeinen Humankapitals (Teamgröße) lässt sich kein Zusammenhang mit der Diversität des sozialen Netzwerks nachweisen (ρ=0,045 bei p=0,404). Daher bringt auch die partielle Korrelation unter zusätzlicher Konstanthaltung der Teamgröße keine wesentliche Änderung des identifizierten Zusammenhangs (r=0,186**).

Bei den Indikatoren des spezifischen Humankapitals (dichotome Abfrage der Gründungserfahrung und der Erfahrung in der Industrie) zeigt ein nicht-parametrischer Gruppenmittelwertvergleich, dass Gründer ohne Gründungserfahrung und ohne Industrieerfahrung über einen tendenziell höheren Wert bei der Summenskala "Diversität des sozialen Netzwerks" verfügen als Gründer mit diesen Erfahrungen. Beim Indikator Gründungserfahrung sind die Unterschiede sogar statistisch signifikant.

Dies widerspricht den intuitiven Erwartungen, da mit Gründungserfahrung und Erfahrung in der Industrie eigentlich mehr potenzielle und tatsächliche Unterstützer des Gründungsvorhabens assoziiert werden. Die auf Basis dieses Zusammenhangs durchgeführte Partialkorrelation unter zusätzlicher Berücksichtigung der Gründungserfahrung zeigt allerdings keine Veränderung des oben gezeigten Zusammenhangs zwischen Diversität des sozialen Netzwerks und der BSI in der Aufbauphase (r=0,178**).

Kontrolle für den Einfluss sozialer Kompetenzen

Neben den klassischen Humankapitalvariablen wurde auf die sozialen Kompetenzen der Gründer fokussiert. Es wurde argumentiert, dass soziale Kompetenzen notwendig sind, um das soziale Kapital zu aktivieren. Soziale Kompetenzen äußern sich in der Fähigkeit, effektiv mit anderen zu interagieren. Dies kann auch die Erweiterung des eigenen Netzwerks zur Folge haben. Es lässt sich daher vermuten, dass bei höherer Ausstattung mit sozialen Kompetenzen über Zeit auch die Diversität des sozialen Netzwerks zunimmt. Hierfür soll zusätzlich kontrolliert werden.

Tatsächlich zeigt sich ein positiver Zusammenhang zwischen der Diversität des sozialen Kapitals und den sozialen Kompetenzen eines Gründers (ρ =0,121*).

Wird nun eine Partialkorrelation unter zusätzlicher Berücksichtigung der sozialen Kompetenzen durchgeführt, verändert sich der gezeigte Zusammenhang zwischen Diversität und sozialem Netzwerk nur unwesentlich (r=0,161**).

Kontrolle für die finanzielle Ausstattung der Gründer

Bei der Betrachtung der finanziellen Ausstattung der Gründer wird zwar nicht davon ausgegangen, dass sie die Diversität des sozialen Netzwerks beeinflusst. Allerdings kann die Diversität des Netzwerks die Chancen beeinflussen, bereits vor der Gründung Finanzmittelzusagen zu erhalten.[508] Wenn nun aber die finanzielle Ausstattung der eigentliche Treiber hinter dem Bootstrap-Verhalten ist, könnte es sich bei dem beschriebenen Zusammenhang zwischen Diversität des sozialen Netzwerks und BSI in der Aufbauphase um eine Scheinkorrelation handeln.

Bei der Betrachtung stellt sich heraus, dass die finanzielle Ausstattung zum Gründungszeitpunkt tatsächlich mit der Diversität des sozialen Netzwerks zusammenhängt. Der Zusammenhang ist zwar sehr schwach, aber statistisch signifikant (ρ=0,113*). Allerdings ergeben sich auch bei der Partialkorrelation unter zusätzlicher Berücksichtigung der finanziellen Ausstattung zum Gründungszeitpunkt keine signifikanten Änderungen hinsichtlich des beschriebenen Zusammenhangs zwischen Diversität des sozialen Netzwerks und der BSI in der Aufbauphase (r=0,154**).

AUF GESAMTHAFTER BETRACHTUNGSEBENE KANN HYPOTHESE 1 NICHT WIDERLEGT WERDEN.

Nutzergruppenspezifische Betrachtung

Bei Betrachtung des nutzergruppenspezifischen Bootstrap-Verhaltens zeigt die Partialkorrelation bei den *verzögernden Netzwerkern* eine Erhöhung von r auf 0,282**. Zwar erhöht sich r auch bei den *effizienten Netzwerkern,* allerdings wird der Zusammenhang aufgrund der niedrigen Fallzahl erst bei p-Wert<0,1 statistisch signifikant (r=0,266(*)).

Bei der Nutzergruppe der *effizienten Verzögerer* verschwindet der Zusammenhang zwischen Diversität des sozialen Netzwerks und BSI komplett (r=0,044). Dies ist aufgrund der für diese

508 Vgl. Shane und Cable (2002): a. a. O., S. 377.

Nutzergruppe charakteristischen Anwendung eher interner Bootstrap-Instrumente auch nicht verwunderlich. Für die umsatzgetriebenen Kreativen sind die Tendenzen des positiven Einflusses der Diversität des sozialen Netzwerks weiterhin deutlich erkennbar (r=0,169), allerdings nicht mehr statistisch signifikant. Überraschend hingegen ist, dass auch bei den Bootstrap-Skeptikern ein signifikanter Einfluss der Diversität des Netzwerks auf die totale BSI nachgewiesen werden kann (r=0,361*).

Instrumentenkategoriespezifische Betrachtung

Werden nun statt der totalen BSI die einzelnen Subskalen auf Gesamtsampleebene mit der Diversität partiell korreliert, so ergibt sich, dass lediglich die Gruppe der kooperativen Instrumente signifikant von der Diversität des Netzwerks beeinflusst wird (r=0,181**). Bei allen anderen Instrumentengruppen ist die Tendenz des Zusammenhangs auf Gesamtsampleebene zwar weiterhin positiv, aber nicht mehr statistisch signifikant.

Nutzergruppen- und instrumentenkategoriespezifische Betrachtung

Die Betrachtung des Einflusses der Netzwerkdiversität auf die instrumentenkategoriespezifische BSI je Nutzergruppe hilft, die oben beschriebenen Ergebnisse zu deuten:

	Kreative Instrumente	Umsatz-instrumente	Verzögerungs- und Verzicht-instrumente	Kooperative Instrumente	Effizienz-instrumente
Netzwerkende Verzögerer	0,257*			0,236*	0,175 (*)
Effiziente Netzwerker		0,311*		0,291*	
Umsatzgetriebene Kreative				0,283*	
Bootstrap-Skeptiker					0,307 (*)
Effiziente Verzögerer					

Tab. 28: Partialkorrelation zwischen Netzwerkdiversität und instrumentenkategoriespezifischer BSI je Nutzergruppe unter Konstanthaltung vorher identifizierter Kontrollvariablen

Es wurden zwecks einer besseren Übersichtlichkeit nur jene Ergebnisse eingetragen, die ab p-Wert<0,1 signifikant sind. Bis auf die ohnehin mit Fragezeichen behafteten Effizienzinstrumente sind die Ergebnisse gut interpretierbar. So steigt bei allen eher intensiv bootstrappenden Clustern mit der Diversität des Netzwerks die Nutzung kooperativer Instrumente. Dies war zu erwarten. Zusätzlich scheint ein diverseres Netzwerk auch den Informationsaustausch bei den netzwerkenden Verzögerern sowie die Möglichkeiten zur Erhöhung der Zahlungsmittelzugänge bei den effizienten Netzwerkern anzukurbeln. Dass es in keinem Cluster zu einer signifikanten Erhöhung von Verzögerungs- und Verzicht-instrumente bei einem größeren Netzwerk kommt, ist ebenfalls intuitiv einleuchtend.

Überprüfung der Hypothese mit alternativem Indikator für die Diversität des Netzwerks

Wird die Überschneidungsfreiheit der durch die wichtigsten drei Unterstützer erhaltenen Leistungen mit der BSI korreliert, so ergibt sich ein noch deutlicherer Zusammenhang.

Correlations

			Ratio Überschneidungsfreiheit der Leistungen	Bootstrap Intensität in der Aufbauphase (gewichtet)
Spearman's rho	Ratio Überschneidungsfreiheit der Leistungen	Correlation Coefficient	1,000	,343**
		Sig. (2-tailed)	.	,000
		N	119	119
	Bootstrap Intensität in der Aufbauphase (gewichtet)	Correlation Coefficient	,343**	1,000
		Sig. (2-tailed)	,000	.
		N	119	119

**. Correlation is significant at the 0.01 level (2-tailed).

Tab. 29: Rangkorrelation zwischen der Überschneidungsfreiheit der Leistungen aus dem sozialen Netzwerk und der BSI in der Aufbauphase

Auch hier entspricht die Richtung des Zusammenhangs der Vermutung: Je überschneidungsfreier die erhaltenen Leistungen, also je diverser das soziale Netzwerk, desto höher die BSI in der Aufbauphase. Wird wiederum für die oben erörterten Variablen kontrolliert, so ergibt sich ein partieller Korrelationskoeffizient von r=0,240**. Dieses Ergebnis belegt Hypothese 1 ebenfalls. Eine nutzergruppen- und instrumentenkategoriespezifische Betrachtung findet aufgrund der geringen Samplegröße von N=119 nicht statt.

3.1.2 Einfluss der sozialen Stellung der Unterstützer auf die Bootstrap-Intensität

Hypothese 2 wird nun ebenfalls mittels Korrelationsrechnungen überprüft. Allerdings soll auch hier auf die nutzergruppen- sowie instrumentenkategoriespezifische Betrachtung verzichtet werden, da aufgrund der in Abschnitt VI.4.3.3 beschriebenen Berechnungsproblematik des gewählten Messinstruments weniger Fallzahlen für die einzelnen Nutzergruppen zur Verfügung stehen und die statistische Tragkraft der Aussagen nicht mehr gewährleistet scheint. Zur Erinnerung sei erwähnt, dass je höher der Wert der verwendeten Summenskala zur Berechnung der gesellschaftlichen Stellung der Unterstützer im Vergleich zur eigenen ausfällt, desto höher sind die genutzten Netzwerkpartner gesellschaftlich gestellt.

Correlations

			Soziale Stellung im Vergleich zu Unterstützern (mind. 3 Unterstützer)	Bootstrap Intensität in der Aufbauphase (gewichtet)
Spearman's rho	Soziale Stellung im Vergleich zu Unterstützern (mind. 3 Unterstützer)	Correlation Coefficient	1,000	,141
		Sig. (2-tailed)	.	,130
		N	117	117
	Bootstrap Intensität in der Aufbauphase (gewichtet)	Correlation Coefficient	,141	1,000
		Sig. (2-tailed)	,130	.
		N	117	119

Tab. 30: Rangkorrelation zwischen der hierarchischen Netzwerkposition und der BSI

Zwar lässt sich ein Zusammenhang in der erwarteten Richtung erkennen, dieser ist allerdings nicht signifikant. Nun kann allerdings argumentiert werden, dass Gründer mit höherem Bildungsabschluss es schwerer haben, Unterstützer zu finden, deren gesellschaftlicher Einfluss weit über ihrem eigenen wahrgenommenen Einfluss steht. Zudem wird die Fähigkeit zur Aktivierung sozial höher gestellter Austauschpartner von den sozialen Kompetenzen der Gründer abhängen. Wird für diese beiden Variablen neben den Standardkontrollvariablen kontrolliert, so wird der gezeigte Zusammenhang zwischen sozialer Stellung und BSI allerdings immer noch nicht signifikant, sondern sinkt eher noch (r=0,085).

HYPOTHESE 2 KANN NICHT ALS BESTÄTIGT ANGESEHEN WERDEN.

Die fehlende Bestätigung kann darauf zurückzuführen sein, dass sich die Befragungsperson mit der wahrheitsgemäßen Beantwortung der Frage nach der sozialen Stellung der Unterstützer im Vergleich zur eigenen *über* oder *unter* ihre Unterstützer stellt. Beide extremen Antwortverhalten können sozial unerwünschte Eigenschaften widerspiegeln. Die Befragungspersonen könnten daher bei der Beantwortung der Frage eher zur Mitte tendieren. Dies würde die fehlende statistische Signifikanz erklären.

3.1.3 Die Stärke schwacher Bindungen bei der Anwendung von Bootstrap-Instrumenten

Als nächstes soll **Hypothese 3** überprüft werden. Hier wurde vermutet, dass die Tendenz zur Nutzung schwacher Bindungen zu einer erhöhten BSI führt. Die Ausführungen zur nutzergruppen- und instrumentenkategoriespezifischen Betrachtung gelten hier analog zum vorigen Abschnitt.

Tab. 31 zeigt, dass auf Basis der Rangkorrelation ein statistisch signifikanter Zusammenhang in der vermuteten Richtung besteht.

Correlations

			Strong Tie Weak Tie Indikator (3 Unterstützer)	Bootstrap Intensität in der Aufbauphase (gewichtet)
Spearman's rho	Strong Tie Weak Tie Indikator (3 Unterstützer)	Correlation Coefficient	1,000	-,347**
		Sig. (2-tailed)	.	,000
		N	111	111
	Bootstrap Intensität in der Aufbauphase (gewichtet)	Correlation Coefficient	-,347**	1,000
		Sig. (2-tailed)	,000	.
		N	111	119

**. Correlation is significant at the 0.01 level (2-tailed).

Tab. 31: Rangkorrelation zwischen dem Strong-Tie-Weak-Tie-Indikator und der BSI

Es kann allerdings argumentiert werden, dass die Nutzung von starken bzw. schwachen Bindungen stark dadurch bestimmt wird, welche Wahlmöglichkeiten der Gründer besitzt und in welcher Form er diese Bindungen aktiviert. Dies hängt von der Diversität seines sozialen Netzwerks sowie seinen sozialen Kompetenzen ab. Wird neben den Standardkontrollvariablen für die Diversität des sozialen Netzwerks und die sozialen Kompetenzen kontrolliert, so sinkt der Zusammenhang zwischen der Nutzung starker bzw. schwacher Bindungen und der BSI tatsächlich ab, er bleibt allerdings auf höchstem Maße statistisch signifikant (r=-0,309**).

HYPOTHESE 3 KANN ALSO ALS BESTÄTIGT ANGESEHEN WERDEN.

3.1.4 Zwischenfazit

Abschließend kann zum Zusammenhang zwischen sozialem Kapital und BSI in der Aufbauphase konstatiert werden, dass die empirische Untersuchung gute Hinweise dafür liefert, dass die vermuteten Beziehungszusammenhänge bestehen. Lediglich die soziale Stellung der tatsächlichen Unterstützer im Vergleich zur Befragungsperson besitzt keinen signifikanten Einfluss auf die BSI, obwohl die vermutete Richtung der erkennbaren Tendenzen mit den Hypothesen übereinstimmt. Werden die Dimensionen des sozialen Kapitals auf die BSI schrittweise regressiert, so gelangt man zu dem Ergebnis, dass die Diversität des sozialen Netzwerks und die Tendenz zur Nutzung schwacher Bindungen 15,4% der Varianz der BSI erklären. Vor dem Hintergrund weiterer Einflussfaktoren ist dieses Ergebnis als zufriedenstellend zu bewerten. Nicht zufriedenstellend hingegen ist die Tatsache, dass aufgrund der fehlenden Werte für über 65% der Befragungsteilnehmer auf Gesamtsamplebasis lediglich die Diversität des sozialen Netzwerks in Form der Summenskala in die weiteren Analysen eingehen kann. Dies schmälert die erwartete Aussagekraft einer gemeinsamen Betrachtung der Einflussfaktoren erheblich. Es bedarf zukünftig weiterer Untersuchungen, um die hier vorgestellten Ergebnisse im Gesamtkontext möglicher Einflussfaktoren zu bestätigen. Wünschenswert wäre zudem ein Forschungsdesign, das auch die Brückenkopffunktion von Gründern in ihren sozialen Netzwerken erfasst, um die in Abschnitt IV.2.1.1.4 angedeutete Hypothese zu erhärten.

3.2 Einfluss des Humankapitals auf die Bootstrap-Intensität

Der folgende Abschnitt gliedert sich entlang der aufgestellten Hypothesen zu den einbezogenen Humankapitalvariablen. Aufgrund der Schwächen des SSI findet die Hypothese bez. des Einflusses der sozialen Kompetenzen nur bedingt Bestätigung. Der höchste Bildungsabschluss erscheint ebenso wenig geeignet, den prinzipiell vorhandenen Einfluss der Höhe des allgemeinen Humankapitals auf die Bootstrap-Intensität nachzuzeichnen. Lediglich die Teamgröße besitzt den Analysen zufolge einen uneingeschränkten Einfluss auf die BSI. Bei der explorativen Untersuchung der spezifischen Humankapitalvariablen ergibt sich auf Gesamtbetrachtungsebene kein Zusammenhang. Allerdings wenden Gründer ohne Industrieerfahrung bestimmte Instrumente signifikant häufiger an als Gründer mit Industrieerfahrung. Die Ergebnisse werden in den folgenden Abschnitten dargestellt und interpretiert.

3.2.1 Einfluss sozialer Kompetenzen auf die Bootstrap-Intensität

Der Produkt-Moment-Korrelationskoeffizient zwischen der Summenskala zur Berechnung der sozialen Kompetenzen und der BSI zeigt einen sehr schwachen Zusammenhang von r=0,113* (vgl. Tab. 32). Die Partialbetrachtung unter Konstanthaltung der Standardkontrollvariablen bringt keine Änderung der Aussage (r=0,116*). Unter Vernachlässigung potenzieller weiterer gemeinsamer Einflussfaktoren kann **Hypothese 4** als nicht widerlegt angesehen werden. Es sei allerdings an dieser Stelle noch einmal auf die Schwächen des Konstrukts hingewiesen, die zu einem Ausschluss von 18 der insg. 30 Items führten.

Correlations

		Social Skills Inventory (12 Items)	Gewichtete BSI
Social Skills Inventory (12 Items)	Pearson Correlation	1	,113*
	Sig. (2-tailed)		,035
	N	346	346
Gewichtete BSI	Pearson Correlation	,113*	1
	Sig. (2-tailed)	,035	
	N	346	348

*. Correlation is significant at the 0.05 level (2-tailed).

Tab. 32: Produkt-Moment-Korrelation sozialer Kompetenzen und BSI in der Aufbauphase

Kontrolle für die Diversität des Netzwerks

Genauso wie ein potenzieller Einfluss der sozialen Kompetenzen auf die Diversität des sozialen Netzwerks argumentiert wurde, kann auch die umgekehrte Kausalität angenommen werden. So klingt es plausibel, dass durch die Einbettung in diverse soziale Netzwerke Individuen über Zeit ihre sozialen Kompetenzen verbessern. Es soll daher für diesen potenziellen Effekt kontrolliert werden. Dass ein Zusammenhang zwischen sozialen Kompetenzen und Diversität des sozialen Netzwerks besteht, wurde bereits bei Überprüfung von Hypothese 1 bestätigt. Die Partialkorrelation zeigt einen Abfall des Zusammenhangs zwischen sozialen Kompetenzen und BSI in der Aufbauphase unterhalb der Signifikanzgrenze (r=0,088).

Kontrolle für die Höhe des sonstigen Humankapitals

Eine weitere Möglichkeit, die nachgewiesene Korrelation anzugreifen, besteht in der Vermutung, dass die Fähigkeit zur effektiven Interaktion von der Humankapitalausstattung der Gründer abhängt. Allerdings besteht weder zwischen dem höchsten Bildungsniveau und den sozialen Kompetenzen gemessen durch den SSI noch zwischen der Teamgröße und dem SSI ein statistischer Zusammenhang. Ebenso wenig ergeben sich signifikante Gruppenunterschiede zwischen Gründern mit und ohne Erfahrung durch vorherige Gründungen oder in der Industrie hinsichtlich des SSI Scores. Wird dennoch zusätzlich für die genannten Variablen kontrolliert, so steigt der Zusammenhang leicht an (r=0,107(*)).

Kontrolle für die finanzielle Ausstattung der Gründer

Analog zur obigen Kontrolle für die finanzielle Grundausstattung könnte auch hier vermutet werden, dass die sozialen Kompetenzen die finanzielle Ausstattung der Gründer beeinflussen und nur letztere für den Zusammenhang zwischen SSI und BSI ausschlaggebend sind. Allerdings kann mit Hilfe linearer Korrelationen kein Zusammenhang zwischen sozialen Kompetenzen und Finanzmittelausstattung festgestellt werden. Daher kann die Partialkorrelierung unter zusätzlicher Konstanthaltung der finanziellen Grundausstattung der Gründer zu keinem anderen als dem bereits gezeigten Ergebnis führen (r=0,106(*)).

Auf gesamthafter Betrachtungsebene kann festgehalten werden, dass die sozialen Kompetenzen zwar einen sehr schwachen Einfluss auf das Bootstrap-Verhalten ausüben. Dieser wird allerdings erst bei p-Wert<0.1 signifikant. Außerdem ist er bei weitem schwächer als erwartet. Der insgesamt schwache Einfluss kann allerdings auch an den gezeigten Schwächen des SSI liegen. Es wird aufgrund dieser Schwächen und der damit verbundenen ohnehin anzuzweifelnden statistischen Haltbarkeit der Aussagen auf eine Betrachtung nach Nutzergruppen und Instrumentenkategorien verzichtet. Es sei unbenommen, dass das SSI gute Ergebnisse bei der Messung der sozialen Kompetenzen erzielt hat. Allerdings kann vermutet werden, dass aufgrund der Übersetzung und der kürzeren Version eben nur große Summenskalenunterschiede eine Aussage über die Unterschiedlichkeit der sozialen Kompetenzen zulassen. Bei hoher Fehlertoleranz eines Instruments bietet es sich an, nur die extremen Ausprägungen zu verwenden und zu überprüfen, wie sich bei diesen der vermutete Zusammenhang darstellt.

Extremwertbetrachtung

Für die Extremwertbetrachtung wird jeweils das obere und das untere 10% Perzentil der SSI Ausprägungen verwendet. Das sind die Werte, die von jeweils nicht mehr als 10% der Befragungsteilnehmer über- bzw. unterschritten werden. Im Fall des SSI mit 12 Items liegt das unter 10% Perzentil bei 35 und das obere bei 51 Punkten auf der Summenskala.

Wird nun der SSI mit der BSI in der Aufbauphase unter Konstanthaltung aller eben genannten Variablen partialkorreliert, ergibt sich folgendes Bild:

Correlations

Control Variables			Social Skills Inventory (12 Items)	Gewichtete BSI
Alter & Geschlecht & Anzahl Monate seit Gründung & Dauer der Aufbauphase (einbezogen) mit Klassenmittelwerten & Konstrukt zur Messung der Diversität des Netzwerks & Höchster Bildungsabschluss & Beteiligte am Aufbau des Unternehmens in der Anlaufphase & Gründungserfahrung (dichotom) & Industrieerfahrung (dichotom) & Zur Verfügung stehendes Kapitals zum Grzp.	Social Skills Inventory (12 Items)	Correlation	1,000	,372**
	Gewichtete BSI	Correlation	,372**	1,000

**. Correlation is significant at 0.01 level

Tab. 33: Partialkorrelation zwischen SSI und BSI ohne mittlere 80%

Wie zu sehen ist, erhöht sich der Einfluss der sozialen Kompetenzen von r=0,106(*) auf r=0,372**. Dies scheint die These zu bestätigen, dass die sozialen Kompetenzen einen relativ hohen Einfluss auf die BSI besitzen, das verwendete Instrument allerdings nur bei extremen Ausprägungsunterschieden dazu in der Lage ist, diesen auch entsprechend einzuordnen. Für zukünftige Studien, in denen die sozialen Kompetenzen eine Rolle spielen, sollte also ein Instrument entwickelt und eingesetzt werden, das auch geringe Differenzen in der sozialen Kompetenz erfassen kann.

Zusammenfassend lässt sich festhalten, dass ein Einfluss der sozialen Kompetenzen auf das Bootstrap-Verhalten nachgewiesen werden konnte. Dieser ist auch unter Konstanthaltung verschiedener Kontrollvariablen bei p-Wert<0,1 immer noch statistisch signifikant. Aufgrund der gezeigten Schwächen des Abfrageinstruments (SSI) wird stark davon ausgegangen, dass der Einfluss der sozialen Kompetenzen insgesamt weitaus stärker ist, als hier gezeigt werden konnte. Dies gilt es, in zukünftigen Studien zu überprüfen.

HYPOTHESE 4 KANN ALSO NUR PARTIELL BESTÄTIGT WERDEN.

3.2.2 Einfluss des individuellen allg. Humankapitals auf die Bootstrap-Intensität

In diesem Abschnitt geht es um die Überprüfung der **Hypothese 5**, dass das allgemeine Humankapital gemessen am höchsten Bildungsabschluss der Gründer einen positiven Einfluss auf die BSI besitzt. Die Rangkorrelation lässt vermuten, dass die Ausführungen in Abschnitt IV.2.1.2.2 nicht bestätigt werden können, da kein signifikanter Zusammenhang festgestellt werden kann.

Correlations

			Höchster Bildungsabschluss	Gewichtete BSI
Spearman's rho	Höchster Bildungsabschluss	Correlation Coefficient	1,000	,067
		Sig. (2-tailed)	.	,213
		N	348	348
	Gewichtete BSI	Correlation Coefficient	,067	1,000
		Sig. (2-tailed)	,213	.
		N	348	348

Tab. 34: Rangkorrelation zwischen höchstem Bildungsabschluss und BSI

Auch die Konstanthaltung der Standardkontrollvariablen zeigt keine Veränderung dieser Aussage. Es kann als Argumentation angeführt werden, dass Gründer mit höherem Bildungsabschluss ihre Gründung tendenziell sorgfältiger planen und nur dann gründen, wenn genügend finanzielle Mittel zur Verfügung stehen. Dies sollte den Anreiz zum Einsatz von Bootstrap-Instrumenten senken. Es soll daher für die Frequenz finanzieller Liquiditätsengpässe zusätzlich kontrolliert werden.

Eine partielle Korrelation unter diesen zusätzlichen Variablen ergibt allerdings keine wesentliche Änderung des Zusammenhangs (r=0,080).

Nutzergruppenspezifische Betrachtung und instrumentenkategoriespezifische Betrachtung

Die Betrachtung nach verschiedenen Nutzergruppen bringt ebenfalls keine signifikanten Unterschiede zwischen den Gruppen hervor. Werden die Instrumente nach ihren explorativ identifizierten Kategorien unterteilt und die Partialkorrelation wiederholt, so hängt lediglich die Nutzung kooperativer Instrumente signifikant vom höchsten Bildungsabschluss ab (r=0,176**). Bei den kreativen und umsatzerhöhenden Instrumenten ist zwar weiterhin eine positive Tendenz zu erkennen, während der Einfluss auf Verzögerungs- und Verzichtinstrumente verschwindet und bei den Effizienzinstrumenten – stets unter Vorbehalt – sogar leicht negativ wird. Werden aufgrund der Ergebnisse die Effizienzinstrumente, deren Einbeziehung ohnehin statistisch fragwürdig war, aus der Analyse ausgeschlossen, so ergibt sich ein signifikanter Zusammenhang zwischen allgemeinem Humankapital in Form des höchsten Bildungsabschlusses und der BSI in der Aufbauphase (ohne Effizienzinstrumente) (r=0,125*).

Zusammenfassend deutet das Ergebnis darauf hin, dass der höchste Bildungsabschluss kein guter Indikator für die Anwendungsintensität von Bootstrap-Instrumenten ist. Wahrscheinlich ist eine Ausdifferenzierung des Humankapitalkonzepts in weitere Facetten notwendig, um die verschiedenen Einflüsse deutlich zu machen. Zwar konnte bei Ausschluss der Effizienzinstrumente ein statistisch signifikanter Zusammenhang nachgewiesen werden. Allerdings bleibt auch unter Ausschluss dieser Instrumentenkategorie die Stärke des Zusammenhangs – obwohl signifikant – hinter den Erwartungen zurück. Eine mögliche Erklärung für die mangelnde Erklärungskraft des verwendeten Indikators wäre, dass jeweils nur der Befragungsteilnehmer nach seinem höchsten Bildungsabschluss befragt wurde. Differieren die Bildungsabschlüsse bei Teamgründungen, könnte der eigentlich bestehende Zusammenhang verzerrt werden. Allerdings liefert auch die ausschließliche Betrachtung der im Datensatz vorliegenden Einzelgründungen keinen Anhaltspunkt, dass der nur schwache Zusammenhang hierdurch erklärt werden könnte.

HYPOTHESE 5 KANN ALSO NICHT BESTÄTIGT WERDEN.

3.2.3 Einfluss der Teamgröße auf die Bootstrap-Intensität

Bei der nächsten das allgemeine Humankapital betreffenden **Hypothese 6** wurde davon ausgegangen, dass das Bootstrap-Verhalten von Gründungen mit der Anzahl der beteiligten Gründer steigt. Tab. 35 zeigt, dass dies losgelöst von weiteren potenziellen Einflussfaktoren bestätigt werden kann.

Correlations

			Beteiligte am Aufbau des Unternehmens in der Anlaufphase	Bootstrap Intensität in der Aufbauphase (gewichtet)
Spearman's rho	Beteiligte am Aufbau des Unternehmens in der Anlaufphase	Correlation Coefficient	1,000	,270**
		Sig. (2-tailed)	.	,000
		N	348	348
	Bootstrap Intensität in der Aufbauphase (gewichtet)	Correlation Coefficient	,270**	1,000
		Sig. (2-tailed)	,000	.
		N	348	348

**. Correlation is significant at the 0.01 level (2-tailed).

Tab. 35: Rangkorrelation zwischen Teamgröße und BSI

Auch die Partialkorrelation unter Konstanthaltung der Standardkontrollvariablen bringt keine Änderung dieser Aussage, obwohl das Zusammenhangsmaß im Vergleich abfällt (r=0,228**).

Kontrolle für die Diversität des sozialen Netzwerks

Es kann argumentiert werden, dass mehr Gründer auch mehr Zugang zu unterschiedlichen Netzwerkmitgliedern besitzen. Die Diversität des sozialen Netzwerks sollte also mit steigender Teamgröße zunehmen. Dies konnte allerdings auf Basis des verwendeten Datensatzes nicht nachgewiesen werden.[509] Unter Umständen liegt dies an der egozentrierten Beantwortung der Fragen durch nur einen Gründer. Dies kann als Schwäche des Forschungsdesigns ausgelegt werden. Da allerdings kein signifikanter Zusammenhang nachgewiesen werden konnte, sollte auch eine Partialkorrelation unter zusätzlicher Berücksichtigung des Konstrukts zur Messung der Diversität des sozialen Netzwerks keine wesentlichen Änderungen hinsichtlich des gezeigten Zusammenhangs ergeben. Dies ist wie erwartet auch nicht der Fall (r=0,218**).

Kontrolle für soziale Kompetenzen

Auch die mögliche Vermutung, dass es einen Zusammenhang zwischen Teamgröße und sozialen Kompetenzen existiert, kann nicht bestätigt werden. Es könnte zwar argumentiert werden, dass Gründer durch den Zwang zur Interaktion mit ihren Teammitgliedern nur dann gründen, wenn sie über bestimmte soziale Kompetenzen verfügen und dass Einzelgründer

509 Vgl. die Ausführungen zum Einfluss der Teamgröße auf die Diversität des sozialen Netzwerks bei Überprüfung der ersten Hypothese. Hier wurde bereits gezeigt, dass kein statistischer Zusammenhang zwischen beiden Variablen existiert.

gerade deswegen nicht im Team gründen. Hierfür lässt sich allerdings empirisch kein Nachweis finden. So zeigt die Partialkorrelation unter zusätzlicher Berücksichtigung der sozialen Kompetenzen ebenfalls keinen wesentlichen Unterschied (r=0,227**).

Kontrolle für weitere Humankapitalvariablen

Ebenso verhält es sich mit dem allgemeinen Humankapitalindikator "Höchster Bildungsabschluss". Zwar könnte vermutet werden, dass Teamgründungen i. d. R. mit besser ausgebildeten Gründern einhergehen. Da aber auf Basis des Datensatzes nur bedingt ein Zusammenhang zwischen Bildungsabschluss und BSI festgestellt werden konnte, bleibt es auch unter zusätzlicher Berücksichtigung des höchsten Bildungsabschlusses bei einem partiellen Korrelationskoeffizienten zwischen Teamgröße und BSI von r=0,226**.[510]

Auch eine Überprüfung des möglichen Zusammenhangs zwischen Teamgröße und Erfahrung der Gründer (Gründungs- und Industrieerfahrung) zeigt keine signifikanten Gruppenmittelwertunterschiede, so dass auch ihre Einbeziehung nicht zu einem Abfall des Zusammenhangs führt (r=0,222**).

Kontrolle für den Zugang zu finanziellen Quellen

KULICKE ET AL. (1993) zeigen, dass die Teamgröße einen Einfluss auf die Höhe der finanziellen Grundausstattung besitzt.[511] Dies kann mit Hilfe des verwendeten Datensatzes bestätigt werden. So geht mit steigender Teamgröße eine erhöhte finanzielle Grundausstattung einher (ρ=0,297**). Sollte die finanzielle Ausstattung das Bootstrap-Verhalten substanziell beeinflussen, könnte der oben erkannte Zusammenhang auf einer Scheinkorrelation beruhen. Es soll daher zusätzlich für die finanzielle Grundausstattung der Gründungen kontrolliert werden. Die Partialkorrelation unter zusätzlicher Berücksichtigung der finanziellen Grundausstattung senkt den Einfluss der Teamgröße auf die BSI tatsächlich ab. Dieser ist allerdings trotzdem noch vorhanden und statistisch signifikant (r=0,192**).

510 Vgl. die Ausführungen in Abschnitt VII.3.2.2 auf S. 232 f. Hier wurde bereits gezeigt, dass empirisch kein Zusammenhang zwischen Bildungsniveau und BSI besteht.

511 Vgl. Kulicke et al. (1993): a. a. O., S. 35.

Zusammenfassend kann auf gesamthafter Betrachtungsebene festgehalten werden, dass die Teamgröße einen signifikanten Einfluss auf das Bootstrap-Verhalten ausübt. Je größer das Team, desto intensivere Bootstrap-Aktivitäten sind zu erwarten.

Nutzergruppenspezifische Betrachtung

Die nutzergruppenspezifische Analyse zeigt, dass die Teamgröße bei den effizienten Verzögerern den höchsten Einfluss auf die BSI besitzt (r=0,405**), während der Zusammenhang bei den umsatzgetriebenen Kreativen und den netzwerkenden Verzögerern komplett verschwindet.

Instrumentenkategoriespezifische Betrachtung

Die instrumentenkategoriespezifische Analyse zeigt, dass kreative, Verzögerungs- und Effizienzinstrumente von der Teamgröße signifikant beeinflusst werden. Bei umsatzerhöhenden sowie kooperativen Instrumenten ist lediglich eine positive Tendenz zu erkennen.

HYPOTHESE 6 WIRD ALSO DURCH DIE DURCHGEFÜHRTEN ANALYSEN BESTÄTIGT.

3.2.4 Einfluss des spezifischen Humankapitals auf die Bootstrap-Intensität

Bez. eines potenziellen Zusammenhangs zwischen der Gründungs- und Industrieerfahrung und dem Bootstrap-Verhalten wurde aufgrund der widersprüchlichen Zugangs- und Anreizeffekte keine Hypothese formuliert. Explorativ lassen sich ohne Berücksichtigung etwaiger weiterer beeinflussender Variablen weder für Gründungserfahrung noch für Industrieerfahrung signifikante Gruppenmittelwertunterschiede hinsichtlich der BSI feststellen. In der Tendenz ist es gar so, dass weniger Industrieerfahrung zu höheren Bootstrap-Aktivitäten führt. Nun ließe sich einwenden, dass größere Erfahrung zu einer veränderten finanziellen Grundausstattung führt, da diese spezifischen Humankapitalindikatoren Signalwirkung für professionelle Finanziers besitzen könnten. Eine veränderte finanzielle Ausstattung könnte sich allerdings auf die BSI auswirken. Daher soll für die finanzielle Grundausstattung in der Aufbauphase kontrolliert werden. Außerdem lässt sich argumentieren, dass Gründer mit Gründungs- und/oder Industrieerfahrung eine bessere Übersicht über den tatsächlich anfallenden Finanzierungsbedarf besitzen und sich deshalb weniger häufig mit Liquiditätsengpässen konfrontiert sehen. Daher soll auch für die Existenz von Liquiditätsengpässen kontrolliert werden. Hierbei ergibt sich allerdings auch keine Änderung. Es gibt also in Summe keine

Unterschiede zwischen der Anwendung von Bootstrap-Instrumenten in Abhängigkeit der Gründungs- oder Industrieerfahrung.

Auf eine nutzergruppenspezifische Betrachtung wird aufgrund zu niedriger Fallzahlen bei gründungserfahrenen bzw. industrieunerfahrenen Befragungsteilnehmern verzichtet.

Instrumentenkategoriespezifische Betrachtung

Die Gruppenmittelwertvergleiche auf Instrumentenkategorieebene zeigen, dass Gründungen ohne Industrieerfahrung signifikant häufiger Verzögerungs- und Verzichtinstrumente anwenden und schwach signifikant (p-Wert<0,1) häufiger kreative Instrumente anwenden. Alle anderen Instrumentenkategorien zeigen keine signifikanten Unterschiede zwischen beiden Gruppen. Dies kann dadurch erklärt werden, dass Gründer ohne Industrieerfahrung erst durch die Verfolgung des Vorhabens Erkenntnisse über durchführbare Unternehmensaktivitäten erlangen und zudem nicht im gleichen Maße von ihnen bekannten Inputkombinationen in ihrer Kreativität beschränkt werden.

3.3 Einfluss finanzieller Ressourcen auf die Bootstrap-Intensität

Hypothese 7 befasst sich mit den Auswirkungen von Liquiditätsengpässen auf das Bootstrap-Verhalten. Es wurde vermutet, dass die Existenz von Liquiditätsengpässen die BSI in der Aufbauphase positiv beeinflusst.[512] Zudem wurde in IV.2.1.3 eine Überprüfung des Zusammenhangs zwischen absoluter finanzieller Ressourcenausstattung und BSI angekündigt.

Die Rangkorrelation zwischen der Stärke von Liquiditätsengpässen und BSI ergibt einen eindeutigen Zusammenhang, wenn von weiteren potenziellen gemeinsamen Einflussfaktoren abgesehen wird.

[512] Die Existenz von Liquiditätsengpässen wurde fünfstufig und über ein Single Item abgefragt (1= keine Liquiditätsengpässe bis 5 = dauerhafte Liquiditätsengpässe).

Correlations

			Stärke der Liquiditätseng pässe in der Aufbauphase	Bootstrap Intensität in der Aufbauphase (gewichtet)
Spearman's rho	Stärke der Liquiditätsengpässe in der Aufbauphase	Correlation Coefficient	1,000	,360**
		Sig. (2-tailed)	.	,000
		N	348	348
	Bootstrap Intensität in der Aufbauphase (gewichtet)	Correlation Coefficient	,360**	1,000
		Sig. (2-tailed)	,000	.
		N	348	348

**. Correlation is significant at the 0.01 level (2-tailed).

Tab. 36: Rangkorrelation zwischen Stärke von Liquiditätsengpässen in der Aufbauphase und der BSI

Da sachlogisch lediglich davon ausgegangen werden kann, dass sowohl das Wachstumspotenzial als auch der Innovationsgrad der Kernleistung zu höheren wahrgenommenen Liquiditätsengpässen führen können, gilt es, den Zusammenhang unter Berücksichtigung der dieser Variablen sowie der Standardkontrollvariablen weiter zu erhärten. Hier zeigt sich mit r=0,318** eine leicht geringere Korrelation. Übrigens kommt eine partielle Korrelation unter Berücksichtigung weiterer Faktoren, wie z. B. der Humankapitalvariablen, der Diversität des sozialen Netzwerks und der technologischen, physischen und finanziellen Grundausstattung, auch nicht zu einem anderen Ergebnis (r=0,309**). Dies war zwar auch nicht zu erwarten, soll aber der Vollständigkeit halber erwähnt werden.

Nutzergruppenspezifische Betrachtung

Mit der Stärke des Liquiditätsengpasses wurde ein wichtiger einzelner Einflussfaktor identifiziert. Auch auf nutzergruppenspezifischer Betrachtungsebene gelangt man zu interessanten Einsichten:

Während die Stärke des Liquiditätsengpasses für die netzwerkenden Verzögerer (r=0,286**), die effizienten Netzwerker (r=0,597**) und die umsatzgetriebenen Kreativen (r=0,333**) ebenfalls einen starken Einflussfaktor darstellt, wird die BSI der effizienten Verzögerer zwar auch noch tendenziell positiv von der Stärke des Liquiditätsengpasses beeinflusst (r=0,138). Bei den Bootstrap-Skeptikern zeigt der Zusammenhang indes negative Vorzeichen auf, ohne allerdings Signifikanz zu erreichen (r=-0,291).

Dieses Ergebnis ist insofern von Interesse, als dass es aufzeigt, dass vor allem für die vergleichsweise gut ausgestatteten effizienten Netzwerker die Stärke wahrgenommener Liquiditätsengpässe ein entscheidender Faktor bei der Entscheidung für oder gegen die Anwendung von Bootstrap-Instrumenten ist. Zudem ist zwar die Signifikanz des negativen Zusammenhangs bei den Bootstrap-Skeptikern nicht gegeben, trotzdem ist die Tendenz klar zu erkennen. Wenn es tatsächlich so sein sollte, dass diese Nutzergruppe erst bei geringeren Liquiditätsengpässen eine Anwendung von Bootstrap-Instrumenten in Betracht zieht, so werden hier fundamentale Unterschiede in der Geschäftsführungsphilosophie unterschiedlicher Gründergruppen deutlich.

Instrumentenkategoriespezifische Betrachtung

Auf instrumentenkategoriespezifischer Betrachtungsebene ergibt sich für das Gesamtsample die Aussage, dass alle Kategorien außer den kooperativen Instrumenten von der Stärke der Liquiditätsengpässe positiv beeinflusst werden. Am stärksten beeinflusst ein auftretender Liquiditätsengpass die Anwendung von Verzögerungs- und Verzichtinstrumenten (r=0,360**). Diese Ergebnisse sind intuitiv nachvollziehbar und lassen daher gleichzeitig die Validität des nomologischen Netzwerks erahnen.

Exkurs: Einfluss der finanziellen Grundausstattung auf die BSI

Bei der Ableitung der Hypothesen wurde erwähnt, dass die Anwendung von Bootstrap-Instrumenten häufig als Finanzierungsalternative beschrieben wird, wenn keine anderen Finanzierungsquellen zur Verfügung stehen.[513] Dies impliziert, dass sich die finanzielle Grundausstattung bzw. der Zugang zu professionellen Quellen negativ auf die BSI auswirken müsste. Dies konnte allerdings weder theoriegeleitet noch sachlogisch abgeleitet werden, da zwar gezeigt werden konnte, dass Bootstrap-Instrumente tendenziell niedrigere Zugangshürden besitzen als professionelle Finanzierungsinstrumente, allerdings die absolute finanzielle Ausstattung keine Aussage über den Zugang bzw. den Anreiz zur Anwendung von Bootstrap-Instrumenten zulässt. Es sollen deswegen hier kurz die Ergebnisse einer explorativen Untersuchung dargestellt werden. Es wird die absolute Höhe der finanziellen Grundausstattung mit der BSI korreliert, um Hinweise über einen möglichen Zusammenhang zu erhalten.

---

513 Vgl. z. B. Howard E. van Auken (2005): Differences in the Usage of Bootstrap Financing among Technology-Based versus Non-Technology-Based Firms. In: *Journal of Small Business Management, Vol. 43(1)*, S. 101.

Correlations

			Zur Verfügung stehendes Kapitals zum Grzp.	Bootstrap Intensität in der Aufbauphase (gewichtet)
Spearman's rho	Zur Verfügung stehendes Kapitals zum Grzp.	Correlation Coefficient	1,000	,159**
		Sig. (2-tailed)	.	,003
		N	344	344
	Bootstrap Intensität in der Aufbauphase (gewichtet)	Correlation Coefficient	,159**	1,000
		Sig. (2-tailed)	,003	.
		N	344	348

**. Correlation is significant at the 0.01 level (2-tailed).

Tab. 37: Rangkorrelation der finanziellen Grundausstattung mit der BSI

Es zeigt sich hinsichtlich der absoluten Höhe der finanziellen Grundausstattung, dass es nicht nur keinen negativen Zusammenhang mit der BSI gibt. Es existiert sogar ein statistisch signifikanter positiver Zusammenhang. Das bedeutet, dass mit der Höhe des zur Verfügung stehenden Kapitals auch die BSI ansteigt. Dieser Zusammenhang bleibt signifikant, wenn für die Standardkontrollvariablen kontrolliert wird (r=0,155**). Er fällt aber unter die Signifikanzgrenze, wenn zusätzlich für die Teamgröße (r=0,089) kontrolliert wird. Das Ergebnis wird derart interpretiert, dass die Teamgröße die finanzielle Ausstattung beeinflusst und der nachgewiesenen Korrelation zwischen finanzieller Ausstattung und BSI keine signifikante Kausalitätsbeziehung zugrunde liegt. Im Ergebnis lässt sich zumindest festhalten, dass zukünftig nicht mehr von Bootstrap-Instrumenten als Finanzierungsinstrument des mittellosen Gründers gesprochen werden sollte. Wenn überhaupt sieht es eher danach aus, als hätte die finanzielle Ausstattung der Gründer Signalwirkung, die ihnen die Anwendung von Bootstrap-Instrumenten erleichtert.

Zusammenfassend lässt sich festhalten, dass die Höhe der Finanzierungslücke gemessen in Form der Stärke auftretender Liquiditätsengpässe in der Aufbauphase das Bootstrap-Verhalten positiv beeinflusst.

HYPOTHESE 7 KANN ALSO ALS BESTÄTIGT ANGESEHEN WERDEN.

Die absolute Höhe der finanziellen Ausstattung hingegen hat zumindest keinen negativen Einfluss auf die BSI in der Aufbauphase.

3.4 Einfluss technologischer Ressourcen auf die Bootstrap-Intensität

Bez. eines potenziellen Einflusses technologischer Ressourcen auf das Bootstrap-Verhalten wurde aufgrund der gegenläufigen Zugangs- und Anreizeffekte keine Hypothese formuliert. Der Zusammenhang soll daher explorativ untersucht werden. Der proprietäre Besitz von patentierbaren Schutzrechten in der Aufbauphase wurde dichotom abgefragt. Es bietet sich daher an, eventuelle Unterschiede in der BSI mit einer einfaktoriellen Varianzanalyse zu überprüfen.[514] Das Ergebnis zeigt zwar auf Gesamtbetrachtungsebene eine höhere BSI für Gründer mit proprietären Schutzrechten an, dieses ist allerdings erst ab p-Wert<0,1 signifikant.

Group Statistics

	Patentschutz in der Aufbauphase?	N	Mean	Std. Deviation	Std. Error Mean
Bootstrap Intensität in der Aufbauphase (gewichtet)	Ja	50	31,4973	11,09775	1,56946
	Nein	298	28,0767	12,20171	,70683

ANOVA

Bootstrap Intensität in der Aufbauphase (gewichtet)

	Sum of Squares	df	Mean Square	F	Sig.
Between Groups	500,970	1	500,970	3,449	,064
Within Groups	50252,741	346	145,239		
Total	50753,710	347			

Tab. 38: Einfaktorielle Varianzanalyse zur Überprüfung evtl. Unterschiede zwischen Gründungen mit und ohne Patentschutz hinsichtlich ihrer BSI

Instrumentenkategoriespezifische Betrachtung

Auf eine nutzergruppenspezifische Betrachtung wird aufgrund der in den einzelnen Clustern nur sehr geringen Anzahl von Gründungen mit Patentschutz verzichtet. Bei der instrumentenkategoriespezifischen Betrachtung ist der Gruppenunterschied in der Anwendungsintensität zwischen Gründern mit und ohne Patentschutz bei den kooperativen Instrumenten als einziger Kategorie sehr signifikant. Dieses Ergebnis entspricht der Vorstellung, dass Gründungen mit Patentschutz eher dazu in der Lage sind, Kooperationspartner zu finden und gemeinsame Entwicklungen voranzutreiben.

[514] Im vorliegenden Fall entspricht die einfaktorielle Varianzanalyse dem t-Test für unabhängige Stichproben, da es bei der gruppierenden Variable nur zwei Ausprägungen gibt.

3.5 Einfluss der physischen Ressourcen auf die Bootstrap-Intensität

Bez. des Einflusses der physischen Ressourcen auf die BSI wurde ebenfalls auf die Formulierung einer Vermutung hinsichtlich des Wirkungszusammenhangs verzichtet. Es soll daher ebenfalls explorativ versucht werden, einen potenziellen Zusammenhang nachzuweisen. Operationalisiert wurde der Bestand physischer Ressourcen über die Bilanzsumme zum Gründungszeitpunkt abzüglich liquider Finanzmittel.

Bei der Auswertung der Operationalisierungsvariablen fällt zum einen auf, dass lediglich 52,6% der Befragten (N=183) hierauf eine Antwort geben konnten/wollten. Zum anderen korreliert die Angabe derart stark mit den Angaben zur finanziellen Ausstattung zum Gründungszeitpunkt (ρ=0,83**), dass ein möglicher Zusammenhang zwischen Bilanzsumme und BSI bei Kontrolle für die finanzielle Grundausstattung nicht mehr erkennbar ist. Die Variable soll deswegen nicht weiter betrachtet werden.

In zukünftigen Studien sollte die physische Ressourcenausstattung mit Hilfe detaillierter physischer Ressourcenunterkategorien ermittelt werden. Dies ist notwendig, damit die Unterschiede zwischen physischer und finanzieller Ressourcenausstattung deutlicher zu Tage treten, da sich aus vorhandenen physischen Ressourcen wahrscheinlich andere Implikationen für den Zugang und den Anreiz zur Anwendung von Bootstrap-Instrumenten ableiten lassen als durch die reine Verfügbarkeit von finanziellen Mitteln.

3.6 Einfluss der gründungsstrategischen Parameter auf die Bootstrap-Intensität

Hinsichtlich der gründungsstrategischen Parameter wurde lediglich für das Wachstumspotenzial **Hypothese 8** aufgestellt. Hier zeigt sich ein signifikant positiver Zusammenhang auf Basis der durchgeführten Rangkorrelation.

Correlations

			Bootstrap Intensität in der Aufbauphase (gewichtet)	Wachstum spotenzial (recoded)
Spearman's rho	Bootstrap Intensität in der Aufbauphase (gewichtet)	Correlation Coefficient	1,000	,169**
		Sig. (2-tailed)	.	,002
		N	348	348
	Wachstumspotenzial (recoded)	Correlation Coefficient	,169**	1,000
		Sig. (2-tailed)	,002	.
		N	348	348

**. Correlation is significant at the 0.01 level (2-tailed).

Tab. 39: Rangkorrelation zwischen Wachstumspotenzial und BSI

Eine Partialkorrelation unter Berücksichtigung der Standardkontrollvariablen lässt den Zusammenhang nahezu unverändert (r=0,166**).

Nun ließe sich argumentieren, dass die anderen gründungsstrategischen Parameter ebenfalls einen Einfluss auf das Wachstumspotenzial besitzen. Eine Kontrolle für diese ergibt zwar eine Abschwächung des Zusammenhangs. Dieser ist allerdings immer noch statistisch signifikant (r=0,110*). Wird hingegen der Zusammenhang zwischen den anderen gründungsstrategischen Parametern und der BSI mittels einer Partialkorrelation untersucht und jeweils für die anderen Parameter kontrolliert, so ergeben sich hier keine signifikanten Ergebnisse.

Nutzergruppenspezifische Betrachtung

Auf nutzergruppenspezifischer Betrachtungsebene fällt auf, dass lediglich die effizienten Netzwerker signifikant in ihrem Bootstrap-Verhalten von dem wahrgenommenen Wachstumspotenzial beeinflusst werden (r=0,295*). Die Zusammenhänge der anderen Cluster deuten zumindest in die richtige Richtung, während der Zusammenhang bei den netzwerkenden Verzögerern komplett verschwindet.

Instrumentenkategoriespezifische Betrachtung

Instrumentenkategoriespezifisch werden vor allem kreative und Effizienzinstrumente durch das Wachstumspotenzial beeinflusst. Während es intuitiv klar erscheint, dass Verzögerungs- und Verzichtinstrumente keine adäquate Antwort auf erhöhtes Wachstumspotenzial darstellen und die Anwendung kooperativer Instrumente evtl. zu einer Teilung des erwarteten Wertzuwachses führt, ist der mangelnde Einfluss des Wachstumspotenzials auf umsatzerhöhende

Instrumente überraschend. Lediglich die effizienten Verzögerer reagieren auf erhöhtes Wachstumspotenzial mit intensiverer Nutzung der Umsatzinstrumente (r=0,393**).

IM ERGEBNIS KANN HYPOTHESE 8 ALS BESTÄTIGT ANGESEHEN WERDEN.

3.7 Einfluss der Umweltbedingungen auf die Bootstrap-Intensität

Hypothese 9 beschäftigte sich mit den Einflussfaktoren auf das Bootstrap-Verhalten. Sie vermutete einen Einfluss dahingehend, dass die von PORTER beschriebenen Wettbewerbskräfte sich bei günstiger Konstellation positiv auf die BSI auswirken.

Von den fünf abgefragten Variablen zeigen lediglich die Verhandlungsmacht der Lieferanten und die Verhandlungsmacht der Kunden einen statistisch signifikanten Zusammenhang mit der BSI auf.

Correlations

			Bootstrap Intensität in der Aufbauphase (gewichtet)	Einschätzung Verhandlungs macht Lieferanten	Einschätzung Verhandlungs macht Kunden	Einschätzung Wettbewerbsi ntensität in eigener Branche	Gefahr von neuen Wettbewer bern	Gefahr von Substituts produkten
Spearman's rho	Bootstrap Intensität in der Aufbauphase (gewichtet)	Correlation Coefficient	1,000	,111*	,156**	-,006	,046	,017
		Sig. (2-tailed)	.	,039	,004	,911	,393	,759
		N	348	348	348	348	346	346
	Einschätzung Verhandlungsmacht Lieferanten	Correlation Coefficient	,111*	1,000	,009	-,170**	,071	,043
		Sig. (2-tailed)	,039	.	,871	,001	,189	,426
		N	348	348	348	348	346	346
	Einschätzung Verhandlungsmacht Kunden	Correlation Coefficient	,156**	,009	1,000	,314**	-,036	-,031
		Sig. (2-tailed)	,004	,871	.	,000	,507	,566
		N	348	348	348	348	346	346
	Einschätzung Wettbewerbsintensität in eigener Branche	Correlation Coefficient	-,006	-,170**	,314**	1,000	-,049	-,112*
		Sig. (2-tailed)	,911	,001	,000	.	,364	,037
		N	348	348	348	348	346	346
	Gefahr von neuen Wettbewerbern	Correlation Coefficient	,046	,071	-,036	-,049	1,000	,368**
		Sig. (2-tailed)	,393	,189	,507	,364	.	,000
		N	346	346	346	346	346	346
	Gefahr von Substitutsprodukten	Correlation Coefficient	,017	,043	-,031	-,112*	,368**	1,000
		Sig. (2-tailed)	,759	,426	,566	,037	,000	.
		N	346	346	346	346	346	346

*. Correlation is significant at the 0.05 level (2-tailed).

**. Correlation is significant at the 0.01 level (2-tailed).

Tab. 40: Rangkorrelation zwischen Verhandlungsmacht der Lieferanten bzw. Kunden und der BSI

Wird der Datensatz um diejenigen Gründungen reduziert, deren erste Umsatzerzielung noch nicht stattgefunden hat (N=348–21), verändert sich zwar der Korrelationskoeffizient zwischen Lieferantenmacht und BSI nicht wesentlich (r=0,112*), allerdings steigt der Koeffizient zwischen Kundenmacht und BSI auf r=0,184**. Dies ist einleuchtend, da nach Markteintritt die Verhandlungsmacht der Kunden besser eingeschätzt werden kann.

Der nachgewiesene Zusammenhang bleibt (auf Gesamtsamplebasis ohne Gründer, deren Markteintritt noch nicht statt gefunden hat,) auch nach Kontrolle für die Standardkontrollvariablen erhalten. Er beträgt r=0,110* für die Verhandlungsmacht der Lieferanten und r=0,170** für die Verhandlungsmacht der Kunden.

Kontrolle für finanzielle Ressourcen

Es lässt sich argumentieren, dass die Wahrnehmung der Verhandlungsmacht von der Ressourcenlücke der Gründer abhängt, die in Form der Frequenz von Liquiditätsengpässen in der Aufbauphase operationalisiert wurde. Die Logik dahinter ist, dass je schwächer die eigene Position objektiv ist, als desto höher wird die Verhandlungsmacht des Gegenübers eingeschätzt. Zusätzlich kann argumentiert werden, dass bei höherer absoluter finanzieller Grundausstattung höhere Volumina Verhandlungsgegenstand der Verhandlungen zwischen Gründern und Lieferanten bzw. Kunden sind und dies ebenfalls die Wahrnehmung der Verhandlungsmacht beeinflusst. Wird zusätzlich für diese beiden Variablen kontrolliert, sinkt der Zusammenhang zwischen Verhandlungsmacht der Lieferanten und BSI knapp unter die Signifikanzgrenze (r=0,101(*)), während der Zusammenhang zwischen Verhandlungsmacht der Kunden und BSI weiterhin signifikant bleibt (r=0,157**).

Die zusätzliche Kontrolle für die sozialen Kompetenzen und den höchsten Bildungsabschluss, die sachlogisch ebenfalls als die Wahrnehmung der Verhandlungsmacht beeinflussend argumentiert werden können, haben ebenfalls mindernden Einfluss auf die gezeigten Zusammenhänge (r=0,089 für Verhandlungsmacht Lieferanten und r=0,150** für Verhandlungsmacht Kunden).

Nutzergruppenspezifische Betrachtung

Bei der nutzergruppenspezifischen Betrachtung lässt sich als Ergebnis festhalten, dass der Einfluss der Verhandlungsmacht der Lieferanten bei den netzwerkenden Verzögerern den einzigen signifikanten Einfluss von allen Nutzergruppen auf die BSI ausübt (r=0,239*). Auch die Tendenz der effizienten Verzögerer (r=0,224) und der Bootstrap-Skeptiker weist in diese Richtung (r=0,306). Dies ist auch nicht verwunderlich, da gerade die Antizipation niedriger negativer Auswirkungen aufgrund von geringer Verhandlungsmacht den Einsatz von Verzögerungsinstrumenten begünstigt. Der Einfluss der Verhandlungsmacht der Kunden auf die BSI ist hingegen von allen Nutzergruppen alleine bei den umsatzgetriebenen Kreativen signifikant (r=0,267*), was aufgrund ihrer vorzugsweise angewendeten Umsatzinstrumente auch zu erwarten war. Bei allen anderen Nutzergruppen weisen aufgrund der für die geringe Korrelation zu niedrigen Fallzahlen weder Verhandlungsmacht der Kunden noch der Lieferanten signifikante Zusammenhänge mit der BSI auf.

Instrumentenkategoriespezifische Betrachtung

Die instrumentenkategoriespezifische Betrachtung bestätigt diesen Eindruck, da hier vor allem die umsatzerhöhenden Instrumente eine intensivere Anwendung erlangen, je niedriger die Verhandlungsmacht der Kunden eingeschätzt wird (r=0,129*).

Zusammenfassend lässt sich festhalten, dass auf Gesamtsampleebene lediglich die Verhandlungsmacht der Kunden als Einflussfaktor auf das Bootstrap-Verhalten übrig bleibt. Sie ist vor allem für die umsatzerhöhenden Instrumente von Bedeutung. Der Einfluss der Verhandlungsmacht der Lieferanten kann für spezifische Cluster als belegt angesehen werden. Für die anderen drei Wettbewerbskräfte konnte kein Einfluss nachgewiesen werden.

HYPOTHESE 9 KANN DESHALB ALS NUR TEILWEISE BESTÄTIGT ANGESEHEN WERDEN.

3.8 Gemeinsame Betrachtung relevanter Einflussfaktoren

Im Folgenden sollen nun die als relevant identifizierten Einflussfaktoren auf die abhängige Variable, die BSI, regressiert werden, um darzustellen, wieviel Prozent der Varianz des Bootstrap-Verhaltens mit Hilfe der identifizierten Einflussfaktoren erklärt werden kann. Dies muss – unter der Annahme linearer Zusammenhänge – als Gütekriterium der Einflussfaktorenauswahl und der Konzeptualisierung und Operationalisierung der verwendeten Konstrukte angesehen werden.

Nach der Größe ihres herauspartialisierten Einflusses geordnet, ergibt sich auf Gesamtsamplebasis folgendes Bild statistisch signifikanter Einflussfaktoren:

Einflussfaktor	Partieller Korrelationskoeffizient	Hypothesennr.[515]
Frequenz von Liquiditätsengpässen	0,309**	H07
Nutzung schwacher Bindungen	0,309**	H03
Teamgröße	0,192**	H06
Diversität des sozialen Netzwerks	0,154**	H01
Verhandlungsmacht der Kunden	0,130*	H09
Wachstumspotenzial der Geschäftsvorhabens	0,110*	H08
Höhe der sozialen Kompetenzen	0,106(*)	H04

Tab. 41: Zusammenfassende Darstellung signifikanter Partialkorrelationen

Es wird zunächst das Basismodell berechnet, das die Standardkontrollvariablen als unabhängige Variablen einfließen lässt. Hierdurch werden 5,0% der Varianz an der BSI erklärt.

Model Summary

Model	R	R Square	Adjusted R Square	Std. Error of the Estimate	Change Statistics				
					R Square Change	F Change	df1	df2	Sig. F Change
1	,173[a]	,030	,027	11,92790	,030	10,730	1	346	,001
2	,236[b]	,056	,050	11,78679	,026	9,334	1	345	,002

a. Predictors: (Constant), Anzahl Monate seit Gründung

b. Predictors: (Constant), Anzahl Monate seit Gründung, Alter

Tab. 42: Ergebnis der multiplen linearen Korrelation mit Standardkontrollvariablen

Wird die BSI mit den als signifikant identifizierten Variablen schrittweise regressiert, kann festgestellt werden, dass sich der erklärte Varianzanteil auf Gesamtsamplebasis mehr als vervierfacht. Allerdings ist ein erklärter Varianzanteil von 20,3% nicht gerade als zufrieden stellend zu bewerten.

---

515 Keine Bestätigung konnte demnach für die Hypothesen 2 und 5 gefunden werden.

Model Summary

Model	R	R Square	Adjusted R Square	Std. Error of the Estimate	Change Statistics				
					R Square Change	F Change	df1	df2	Sig. F Change
1	,354[a]	,125	,122	11,35627	,125	49,153	1	344	,000
2	,409[b]	,167	,162	11,09626	,042	17,310	1	343	,000
3	,436[c]	,190	,183	10,95551	,023	9,870	1	342	,002
4	,452[d]	,204	,195	10,87861	,014	5,852	1	341	,016
5	,463[e]	,214	,203	10,82333	,010	4,493	1	340	,035

a. Predictors: (Constant), Stärke der Liquiditätsengpässe in der Aufbauphase

b. Predictors: (Constant), Stärke der Liquiditätsengpässe in der Aufbauphase, Beteiligte am Aufbau des Unternehmens in der Anlaufphase

c. Predictors: (Constant), Stärke der Liquiditätsengpässe in der Aufbauphase, Beteiligte am Aufbau des Unternehmens in der Anlaufphase, Konstrukt zur Messung der Diversität des Netzwerks

d. Predictors: (Constant), Stärke der Liquiditätsengpässe in der Aufbauphase, Beteiligte am Aufbau des Unternehmens in der Anlaufphase, Konstrukt zur Messung der Diversität des Netzwerks, Einschätzung Verhandlungsmacht Kunden

e. Predictors: (Constant), Stärke der Liquiditätsengpässe in der Aufbauphase, Beteiligte am Aufbau des Unternehmens in der Anlaufphase, Konstrukt zur Messung der Diversität des Netzwerks, Einschätzung Verhandlungsmacht Kunden, Social Skills Inventory (12 Items)

Tab. 43: Ergebnis der multiplen linearen Korrelation auf Gesamtsamplebasis

Werden lediglich die Befragungsteilnehmer in die Regression einbezogen, die mind. drei Unterstützer benannt und Angaben zu diesen gemacht haben, können der Strong-Tie-Weak-Tie-Indikator und die Überschneidungsfreiheit der erhaltenen Leistungen (als alternativer Indikator der Diversität des Unterstützernetzwerks) verwendet werden. Wiederholt man nun die schrittweise Regression, so ergibt sich ein standardisiertes R^2 von 0,330. Hierbei leisten aber weder die Teamgröße noch die Höhe der sozialen Kompetenzen noch die Verhandlungsmacht der Kunden einen signifikanten Erklärungsbeitrag. Zwar sind auch 33% noch nicht zufriedenstellend, allerdings geben die beiden Modelle vor dem Hintergrund des Grundlagencharakters dieser Arbeit einen deutlichen Hinweis darauf, welche Faktoren die Anwendung alternativer Finanzierungsinstrumente beeinflussen.

Model Summary

Model	R	R Square	Adjusted R Square	Std. Error of the Estimate	Change Statistics				
					R Square Change	F Change	df1	df2	Sig. F Change
1	,406[a]	,165	,157	12,24285	,165	21,300	1	108	,000
2	,527[b]	,278	,265	11,43486	,113	16,802	1	107	,000
3	,569[c]	,324	,305	11,11654	,046	7,215	1	106	,008
4	,596[d]	,355	,330	10,91074	,031	5,037	1	105	,027

a. Predictors: (Constant), Stärke der Liquiditätsengpässe in der Aufbauphase

b. Predictors: (Constant), Stärke der Liquiditätsengpässe in der Aufbauphase, Ratio Überschneidungsfreiheit der Leistungen

c. Predictors: (Constant), Stärke der Liquiditätsengpässe in der Aufbauphase, Ratio Überschneidungsfreiheit der Leistungen, Wachstumspotenzial (recoded)

d. Predictors: (Constant), Stärke der Liquiditätsengpässe in der Aufbauphase, Ratio Überschneidungsfreiheit der Leistungen, Wachstumspotenzial (recoded), Strong Tie Weak Tie Indikator (3 Unterstützer - recoded)

Tab. 44: Ergebnis der multiplen linearen Regression für alle Befragungsteilnehmer mit mind. drei Unterstützern im Gründungsprozess

Auf Basis der Ergebnisse muss die Validität der gebildeten Konstrukte hinterfragt werden. Gelingt es, diese zu erhöhen, könnte dies zu einer Erhöhung der Erklärungskraft der identifizierten Einflussfaktoren führen.

Neben konstruktinhärenten Schwächen der Untersuchung kann zusätzlich nach sonstigen Einflussfaktoren des Bootstrap-Verhaltens gefragt werden, die in dieser Arbeit nicht berücksichtigt wurden. Hier könnte es sich anbieten, das Humankapital der Gründer weiter auszudifferenzieren und auch verhaltenspsychologische Komponenten einzubeziehen. Zudem können die situativen Voraussetzungen zur Anwendung von Bootstrap-Instrumenten bei Gründern und potenziellen Austauschpartnern sowie die tatsächliche Ausgestaltung der Bootstrap-Instrumente berücksichtigt werden.

Die Ausführungen des Abschnitts VII.3 haben gezeigt, dass verschiedene Faktoren einen Einfluss auf die BSI in der Aufbauphase von Unternehmensgründungen besitzen. Als wichtigster Einzelfaktor wurde hier die Lücke zwischen Ressourcenbedarf und Ressourcendeckung in Form von Liquiditätsengpässen identifiziert. Je nach Modellspezifikation leisten die Diversität des Netzwerks, die Tendenz zur Nutzung schwacher Bindungen, die Größe des Teams, eine geringe Verhandlungsmacht der Kunden sowie die sozialen Kompetenzen und das wahrgenommene Wachstumspotenzial der Gründung ebenfalls positive Beiträge zur Erklärung der Nutzungsintensität des Bootstrap-Instrumentariums.

Insgesamt ist der Erklärungsbeitrag, den die identifizierten Faktoren zur Aufklärung des Bootstrap-Verhaltens leisten, aber nicht befriedigend. Durch eine verbesserte Konzeptualisierung und Operationalisierung des Bootstrap-Verhaltens selbst sowie seiner Einflussfaktoren, eine Ausdifferenzierung untersuchter Einflussfaktoren, z. B. auf verhaltenspsychologische Merkmale, sowie die Erweiterung auf prozessuale Komponenten, wie z. B. die Interaktionsprozesse bei der Anwendung von Bootstrap-Instrumenten, kann zukünftig eine Verbesserung des Erklärungsmodells gelingen.

4. Überprüfung der Hypothesen zu den Erfolgswirkungen des Bootstrap-Verhaltens

Damit die hypothetisierten Erfolgswirkungen überprüft werden können, müssen zunächst die als relevant erachteten Einflussfaktoren auf das Bootstrap-Verhalten aus dem Zusammenhang zwischen Bootstrap-Verhalten und Erfolgsvariablen herauspartialisiert werden. Dies geschieht hier durch die Berechnung der Semipartialkorrelationen zwischen den beiden interessierenden Variablen BSI und Erfolgsparameter unter Berücksichtigung der in VI.2.14 als relevant identifizierten Einflussfaktoren sowie der Standardkontrollvariablen. Würde hierauf verzichtet und würden die Einflussfaktoren auf das Bootstrap-Verhalten nicht nur dieses, sondern auch den Erfolg beeinflussen, so könnte im Ergebnis nicht ohne weiteres von einer reinen Erfolgswirkung des Bootstrap-Verhaltens ausgegangen werden. Um eine Semipartialkorrelation zu berechnen, werden die Einflussfaktoren auf die BSI regressiert. Die unstandardisierten Regressionsresiduen (also die durch die Regression nicht erklärten Anteile der BSI) werden für jeden Befragungsteilnehmer abgespeichert. Nun erfolgt eine bivariate oder bei zusätzlicher Untersuchung moderierender Variablen ggf. eine partielle Korrelation dieser Regressionsresiduen mit den interessierenden Erfolgsparametern.[516] Hierdurch ergibt sich der bereinigte Einfluss der BSI auf die betrachteten Erfolgsparameter.

Die Erfolgsparameter, zu denen Hypothesen gebildet wurden, umfassen den Aufbau von Wettbewerbsvorteilen hinsichtlich Preis, Qualität sowie Service (Flexibilität und Schnellig-

[516] Vgl. für eine Beschreibung der Semipartialanalyse Bortz (2005): a. a. O., S. 281 sowie S. 446 und S. 455 f.

keit) sowie die subjektive Erfolgswahrnehmung der Gründer bez. der Effizienz und Effektivität ihres Ressourceneinsatzes.

4.1 Erfolgswirkungen hinsichtlich Effizienz und Effektivität des Ressourceneinsatzes

Nun soll **Hypothese 10** überprüft werden. Sie vermutete, dass sich der Einsatz von Bootstrap-Instrumenten positiv auf die Effizienz und Effektivität des Ressourceneinsatzes auswirkt.

Der bereinigte Effekt der BSI auf die subjektive Erfolgswahrnehmung ist deutlich zu erkennen.

Correlations

			Unstandardized Residual (BSI gesamt gewichtet)	Summenskala subjektive Erfolgswahrnehmung
Spearman's rho	Unstandardized Residual (BSI gesamt gewichtet)	Correlation Coefficient	1,000	,442**
		Sig. (2-tailed)	.	,000
		N	346	346
	Summenskala subjektive Erfolgswahrnehmung	Correlation Coefficient	,442**	1,000
		Sig. (2-tailed)	,000	.
		N	346	348

**. Correlation is significant at the 0.01 level (2-tailed).

Tab. 45: Einfluss der BSI auf die subjektive Erfolgswahrnehmung der Gründer

DAMIT SCHEINT SICH HYPOTHESE 10 AUF GESAMTBETRACHTUNGSEBENE ZU BESTÄTIGEN.

Auf nutzergruppenspezifischer Ebene fällt auf, dass alle Gruppen außer den umsatzgetriebenen Kreativen (ρ=0,111) mit erhöhter BSI subjektiv ein höheres Maß an Effizienz und Effektivität erreichen. Die Gruppe der umsatzgetriebenen Kreativen zeichnete sich durch eines der höchsten wahrgenommenen Wachstumspotenziale aus.[517] Es scheint, als würden sie den Einsatz von Bootstrap-Instrumenten als notwendig aber nicht hinreichend für die Erreichung ihrer Wachstumsziele einschätzen. Bei dieser Gruppe stellt sich also die Frage, ob die dort vertretenen Gründer die Instrumente freiwillig anwenden oder ob sie sich aufgrund ihrer

517 Vgl. die Ausführungen zu den Clusterbeschreibungen in Abschnitt VII.1.2.

finanziellen Situation und ihren Ambitionen eher dazu genötigt sehen, ohne dass die effektive und effiziente Verwendung vorhandener Ressourcen auch in der Einschätzung des Zielerreichungsgrads der bisher erbrachten Leistungen zum Ausdruck gelangt. Auf eine instrumentenkategoriespezifische Untersuchung der Zusammenhänge wird verzichtet.

4.2 Erfolgswirkungen hinsichtlich des Aufbaus von Wettbewerbsvorteilen

Die zu überprüfende **Hypothese 11** vermutete einen positiven Einfluss der BSI auf den Aufbau von Wettbewerbsvorteilen.

Die "bereinigte" BSI zeigt auf Gesamtbetrachtungsebene lediglich bei der Erzielung von Flexibilitätsvorteilen einen statistisch signifikanten Einfluss ρ=0,108*. Der Zusammenhang zwischen BSI und Preisvorteilen zeigt mit (ρ=0,078) tendenziell auch in die vermutete Richtung, ist aber nicht statistisch signifikant. Hinsichtlich der Qualität und der Schnelligkeit sind keine Zusammenhänge erkennbar.

Wird die Stichprobe getrennt nach der benannten Wichtigkeit des Bootstrap-Instrumentariums für den Aufbau von Wettbewerbsvorteilen untersucht, ergeben sich interessante Einsichten:[518] So ergibt sich bei denjenigen, die das Bootstrap-Instrumentarium als wichtig erachtet haben, mit erhöhter BSI ein signifikant höherer Wettbewerbsvorteil hinsichtlich des Preises (ρ=0,150*), während sie hinsichtlich der Schnelligkeit eher Wettbewerbsnachteile gegenüber weniger intensiv bootstrappenden Gründern haben. Bei denjenigen, die das Bootstrap-Instrumentarium als nicht wichtig erachtet haben, ergeben sich mit einer erhöhten BSI signifikante Wettbewerbsvorteile hinsichtlich der Flexibilität (ρ=0,244*). Die wichtigste Erkenntnis hieraus lautet, dass auch Gründer, die dem Bootstrap-Instrumentarium keine Wichtigkeit für den Aufbau von Wettbewerbsvorteilen beimessen, durch ihren verstärkten Einsatz Flexibilitätsvorteile generieren können.

518 Für diese Analyse wurden diejenigen berücksichtigt, die das Bootstrap-Instrumenatrium als sehr wichtig oder wichtig bzw. als eher unwichtig oder unwichtig für den Aufbau von Wettbewerbsvorteilen bewertet haben.

Auf nutzergruppenspezifischer Betrachtungsebene zeigt sich zudem, dass sich bei den umsatzgetriebenen Kreativen die BSI negativ auf die Qualität der angebotenen Leistung (r=-0,258*), aber positiv auf den wahrgenommenen Preisvorteil (r=0,213*) auswirkt. Eine instrumentenkategoriespezifische Analyse entfällt hier ebenfalls.

Zusammenfassend lässt sich festhalten, dass eine verstärkte Anwendung von Bootstrap-Instrumenten zu Wettbewerbsvorteilen führen kann. Insbesondere hinsichtlich Preis und Flexibilität konnten signifikante Ergebnisse erzielt werden. Allerdings scheint es, als würden Gründer, die dem Bootstrap-Instrumentarium eine elementare Wichtigkeit zum Aufbau von Wettbewerbsvorteilen beimessen, eher Preis- und Gründer, die im Bootstrap-Instrumentarium keine besondere Relevanz für den Aufbau von Wettbewerbsvorteilen sehen, eher Flexibilitätsvorteile generieren. Zudem ist zu beachten, dass insbesondere bei der Gruppe derjenigen, die häufig kreative Instrumente, wie z. B. die Bewerkstelligung von Kundenaufträgen mit eigentlich nicht geeigneten Mitteln, durchführen, potenzielle Preisvorteile von Qualitätsnachteilen im Vergleich zur Konkurrenz begleitet werden.

HYPOTHESE 11 LÄSST SICH DAMIT NUR PARTIELL BESTÄTIGEN.

5. Zusammenfassung der wichtigsten empirischen Erkenntnisse

Die nachfolgende Aufstellung spiegelt die wichtigsten empirischen Erkenntnisse dieser Arbeit wider. Sie gliedern sich entlang der gestellten Forschungsfragen.

Hinsichtlich der Relevanz des Bootstrap-Instrumentariums im Kontext deutscher Unternehmensgründungen lassen sich folgende Ergebnisse festhalten:

- Die Verwendung alternativer Finanzierungsinstrumente bei deutschen Unternehmensgründungen ist weit verbreitet und wird von den Gründern mehrheitlich als wichtig zur Sicherung des Überlebens und zum Aufbau von Wettbewerbsvorteilen erachtet.

- Die Gruppe derjenigen Gründer, die die Anwendung der Instrumente als überlebenswichtig beurteilt, unterscheidet sich von denjenigen Gründern, für die die Anwendung nach eigenen Angaben keine besondere Relevanz besitzt, signifikant auf verschiedenen Dimensionen. So ist die Anwendung für solche Gründungen wichtiger für das Überleben der Unternehmensgründung, bei denen

- der Innovationsgrad des Gründungsvorhabens höher eingeschätzt wurde,
- das Wachstumspotenzial höher eingeschätzt wurde,
- Liquiditätsengpässe in der Aufbauphase häufiger vorkamen,
- ihr soziales Netzwerk eine größere Diversität aufwies sowie
- eher Zugang zu professionellen Finanzierungsinstrumenten bestand.

Die Ausgangsvermutung wird durch die Ergebnisse somit bestätigt.

Bez. der Einflussfaktoren auf das Bootstrap-Verhalten, das zum einen in der totalen Nutzungsintensität und zum anderen in den verschiedenen explorativ ermittelten Instrumentengruppen zum Ausdruck kommt, sind folgende Punkte als zentrale Ergebnisse erwähnenswert:

- Die Nutzungsintensität des Bootstrap-Instrumentariums ist weitestgehend unabhängig von den strategischen Gründungsparametern der betrachteten Gründungen.

- Die identifizierten Instrumente lassen sich auf Basis einer durchgeführten Faktorenanalyse in kreative Instrumente, Umsatzinstrumente, Effizienzinstrumente, Kooperationsinstrumente sowie Verzögerungs- und Verzichtinstrumente unterteilen. Die instrumentenkategoriespezifischen Analysen zeigen teilweise erhebliche Unterschiede im Einfluss verschiedener Variablen auf das kategoriespezifische Nutzungsverhalten. Als Beispiel sei hier der Einfluss der technologischen Ressourcenausstattung erwähnt, der lediglich bei den kooperativen Instrumenten signifikant wird.

- Es konnten auf Basis gemeinsamer Nutzungsmuster der Instrumentenkategorien empirisch fünf Nutzergruppen identifiziert werden, die sich ebenfalls hinsichtlich der Einflussfaktoren auf ihr Bootstrap-Verhalten voneinander unterscheiden. Diese Nutzergruppen lassen sich allerdings nicht einer bestimmten explorativ erhobenen Instrumentenkategorie zuordnen, sondern zeichnen sich i. d. R. durch eine Schwerpunktsetzung in zwei dieser Kategorien aus.

- Auf Gesamtbetrachtungsebene sind vor allem (1) die Lücke zwischen Finanzbedarf und gegebenen Finanzmitteln, (2) die Teamgröße, (3) die Diversität des sozialen Netzwerks,

(4) die Verhandlungsmacht der Kunden sowie (5) die Fähigkeit der Gründer zur effektiven Interaktion mit Dritten Determinanten der Anwendungsintensität von Bootstrap-Instrumenten unabhängig von ihrer wahrgenommenen Wichtigkeit für das Überleben oder den Aufbau von Wettbewerbsvorteilen.

Aufgrund des insgesamt als niedrig zu bewertenden Erklärungsbeitrags der identifizierten Determinanten ist von der Existenz weiterer Einflussfaktoren auszugehen, die v. a. in weiteren Facetten des Humankapitals der Gründer sowie den konkreten Interaktionsprozessen und Ausgestaltungsoptionen bei der Anwendung von Bootstrap-Instrumenten vermutet werden.

Die dritte Forschungsfrage beschäftigte sich mit den Erfolgswirkungen des Einsatzes von Bootstrap-Instrumenten. Auch hier lassen sich einige Erkenntnisse festhalten:

- Der Aufbau von Wettbewerbsvorteilen im Bereich der Flexibilität wird auf Gesamtbetrachtungsebene durch den Einsatz von Bootstrap-Instrumenten begünstigt.
  - Für Gründer, die dem Bootstrap-Instrumentarium eine hohe Wichtigkeit für den Aufbau von Wettbewerbsvorteilen beimessen, resultieren v. a. Preisvorteile aus einer erhöhten Anwendung.
  - Für Gründer, die dem Bootstrap-Instrumentarium keine hohe Wichtigkeit beimessen, verstärkt sich der positive Einfluss einer erhöhten BSI auf die wahrgenommenen Flexibilitätsvorteile deutlich.
  - Die Bereiche Qualität und Schnelligkeit erlangen keine statistische Signifikanz, allerdings hat die intensive Anwendung von Bootstrap-Instrumenten bei Gründern, die kreative und umsatzsteigernde Instrumente anwenden, einen signifikant negativen Effekt auf die Qualität der angebotenen Leistung.

- Die Anwendung von Bootstrap-Instrumenten erscheint erfolgsrelevant für die subjektive Einschätzung der Gründer hinsichtlich der Effizienz und Effektivität ihres Ressourceneinsatzes.
  - Dies gilt auf Gesamtbetrachtungsebene und mit der Ausnahme einer stark wachstumsorientierten Gruppe auch auf Nutzergruppenbasis. Diese Gruppe nutzt das Bootstrap-Instrumentarium mit am intensivsten. Allerdings hat es den Anschein, als genügt die Anwendung des Bootstrap-Instrumentariums nicht zur Befriedigung ihrer hohen Wachstumsambitionen.

- Die nachgewiesene Steigerung der subjektiv wahrgenommenen Effizienz- und Effektivitätssteigerung könnte darauf hindeuten, dass die befriedigende Wirkung eines effizienten und effektiven Umgangs mit vorhandenen Ressourcen ein Motiv zur Anwendung von Bootstrap-Instrumenten darstellt und somit als Determinante Eingang in die zukünftige Forschung finden sollte.

Abschließend ist festzuhalten, dass weitere empirische Überprüfungen der dargestellten Ergebnisse wünschenswert wären, um die getroffenen Aussagen abzusichern.

VIII. Diskussion und Ausblick

Ein Ziel dieses Kapitels ist es, die Implikationen dieser Arbeit für die zukünftige Forschung herauszuarbeiten. Dies geschieht durch die Diskussion verschiedener Kritikansätze an dem gewählten Vorgehen sowie durch die kritische Würdigung des potenziellen Erkenntnisbeitrags zur Bootstrap-Thematik, der dieser Arbeit attestiert werden könnte (VII.1). Ein zweites Ziel ist die Ableitung möglicherweise praxisrelevanter Empfehlungen (VII.2).

1. Kritikansätze und Implikationen für die Forschung

Die sich aus dieser Arbeit ergebenden Implikationen für die zukünftige Forschung lassen sich zum einen direkt aus der Kritik ableiten, die an dieser Arbeit geübt werden kann. Diese gliedert sich entlang des Designs der empirischen Untersuchung (VII.1.1) sowie der Auswahl, Konzeptualisierung und Operationalisierung der verwendeten Variablen (VII.1.2). Zum anderen lassen sich durch die Betrachtung des erzielten Erkenntnisgewinns, den diese Arbeit erbringt, weitere Implikationen ableiten (VII.1.3).

1.1 Das Befragungsdesign

Retrospektiv muss festgestellt werden, dass eine Aufteilung der empirischen Untersuchung in zwei separate Erhebungen den Erklärungsgehalt dieser Arbeit positiv beeinflusst hätte. So hätte zunächst eine explorative Untersuchung der Faktorenstruktur des Bootstrap-Instrumentariums stattfinden müssen, die Hinweise auf die tatsächlichen Einflussfaktoren des Bootstrap-Verhaltens gegeben hätte. Denn die Gruppierung des Instrumentariums in kreative, Umsatz-, Verzögerungs- und Verzicht-, Kooperations- sowie Effizienzinstrumente entlang ihrer gemeinsamen Anwendung lässt Rückschlüsse auf verschiedene Einflussfaktoren des Bootstrap-Verhaltens zu, die in dieser Arbeit keine Berücksichtigung gefunden haben: Während bei kreativen Instrumenten wahrscheinlich die Kreativität der Gründer eine wesentliche Rolle spielt, werden Kooperationsinstrumente vermutlich durch die Kooperationsbereitschaft der Gründer, das Kooperationspotenzial ihres Geschäftsvorhabens und weitere kooperationsfördernde Rahmenbedingungen beeinflusst. Ebenso hätten sich für die anderen explorativ ermittelten Instrumente weitere Einflussfaktoren ableiten lassen. Erst in einem zweiten Schritt hätte dann die Befragung der Gründer nach diesen derart ermittelten Einflussfaktoren stattfinden sollen. Dass dies in dieser Arbeit nicht getan wurde, ist hauptsächlich mit der Tatsache zu begründen, dass die Gelegenheit des empirischen Zugangs zu dieser ansonsten nur schwer zugänglichen Zielgruppe nur in einem engen Zeitfenster bestanden hat und der beschriebene zweistufige Versuchsaufbau zu erheblich geringeren Rücklaufquoten geführt hätte. Für die weitere Forschung ergibt sich hieraus die Implikation, die hier identifizierten Instrumentenkategorien zu übernehmen, sie zu reliableren und valideren Subskalen auszubauen und sich ihrer jeweiligen Treiber anzunehmen. Unter Umständen kann auch die Identifizierung weiterer nicht einbezogener Instrumentenkategorien erfolgen.

Das Design der empirischen Untersuchung kann zudem insofern kritisiert werden, als dass bei Teamgründungen jeweils nur ein Mitglied des Gründerteams befragt wurde. Einige Autoren drücken explizit ihre Besorgnis darüber aus, dass zur Analyse organisationstheoretischer Zusammenhänge nur die Sicht eines Akteurs abgefragt wird.[519] GRIFFIN (1993) erachtet dieses Vorgehen dennoch als robust: Abweichungen zu Gruppenbefragungen betragen bei den Antworten Einzelner lediglich 5 bis 10%.[520] Dieser Position wird sich angeschlossen. Es ist dennoch ratsam, in zukünftigen Untersuchungen zumindest stichprobenartig Antworten mehrerer Teammitglieder auszuwerten, um die Reliabilität der subjektiven Einschätzungen einer Befragungsperson im Teamgründungskontext zu überprüfen.

Ferner kann die Repräsentativität der Befragungsteilnehmer in Frage gestellt werden. So ist eine Auswahl, die zu mehr als der Hälfte aus Teilnehmern an Businessplanwettbewerben besteht, insofern kritisch, als dass die Befragten durch die reine Teilnahme ihre Neigung zur Nutzung kostenlos angebotener Leistungen anzeigen. Allerdings wurden in einem Vergleich der beiden Stichproben keine signifikanten Unterschiede in der Nutzung von Bootstrap-Instrumenten festgestellt.

---

519 Vgl. z. B. Lynn W. Phillips (1981): Assessing Measurement Error in Key Information Responses: A Methodological Note on Organizational Analysis in Marketing. In: *Journal of Marketing Research, Vol. 18(4)*, S. 395 ff.

520 Vgl. Abbie Griffin (1993): Metrics for Measuring Product Development Cycle Time. In: *Journal of Product Innovation Management, Vol. 10(2)*, S. 120.

1.2 Auswahl, Konzeptualisierung und Operationalisierung der verwendeten Variablen

1.2.1 Die Konzeptualisierung und Operationalisierung der Aufbauphase

Ausgehend von der Überlegung, dass Unternehmensgründungen sich nur bis zu einem gewissen Entwicklungsstand von etablierten Konkurrenten unterscheiden und diese Unterschiede überhaupt erst eine Fokussierung auf Unternehmensgründungen als wissenschaftliche Untersuchungsobjekte rechtfertigen, wurde die *Aufbauphase* einer Unternehmensgründung eingeführt. Sie dauert von dem Gründungszeitpunkt, der als "point of no return" hinsichtlich der Gründungsentscheidung interpretiert wurde, bis zu dem Zeitpunkt, an dem ein Unternehmen angemessen handlungsfähig ist. Die angemessene Handlungsfähigkeit drückt sich im vorliegenden Verständnis durch die Gleichstellung gegenüber etablierten Konkurrenten hinsichtlich ihrer Möglichkeiten des marktlichen Austauschs von Ressourcen aus. Die Dauer der Aufbauphase unterscheidet sich daher intersubjektiv, was zu Verzerrungen bei der Abfrage der Nutzungsintensitäten von Bootstrap-Instrumenten in dieser Phase führen kann. Die Analyse des verwendeten Datensatzes zeigt zudem, dass die angegebene Dauer der Aufbauphase signifikant mit dem Alter der Unternehmensgründung korreliert. Dies ist ein Indiz dafür, dass die Operationalisierung der Aufbauphase nicht den strengen Anforderungen an intersubjektive und intertemporale Vergleichbarkeit genügt. Zudem wurde die Dauer der Aufbauphase lediglich über eine einzelne Frage (Single Item) abgefragt. Dies verstärkt ihre Instabilität. Um zu bestimmen, ob eine Unternehmung die Aufbauphase bereits verlassen hat, sollte dies zukünftig entlang eines zu entwickelnden komplexen Konstrukts erfolgen, das bestimmte konstitutive Aktivitäten der folgenden Entwicklungsphase aufnimmt. Mögliche Beispiele für solche Aktivitäten, die als Indikatoren Eingang in ein zu entwickelndes Konstrukt finden könnten, sind die weitestgehende Delegation operativer Tätigkeiten an Mitarbeiter, die Dokumentation von Standardprozessen und -abläufen, die Spezifizität der Arbeitsplatzbeschreibung angestellter Mitarbeiter und insbesondere die standardmäßige Abwicklung von Ressourcenakquisitionen über Marktmechanismen.

1.2.2 Die Konzeptualisierung und Operationalisierung der Bootstrap-Instrumente

Bei der Konzeptualisierung der BSI wurde auf die Aufnahme von Instrumenten verzichtet, die rein finanzmittelerhöhende Wirkung aufweisen und von denen angenommen werden kann, dass sie keinen Einfluss auf die Wertschöpfungsaktivitäten, die Qualität zur Verfügung stehender Inputfaktoren, die Etablierung operativer Routinen oder die Beziehungsqualität zu

Kunden oder Lieferanten aufweisen. Diese Instrumente umfassen die Ausnutzung persönlicher finanzieller Mittel der Gründer auf Basis ihres monetären oder beleihbaren Besitzes, die Aufnahme von Kapital durch Freunde und Verwandte sowie den Erhalt von öffentlichen Beihilfen oder Fördermitteln. Obwohl diese Instrumente häufig im Zusammenhang mit Bootstrap-Instrumenten i. e. S. genannt werden, wurden sie in dieser Arbeit aus dem vorab erwähnten Grund ausgeklammert. An dieser Stelle sei erwähnt, dass diese Instrumente im Rahmen der Abfrage relevanter Finanzierungsquellen zwar erhoben wurden, ihre explorative Einbeziehung in die durchgeführte Faktoranalyse allerdings keinen Zusammenhang zwischen ihrer Anwendung und den anderen einbezogenen Instrumenten vermuten lässt. Insofern kann ihr Ausschluss nicht nur sachlogisch, sondern auch faktoranalytisch begründet werden. Die zukünftige Forschung könnte sich dieser Logik anschließen.

Die Operationalisierung der Bootstrap-Instrumente kann insofern kritisiert werden, als dass eine trennscharfe Kategorisierung in interne und externe Instrumente bzw. strategische und nicht-strategische Instrumente nicht stringent aufgebaut wurde und auch durch das empirisch beobachtete Nutzungsverhalten faktoranalytisch nicht bestätigt werden konnte. Zwar wiesen alle Teilintensitäten der vorab-kategorisierten Instrumente hinreichend gute Reliabilitätsmaße auf, Konstruktvalidität konnte allerdings faktoranalytisch nicht festgestellt werden. Die Kritik ist eng verknüpft mit den Ausführungen zum optimalen Befragungsdesign aus retrospektiver Sicht. Hauptmotivation dieser kritikfähigen Operationalisierung war das sektorübergreifende Forschungsdesign und der begrenzte Umfang der Umfrage. Hierdurch wurden die verwendeten Bootstrap-Instrumente inhaltlich zusammengefasst und begrifflich verallgemeinert, um zu einer für alle Befragungsteilnehmer relevanten und umfragetechnisch vertretbaren Anzahl abzufragender Instrumente zu gelangen. Dies führt zwangsläufig zu höheren Interpretationsspielräumen für die befragten Gründer und erschwert somit die Identifikation tatsächlich zusammengehörender Instrumente. Aus Praktikabilitätsgesichtspunkten und vor dem Hintergrund des bislang wenig erforschten Themenbereichs wurde dieses Vorgehen allerdings als angemessen erachtet. Es ist zu empfehlen, in zukünftigen Studien die auf Basis dieser Untersuchung identifizierten Instrumentengruppen für bestimmte Sektoren zu detaillieren. Dies sollte die Reliabilität und die Validität des Bootstrap-Verhaltens auch auf Subskalenebene entscheidend erhöhen, so dass zukünftige Studien die hier teilweise erhärteten Hypothesen einer erneuten Überprüfung unterziehen können.

1.2.3 Die Vorauswahl der untersuchten Einflussfaktoren

Jede empirische Untersuchung muss sich an dem nachweisbaren Erklärungsgehalt der aufgrund theoretischer oder sachlogischer Überlegungen berücksichtigten Einflussfaktoren auf das untersuchte Phänomen (in diesem Fall das Bootstrap-Verhalten neu gegründeter Unternehmen) messen lassen. Der durch die betrachteten Einflussfaktoren erklärte Anteil der Varianz an der BSI deutet darauf hin, dass es einerseits einer detaillierteren Konzeptualisierung der einbezogenen Einflussfaktoren bedarf. So könnten neben den verwendeten Humankapitalindikatoren auch die Kreativität und Überzeugungskraft der Gründer als multifaktorielle Konstrukte einbezogen werden. Andererseits kann vermutet werden, dass es neben den gewählten Einflussfaktoren (Ressourcen und Fähigkeiten der Gründer sowie gründungsstrategischen Parametern und Umweltbedingungen der Gründung) weitere Faktoren gibt, deren Einbeziehung ein besseres Verständnis des Bootstrap-Verhaltens erlaubt. Auf Basis der faktoranalytischen Zusammenfassung der Instrumente sowie des nachgewiesenen Zusammenhangs zwischen BSI und subjektiver Erfolgswahrnehmung im Bereich der Effizienz des Ressourceneinsatzes ist zu vermuten, dass im Bereich verhaltenspsychologischer Ansätze erfolgversprechende Hinweise zur besseren Erklärung des Bootstrap-Verhaltens zu finden sind. Diese sollten in zukünftigen Arbeiten stärker berücksichtigt werden.[521] Schließlich können entscheidende Hinweise, die zu einem verbesserten Erklärungsmodell des Bootstrap-Verhaltens führen, auch in den konkreten Interaktionsprozessen zwischen Gründern und Bereitstellern von bootstrap-relevanten Informationen und Ressourcen begründet liegen, die in dieser Arbeit ausgeblendet wurden.

1.2.3.1 Konzeptualisierung und Operationalisierung des sozialen Kapitals

Das soziale Kapital der Gründer wurde ego-zentriert abgefragt. Aufgrund der unerwartet niedrigen Anzahl tatsächlicher Unterstützer konnten die Indikatoren der eigenen sozialen Stellung innerhalb des Netzwerks sowie die Tendenz zur Nutzung eher starker bzw. schwacher Bindungen nicht für alle Befragungsteilnehmer in die Analyse einbezogen werden. Dies stellt einen erheblichen Nachteil für die Aussagekraft des Gesamtmodells dar.

---

521 Auch Rauch und Frese (2007) sprechen sich trotz der Vernachlässigung der jüngeren Gründungsforschung gegen die Einbeziehung von Persönlichkeitsmerkmalen für eine Rückbesinnung auf diese Ansätze aus. Vgl. Andreas Rauch und Michael Frese (2007): Let's Put the Person Back into Entrepreneurship Research: A Meta-Analysis on the Relationship between Business Owners' Personality Traits, Business Creation, and Success. In: *European Journal of Work & Organizational Psychology, Vol. 16(4)*, S. 353 ff.

Zudem ist es für die Gewährleistung der Zuverlässigkeit und Gültigkeit der Analyse sozialer Netzwerke von besonderer Relevanz, dass die angegebenen Beziehungen zu anderen Netzwerkakteuren der Wirklichkeit entsprechen. Dies ist vor allem bei der verwendeten Methode der egozentrierten Abfrage äußerst wichtig, da hier die relevanten Daten nur von einer Person erhoben werden. Die Gültigkeit der Aussagen von Informanten wurde in einer Untersuchung von BERNARD ET AL. (1985) analysiert.[522] Für diese Untersuchung wurden verschiedene Gruppen (u. a. Studenten und Manager) hinsichtlich ihrer Interaktionen nicht nur befragt, sondern auch beobachtet. Es stellte sich heraus, dass nur bei der Hälfte der Befragten die Angaben in Bezug zur beobachteten Wirklichkeit übereinstimmten. Die Zuverlässigkeit der Netzwerkanalyse kann u. a. durch Kontrollbefragungen der Alteri plausibilisiert werden. Beispielsweise können stichprobenartig die von Ego genannten Personen nach ihren Beziehungen zu anderen Alteri und der Beziehung zu Ego befragt werden. Hierbei ist es allerdings problematisch, dass man als Hinweis für die Zuverlässigkeit annimmt, dass die Angaben von Ego und Alter übereinstimmen. Das muss aber nicht der Fall sein. Damit stellt sich die Frage, ob tatsächliche soziale Beziehungen gemessen werden sollen oder subjektiv eingebildete soziale Beziehungen.[523] Dieses Vorgehen hätte zu prohibitiv hohen Kosten geführt. Zukünftige Studien sollten, soweit möglich, Gesamt- bzw. Teilnetzwerkdaten verwenden, um das relevante individuelle soziale Kapital von Gründern zu messen. Dies ist z. B. durch die immer größer werdende Verbreitung von internetbasierten sozialen Netzwerken möglich, die als Sekundärquelle herangezogen werden könnten. Hier bestehen allerdings neben der Problematik des Zugangs zu diesen Daten vor allem Herausforderungen hinsichtlich der Analysekomplexität.

1.2.3.2 Konzeptualisierung und Operationalisierung der sozialen Kompetenzen

Die sozialen Kompetenzen wurden mit einer Kurzversion von Riggio's SSI erhoben. Wie gezeigt, ist dieses Instrument nur sehr bedingt geeignet, die Fähigkeit der effektiven Interaktion von Gründern mit für ihr Geschäftsvorhaben relevanten Dritten zu messen. In Ermangelung besserer Alternativen und unter Abwägung forschungsökonomischer Überlegungen wurde dieses Instrument trotzdem verwendet. Die Extremwertbetrachtung der

[522] Vgl. H. Russel Bernhard et al. (1985): On the Validity of Retreospective Data: The Problem of Informance Accuracy. In: *Annual Review of Anthropology, Vol. 13* , S. 495 ff.

[523] Vgl. Jansen (1999): a. a. O., S. 79.

Ausprägungen des SSI in Bezug auf den hypothetisierten Einfluss der sozialen Kompetenzen auf das Bootstrap-Verhalten zeigt, dass diese grundsätzlichen sozialen Fähigkeiten eine wichtige Determinante des Bootstrap-Verhaltens darstellen. Zukünftig sollten zur Messung der sozialen Basisfähigkeiten Instrumente entwickelt und verwendet werden, deren Indikatoren einen stärkeren Kontextbezug zu den Handlungen der Gründer aufweisen, die sie in Verfolgung ihres Geschäftsvorhabens ausüben.

Ein weiterer möglicher Kritikpunkt ist die hohe Gewichtung der Abfrage der sozialen Kompetenzen im Vergleich zum Gesamtumfang der Befragung. Dies bedingte die Abfrage anderer Variablen durch Single Items und verhinderte so z. B. die Aufstellung eines gesamthaften linearen Strukturgleichungsmodells zur Überprüfung des nomologischen Netzwerks. Da soziale Kompetenzen einen weiten Bereich menschlichen Verhaltens widerspiegeln und dementsprechend in ihrer Anlage multidimensional und sehr komplex sind, wurde statt auf die einschlägige BWL Literatur, auf validierte Selbsteinschätzungstests anerkannter Psychologen zurückgegriffen. Dass sich diese Wahl als ungünstig herausstellen sollte, war im Vorfeld nicht abzusehen. Zudem konnte aufgrund der gesichteten Literatur von einem hohen Einfluss der sozialen Kompetenzen auf die BSI ausgegangen werden. Dass sich auch dies nur bedingt bestätigt hat, relativiert die Aussagekraft dieser Arbeit.

Schließlich kann kritisiert werden, dass die interessierenden sozialen Fähigkeiten zum Befragungszeitpunkt erhoben wurden. Dies impliziert mögliche Verzerrungen aufgrund von Lerneffekten der Gründer. Zwar wurde davon ausgegangen, dass soziale Fähigkeiten im Erwachsenenalter ohne entsprechendes professionelles Training nur schwer erlernbar sind. Trotzdem ist dieser potenzielle Verzerrungseffekt eine Schwäche des Forschungsdesigns. Allerdings ist die beschriebene Problematik bei der Durchführung von Querschnittsstudien nicht zu verhindern. Aus diesem Grund wäre es wünschenswert, wenn bei zukünftigen Studien longitudinale Forschungsmethoden zum Einsatz kämen.

1.3 Einordnung der Erkenntnisse dieser Arbeit

Trotz der aufgezeigten Limitationen erweitert diese Arbeit das Verständnis über die Herangehensweise von Unternehmensgründungen an die Finanzierungsaufgabe. Die entwickelte Typologisierung des Finanzierungsinstrumentariums, in der die behandelten Bootstrap-

Instrumente erstmals eine trennscharfe Abgrenzung gegenüber traditionellen und professionellen Finanzierungsinstrumenten erfahren, sowie die auf Basis der Typologisierung vorgestellte Definition des Bootstrap-Begriffs, die eine stringente Einbeziehung bislang umstrittener Instrumente sowie eine Abgrenzung gegenüber verwandten Konzepten ermöglicht, werfen ein neues Licht auf das bisher eher wenig differenziert behandelte Bootstrap-Instrumentarium. Die gewählte Herangehensweise, in der Zugangs- und Anreizbeschränkungen als Determinanten der tatsächlichen Nutzung der behandelten Instrumente konzeptualisiert wurden, könnte sich auch bei der Untersuchung weiterer Einflussfaktoren als zweckdienlich erweisen. Zudem wurde in dieser Arbeit zum ersten Mal der empirische Versuch unternommen, ein möglichst umfassendes Spektrum an potenziellen Einflussfaktoren zu testen, und für potenzielle Wechselwirkungen untereinander zu kontrollieren. Zukünftige Arbeiten sollten die gewonnen Erkenntnisse nutzen, um die als relevant identifizierten Faktoren zu reliablen und validen Konstrukten auszubauen, sektorspezifisch anzuwenden und einer Überprüfung ihrer Belastbarkeit zu unterziehen.

Die Faktorisierung des Bootstrap-Instrumentariums, die eine vorläufige Kategorisierung der Instrumente ermöglicht, deckt zudem Gemeinsamkeiten mit bisherigen internationalen Studien auf: So kann auf Basis eines Vergleichs der Ergebnisse mit denen von WINBORG UND LANDSTRÖM (2001) und EBBEN UND JOHNSON (2006) davon ausgegangen werden, dass es sich bei den Kooperationsinstrumenten und den Verzögerungsinstrumenten, die in dieser Arbeit um Verzichtinstrumente erweitert wurden, um zwei distinkte Dimensionen des Bootstrap-Verhaltens handelt.

2. Implikationen für die Praxis

Eine wichtige Erkenntnis dieser Arbeit ist die Tatsache, dass die Anwendung von Bootstrap-Instrumenten mehrheitlich als überlebenswichtig für neu gegründete Unternehmen angesehen wird. Diese Aussage gilt unabhängig von Sektor und Art der angebotenen Leistungen. Insbesondere Gründungen mit hohem Innovationsgrad und Wachstumspotenzial sowie solche mit Zugang zu professionellen Finanzierungsinstrumenten schätzen die Bootstrap-Instrumente als wichtig für die Sicherung des Überlebens in der Aufbauphase ein.

Eine zweite Erkenntnis dieser Arbeit ist der Umstand, dass die BSI mit der Frequenz ansteigt, in der sich eine Unternehmensgründung mit Liquiditätsengpässen konfrontiert sieht. Dies gilt unabhängig von ihrer absoluten Finanzmittelausstattung. Liquiditätsengpässe können als Krisensituationen neu gegründeter Unternehmen charakterisiert werden, die die volle Konzentration der Gründer auf das Überleben der Gründung bedingen.

Aus diesen beiden Erkenntnissen lässt sich ableiten, dass potenzielle Gründer sich frühzeitig mit den grundsätzlich zur Verfügung stehenden Instrumenten auseinandersetzen und beurteilen sollten, inwiefern eine Anwendung für sie in Betracht kommt. Die strukturierte Analyse grundsätzlich in Frage kommender Instrumente kann entlang des vorgestellten Stakeholder Modells erfolgen.

Die Diversität des sozialen Netzwerks und die Nutzung schwacher Bindungen konnten zumindest im überprüfbaren Subsample als signifikante Einflussgrößen auf die BSI identifiziert werden. Dies legt nahe, dass potenzielle Gründer vor ihrer Gründungsentscheidung eine detaillierte Bestandsaufnahme des ihnen zur Verfügung stehenden Netzwerks durchführen sollten. Werden die Erfolgswirkungen und die besondere Relevanz gesteigerter BSI in Krisensituationen berücksichtigt, könnte sogar argumentiert werden, dass diese Bestandsaufnahme Bestandteil eines überzeugenden Businessplans sein sollte.

Die durchgeführte Analyse des Einflusses der sozialen Kompetenzen auf das Bootstrap-Verhalten ergibt zumindest in der Extremwertbetrachtung, dass mit der Fähigkeit zur effektiven Interaktion mit Dritten auch die wahrgenommenen Möglichkeiten zur Anwendung alternativer Finanzierungsinstrumente ansteigen. Gründer sollten daher die Entwicklung dieser Fähigkeiten nicht außer Acht lassen. Für Institutionen, die sich der Gründerunterstützung verschrieben haben, besteht im Angebot von Trainingsmodulen zur Steigerung der sozialen Kompetenzen eine Möglichkeit zur weiteren Verbesserung ihres Unterstützungsangebots.

Die Tatsache, dass mit der Anzahl von Gründungsbeteiligten auch die BSI ansteigt, lässt vermuten, dass Einzelgründer hinsichtlich der Identifizierung und Plausibilisierung möglicher Bootstrap-Instrumente gegenüber Teamgründungen benachteiligt sind. Einzelgründer mit Anwendungsintention sollten daher den Ideenaustausch mit dem *Geschäftsvorhaben* und *ihnen* vertrauten Personen suchen.

Gründer, die bereits vor der Gründung von der Notwendigkeit der Anwendung alternativer Finanzierungsinstrumente überzeugt sind, sollten sich nach Möglichkeit Märkte suchen, in denen die Verhandlungsmacht der Kunden gering ausfällt, da mit abnehmender Verhandlungsmacht der Kunden auch die BSI im betrachteten Sample ansteigt. Diese Märkte befinden sich tendenziell in ihrer Entstehungsphase, in der sich noch keine Erwartungsstandards an die angebotene Leistung herausgebildet haben.

Eine weitere fundamentale Erkenntnis dieser Arbeit besteht in dem nachgewiesenen Zusammenhang zwischen Anwendungsintensität von Bootstrap-Instrumenten und subjektiver Erfolgswahrnehmung der Gründer: Die Anwendung des Bootstrap-Instrumentariums führt – zumindest subjektiv – zu einer gesteigerten Effizienz und Effektivität des Ressourceneinsatzes. Dies sollten alle Gründer berücksichtigen, also auch die, die derzeit das Bootstrap-Instrumentarium noch nicht ihren Möglichkeiten entsprechend nutzen. Da es den Anschein hat, als ob das Bootstrap-Verhalten auch eine Aussage über die Leistungsmotivation der Gründer zulässt, könnten Investoren – bei Validierung dieses Zusammenhangs durch zukünftige Studien – Informationsasymmetrien gegenüber potenziellen Investitionsobjekten abbauen, indem sie vor einer Finanzierungszusage Informationen über das bisherige Anwendungsspektrum des hier behandelten Instrumentariums einholen.

Schließlich konnte auch ein Einfluss der Anwendungsintensität von Bootstrap-Instrumenten auf wahrgenommene Preis- und Flexibilitätsvorteile nachgewiesen werden. Insbesondere Flexibilitätsvorteile sollten in Situationen, in denen die verfolgte Strategie und das erfolgversprechende Design der angebotenen Leistung noch nicht feststehen, für Unternehmensgründungen von besonderer Relevanz sein. Bei der Absicht, mit der Ausnutzung des Bootstrap-Instrumentariums Preisvorteile zu erzielen, sollten Gründer aufgrund der gewonnenen Erkenntnisse besonderes Augenmerk auf die Qualität der angebotenen Leistung legen, da mit der intensiven Anwendung des Bootstrap-Instrumentariums z. T. Qualitätsnachteile verbunden sind.

IX. Anhang

1. Bootstrap-Instrumente

1.1 Quellenangaben zu einzelnen Bootstrap-Instrumenten

Gründerspezifische Instrumente

Nr.	Nennung im Originaltext	Übersetzung	Autoren	i. e. S.
1	Use personal credit cards	Verwendung persönlicher Kreditkarten	Carter et al (2003), S. 16 Ebben/Johnson (2006), S. 9 Freear et al (1995), S. 397 Harrison et al. (2004), S. 333 Neeley (2003), S. 38 van Auken (2004), S. 153 van Auken (2005), S. 95 Winborg/Landström (1997), S. 478	Nein
2	Use Income from Outside Employment or supplementary services	Erhöhung des Zahlungseingangs durch abhängige Beschäftigung oder Nebenleistungen	Ebben/Johnson (2006), S. 9 Neeley (2003), S. 38 Sherman (2005), S. 83 Thorne (1989), S. 8 (A) van Auken (2004), S. 153 Winborg/Landström (1997), S. 478	Ja
3	Withhold Manager Salary if Necessary	Einbehaltung des Geschäftsführergehaltes	Ebben/Johnson (2006), S. 9 Freear et al (1995), S. 397 Harrison et al. (2004), S. 333 Neeley (2003), S. 38 van Auken (2004), S. 153 Winborg/Landström (1997), S. 478	Nein
4	Run Business strictly from Home	Ausübung der selbständigen Tätigkeit von zu Hause aus	Ebben/Johnson (2006), S. 9 (*) Freear et al (1995), S. 397 Harrison et al. (2004), S. 333 Neeley (2003), S. 38 van Auken (2004), S. 153	Ja
5	Use personal savings	Verwendung persönlicher Ersparnisse	Carter et al (2003), S. 16 Freear et al (1995), S. 397 Harrison et al. (2004), S. 333	Nein
6	Use of home equity loans	Verwendung von Hypotheken auf das Wohneigentum	Freear et al (1995), S. 397 Harrison et al. (2004), S. 333 van Auken (2005), S. 95	Nein
7	Use of loans from life insurance	Beleihung privater Lebensversicherungen	Freear et al (1995), S. 397 Harrison et al. (2004), S. 333 van Auken (2005), S. 95	Nein
8	Use routines to minimize investment/stock	Verzicht auf Lagerbestände	Neeley (2003), S. 38 van Auken (2004), S. 153 Winborg/Landström (1997), S. 478	Ja
9	Develop products at nights and weekends	Entwicklung von Produkten oder Dienstleistungen nachts oder am Wochenende	Freear et al (1995), S: 396 Harrison et al. (2004), S. 333	Ja
10	Reduce own compensation	Verringerte Kompensation	Freear et al (1995), S. 397 Harrison et al. (2004), S. 333	Nein
11	Sell personal assets	Verkauf persönlicher Vermögensgüter	Neeley (2003), S. 37	Nein

Tab. 46: Gründerspezifische Bootstrap-Instrumente mit Quellenverweisen

Instrumente durch Nutzung Familie und Freunde

Nr.	Nennung im Originaltext	Übersetzung	Autoren	i. e. S.
12	Employ relatives or friends at low salary	Beschäftigung von Familienmitgliedern oder Freunden zu geringem Lohn	Ebben/Johnson (2006), S. 9 (*) Neeley (2003), S. 38 Thorne (1989), S. 8 (A) van Auken (2004), S. 153 Winborg/Landström (1997), S. 478	Ja
13	Receive advise from friends/relatives	Erhalt von Beratungsleistungen durch Familie oder Freunde	-	Ja
14	Obtain (interest-free) loans from relatives/friends	Erhalt von (zinslosen) Darlehen von Familie oder Freunden	Carter et al (2003), S. 16 Ebben/Johnson (2006), S. 9 Neeley (2003), S. 38 van Auken (2004), S. 153 Winborg/Landström (1997), S. 478	Nein
15	Receive gifts from relatives	Erhalt von Geschenken von Familie oder Freunden	Harrison et al. (2004), S. 333 Freear et al (1995), S. 397	Nein
16	Use unpaid family member working as an assistant	Einstellung eines Familienmitglieds als persönlicher Assistent	Freear et al (1995), S. 396 Harrison et al. (2004), S. 333	Ja

Tab. 47: Instrumente durch Familie und Freunde mit Quellenverweisen

Mitarbeiterspezifische Instrumente

Nr.	Nennung im Originaltext	Übersetzung	Autoren	i. e. S.
17	Hire Temporaries	Bevorzugte Einstellung von Praktikanten oder Freiberuflern statt Festangestellten	Ebben/Johnson (2006), S. 9 Neeley (2003), S. 38 Thorne (1989), S. 8 (A) van Auken (2004), S. 153 Winborg/Landström (2001), S. 244	Ja
18	Delay payments to employees	Verzögerung der Auszahlungen an Mitarbeiter	Freear et al. (1995), S. 397 Neeley (2003), S. 38 van Auken (2004), S. 153	Ja
19	Issue stock options for employees	Ausgabe von Anteilsoptionen	Thorne (1989), S. 8 (A)	Ja

Tab. 48: Mitarbeiterspezifische Instrumente mit Quellenverweisen

Kundenspezifische Instrumente

Nr.	Nennung im Originaltext	Übersetzung	Autoren	i. e. S.
20	Choose customers who pay quickly	Auswahl schnell zahlender Kunden	Ebben/Johnson (2006), S. 9 Neeley (2003), S. 38 Thorne (1989), S. 8 (A) van Auken (2004), S. 153 Winborg/Landström (1997), S. 478	Ja
21	Cease Business with Late Paying Customers	Ausschluss säumiger Kunden	Ebben/Johnson (2006), S. 9 Neeley (2003), S. 38 van Auken (2004), S. 153 Winborg/Landström (1997), S. 478	Ja
22	Charge interest on overdue accounts	Berechnung Mahngebühren	Ebben/Johnson (2006), S. 9 Neeley (2003), S. 38 van Auken (2004), S. 153 Winborg/Landström (1997), S. 478	Ja

23	Offer Customer Discount for Cash	Angebot von Rabatten für Sofortzahler	Ebben/Johnson (2006), S. 9 Neeley (2003), S. 38 van Auken (2004), S. 153 Winborg/Landström (1997), S. 478	Ja
24	Obtain Advance Customer Payments	Erhalt von Kundenanzahlungen	Ebben/Johnson (2006), S. 9 Harrison et al. (2004), S. 333 Thorne (1989), S. 8 (A) van Auken (2004), S. 153 Winborg/Landström (2001), S. 244	Ja
25	Speed up Invoicing	Beschleunigung Rechnungsausgang	Ebben/Johnson (2006), S. 9 Neeley (2003), S. 38 van Auken (2004), S. 153 Winborg/Landström (1997), S. 478	Ja
26	Receive customer funded R&D	Erhalt von kundenfinanzierter Forschung und Entwicklung	Freear et al (1995) Harrison et al. (2004), S. 333 Neeley (2003), S. 38 Thorne (1989), S. 8 (A)	Ja
27	Offer Same Conditions to All Customers	Angebot gleicher Konditionen für alle Kunden	van Auken (2004), S. 153 Winborg/Landström (1997), S. 478	Nein
28	Turn a consulting project into a commercial product	Verwandlung eines Beratungsprojekts in ein Serienprodukt	Freear et al (1995), S. 396 Harrison et al. (2004), S. 333 Thorne (1989), S. 8 (A)	Ja
29	Receive pre-paid licenses, royalties or advances from customers	Erhalt von Lizenzgebühren, Tantiemen oder Kundenanzahlungen	Freear et al (1995), S. 396 Harrison et al. (2004), S. 333	Ja
30	Be included in Clients Promotional Materials	Kostenloser Werbeauftritt in Werbematerialien von Kunden	Neeley (2003), S. 38	Ja
31	Use Referral advertisement	Verwendung von Empfehlungsmarketing	Sherman (2005), S. 83	Ja

Tab. 49: Kundenspezifische Instrumente mit Quellenverweisen

(Halb)öffentliche Institutionen

Nr.	Nennung im Originaltext	Übersetzung	Autoren	i. e. S.
32	Delay tax payments	Verzögerung von Steuerzahlungen und sonstigen Abgaben	Harrison et al. (2004), S. 333 van Auken (2004), S. 153 Winborg/Landström (1997), S. 478	Ja
33	Receive public funding (Subsidies)	Erhalt öffentlicher Fördergelder	Freear et al. (1995), S. 397 Neeley (2003), S. 38 Thorne (1989), S. 8 (A) Winborg/Landström (1997), S. 478	Nein
34	Commercialize university based research	Kommerzialisierung von universitären Forschungsleistungen	Freear et al (1995), S. 396 Harrison et al. (2004), S. 333 Thorne (1989), S. 8 (A)	Ja
35	Receive Loan Guarantee Scheme loan guarantees	Erhalt von öffentlichen Kreditgarantien	Freear et al. (1995), S. 398 Harrison et al. (2004), S. 333	Nein
36	Receive research grants	Erhalt von Forschungsgeldern	Freear et al (1995), S. 396 Harrison et al. (2004), S. 333	Nein

Tab. 50: (Halb)öffentliche Instrumente mit Quellenverweisen

Instrumente zur Anwendung bei nicht assoziierten Unternehmen

Nr.	Nennung im Originaltext	Übersetzung	Autoren	i. e. S.
37	Factor accounts receivable	Fakturierung offener Forderungen	Carter et al (2003), S. 16 Ebben/Johnson (2006), S. 9 (*) Neeley (2003), S. 38 van Auken (2004), S. 153 van Auken (2005), S. 95 Winborg/Landström (1997), S. 478 Winborg/Landström (2001)	Nein
38	Coordinate purchases with other businesses	Gemeinsamer Wareneinkauf mit anderen Unternehmen	Ebben/Johnson (2006), S. 9 (*) Neeley (2003), S. 38 van Auken (2004), S. 153 Winborg/Landström (1997), S. 478	Ja
39	Share Equipment with Other Businesses	Gemeinsame Verwendung von Geräten oder Maschinen mit anderen Unternehmen	Ebben/Johnson (2006), S. 9 Neeley (2003), S. 38 Winborg/Landström (1997), S. 478	Ja
40	Share Office Space	Gemeinsame Nutzung von Büroräumen oder sonstiger Infrastruktur	Ebben/Johnson (2006), S. 9 Neeley (2003), S. 38 van Auken (2004), S. 153 Winborg/Landström (1997), S. 478	Ja
41	Share Employees with Other Businesses	Gemeinsame Nutzung von Mitarbeitern mit anderen Unternehmen	Ebben/Johnson (2006), S. 9 Neeley (2003), S. 38 van Auken (2004), S. 153 van Auken (2005), S. 95 Winborg/Landström (1997), S. 478	Ja
42	Outsource key parts of the business	Auslagerung von ehemals selbst durchgeführten Kernaktivitäten	Harrison et al. (2004), S. 333 Neeley (2003), S.4	Ja
43	Factor inventory	Fakturierung von Lagerbeständen	Neeley (2003), S. 38	Nein
44	Use underutilized resources	Nutzung von Überkapazitäten anderer Unternehmen	Sherman (2005), S. 89	Ja
45	Barter instead of Buying/Selling Goods	Durchführung von Tauschgeschäften (Barter)	Ebben/Johnson (2006), S. 9 Freear et al (1995), S. 397 Harrison et al. (2004), S. 333 Neeley (2003), S. 38 van Auken (2004), S. 153 Winborg/Landström (1997), S. 478	Ja

Tab. 51: Instrumente zur Anwendung bei nicht assoziierten Unternehmen mit Quellenverweisen

Lieferanten- und dienstleisterspezifische Instrumente

Nr.	Nennung im Originaltext	Übersetzung	Autoren	i. e. S.
46	Delay payment to suppliers	Verzögerung von Zahlungen an Lieferanten	Carter et al (2003), S. 16 Ebben/Johnson (2006), S. 9 Harrison et al. (2004), S. 333 Neeley (2003), S. 38 Sherman (2005), S. 81 Thorne (1989), S. 7 (A) van Auken (2004), S. 153 Winborg/Landström (1997), S. 478	Ja
47	Negotiate best terms with suppliers at below competitive rates	Verhandlung bester Konditionen mit Lieferanten unterhalb des Marktpreises	Ebben/Johnson (2006), S. 9 Thorne (1989), S. 7 (A) van Auken (2004), S. 153 Winborg/Landström (1997), S. 478	Ja

48	Buy on Consignment	Erhalt von Handelswaren auf Kommission	Ebben/Johnson (2006), S. 9 (*) Neeley (2003), S. 38 van Auken (2004), S. 153 Winborg/Landström (2001), S. 244 (*)	Ja
49	Negotiate deals with special service providers at below competitive rates	Verhandlung bester Konditionen mit Dienstleistern unterhalb des Marktpreises	Harrison et al. (2004), S. 333 Thorne (1989), S. 8 (A)	Ja
50	Lease equipment	Abschluss von Leasingvereinbarungen statt Kauf	Carter et al (2003), S. 16 Ebben/Johnson (2006), S. 9 Harrison et al. (2004), S. 333 Neeley (2003), S. 38 van Auken (2004), S. 153 Winborg/Landström (1997), S. 478	Ja
51	Borrow Equipment	Ausleihe von benötigten Geräten oder Maschinen statt Miete oder Kauf	Ebben/Johnson (2006), S. 9 Harrison et al. (2004), S. 333 Neeley (2003), S. 38 Thorne (1989), S. 7 (A) van Auken (2004), S. 153 Winborg/Landström (1997), S. 478	Ja
52	Buy used equipment	Bevorzugter Kauf von gebrauchten Geräten oder Maschinen statt Neuanschaffung	Ebben/Johnson (2006), S. 9 Neeley (2003), S. 38 van Auken (2004), S. 153 Winborg/Landström (2001), S. 244	Ja
53	Negotiate below market or very low rent space	Sondervereinbarungen hinsichtlich Büromiete	Freear et al (1995), S. 397 Harrison et al. (2004), S. 333 Thorne (1989), S. 8 (A)	Ja
54	Access free or subsidized knowledge/technology	Kostenloser Zugang zu Wissen oder Technologien	Neeley (2003), S. 38 Sherman (2005), S. 82 Thorne (1989), S. 8 (A)	Ja
55	Access free or subsidized hardware	Kostenloser und subventionierter Zugang zu benötigten Geräten und Maschinen	Freear et al (1995), S. 396 Harrison et al. (2004), S. 333	Ja
56	Negotiate special deals for access to hardware	Verhandlung spezieller Raten bei der Nutzung von Geräten und Maschinen	Harrison et al. (2004), S. 333 Freear et al (1995), S. 396	Ja
57	Act as Beta Test Site for Equipment	Erhalt von günstiger Ausstattung durch Einsatz als Beta Tester für Lieferanten	Neeley (2003), S. 38	Ja
58	Receive equity for services	Abgabe von geringen prozentualen Anteilen für bestimmte Dienstleistungen	Sherman (2005), S. 89	Ja

Tab. 52: Lieferanten- und dienstleisterspezifische Instrumente mit Quellenverweisen

1.2 Überführung in verwendete Abfrageitems

Abb. 29 zeigt auf Basis der Nummerierung der bislang identifizierten Bootstrap-Instrumente (in Klammern), wie sie in die in dieser Arbeit verwendeten Abfrageitems überführt wurden.

	Instrumente mit Potenzial zum Aufbau von Wettbewerbsvorteilen	**Instrumente ohne Potenzial zum Aufbau von Wettbewerbsvorteilen**
Interne Instrumente	▪ Minimierung des Ressourcenbedarfs durch großzügige Auslegung bestehender Gesetze, Vorschriften oder anerkannter Verhaltensregeln **(NEU)** ▪ Bewerkstelligung von Kundenaufträgen oder anderen Unternehmensaktivitäten mit intern vorhandenen aber eigentlich nicht vollkommen geeigneten Mitteln **(NEU)** ▪ Einforderung unbezahlter Überstunden oder anderer über das normale Maß hinaus gehender Beanspruchung intern vorhandener Ressourcen **(9, 18)** ▪ Wahrnehmung zusätzlicher selbstständiger Verdienstmöglichkeiten abseits der eigentlichen Kernleistung (keine Teil- oder Nebenprodukte) **(NEU)** ▪ Frühzeitige Vermarktung von Teil- oder Nebenprodukten der Kernleistung **(2)**	▪ Beschleunigung des Zahlungseingangs durch optimierte Rechnungsstellung, Berechnung von Mahngebühren oder Fokussierung auf schnell zahlende Kunden **(20, 21, 22, 25)** ▪ Verzögerung von eigentlich notwendigen Investitionen **(4)** ▪ Beschaffung benötigter Inputfaktoren jeglicher Art zur Erstellung der Kernleistung erst bei Anbahnung bzw. nach Eingang von Kundenaufträgen **(8, 48)** ▪ Verzögerung von fälligen Zahlungen an Dritte, z. B. Mitarbeiter, Lieferanten, Dienstleister oder Finanzamt **(19, 32, 46)** ▪ Verzicht auf eigentlich geplante oder bisher durchgeführte Unternehmensaktivitäten, z. B. durch Reduktion des Leistungsangebots **(NEU)** ▪ Aktives Angebot von Kundenrabatten, z. B. in Leerzeiten bzw. bei nicht ausgelasteten Kapazitäten **(23)** ▪ Beschäftigung von formal unterqualifizierten Mitarbeitern oder von Mitarbeitern unterhalb des Marktlohns **(12, 16, 17)**
	Instrumente mit Potenzial zum Aufbau von Wettbewerbsvorteilen	**Instrumente ohne Potenzial zum Aufbau von Wettbewerbsvorteilen**
Externe Instrumente	▪ Durchführung von Preisvergleichen und erfolgreiche Aushandlung äußerst günstiger Konditionen bei Käufen jeglicher Art **(47, 49, 53, 56)** ▪ Bewerkstelligung von Kundenaufträgen oder anderen Unternehmensaktivitäten mit eigentlich nicht vollkommen geeigneten Mitteln, die über Dritte bezogen wurden **(NEU)** ▪ Annahme von Kundenaufträgen mit hohen Individualisierungswünschen **(28)** ▪ Gemeinsame Entwicklung von Ressourcen, z. B. neuen Technologien, Verfahren, Produkten, Vertriebssystemen etc. mit Dritten **(34)** ▪ Nutzung von kostenlos zugänglichen oder deutlich unterhalb des Marktpreises erhältlichen Ressourcen **(13, 30, 31, 44, 54, 55, 57)** ▪ Durchführung von nichtfinanziellen Tauschgeschäften **(45)**	▪ Auslagerung von geplanten oder ehemals selbst durchgeführten Aktivitäten, z. B. Entwicklung, Vertrieb, Logistik, etc. **(42)** ▪ Gemeinsame Anschaffung oder Nutzung von Ressourcen, z. B. Maschinen, Büros, Mitarbeitern etc. mit Dritten **(38, 39, 40, 41)** ▪ Miete, Leasing oder Gebrauchtkauf von benötigten Mitteln anstatt Neukauf **(50, 51, 52)** ▪ Beschleunigung des Zahlungseingangs durch Erhalt von Kundenanzahlungen oder Finanzierung der Entwicklungsleistung durch strategische Partner **(24, 26, 29, 58)**

Abb. 29: Überführung identifizierter Bootstrap-Instrumente in vorliegend verwendete Abfrageitems

2. Erhebungsdetails

2.1 Einladungs-E-Mail der ersten Erhebungswelle

Für die erste Erhebungswelle wurde sich wie erwähnt auf die ehemaligen Teilnehmer des NUK Businessplanwettbewerbs fokussiert. In Abb. 30 ist die Textvorlage zur Vorab E-Mail der Projektleiterin des NUK dargestellt.

Sehr geehrte Frau xxx / sehr geehrter Herr xxx

das NUK fördert seit nunmehr fast 10 Jahren Existenz- und Unternehmensgründer durch den alljährlich statt findenden Business Plan Wettbewerb und das mit diesem verbundene Unterstützungsangebot.

Es scheint an der Zeit, Bilanz zu ziehen und nach vorne zu blicken.

Um dies tun zu können, führen wir zur Zeit eine Studie zusammen mit dem Entrepreneurship Lehrstuhl der Universität Kassel durch. Sie soll es uns ermöglichen, einige Aussagen zu den aus dem NUK Business Plan Wettbewerb heraus entstandenen Unternehmen zu treffen, sowie auf Basis Ihrer Erfahrungen als Gründer, zukünftigen Gründergenerationen noch besser zur Seite stehen zu können.

Diese Studie wird in unserem Auftrag durch unseren Partner "Pisacane Information Services" durchgeführt. Ein Mitarbeiter von Pisacane wird Sie in den nächsten Tagen <falls Telefonnummer vorhanden> unter der Telefonnummer [Telefonnummer] versuchen zu erreichen, um mit Ihnen zu besprechen, inwiefern es Ihnen möglich erscheint, an der Online Umfrage teilzunehmen.

Selbstverständlich werden alle Antworten nur anonymisiert Eingang in die Untersuchung finden, so dass höchste Vertraulichkeit garantiert ist.

Wir möchten Sie bitten, an dieser Umfrage teilzunehmen und so einen Beitrag für den Erfolg künftiger Gründergenerationen zu leisten.

Als Dankeschön für Ihre Teilnahme erhalten Sie zusätzlich zu einem individualisierten Report Ihrer Ergebnisse gegenüber dem Durchschnitt der anderen Befragungsteilnehmer ein kostenloses Jahresabonnement des renommierten Business Journals "McKinsey Quarterly".

Bei Fragen wenden Sie sich bitte an den Verantwortlichen für dieses Projekt Herrn Khaled Rifai unter der Telefonnummer xxx oder per Email direkt an mich.

Mit freundlichen Grüßen

Catharina During

Projektleiterin

NUK Neues Unternehmertum Rheinland e.V.

Abb. 30: Textvorlage zur Vorab E-Mail zur Ankündigung Umfrage (erste Welle)

2.2 Übersicht Internetdatenbanken und Einladungs-E-Mail der zweiten Erhebungswelle

In der zweiten Erhebungswelle wurden Gründer aus den TGZ des ADT, ehemalige Teilnehmer des Start-Up Wettbewerbs sowie Gründer aus öffentlichen Internetdatenbanken recherchiert. Details zu den einzelnen Quellen sind in Abb. 31 dargestellt. Zudem findet sich in Abb. 32 die Einladungs-E-Mail an die in den Datenbanken angegebenen Ansprechpartner.

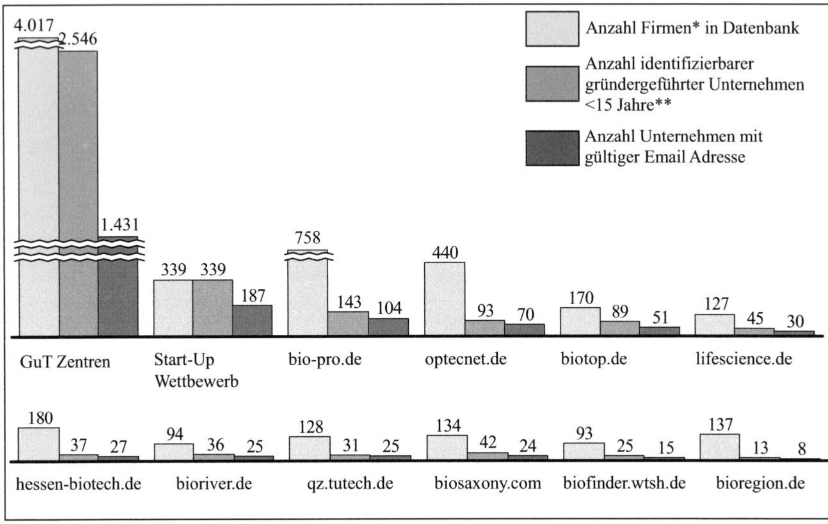

* Zum Teil waren Firmen von anderen Institutionen (Förderinstitutionen, Forschungsinstitutionen etc.) getrennt geführt. In anderen Fällen befanden sich in den Datenbanken gemischte Datensätze, die erst im Nachhinein bereinigt werden konnten

** Ausschluss von (1) Unternehmen, die nicht durch den Gründer geführt wurden, (2) Unternehmen älter als 15 Jahre, (3) Organisationen mit anderen als profitorientierten Zielen, (4) unselbständigen Unternehmen z. B. Zweigstellen bzw. Betriebsstätten von Unternehmen, Unternehmen

Abb. 31: Detailinformationen zu den Befragungsteilnehmern der zweiten Erhebungswelle

An den Unternehmensgründer/die Unternehmensgründerin des Unternehmens [Firmenname] - bitte leiten Sie diese Mail ggf. weiter - vielen Dank

Sehr geehrte/r [Kontaktperson] [Titel] [Nachname],

Deutschland braucht mehr Unternehmer. Es braucht in Deutschland allerdings auch ein tieferes Verständnis für unternehmerische Prozesse, um Gründer insbesondere in der kritischen Aufbauphase des Unternehmens besser unterstützen zu können.
Ich bin sicher, Sie können mit Ihren gesammelten Erfahrungen dazu beitragen, dieses Verständnis zu schaffen. Ich möchte Sie deshalb gerne zu meiner **Online Umfrage** einladen. Die Umfrageergebnisse fließen anonymisiert in meine **Dissertation am Entrepreneurship Lehrstuhl** der Universität Kassel ein. Doktorvater des Dissertationsprojektes ist Prof. Dr. Klaus Nathusius.

Alle Teilnehmer an der Befragung erhalten als Dankeschön ein kostenloses Jahresabonnement des renommierten Wirtschaftsmagazins **McKinsey Quarterly im Wert von 120 Euro**. Zusätzlich erhalten Sie einen **individualisierten Report** der Umfrageergebnisse. Die Befragung dauert zwischen **30 und 45 Minuten** und richtet sich an alle, die ein Unternehmen gegründet haben, unabhängig davon, ob es zur Zeit noch existiert. Zur Teilnahme bis zum **31. Mai 2007** klicken Sie bitte einfach auf den untenstehenden Link oder kopieren Sie ihn in Ihr Browserfenster.

[Link]

Alle Angaben werden selbstverständlich **streng vertraulich** behandelt und ausschließlich im Rahmen des Dissertationsprojektes verwendet.

Bei Fragen können Sie mich jederzeit unter der Telefonnummer xxx oder unter xxx anrufen oder antworten Sie mir auf diese Email.

Vielen Dank im Voraus für Ihre Unterstützung

Mit besten Grüßen

Khaled Sebastian Rifai
Mein Xing Profil unter: https://www.xing.com/profile/Khaled_Rifai

DISCLAIMER: Ihre Kontaktdaten wurden in einer öffentlich zugänglichen Datenbank unter [Quelle] recherchiert. Zur Durchführung der Umfrage werden die Server des Marktforschungsinstituts Pisacane verwendet. Pisacane wird zu keinem Zeitpunkt auf Ihre Daten zurückgreifen oder diese in irgendeiner Form an Dritte weiterleiten.

Abb. 32: Einladungs-E-Mail an Gründer der eigen recherchierten Unternehmen

2.3 Online Umfrage

Im Folgenden ist ein Pfad der elektronischen Umfrage auf Basis von Screenshots abgebildet. Aufgrund des Umfragedesigns sind mehrere Pfade möglich, abhängig vom Antwortverhalten des Teilnehmers. So wurden z. B. Teilnehmer, die nur eine relevante Unterstützerperson genannt haben, natürlich nicht nach dem Verhältnis der Unterstützerpersonen untereinander befragt etc. Aus Platzgründen werden im Folgenden die Screenshots der Itembatterien für die Anwendung der Bootstrap Instrumente sowie jene zur Abfrage der sozialen Fähigkeiten nur beispielhaft dargestellt. Eine vollständige Übersicht der verwendeten Items kann dem Hauptteil der Arbeit auf den S. 89 f. bzw. 151 entnommen werden.

NUK

0 %

UNI KASSEL
VERSITÄT

Herzlich Willkommen zu unserer Umfrage.

Vielen Dank, dass Sie sich die Zeit nehmen. Die Beantwortung des Fragebogens wird zwischen 30 und 45 Minuten dauern.
Sollten Sie die Befragung zwischenzeitlich unterbrechen, werden Ihre Ergebnisse gespeichert. Nach einer Unterbrechung können Sie diese Umfrage jederzeit fortsetzen, indem Sie Ihre Start-Adresse erneut in den Browser eingeben bzw. den erhaltenen Link erneut anklicken.
Bei Fragen stehen Ihnen Herr Philipp Günther unter [redacted] und Herr Khaled Rifai unter [redacted] jederzeit gerne zur Verfügung. Oder Sie senden eine e-Mail an: philipp.guenther@pisacane.com.

Bitte geben Sie den Gründungszeitpunkt Ihres Unternehmens an.
Als Gründungszeitpunkt wird das früheste der folgenden Ereignisse verstanden:
(1) Einbringung substanzieller eigener Ressourcen, z.B. volle Arbeitskraft oder Geld
(2) Erhalt substanzieller Untersützung von Dritten
(3) Annahme der ersten Kundenaufträge
(4) Einstellung angestellter Mitarbeiter

Monat / Jahr (MM/JJJJ)	Ich habe nicht gegründet
[ ]	☐

Speichern

NUK

3 %

UNI KASSEL
VERSITÄT

Besteht dieses Unternehmen immer noch?

- ○ Ja, und ich bin immer noch in verantwortlicher Position involviert.
- ○ Ja, allerdings bin ich nicht mehr in verantwortlicher Position involviert.
- ○ Nein, das Unternehmen existiert nicht mehr.

Speichern

NUK

UNIKASSEL VERSITÄT

11 %

Die nun folgende Frage leitet das Kernthema der gesamten Studie ein. Wir möchten Sie bitten, sich einen Augenblick Zeit zu nehmen, um alle Details zu berücksichtigen.

Die Phase vom Zeitpunkt der Gründung bis zu dem Zeitpunkt an dem ein Unternehmen über geeignete Mittel verfügt, um das Potenzial des verfolgten Geschäftskonzepts zufriedenstellend ausschöpfen zu können, wird im Folgenden Aufbauphase genannt.
Die angesprochenen Mittel sind in der Regel eine Kombination aus Betriebs- und Finanzmitteln, geeigneten Mitarbeitern, technologischem Know How, Beziehungen zu Kunden und Lieferanten, der Reputation des Unternehmens und nicht zuletzt einer geeigneten Organisationsstruktur (Größe, Aufbau und Abläufe).
Im Allgemeinen macht sich das Ende der Anlaufphase dadurch bemerkbar, dass sich Gründer zum ersten Mal als Anteilseigner eines vollwertigen und angemessen handlungsfähigen Unternehmens fühlen.

Weiter

NUK

UNIKASSEL VERSITÄT

12 %

Wie lange hat die Aufbauphase in Ihrem Fall gedauert bzw. dauert diese Phase bei Ihnen noch an?

!! Bitte behalten Sie Ihren Eintrag in Erinnerung, da er für den weiteren Fortlauf der Befragung von großer Bedeutung ist !!

- ○ Aufbauphase dauert noch an
- ○ 0 bis 3 Monate
- ○ 4 bis 6 Monate
- ○ 7 bis 12 Monate
- ○ Bis zu 2 Jahre
- ○ Bis zu 3 Jahre
- ○ Bis zu 4 Jahre
- ○ Bis zu 5 Jahre
- ○ Mehr als 5 Jahre, und zwar:

Speichern

NUK — UNIKASSEL VERSITÄT — 13 %

Wie viele Personen waren an der Gründung beteiligt (Anzahl Teammitglieder)?

[ ]

Wer hatte die Führungsrolle innerhalb des Gründerteams in der Aufbauphase?

- ○ ich
- ○ eine andere Person bzw. andere Personen
- ○ ich, zusammen mit einer anderen Person bzw. mit anderen Personen

Speichern

NUK — UNIKASSEL VERSITÄT — 20 %

Der nächste Abschnitt beschäftigt sich mit dem sozialen Netzwerk des Gründerteams und wie es das Gründerteam im Gründungsprozess unterstützt hat.

Unter dem sozialen Netzwerk des Gründerteams werden alle direkten und indirekten persönlichen und professionellen Kontakte der Gründer verstanden. Im Folgenden werden außerdem unter Austauschpartnern Menschen verstanden, von denen das Gründerteam Leistungen jeglicher Art kostenlos oder gegen Gegenleistung erhalten hat bzw. nutzen konnte.

Weiter

In wie vielen unterschiedlichen privaten oder professionellen Vereinen, Verbänden, Gremien, Initiativen oder Online Communities waren die Gründer zum Gründungszeitpunkt aktive Mitglieder?

Beispielsweise sind hier gemeint: Sportvereine, Alumni Netzwerke, Parteien, Internetnetzwerke wie xing.de, Elternbeiräte, etc.

[ ]

Von welchen Partnern, die bereits vor der Gründung zum sozialen Netzwerks des Gründerteams gezählt haben, wollten Sie in der Aufbauphase Unterstützungsleistungen erhalten? (Unabhängig von tatsächlich erhaltenen Unterstützungsleistungen)

- ☐ frühere Arbeitgeber
- ☐ frühere Arbeitskollegen
- ☐ selbständige Bekannte
- ☐ Ehe-/Lebenspartner
- ☐ Eltern
- ☐ sonstige Verwandte und Freunde
- ☐ potenzielle Kunden
- ☐ potenzielle Lieferanten
- ☐ potenzielle Dienstleister
- ☐ Firmen der gleichen Branche
- ☐ Firmen aus anderen Branchen
- ☐ Hochschulen
- ☐ außeruniversitäre Forschungseinrichtungen
- ☐ Technologie- und Wissenstransferstellen
- ☐ regionale Initiativen
- ☐ Berufsverband
- ☐ Wirtschaftsverband
- ☐ Kammern
- ☐ Vereine
- ☐ Sonstige, und zwar:
- ☐ Keine

Wie viele Personen, die bereits vor der Gründung zum sozialen Netzwerk des Gründerteams gezählt haben, waren bei der Umsetzung des Gründungsvorhabens in der Aufbauphase behilflich?

Ohne Berücksichtigung der Gründer selbst

- ○ keiner
- ○ 1
- ○ 2
- ○ 3 bis 5
- ○ 6 bis 10
- ○ 11 bis 20
- ○ mehr als 20

NUK

← 24 % →

UNIKASSEL VERSITÄT

Bitte denken Sie an die wichtigsten Personen (Austauschpartner) der Aufbauphase Ihres Unternehmens, die bereits zum Gründungszeitpunkt der Gründung zum sozialen Netzwerk des Gründerteams gezählt haben und beantworten Sie für jeden die auf den n folgenden Seiten gestellten Fragen

Bitte geben Sie Fantasienamen an, die Sie mit den jeweiligen Personen im Folgenden in Verbindung bringen können.

Person A	Alexander
Person B	Barbel
Person C	Carsten

Speichern

Kannte das Gründerteam den Austauschpartner direkt oder über jemand anderen?

	direkt	über jemand anderen
Alexander	⊙	○
Bärbel	⊙	○
Carsten	○	⊙

Speichern

NUK

26 %

UNIKASSEL VERSITÄT

Wie gut kannten sich das entsprechende Gründungsmitglied und der Austauschpartner?

	Sehr gut	Gut	Mittelgut	Flüchtig	Weiss nicht/keine Angabe
Alexander	○	◉	○	○	○
Bärbel	○	○	◉	○	○

Wie gut kannten sich das entsprechende Gründungsmitglied und der Mittelsmann über den der Austauschpartner angesprochen wurde?

Gründungsmitglied – Mittelsmann – Austauschpartner

	Sehr gut	Gut	Mittelgut	Flüchtig	Weiss nicht/keine Angabe
Carsten	○	◉	○	○	○

Wie gut kannten sich dieser "Mittelsmann" und der Austauschpartner?

Gründungsmitglied – **Mittelsmann – Austauschpartner**

	Sehr gut	Gut	Mittelgut	Flüchtig	Weiss nicht/keine Angabe
Carsten	○	◉	○	○	○

Speichern

Mit welchen Leistungen hat Ihnen der Austauschpartner in der Aufbauphase geholfen?
Mehrfachnennung möglich

	moralische Unterstützung	Erhöhung des Vertrauens Dritter in das neue Unternehmen (z.B. bei potenziellen Kunden)	Erhöhung betriebsspezifischer Kompetenzen des Gründerteams	Funktion als kompetenter Ideenpartner	Bereitstellung anderer konkreter Leistungen
Alexander	☐	☑	☑	☐	☐
Bärbel	☑	☐	☐	☐	☐
Carsten	☐	☐	☐	☑	☑

Speichern

Worum hat es sich bei diesen anderen konkreten Leistungen gehandelt?
Mehrfachnennung möglich

	Finanzierung	Arbeitskraft und betriebsspezifisches Know How	Physische Betriebsmittel oder Werkstoffe (Maschinen, Büroräume, etc.)	Austauschpartner wurde Kunde	Technologien oder Patente	Sonstiges
Carsten	☐	☑	☑	☐	☐	☐

Speichern

NUK

32 %

UNIKASSEL VERSITÄT

Wie würden Sie den allgemeinen gesellschaftlichen Einfluss des Austauschpartners zum Gründungszeitpunkt im Vergleich zu Ihrem eigenen einordnen?

	höher	eher höher	gleich	eher niedriger	niedriger	weiss nicht/keine Angabe
Alexander	◉	○	○	○	○	○
Bärbel	○	◉	○	○	○	○
Carsten	○	○	◉	○	○	○

Speichern

Im folgenden Abschnitt geht es um Aktivitäten, die Sie in der Aufbauphase eventuell genutzt haben. Es handelt sich um 22 Beschreibungen, die das Kernstück der Untersuchung ausmachen

Beschleunigung des Zahlungseingangs durch optimierte Rechnungsstellung, Berechnung von Mahngebühren oder Fokussierung auf schnell zahlende Kunden

intensive Nutzung	regelmäßige Nutzung	sporadische Nutzung	äußerst seltene Nutzung	keine Nutzung
○	○	○	○	○

Erlangung von geschäftlichen Vorteilen durch "großzügige Auslegung" bestehender Gesetze, Vorschriften oder anerkannter Verhaltensregeln

intensive Nutzung	regelmäßige Nutzung	sporadische Nutzung	äußerst seltene Nutzung	keine Nutzung
○	○	○	○	○

Verzögerung von eigentlich notwendigen Investitionen

intensive Nutzung	regelmäßige Nutzung	sporadische Nutzung	äußerst seltene Nutzung	keine Nutzung
○	○	○	○	○

Beschaffung benötigter Inputfaktoren jeglicher Art zur Erstellung der Kernleistung erst bei Anbahnung bzw. nach Eingang von Kundenaufträgen

intensive Nutzung	regelmäßige Nutzung	sporadische Nutzung	äußerst seltene Nutzung	keine Nutzung
○	○	○	○	○

Speichern

[...]

NUK UNIKASSEL VERSITÄT

56 %

Wie wichtig waren die in der Aufbauphase angewendeten Aktivitäten für die Sicherung des Überlebens Ihres Unternehmens und wie wichtig waren sie in dieser Zeit, um Wettbewerbsvorteile gegenüber der Konkurrenz aufzubauen?

Unter Wettbewerbsvorteilen werden solche vom Kunden wahrgenommenen Vorteile verstanden, die es Ihnen erlauben, höhere Margen als die Konkurrenz zu verdienen, ohne dass die Konkurrenz den Vorteil kurzfristig aufholen kann

	sehr wichtig	wichtig	eher wichtig	eher unwichtig	unwichtig
Wichtigkeit für das Überleben	○	○	⦿	○	○
Wichtigkeit für Wettbewerbsvorteile	○	○	○	⦿	○

Speichern

NUK UNIKASSEL VERSITÄT

61 %

Welchen Wert hatten die physischen Ressourcen Ihres Unternehmens zum Gründungszeitpunkt, also Vorräte, Maschinen, Gebäude, Werkzeuge, etc.?

	unter 10.000 Euro	10.000 bis unter 25.000 Euro	25.000 bis unter 50.000 Euro	50.000 bis unter 100.000 Euro	100.000 bis unter 250.000 Euro	250.000 bis unter 500.000 Euro	500.000 bis unter 1 Mio. Euro	1 bis unter 5 Mio. Euro	5 bis unter 10 Mio. Euro	über 10 Mio. Euro
Gründungszeitpunkt	○	○	○	○	○	○	○	○	○	○

Bestand in der Aufbauphase ein rechtlicher Schutz für Ihre Geschäftsidee bzw. Ihre Kernleistung in Form eines Patentes?

Markenpatente zählen nicht hierzu.

Ja	Nein
○	○

Hält das Gründerteam derzeit alle Anteile am Unternehmen?

○ Ja
○ Nein

Speichern

Aus welchen finanziellen Quellen hat das Gründerteam das zur Umsetzung der Geschäftsidee notwendige Kapital in der Aufbauphase erhalten?
Bewerten Sie die tatsächlich in Anspruch genommenen und wesentlichen Kapitalquellen nach ihrer Größe, wobei "1" die größte ist

Eigen erwirtschaftete Umsätze mit dem Gründungsvorhaben	---
Eigenes Kapital (Ersparnisse, persönliche Kreditlinien oder Einnahmen durch zusätzliche abhängige Beschäftigung) des Gründerteams	---
Fremd- oder Eigenkapital von Freunden und Verwandten	---
Eigenkapital von Business Angels oder Risikokapitalgesellschaften (Venture Capital)	---
Fremd- oder Eigenkapital durch strategische Partner (z.B. Kunden oder Lieferanten)	---
Fremdkapital von Banken	---
Förderung durch öffentliche Institutionen oder Förderprogramme	---
Sonstige, und zwar:	---

Wie viel Kapital stand dem Gründerteam zum Zeitpunkt der Gründung bzw. in der Aufbauphase zur Umsetzung der Geschäftsidee insgesamt zur Verfügung?
Bitte denken Sie an alle Kapitalquellen!

	unter 10.000 Euro	10.000 bis unter 25.000 Euro	25.000 bis unter 50.000 Euro	50.000 bis unter 100.000 Euro	100.000 bis unter 250.000 Euro	250.000 bis unter 500.000 Euro	500.000 bis unter 1 Mio. Euro	1 bis unter 5 Mio. Euro	5 bis unter 10 Mio. Euro	über 10 Mio. Euro	keine Angabe
Gründungszeitpunkt	○	○	○	○	○	○	○	○	○	○	○
Aufbauphase	○	○	○	○	○	○	○	○	○	○	○

Speichern

NUK

68 %

UNIKASSEL VERSITÄT

Gab es in der Aufbauphase kurzfristige Liquiditätsengpässe?

Ja, dauerhaft	Ja, regelmäßig	Ja, sporadisch	Ja, äußerst selten	Nein
○	○	○	○	○

Bitte geben Sie an, in welcher Form Sie gegründet haben:

- ○ als komplette Neugründung
- ○ als Ausgründung einer Universität oder anderen Forschungseinrichtung
- ○ als Spin-Off eines etablierten Unternehmens
- ○ als Übernahme eines bestehenden Betriebes
- ○ als Joint Venture zwischen dem Gründerteam und einem etablierten Unternehmen
- ○ als sonstiges, und zwar:

Speichern

UNIKASSEL VERSITÄT

71 %

Haben Sie sich in der Aufbauphase eher über den Preis oder eher über die Qualität Ihrer Kernleistung im Markt positioniert?

niedriger Preis	eher niedriger Preis	beides zu gleichen Teilen	eher hohe Qualität der Kernleistung	hohe Qualität der Kernleistung
○	○	○	○	○

Haben Sie in der Aufbauphase eher einen Nischenmarkt oder eher einen Massenmarkt bedient?

Nischenmarkt				Massenmarkt
○	○	○	○	○

Als wie hoch haben Sie das Wachstumspotenzial Ihres Geschäftskonzeptes in der Aufbauphase eingestuft?

Exponentiell hoch	sehr hoch	hoch	eher hoch	eher niedrig bis niedrig
○	○	○	○	○

Für wie innovativ haben Sie Ihr Geschäftsvorhaben in der Aufbauphase gehalten?

Bahnbrechend hoch	sehr hoch	hoch	eher hoch	eher niedrig bis nicht innovativ
○	○	○	○	○

UNIKASSEL VERSITÄT

77 %

Haben Sie Ihre Kernleistung in der Aufbauphase selbst erstellt oder mit nicht selbst erstellten Produkten oder Dienstleistungen gehandelt?

eigene Erstellung der angebotenen Leistungen	überwiegend eigene Erstellung der angebotenen Leistungen	beides zu gleichen Teilen	überwiegend Handel mit nicht selbsterstellten Leistungen	Handel mit nicht selbsterstellten Leistungen
○	○	○	○	○

Bestand Ihre Kernleistung in der Aufbauphase eher aus einem Produkt oder eher aus einer Dienstleistung?

Produkt	eher Produkt aber auch Dienstleistung	beides zu gleichen Teilen	eher Dienstleistung aber auch Produkt	Dienstleistung
○	○	○	○	○

Wann haben Sie Ihre ersten Umsätze erzielt ?

Monat / Jahr (MM/JJJJ)	noch gar nicht
[ ]	☐

Speichern

NUK

UNIKASSEL VERSITÄT

82 %

Wie haben Sie in der Aufbauphase...

	Hoch	Eher hoch	Neutral	Eher niedrig	Niedrig
die Verhandlungsmacht der Kunden beurteilt?	○	○	○	○	○
die Verhandlungsmacht von Lieferanten auf für Sie relevanten Faktormärkten beurteilt?	○	○	○	○	○
die Wettbewerbsintensität in Ihrer Branche beurteilt?	○	○	○	○	○
die Gefahr neuer Wettbewerber mit ähnlichen Angeboten auf Ihrem Markt beurteilt?	○	○	○	○	○
Die Gefahr beurteilt, dass Ihre Kernleistung durch eine neuartige Leistung anderer ersetzt wird?	○	○	○	○	○

Speichern

NUK

UNIKASSEL VERSITÄT

90 %

Gleich haben Sie es geschafft! Es folgen nun noch einige Fragen zu Ihrer derzeitigen Unternehmenssituation und am Ende eine Selbsteinschätzung Ihrer Person nach bestimmten Kriterien.

Besitzen Sie derzeit Wettbewerbsvorteile gegenüber der Konkurrenz in folgenden Bereichen?

Zur Erinnerung: Unter Wettbewerbsvorteilen werden solche vom Kunden wahrgenommenen Vorteile verstanden, die es Ihnen erlauben, höhere Margen als die Konkurrenz zu verdienen, ohne dass die Konkurrenz den Vorteil kurzfristig aufholen kann

	überragende und dauerhafte Wettbewerbsvorteile	deutliche Wettbewerbsvorteile	leichte Wettbewerbsvorteile	weder Wettbewerbsvor- noch -nachteile	eher Wettbewerbsnachteile
Image	○	○	○	○	○
Qualität	○	○	○	○	○
Preis	○	○	○	○	○
Schnelligkeit	○	○	○	○	○
Flexibilität	○	○	○	○	○
Sonstiges, und zwar:	○	○	○	○	○

Seit wann arbeitet Ihr Unternehmen profitabel bzw. ab wann erwarten Sie Profitabilität?
(Monatliche Einnahmen übersteigen die monatlichen Ausgaben.)

Monat/Jahr (MM/JJJJ)

Wie haben sich Ihre Mitarbeiterzahlen entwickelt? ***Ohne Gründungsteam!!!***

	Vollzeit	Teilzeit	Freie Mitarbeiter
Aufbauphase			
Geplant für 2008			

Wie bewerten Sie Ihre derzeitigen Wachstumsaussichten verglichen mit dem Markt, in dem Sie tätig sind?
Unser Unternehmen wird ...

... stärker wachsen als der Markt.	... eher stärker wachsen als der Markt.	... mit dem Markt wachsen.	... eher schwächer wachsen als der Markt.	... schwächer wachsen als der Markt.	Unsere Planungen lassen keinerlei Aussagen zu.
○	○	○	○	○	○

Wie hat sich Ihr Umsatz seit Gründung entwickelt?
Angabe in Euro (gerundet)
Sollten sich die angegebenen Zeiträume überschneiden, dann lassen Sie die überflüssigen Felder bitte frei.

Im ersten vollen Jahr mit Umsätzen *Beispiel: Markteintritt in 09/2002, Angabe Umsätze im Zeitraum 01/2003 - 12/2003*	
Im Jahr, in dem die Aufbauphase geendet ist	
2006 (gesamt)	

Bitte geben Sie an, inwieweit Sie den folgenden Aussagen bezüglich Ihres Unternehmens zustimmen

	Trifft sehr genau zu.	Trifft genau zu.	Trifft zu.	Trifft kaum zu.	Trifft gar nicht zu.
Liquiditätsengpässen hätte ich in der Aufbauphase (ohne Aufnahme von zusätzlichem Kapital) besser entgegenwirken können	○	○	○	○	○
Ich habe in der Aufbauphase stets das Maximum aus meinen Möglichkeiten gemacht	○	○	○	○	○
Wenn ich ganz ehrlich bin, könnte ich profitabler arbeiten	○	○	○	○	○
Verglichen mit meinen direkten Konkurrenten bin ich im Umgang mit meinen Ressourcen effizienter	○	○	○	○	○
Gründer, die sich mir in ihrer finanziellen Ausstattung ähneln arbeiten mindestens genauso erfolgreich wie ich	○	○	○	○	○

Speichern

NUK

93 %

UNIKASSEL VERSITÄT

Der letzte Schritt: Nachfolgend finden Sie 30 Aussagen, die Einstellungen und Verhaltensweisen in sozialen Situationen beschreiben. Wir bitten Sie, anzugeben, inwieweit die Aussagen für Sie zutreffend und charakteristisch sind.
Man kann soziale Situationen sehr unterschiedlich erleben und auffassen, deshalb gibt es auch keine richtigen und falschen Antworten bei der Beantwortung.

Diese Daten werden nur anonymisiert ausgewertet, so dass keinerlei Rückschlüsse auf Ihre Person möglich sind. Wir wissen, dass wir zum Teil sehr persönliche Einstellungen erfragen. Diese sind allerdings in ihren Einzelaussagen für die Untersuchung völlig unerheblich und werden auf Einzelaussagenebene gar nicht untersucht.

Kreuzen Sie jeweils den für Sie zutreffenden Skalenpunkt an. Bitte antworten Sie spontan und so, wie Sie wirklich sind, und nicht, wie Sie sich gerne sehen würden, oder wie Sie meinen, dass andere Sie sehen.

	Trifft sehr genau zu.	Trifft genau zu.	Trifft zu.	Trifft kaum zu.	Trifft gar nicht zu.
Es ist mir gewöhnlich unangenehm, mit anderen Leuten in Körperkontakt zu kommen.	○	○	○	○	○
Ich interessiere mich dafür, was in anderen so vorgeht.	○	○	○	○	○
Ich kann meine Gefühle nicht sehr gut kontrollieren.	○	○	○	○	○
Ich knüpfe sehr gerne soziale Kontakte.	○	○	○	○	○
Es gibt gewisse Situationen, in denen es mir Sorge macht, ob ich das Richtige sage oder tue.	○	○	○	○	○
Ich komme mit jeder Art von Menschen gut zurecht, egal ob jung, alt, reich oder arm.	○	○	○	○	○

Speichern

[…]

NUK

99 %

UNIKASSEL VERSITÄT

Vielen Dank für Ihre Teilnahme. An wen dürfen wir die Printausgabe des McKinsey Quarterly und den individualisierten Report Ihrer Ergebnisse senden?

Name	
Vorname	
Straße	
PLZ / Stadt	
E-Mail	
Telefon	

Haben Sie noch Anmerkungen oder Kommentare, die Sie uns mitteilen möchten?

Speichern

3. Referenzierte Analyseergebnisse

Anbei werden die Analyseergebnisse dargestellt, auf die in der Arbeit explizit referenziert wurde. Weitere SPSS Outputs sowie eine Kopie des verwendeten (anonymisierten) Datensatzes können beim Autor per E-Mail (khaled_rifai@hotmail.de) angefragt werden.

Die im Folgenden dargestellten Ergebnisse sind zum einen die vollständige Liste der Nutzungsintensitäten einzelner Bootstrap-Instrumente sowie die Ergebnisse der Eignungsprüfung zur Durchführung einer Faktorenanalyse.

3.1 Vollständige Liste der Nutzungsintensitäten einzelner Bootstrap-Instrumente

Bootstrap-Instrument	Mittlere Nutzungsintensität[524]	Nutzung (in Prozent)
Annahme von Kundenaufträgen mit hohen Individualisierungswünschen	2,80	90,8%
Erfolgreiche Aushandlung äußerst günstiger Konditionen bei Käufen jeglicher Art	2,67	92,5%
Nutzung von kostenlos zugänglichen oder deutlich unterhalb des Marktpreises erhältlichen Ressourcen	2,05	76,7%
Beschaffung benötigter Inputfaktoren jeglicher Art zur Erstellung der Kernleistung erst bei Anbahnung bzw. nach Eingang von Kundenaufträgen	1,97	79,9%
Bewerkstelligung von Kundenaufträgen oder anderen Unternehmensaktivitäten mit intern vorhandenen, aber eigentlich nicht vollkommen geeigneten Mitteln	1,97	78,4%
Bewerkstelligung von Kundenaufträgen oder anderen Unternehmensaktivitäten mit eigentlich nicht vollkommen geeigneten Mitteln, die über Dritte bezogen wurden	1,80	75,6%
Verzögerung von eigentlich notwendigen Investitionen	1,69	72,4%
Miete, Leasing oder Gebrauchtkauf von benötigten Mitteln anstatt Neukauf	1,67	58,7%
Einforderung unbezahlter Überstunden oder anderer über das normale Maß hinaus gehender Beanspruchung intern vorhandener Ressourcen	1,61	61,8%
Wahrnehmung zusätzlicher selbstständiger Verdienstmöglichkeiten abseits der eigentlichen Kernleistung (keine Teil- oder Nebenprodukte)	1,58	68,1%

524 Nutzungsintensität auf einer fünfstufigen Skala von 0 (keine Nutzung) bis 4 (intensive Nutzung)

Beschleunigung des Zahlungseingangs durch optimierte Rechnungsstellung, Berechnung von Mahngebühren oder Fokussierung auf schnell zahlende Kunden	1,43	58,6%
Frühzeitige Vermarktung von Teil- oder Nebenprodukten der Kernleistung	1,34	61,2%
Gemeinsame Anschaffung oder Nutzung von Ressourcen, z. B. Maschinen, Büros, Mitarbeitern etc. mit Dritten	1,19	48,6%
Verzicht auf eigentlich geplante oder bisher durchgeführte Unternehmensaktivitäten, z. B. durch Reduktion des Leistungsangebots	1,12	56,9%
Gemeinsame Entwicklung von Ressourcen, z. B. neuen Technologien, Verfahren, Produkten, Vertriebssystemen etc. mit Dritten	1,12	52,0%
Angebot von Kundenrabatten in Leerzeiten/bei nicht ausgelasteten Kapazitäten	1,01	51,7%
Beschleunigung des Zahlungseingangs durch Erhalt von Kundenanzahlungen oder Finanzierung der Entwicklungsleistung durch strategische Partner	1,01	49,1%
Verzögerung von fälligen Zahlungen an Dritte (Lieferanten/Dienstleister/Finanzamt)	1,00	53,4%
Auslagerung von geplanten oder ehemals selbst durchgeführten Aktivitäten, z. B. Entwicklung, Vertrieb, Logistik etc.	0,95	46,4%
Minimierung des Ressourcenbedarfs durch großzügige Auslegung bestehender Gesetze, Vorschriften oder anerkannter Verhaltensregeln	0,72	39,9%
Durchführung von nichtfinanziellen Tauschgeschäften	0,68	35,9%
Beschäftigung von formal unterqualifizierten Mitarbeitern oder von Mitarbeitern unterhalb des Marktlohns	0,61	31,3%

Tab. 53: Nutzungsintensiät bzw. Nutzung der abgefragten Bootstrap-Instrumente

3.2 Eignungsprüfung zur Durchführung der Faktorenanalyse aus VI.4.2.1

Im Folgenden sind die Ergebnisse der Eignungsprüfung zur Durchführung der Faktorenanalyse dargestellt. Wie zu erkennen ist, ist die erhobene Korrelationsmatrix der Nutzungsintensitäten der Bootstrap-Instrumente geeignet, um eine Faktorenanalyse durchzuführen.

	Beschreibung	Erwünschtes Ergebnis	Indikation
Signifikanzniveaus der Korrelationen	▪ Prüft, inwieweit die Korrelationen zwischen den einzelnen Bootstrap Instrumenten sich signifikant von Null unterscheiden	▪ Möglichst viele signifikante ($p<0,05$) Korrelationen, da Faktorenbildung ansonsten wenig sinnvoll	▪ Knapp 81 % der Korrelationen unterscheiden sich signifikant von Null ▪ Elimination von 4 Instrumenten erhöht die Quote auf 91% ✓
Inverse der Korrelationsmatrix	▪ Prüft, ob die Inverse der Korrelationsmatrix eine Diagonalmatrix darstellt (abweichende Werte von 0 nur auf der Hauptdiagonalen)	▪ Möglichst viele Werte „nahe" Null ▪ Aber: Kein allgemeingültiges Kriterium, wie stark und wie oft Werte abweichen dürfen	▪ Über 99% der Werte weichen weniger als $\|0,5\|$ von Null ab ▪ 90% weichen weniger als $\|0,2\|$ von Null ab ✓
Bartlett Test auf Spherizität	▪ Prüft, ob die Stichprobe aus einer unkorrelierten Grundgesamtheit stammt ▪ Test setzt Normalverteilung voraus	▪ Prüfgröße muss bei $p<0,05$ signifikant sein	▪ Prüfgröße signifikant bei $p<0,01$ ▪ Normalverteilungsannahme nicht erfüllt, daher ohne Aussagekraft
Anti-Image-Kovarianz-Matrix (AIC)	▪ Varianz einer Variablen lässt sich in 2 Teile zerlegen: Image und Anti-Image ▪ Image beschreibt den Teil, der mit Hilfe einer multiplen Regression durch die anderen Variablen erklärt werden kann	▪ Da Faktorenanalyse von gemeinsamen Faktoren ausgeht, muss AIC gering sein ▪ Anteil der Nichtdiagonal-Elemente ungleich Null ($\|0,09\|$) darf in der AIC nicht größer als 25% sein	▪ Anteil Nichtdiagonal-Elemente ungleich Null beträgt 14,3% ✓
KMO-Kriterium	▪ Prüfgröße (Measure of sampling adequacy – MSA) basiert auf der Anti-Image-*Korrelations*matrix ▪ MSA zeigt an, in welchem Umfang die Ausgangsvariablen zusammengehören ▪ Wertebereich zw. 0 und 1	▪ MSA unter 0,5 eignet sich nicht mehr für Faktorenanalyse ▪ MSA über 0,8 ist wünschenswert	▪ MSA liegt für die gesamte Stichprobe bei 0,809. ✓

Abb. 33: Eignungsprüfung der Ausgangsvariablen zur Durchführung der Faktorenanalyse

X. Literaturverzeichnis

Aaker, David A.: Managing Assets and Skills: The Key To a Sustainable Competitive Advantage. In: California Management Review, Vol. 32(1) (1989), S. 91 - 106.

Acs, Zoltan J. und Audretsch, David B.: Innovation and Small Firms. Cambridge, MA, MIT Press (1990).

Akerlof, George A.: The Market for Lemons: Qualitative Uncertainty and the Market Mechanisms. In: Quarterly Journal of Economics, Vol. 84(3) (1970), S. 488 - 500.

Albach, Horst, Bock, Kurt und Warnke, Thomas: Kritische Wachstumsschwellen in der Unternehmensentwicklung, Schriften zur Mittelstandsforschung, Nr. 7 NF. Stuttgart, Schäffer-Poeschel (1985).

Albach, Horst und Hunsdiek, Detlef: Die Bedeutung von Unternehmensgründungen für die Anpassung der Wirtschaft an veränderte Rahmenbedingungen. In: Zeitschrift für Betriebswirtschaft, Vol. 5(6) (1987), S. 587 ff.

Alchian, Armen A.: Private Property and the Relativ Cost of Tenure. In: Peter Bradley (Hrsg.): "*The Public Stake in Union Power*". Charlottesville, VA, University Press of Virgina (1958), S. 350 - 371.

Alchian, Armen A.: Some Economics of Property Rights. In: Il Politico, Vol. 30(4) (1965), S. 816 - 829.

Alchian, Armen A. und Demsetz, Harold: Production, Information Costs and Economic Organization. In: American Economic Review, Vol. 62(5) (1972), S. 777 - 795.

Alchian, Armen A. und Kessel, Reuben A.: Aspects of Labor Economics (Competition, Monopoly and the Pursuit of Money). Princeton, NJ, Princeton University Press (1962).

Aldrich, Howard und Ruef, Martin: Organizations Evolving. 2. Aufl., London, Sage (2006).

Aldrich, Howard und Zimmer, Catherine: Entrepreneurship through Social Networks. In: Howard Aldrich (Hrsg.): "*Population Perspectives on Organizations*". Stockholm, Almqvist & Wiksell Internat. (1986), S. 13 - 28.

Allen, Douglas W.: Transaction Costs. In: Boudewijn Bouckaert und Gerrit De Geest (Hrsg.): "*Encyclopedia of Law and Economics (Volume One: The History and Methodology of Law and Economics)*". Cheltenham, Edward Elgar Press (2000), S. 893 - 926.

Almus, Matthias und Prantl, Susanne: Bessere Unternehmensentwicklung durch Gründungsförderung? Bonn, Dt. Ausgleichsbank (2001).

Alvarez, Sharon A. und Busenitz, Lowell W.: The Entrepreneurship of Resource-Based Theory. In: Journal of Management, Vol. 27(6) (2001), 755 - 775.

Amit, Raphael, Glosten, Lawrence und Muller, Eitan: Does Venture Capital Foster the Most Promising Entrepreneurial Firms? In: California Management Review, Vol. 32(3) (1990), S. 102 - 111.

Amit, Raphael, MacCrimmon, Kenneth R., Zietsma, Charlene und Oesch, John M.: Does Money Matter?: Wealth Attainment as the Motive for Initiating Growth-Oriented Technology Ventures. In: Journal of Business Venturing, Vol. 16(2) (2001), S. 119 - 143.

Anderson, Terry L. und Lueck, Dean: Land Tenure and Agricultural Productivity on Indian Reservations. In: Journal of Law and Economics, Vol. 35(2) (1992), S. 427 - 454.

Andries, Petra und Debackere, Koenraad: Adaptation in New Technology-based Ventures: Insights at the Company Level. In: International Journal of Management Reviews, Vol. 8(2) (2006), S. 91 - 112.

Ang, James S.: On the Theory of Finance for Privately Held Firms. In: Journal of Small Business Finance, Vol. 1(3) (1992), S. 185 - 203.

Armstrong, J. Scott und Overton, Terry S.: Estimating Nonresponse Bias in Mail Surveys. In: Journal of Marketing Research, Vol. 14(3) (1977), S. 396 - 402.

Backhaus, Klaus, Erichson, Bernd, Plinke, Wulff und Weiber, Rolf: Multivariate Analysemethoden. 10. Aufl., Heidelberg, Springer (2003).

Backhaus, Klaus und Pilitz, Klaus: Strategische Allianzen – Eine neue Form kooperativen Wettbewerbs? In: Strategische Allianzen, zfbf Sonderheft, Vol. 27(1990), S. 1 - 10.

Bagozzi, Richard P. und Fornell, Claes: Theoretical Concepts, Measurements, and Meaning. In: Claes Fornell (Hrsg.): "*A Second Generation of Multivariate Analysis. Volume 2: Measurement and Evaluation*". New York, Praeger (1982), S. 24 - 38.

Baker, Ted: Resources in Play: Bricolage in the Toy Store(y). In: Journal of Business Venturing, Vol. 22(5) (2007), S. 694 - 711.

Baker, Ted: Emailkommunikation vom mit dem Betreff: RE: Article Request.

Baker, Ted und Aldrich, Howard E.: Bricolage and Resource-Seeking: Improvisational Responses to Dependence in Entrepreneurial Firms. Working Paper Department of Sociology at the University of North Carolina (2000). Download unter http://www.unc.edu/~healdric/Workpapers/WP134.pdf am 22.09.2006.

Baker, Ted, Miner, Anne S. und Eesley, Dale T.: Improvising Firms: Bricolage, Account Giving and Improvisational Competencies in the Founding Process. In: Research Policy, Vol. 32(2) (2003a), S. 255 - 276.

Baker, Ted und Nelson, Reed E.: Creating Something from Nothing: Resource Construction through Entrepreneurial Bricolage. In: Administrative Science Quarterly, Vol. 50(3) (2005), S. 329 - 366.

Barney, Jay B.: Strategic Factor Markets: Expectations, Luck, and Business Strategy. In: Management Science, Vol. 32(10) (1986), S. 1231 - 1241.

Barney, Jay B.: Is the Resource-Based "View" a Useful Perspective for Strategic Management? Yes. In: Academy of Management Review, Vol. 26(1) (2001), S. 41 - 56.

Barney, Jay B.: Firm Resources and Sustained Competitive Advantage. In: Journal of Management, Vol. 17(1) (1991), 99 - 120.

Baron, Robert A. und Brush, Candida B.: The Role of Social Skills in Entrepreneurs' Success: Evidence from Videotapes of Entrepreneurs' Presentations. In: W. D. Bygrave et al. *Frontiers of Entrepreneurship Research*, Wellesley, MA, Babson College (1997),

Baron, Robert A. und Markman, Gideon D.: Beyond Social Capital: How Social Skills can Enhance Entrepreneurs' Success. In: Academy of Management Review, Vol. 14(1) (2000), S. 106 - 115.

Barton, Alan H.: Asking The Embarrassing Question. In: Public Opinion Quarterly, Vol. 22(1) (1958), S. 67-68.

Barzel, Yoram: Transactions Costs: Are They Just Costs?. In: Journal of Institutional and Theoretical Economics, Vol. 141(1) (1985), S. 4 - 16.

Bates, Timothy: Entrepreneurial Human Capital Inputs and Small Business Longevity. In: Review of Economics and Statistics, Vol. 72(4) (1990), S. 551 - 559.

Baum, Joel A. C.: Organizational Ecology. In: Stewart Clegg, Cynthia Hardy und Walter Nord (Hrsg.): "*Handbook of Organization Studies*". London, Sage (1996), S. 77 - 114.

Becker, Gary S.: Nobel Lecture: The Economic Way of Looking at Behavior. In: Journal of Political Economy, Vol. 101(3) (1993), S. 385-409.

Benisch, Werner: Kooperationsfibel. 4. Aufl., Bergisch Gladbach, Heider (1973).

Benninghaus, Hans: Einführung in die sozialwissenschaftliche Analyse. Aufl. München, Oldenbourg (2001).

Berger, Allen N. und Udell, Gregory F.: Relationship Lending and Lines of Credit in Small Firm Finance. In: Journal of Business, Vol. 68(3) (1995), S. 351 - 381.

Berger, Allen N. und Udell, Gregory F.: The Economics of Small Business Finance: The Roles of Private Equity and Debt Markets in the Financial Growth Cycle. In: Journal of Banking and Finance, Vol. 22(6-8) (1998), S. 613-673.

Bernhard, H. Russel, Killworth, Peter, Kronenfeld, D. und Sailer, Lee: On the Validity of Retrospective Data: The Problem of Informance Accuracy. In: Annual Review of Anthropology, Vol. 13 (1985), S. 495 - 517.

Bhidé, Amar V.: Bootstrap Finance: The Art of Start-Ups. In: Harvard Business Review, Vol. 70(6) (1992), S. 109 - 117.

Bhidé, Amar V.: The Origin and Evolution of New Businesses. 1. Aufl., Oxford, Oxford University Press (2000).

Bigus, Jochen: Staging of Venture Financing, Investor Opportunism and Patent Law. In: Journal of Business Finance and Accounting, Vol. 33(7&8) (2006), S. 939 - 960.

Bigus, Jochen, Langer, Thomas und Schiereck, Dirk: Warum gibt es Kreditsicherheiten? In: Kredit und Kapital, Vol. 38(4) (2005), S. 573 - 617.

Bihn, Willi R. und Gröhn, Eckard: Deskriptive Statistik — Ein Leitfaden für Wirtschaftswissenschaftler 2. Aufl. Köln, J. C. Witsch (1997).

Blau, Peter M.: Inequality and Heterogeneity. New York, Free Press (1977).

Blumberg, Boris und Letterie, Wilko: Which Business Starters Experience Limited Access to Bank Funds? In: Ann-Kristin Achleitner, Heinz Klandt, Lambert T. Koch und Kai-Ingo Voigt (Hrsg.): "*Jahrbuch für Entrepreneurship 2004/2005*". Heidelberg, Springer (2004), S. 177 - 192.

Böhm, Anne: Geschäftsbeziehungen zwischen Bank und Existenzgründer. Lohmar, Eul (1999).

Bomsdorf, Eckart: Deskriptive Statistik 12. Aufl. Lohmar, Eul (2007).

Bortz, Jürgen: Statistik für Human- und Sozialwissenschaftler. 6. Aufl., Heidelberg, Springer (2005).

Bortz, Jürgen und Döring, Nicola: Forschungsmethoden und Evaluation für Human- und Sozialwissenschaftler. 4. Aufl., Heidelberg, Springer (2006).

Bortz, Jürgen, Lienert, Gustav und Boehnke, Klaus: Verteilungsfreie Methoden in der Biostatistik. 2. Aufl., Heidelberg, Springer (2000).

Bosma, Niels, van Praag, Mirjam, Thurik, Roy und de Wit, Gerrit: The Value of Human and Social Capital Investments for the Business Performance of Startups. In: Small Business Economics, Vol. 23(3) (2004), S. 227 - 236.

Bourdieu, Pierre: Le Capital Social: Notes Provisoires. In: Actes de la Recherche en Sciences Sociales, Vol. 31(1) (1980), S. 2 - 3.

Bourdieu, Pierre: The Forms of Capital. In: John G. Richardson (Hrsg.): "*Handbook of Theory and Research for the Sociology of Education*". 2. Aufl., Westport, CT, Greenwood Press (1986), S. 241 - 258.

Brettel, Malte, Jaugey, Cyril und Rost, Cornelius: Business Angels. Der informelle Beteiligungsmarkt in Deutschland. Wiesbaden, Gabler (2000).

Brown, Terence E. und Kirchhoff, Bruce A.: The Effects of Resource Availability and Entrepreneurial Orientation on Firm Growth. In: William D. Bygrave et al. (Hrsg.): *Frontiers of Entrepreneurship Research*, Wellesley, MA, Babson College (1997), S. 32 - 46.

Brüderl, Josef, Preisendörfer, Peter und Ziegler, Rolf: Survival Chances of Newly Founded Business Organizations. In: American Sociological Review, Vol. 57(2) (1992), S. 227 - 242.

Brüderl, Josef, Preisendörfer, Peter und Ziegler, Rolf: Der Erfolg neugegründeter Betriebe. 3. Aufl. Berlin, Duncker & Humblot (2007).

Bruno, Albert V. und Tyebjee, Tyzoon T.: The Entrepreneur's Search for Capital. In: Journal of Business Venturing, Vol. 1(1) (1985), S. 61 - 74.

Brush, Candida G., Greene, Patricia G. und Hart, Myra M.: From Initial Idea to Unique Advantage: The Entrepreneurial Challenge of Constructing a Resource Base. In: Academy of Management Executive, Vol. 15(10) (2001), S. 64 - 80.

Burt, Ronald S.: Models of Network Structure. In: Annual Review of Sociology, Vol. 6(1) (1980), S. 79 - 141.

Burt, Ronald S.: Range. In: Ronald S. Burt und Michael J. Minor (Hrsg.): "*Applied Network Analysis*". Beverly Hills, CA, Sage (1983), S. 176 - 194.

Burt, Ronald S.: Structural Holes: The Social Structure of Competition. Cambridge, MA, Harvard University Press (1992).

Burt, Ronald S. : The Social Capital of Opinion Leaders. In: Annals of the American Academy of Political and Social Science, Vol. 566(1999), S. 37-54.

Bygrave, William D.: The Entrepreneurship Paradigm. In: Entrepreneurship Theory and Practice, Vol. 14(3) (1989), S. 7 - 26.

Camerer, Colin: Individual Decision-Making. In: John H. Kagel und Alvin E. Roth (Hrsg.): *"The Handbook of Experimental Economics."* Princeton, NJ, Princeton University Press (1995), S. 588 - 703.

Carter, Nancy M., Brush, Candida G., Greene, Patricia G., Gatewood, Elizabeth und Hart, Myra M.: Women Entrepreneurs who Break through to Equity Financing: The Influence of Human, Social and Financial Capital. In: Venture Capital, Vol. 5(1) (2003), S. 1 - 28.

Castringius, Roland: Regionale Gründungsförderung. 1. Aufl., Lohmar, Eul (2004).

Chaganti, Rajeswararao, DeCarolis, Dona und Deeds, David: Predictors of Capital Structure in Small Ventures. In: Entrepreneurship Theory and Practice, Vol. 20(2) (1995), S. 7 - 18.

Chandler, G. und Hanks, S. H.: An Examination of the Substitutability of Founders Human and Financial Capital in Emerging Business Ventures. In: Journal of Business Venturing, Vol. 13(5) (1998), S. 353 - 370.

Cheung, Steven N.S.: A Theory of Share Tenecy. Chicago, Chicago University Press (1969).

Cheung, Steven N.S.: A Theory of Price Control. In: Journal of Law and Economics, Vol. 17(1) (1974), S. 53 - 71.

Child, John: Organizational Structure, Environment and Performance: The Role of Strategic Choice. In: Sociology, Vol. 6(1) (1972),

Churchill, G. A.: A Paradigm for Developing Better Measures of Marketing Constructs. In: Journal of Marketing Research, Vol. 16(1) (1979), S. 64 - 73.

Churchill, Gilbert A. und Iacobucci, Dawn: Marketing Research: Methodological Foundations. 9. Aufl., Mason, OH, South-Western (2002).

Churchill, Neil C. und Lewis, Virginia L.: The Five Stages of Small Business Growth. In: Harvard Business Review, Vol. 61(3) (1983), S. 30 - 39.

Coase, Ronald H.: The Nature of the Firm, in: Economica, Vol. 4 (6), S. 386 - 405, Reprinted in: Anthony T. Kronman und Richard A. Posner "*The Economics of Contract Law.*" Boston, MA, Little Brown (1937), S. 31 - 32.

Coase, Ronald H.: The Firm, the Market, and the Law. Chicago, Chicago University Press (1988).

Coleman, James S.: Relational Analysis: The Study of Social Organizations with Survey Methods. In: Human Organization, Vol. 17(1) (1958), S. 28 - 36.

Coleman, James S.: Social Capital in the Creation of Human Capital. In: American Journal of Sociology, Vol. 94(suppl.) (1988), S. 95 - 121.

Coleman, James S.: Foundations of Social Theory. Cambridge, MA, Harvard University Press (1990).

Cooper, Arnold C.: Strategic Management: New Ventures and Small Business. In: Dan E. Schendel und Charles W. Hofer (Hrsg.): "*Strategic Management: A New View of Business Policy and Planning*". Boston, Little, Brown and Company (1979), S. 316 - 327.

Cooper, Arnold C., Gimeno-Gascon, F. Javier und Woo, Carolin Y.: Initial Human and Financial Capital as Predictors of New Venture Performance. In: Journal of Business Venturing, Vol. 9(5) (1994), S. 371 - 395.

Cooper, Joel: Cognitive Dissonance — 50 Years of a Classic Theory. Los Angeles, CA, Sage (2007).

Crick, Dave und Jones, Marian V.: Small High-Technology Firms and International High-Technology Markets. In: Journal of International Marketing, Vol. 8(2) (2000), S. 63 - 85.

Dahlqvist, Jonas und Davidsson, Per: Business Start-Up Reasons and Firm Performance. In: William D. Bygrave et al. (Hrsg.): *Frontiers of Entrepreneurship Research*, Wellesley, MA, Babson College (2000), S. 46 - 54.

Deeds, David L. und Hill, Charles W.: An Examination of Opportunistic Action Within Research Alliances: Evidence from the Biotechnology Industry. In: Journal of Business Venturing, Vol. 14(2) (1999), S. 141 - 163.

Delmar, Frédéric und Shane, Scott: Legitimating First: Organizing Activities and the Survival of New Ventures. In: Journal of Business Venturing, Vol. 19(3) (2004), S. 385 - 410

Dess, Gregory G. und Robinson, Richard B. Jr.: Measuring Organizational Performance in the Absence of Objective Measures: The Case of the Private-Held Firm and Conglomerate Business Unit. In: Strategic Management Journal, Vol. 5(3) (1984), S. 265 - 273.

Devlin, Susan J., Dong, H. K. und Brown, Marbue Selecting a Scale for Measuring Quality. In: Marketing Research, Vol. 5(3) (1993), S. 12 - 17.

Diekmann, Andreas: Empirische Sozialforschung: Grundlagen, Methoden, Anwendungen. 18. Aufl., Reinbek bei Hamburg, Rowohlt-Taschenbuch-Verl. (2007).

Dierickx, Ingemar und Cool, Karel: Asset Stock Accumulation and Sustainability of Competitive Advantage. In: Management Science, Vol. 35(12) (1989), S. 1504 - 1511.

Diomande, Mamadou: Business Creation with Minimal Resources: Some Lessons from the African Experience. In: Journal of Business Venturing, Vol. 5(4) (1990), S. 191 - 200.

Dodge, H. Robert und Robbins, John E.: An Empirical Investigation of the Organizational Life Cycle Model for Small Business Development and Survival. In: Journal of Small Business Management, Vol. 30(1) (1992), S. 27 - 37.

Dollinger, Marc J.: Entrepreneurship — Strategies and Resources 3. Aufl. Upper Saddle River, NJ, Prentice Hall (2003).

Douma, Sytse und Schreuder, Hein: Economic Approaches to OrganisationNew York, Prentice-Hall (1992).

Drucker, Peter F.: Innovation and Entrepreneurship: Practice and Principles. Oxford [u.a.], Butterworth-Heinemann (1999).

Drukarczyk, Jochen: Finanzierung. 9. Aufl., Stuttgart, Lucius & Lucius (2003).

Dubini, Paola und Aldrich, Howard: Personal and Extended Networks are Central to the Entrepreneurial Process. In: Journal of Business Venturing, Vol. 6(5) (1991), S. 305 - 313.

Ebben, Jay und Johnson, Alec: Bootstrapping in Small Firms: An Empirical Analysis of Change over Time. In: Journal of Business Venturing, Vol. 21(6) (2006), S. 851 - 865.

Eberhard, Karl: Die Kausalitätsproblematik in der Wissenschaftstheorie und in der sozialen Praxis. In: Archiv für Wissenschaft und Praxis der soziologischen Arbeit, Heft 2 (1973), S. 1 - 24.

Egeln, Jürgen, Licht, Georg und Steil, Fabian: Firm Foundations and the Role of Financial Constraints. In: Small Business Economics, Vol. 9(2) (1997), S. 137 – 150.

Eisenhardt, Kathleen M. und Schoonhoven, Claudia Bird: Organizational Growth: Linking Founding Team, Strategy, Environment, and Growth among U. S. Semiconductor Ventures, 1978-1988. In: Administrative Science Quarterly, Vol. 35(3) (1990), S. 504 - 529.

Embretson, S. E. und Reise, S. P.: Item Response Theory for Psychologists. Mawah, NJ, Lawrence Erlbaum Associates (2000).

Etter, Christa: Nachgründungsdynamik neugegründeter Unternehmen in Berlin im interregionalen Vergleich. (2003). Download unter http://www.diss.fu-berlin.de/2004/169 am 24.08.2006.

Etzioni, Amitai: The Moral Dimension: Toward a New Economics. 1. Aufl. New York, NY, Free Press (1988).

Evans, David S. und Jovanovic, Bojan: An Estimated Model of Entrepreneurship Choice Under Liquidity Constraints. In: Journal of Political Economy, Vol. 97(4) (1989), S. 808 - 828.

Fahrmeier, Ludwig und Brachinger, Hans Wolfgang: Multivariate statistische Verfahren. 2. Aufl. Berlin, de Gruyter (1996).

Fahrmeier, Ludwig, Künstler, Rita, Pigeot, Iris und Tutz, Gerhard: Statistik — Der Weg zur Datenanalyse. 5. Aufl. Heidelberg, Springer (2004).

Fallgatter, Michael J.: Theorie des Entrepreneurship – Perspektiven zur Erforschung der Entstehung und Entwicklung junger Unternehmungen. 1. Aufl., Wiesbaden, Deutscher Universitäts-Verlag (2002).

Faraone, S. V. und Hurtig, R. R.: An Examination of Social Skill, Verbal Productivity and Guttman's Model of Interaction Using Observational Methods and Sequential Analyses. In: Behavioral Assessment, Vol. 7(x) (1985), S. 349 - 366.

Fiorito, Susan S. und LaForge, Raymond W.: A Marketing Strategy Analysis of Small Retailers. In: American Journal of Small Business Finance, Vol. 10(4) (1986), S. 7 - 17.

Fischer, Claude S.: To Dwell Among Friends. Chicago, IL, Chicago University Press (1982).

Foote, Sean: The Do-it-yourself Startup and Other Trends for 2006. In: Venture Capital Journal, Vol. 46(1) (2006), S. 41 - 42.

Foss, Kirsten und Foss, Nicolai J.: The Next Step in the Evolution of the RBV: Integration with Transaction Cost Economics. In: Management Revue, Vol. 15(1) (2004), S. 107 - 122.

Foss, Nicolai J. und Knudsen, Thorbjørn: The Resource-based Tangle: Towards a Sustainable Explanation of Competitive Advantage. In: Managerial and Decision Economics, Vol. 24(4) (2003), S. 291 - 307.

Frank, Hermann, Korunka, Christian und Lueger, Manfred: Konfigurationsanalyse von Unternehmensgründungen – Hemmende und fördernde Faktoren beim Gründen von Unternehmen. In: BFuP - Betriebswirtschaftliche Forschung und Praxis, Vol. 51(3) (1999), S. 256 - 271.

Freear, John, Sohl, Jeffrey E. und Wetzel, William E.: Who Bankrolls Software Entrepreneurs? In: William D. Bygrave et al. (Hrsg.): *Frontiers of Entrepreneurship Research*, Wellesley, MA, Babson College (1995), S. 394 - 406.

Freeman, R. Edward: Strategic Management: A Stakeholder Approach. Boston, Pitman (1984).

Freeman, R. Edward und Reed, David L.: Stockholders and Stakeholders: A New Perspective on Corporate Governance. In: California Management Review, Vol. 25(3) (1983), S. 88-106.

Furubotn, Eirik und Richter, Rudolf: The New Institutional Economics: An Assessment. In: Eirik Furubotn und Rudolf Richter (Hrsg.): "*The New Institutional Economics*". College Station, TX, Texas A&M University Press (1991), S. 1 - 32.

Gargiulo, Martin und Benassi, Mario: Trapped in Your Own Net? Network Cohesion, Structural Holes, and the Adaption of Social Capital. In: Organization Science, Vol. 11(2) (2000), S. 183 - 196.

Gartner, William B.: A Conceptual Framework for Describing the Phenomenon of New Venture Creation. In: Academy of Management Review, Vol. 10(4) (1985), S. 696 - 706.

Gartner, William B.: What Are We Talking About When We Talk About Entrepreneurship? In: Journal of Business Venturing, Vol. 5(1) (1990), S. 15 - 28.

Gartner, William B. und Brush, Candida B.: Entrepreneurship as Organizing: Emergence, Newness, and Transformation. Paper presented at the Annual Academy of Management Conference, Chicago, IL, (1999).

Gerth, Ernst: Zwischenbetriebliche Kooperation. Stuttgart, Poeschel (1980).

Gifford, Sharon: Limited Attention and the Role of the Venture Capitalist. In: Journal of Business Venturing, Vol. 12(6) (1997), S. 459-482.

Gläser, Joachim: Staatliche Gründungsförderung: Erkenntnisse aus der neuen Institutionenökonomie. Münster, Lit (2002).

Granovetter, Mark S.: The Strength of Weak Ties. In: American Journal of Sociology, Vol. 78(6) (1973), S. 1360 - 1380.

Granovetter, Mark S.: Getting a Job. Cambridge, MA, Harvard University Press (1974).

Granovetter, Mark S.: Economic Action and Social Structure: The Problem of Embeddedness. In: American Journal of Sociology, Vol. 91(1985), S. 481-510.

Grant, Robert M.: The Resource-Based Theory of Competitive Advantage: Implications for Strategy Formulation. In: California Management Review, Vol. 33(3) (1991), S. 114 - 135.

Greene, Patricia G. und Brown, Terence E.: Resource Needs and the Dynamic Capitalism Typology. In: Journal of Business Venturing, Vol. 12(3) (1997), S. 161 - 173.

Grichnik, Dietmar und Schwärzel, Frank: Chancen und Risiken der Gründungsfinanzierung aus informationsökonomischer Sicht. In: Christoph J. Börner und Dietmar Grichnik (Hrsg.): "*Entrepreneurial Finance — Kompendium der Gründungs- und Wachstumsfinanzierung*". Heidelberg, Springer (2005), S. 25 - 45.

Griffin, Abbie: Metrics for Measuring Product Development Cycle Time. In: Journal of Product Innovation Management, Vol. 10(2) (1993), S. 112 - 125.

Groves, Kevin S.: The Contribution of Leader Emotional and Social Skills to Leadership Effectiveness During Strategic Organizational Change. In: Leadership Review (2003). Download unter http://www.leadershipreview.org/2003winter/article1_winter_2003.asp am 02.02.2007.

Guilford, J. P.: Creativity. In: American Psychologist, Vol. 5(9) (1950), S. 444-454.

Guilford, J. P.: The Nature of Human Intelligence. New York, McGraw-Hill (1967).

Hall, Graham C., Hutchinson, Patrick J. und Michaelas, Nicos: Industry Effects on the Determinants of Unquoted SMEs' Capital Structure. In: International Journal of the Economics of Business, Vol. 7(3) (2000), S. 297 - 312.

Hanks, Steven H., Watson, Collin J., Jansen, Erik und Chandler, Gaylen N.: Tightening the Life-Cycle Construct: A Taxonomic Study of Growth Stage Configurations in High-Technology Organizations. In: Entrepreneurship Theory and Practice, Vol. 18(2) (1993), S. 5 - 30.

Hansen, Eric L.: Resource Acquisition as a Startup Process: Initial Stocks of Social Capital and Organizational Foundings. In: William D. Bygrave et al. (Hrsg.): *Frontiers of Entrepreneurship Research*, Wellesley, MA, Babson College (2000), S. 111 - 120.

Harrison, Richard T. und Mason, Colin M.: Entrepreneurial Growth Strategies and Venture Performance in the Software Industry. Paper presented at the Babson College Entrepreneurship Research Conference, Wellesley, MA, Babson College (1997).

Harrison, Richard T., Mason, Colin M. und Girling, Paul: Financial Bootstrapping and Venture Development in the Software Industry. In: Entrepreneurship & Regional Development, Vol. 16(4) (2004), S. 307 - 333.

Hart, Myra M., Stevenson, Howard H. und Dial, Jay: Entrepreneurship: A Definition Revisited. In: Frontiers of Entrepreneurship Research, (1995), S. 75 - 89.

Hart, Oliver und Moore, John: Property Rights and the Nature of the Firm. In: Journal of Political Economy, Vol. 98(6) (1990), S. 1119 - 1158.

Hayek, Friedrich A.: Individualism and Economic Order. Chicago, IL, Chicago University Press (1948).

Herrmann, Andreas und Homburg, Christian: Marktforschung: Ziele, Vorgehensweisen und Methoden. In: Andreas Herrmann und Christian Homburg (Hrsg.): "*Marktforschung*". 2. Aufl., Wiesbaden, Gabler (2000), S. 13 - 32.

Hess, Kenneth L.: Bootstrap — Lessons Learned Building a Successful Company from ScratchCarmel, CA, S-Curve Press (2001).

Heylighen, Francis: A Structural Language for the Foundations of Physics. In: International Journal of General Systems, Vol. 18(1990), S. 93 - 112.

Hinsch, Rüdiger und Pfingsten, Ulrich: Das Gruppentraining sozialer Kompetenzen. Grundlagen, Durchführung, Materialien. 5. Aufl.,Weinheim, PVU (2007).

Hite, Julie M. und Hesterly, William S.: The Evolution of Firm Networks: From Emergence to Early Growth of the Firm. In: Strategic Management Journal, Vol. 22(3) (2001), S. 275 - 286.

Hitt, Michael A. und Ireland, R. Duane Relationships among Corporate Level Distinctive Competencies, Diversification Strategy, Corporate Structure, and Performance. In: Journal of Management Studies, Vol. 23(4) (1986), S. 402 - 416.

Hogan, Robert: Development of an Empathy Scale. In: Journal of Consulting and Clinical Psychology, Vol. 33(1969), S. 307 - 316.

Homburg, Christian und Baumgartner, Hans: Die Kausalanalyse als Instrument der Marketingforschung: Eine Bestandsaufnahme. In: Zeitschrift für Betriebswirtschaft, Vol. 65(10) (1995), S. 1091 - 1108.

Homburg, Christian und Giering, Annette: Konzeptualisierung und Operationalisierung komplexer Konstrukte. In: Marketing ZFP, Vol. 18(1) (1996), S. 5 - 24.

Hu, Michael D., Toh, Rex S. und Lee, Eunkyu: Impact of Level of Aggregation on Response Accuracy in Surveys of Behavioral Frequency. In: Marketing Letters, Vol. 7(4) (1996), S. 4 - 19.

Hunt, Thelma: The Measurement of Social Intelligence. In: Journal of Applied Psychology, Vol. 12(5) (1928), S. 317 - 334.

Irby, David M.: How Attending Physicians Make Instructional Decisions when Conducting Teaching Rounds. In: Academic Medicine, Vol. 67(10) (1992), S. 630 - 638.

Jansen, Dorothea: Einführung in die Netzwerkanalyse — Grundlagen, Methoden, Anwendungen. 1. Aufl., Opladen, Leske + Budrich (1999).

Jansen, Dorothea: Innovation durch Organisationen, Märkte oder Netzwerke? In: Reinhold Reith, Rupert Pichler und Christian Dirninger (Hrsg.): *"Innovationskultur in historischer und ökonomischer Perspektive. Modelle, Indikatoren und regionale Entwicklungslinien."* Innsbruck, Studien Verlag (2006), S. 77 - 97.

Janssen, Jürgen und Laatz, Wilfried: Statistische Datenanalyse mit SPSS für Windows. 6. Aufl., Heidelberg, Springer (2007).

Jensen, Michael C und Meckling, William H.: Theory of the Firm: Managerial Behavior, Agency Costs, and Ownership Structure. In: Journal of Financial Economics, Vol. 3(4) (1976), S. 305 - 360.

Johannisson, Bengt: Economies of Overview — Guiding the External Growth of Small Firms. In: International Small Business Journal, Vol. 9(1) (1990), S. 32 - 44.

Johannisson, Bengt: Paradigms and Entrepreneurial Networks — Some Methodological Challenges. In: Entrepreneurship & Regional Development, Vol. 7(3) (1995), S. 215 - 231.

Jordan, M. I. und Russel, S.: Categorization. In: Robert A. Wilson (Hrsg.): "*The MIT Encyclopedia of the Cognitive Sciences*". Cambridge, MA, MIT Press (1999), S. 104-106.

Jouanne-Diedrich, Holger von: 15 Jahre Outsourcing-Forschung: Systematisierung und Lessons Learned. In: Rüdiger Zarnekow und Walter Brenner (Hrsg.): "*Informationsmanagement. Konzepte und Strategien für die Praxis*". Heidelberg, dpunkt.verlag (2004), S. 125–133.

Kazanjian, Robert K.: Relation of Dominant Problems to Stages of Growth in Technology-Based New Ventures. In: Academy of Management Journal, Vol. 31(2) (1988), S. 257 - 279.

Kirchhoff, Bruce A.: Creative Destruction among Industrial Firms in the United States. In: Small Business Economics, Vol. 1(3) (1989), S. 161 - 173.

Klandt, Heinz: Business Angels Closing the Gap. In: Klaus Nathusius, Heinz Klandt und Dietrich Seibt (Hrsg.): "*Beiträge zur Unternehmungsgründung*". Lohmar, Eul (2001), S. 157 - 179.

Klandt, Heinz: Unternehmenslebensphasen und ihre erfolgreiche Gestaltung. In: Claus Steinle und Katja Schumann (Hrsg.): "*Gründung von Technologieunternehmen: Merkmale — Erfolg — Empirische Ergebnisse*". 1. Aufl., Wiesbaden, Gabler (2003), S. 99 - 114.

Klandt, Heinz Überlegungen und Vorschläge zur Abgrenzung und Strukturierung des Objektbereichs der Gründungsforschung. In: Klaus Nathusius, Heinz Klandt, Erwin Grochla, Günter Kirschbaum und Norbert Szyperski (Hrsg.): "*Unternehmungsgründung: Konfrontation von Forschung und Praxis*". 1. Aufl., Bergisch Gladbach, Eul (1984),

Klandt, Heinz, Kirchhoff-Kestel, Susanne und Struck, Jochen: Zur Wirkung der Existenzgründungsförderung auf junge Unternehmen — Eine vergleichende Analyse geförderter und nicht-geförderter Unternehmen. Köln, Förderkreis Gründungs-Forschung (1998).

Klandt, Heinz und Kirschbaum, Günter: Software- und Systemhäuser — Strategien in der Gründungs- und Frühentwicklungsphase. Sankt Augustin, Ges. für Mathematik und Datenverarbeitung (1985).

Knoke, David und Kuklinski, James: Network Analysis. Beverly Hills, CA, Sage (1982).

Köhler, Richard: Zum Finanzierungsbegriff einer entscheidungsorientierten Betriebswirtschaftslehre. In: Zeitschrift für Betriebswirtschaft, Ausg. 39(6) (1969), S. 435 - 456.

Koob, Dirk: Sozialkapital zur Sprache gebracht: Eine bedeutungstheoretische Perspektive auf ein sozialwissenschaftliches Begriffs- und Theorieproblem. Göttingen, Universitätsverlag Göttingen (2007).

Kotkin, Joel: Why Smart Companies Say No to Venture Capital. In: Inc., Vol. 6(8) (1984), S. 65 - 75.

Kulicke et al., Marianne: Chancen und Risiken junger Technologieunternehmen. Heidelberg, Physica-Verl. (1993).

Lahm, Robert J. und Little, Harold T.: Bootstrapping Business Start-Ups: Entrepreneurship Literature, Textbooks, and Teaching Versus Current Business Practices? Proceedings of the Academy of Entrepreneurship, Vol. 11(2), Las Vegas, Allied Academies International Conference (2005).

Landström, Hans: The Relationship Between Private Investors and Small Firms: An Agency Theory Approach. In: Entrepreneurship & Regional Development, Vol. 4(3) (1992), S. 199 - 223.

Landström, Hans und Winborg, Joakim: Small Business Managers' Attitudes Towards Growth and Use of Financial Sources. In: William D. Bygrave et al. (Hrsg.): *Frontiers of Entrepreneurship Research*, Wellesley, MA, Babson College (1995), S. 172 - 186.

Laumann, Edward O: Subjective Social Distance: The Like-Me and Prestige Hypotheses. In: Edward O. Laumann (Hrsg.): "*Prestige and Association in an Urban Community: An Analysis of an Urban Stratification System*". Indianapolis, Bobbs-Merrill (1966), S. 39 - 53.

Laumann, Edward O., Mardsen, Peter V. und Prensky, David: The Boundary Specification Problem in Network Analysis. In: Ronald S. Burt und Michael J. Minor (Hrsg.): "*Applied Network Analysis*". Beverly Hills, CA, Sage (1983), S. 18 - 34.

Leana, Carrie R. und van Buren, Harry J.: Organizational Social Capital and Employment Practices. In: Academy of Management Review, Vol. 24(3) (1999), S. 538-555.

Lechler, Thomas und Gemünden, Hans Georg: Gründerteams: Chancen und Risiken für den Unternehmenserfolg. Ergebnisse einer empirischen Untersuchung. Heidelberg, Physica (2003).

Lévi-Strauss, Claude: The Savage Mind. 1. Aufl., London, Weidenfeld & Nicolson (1966).

Levin, Richard I. und Travis, Virginia R.: Small Company Financing: What the Books Don't Say. In: Harvard Business Review, Vol. 65(6) (1987), S. 30 - 32.

Lewicki, Roy J., Barry, Bruce und Saunders, David M.: Essentials of Negotiation. 4. Aufl., Boston, McGraw-Hill (2007).

Liao, Jianwen und Welsch, Harold P.: Social Capital and Growth Intention: The Role of Entrepreneurial Networks in Technology-based New Ventures. In: William D. Bygrave et al. (Hrsg.): *Frontiers of Entrepreneurship Research*, Wellesley, MA, Babson College (2001), S. 315 - 327.

Lin, Nan: Social Capital — A Theory of Social Structure and Action. Cambridge, Cambridge University Press (2001a).

Lin, Nan: Building a Network Theory of Social Capital. In: Nan Lin, Karen Cook und Ronald S. Burt (Hrsg.): "*Social Capital — Theory and Research*". New York, de Gruyter (2001b), S. 3 - 30.

Lindstrand, Angelika, Melen, Sara und Rovira, Emilia: Turning Social Capital into Business? A Study of Swedish Biotech Firms' International Expansion. SMG Working Paper No.10/2006, Center for Strategic Management and Globalization at Copenhagen Business School (2006). Download unter http://ir.lib.cbs.dk/download/ISBN/8791815274.pdf am 17.04.2007.

Little, Royal: Shoestring Financing of Great Enterprises. In: Journal of Business Venturing, Vol. 2(1) (1987), S. 1 - 3.

Lord, F.M.: Applications of Item Response Theory to Practical Testing Problems. Hillsdale, NJ, Lawrence Erlbaum Associates (1990).

Mahoney, Joseph T. und Michael, Steven C.: A Subjectivist Theory of Entrepreneurship. In: Sharon A. Alvarez, Rajshree Agarwal und Olav Sorenson (Hrsg.): "*Handbook of Entrepreneurship Research — Interdisciplinary Perspectives*". New York, NY, Springer (2005), S. 33 - 54.

Mankiw, N. Gregory: Principles of Economics — Grundzüge der Volkwirtschaftslehre. 3. Aufl., Stuttgart, Schäffer-Poeschel (2004).

Mann, Henry und Whitney, Donald: On a Test of Whether One of Two Random Variables is Stochastically Larger than the Other. In: Annals of Mathematical Statistics, Vol. 18(1) (1947), S. 50 - 60.

Mardsen, Peter V.: Network Data and Measurement. In: Annual Review of Sociology, Vol. 16(3) (1990), S. 435 - 463.

Markman, Gideon D.: Entrepreneurs' Competencies. In: J. Robert Baum, Michael Frese und Robert A. Baron (Hrsg.): "*The Psychology of Entrepreneurship*". London, Lawrence Erlbaum (2007), S. 67 - 92.

Marlowe, H. A. Jr.: Social Intelligence: Evidence for Multidimensionality and Construct Independence. In: Journal of Educational Psychology, Vol. 78(1) (1986), S. 52 - 58.

Marz, Peter: Selbstkonzept und Internalität — Faktorielle Validität des Fragebogens zu Kompetenz- und Kontrollüberzeugungen (FKK) bei einer ostdeutschen Stichprobe. In: Diagnostica, Vol. 42(4) (1996), S. 377 - 385.

McClelland, David C.: The Achieving Society. Princeton, NJ, Van Nostrand (1961).

McClelland, David C., Atkinson, John W., Clark, Russel A. und Lowell, Edgar L.: The Achievement Motive. Princeton, NJ, Van Nostrand (1953).

Mellewigt, Thomas und Späth, Julia F.: Entrepreneurial Teams — A Survey of German and US Empirical Studies. In: ZfB-Ergänzungsheft (5), (2002), S. 107 - 124.

Miles, Raymond E., Miles, Grant und Snow, Charles C.: Collaborative Entrepreneurship: How Communities of Networkes Firms Use Continuous Innovation to Create Economic Wealth. Standford, CA, Standford University Press (2005).

Miller, Danny und Tolouse, Jean Marie: Strategy, Structure, CEO Personality and Performance in Small Firms. In: American Journal of Small Business, Vol. 10(3) (1986), S. 47 - 62.

Mintzberg, Henry, Ahlstrand, Bruce und Lampel, Joseph: Strategy Safari: A Guided Tour Through the Wilds of Strategic Management. 1. Aufl., New York, NY, The Free Press (1999).

Mishra, Chandra S. und McConaughy, Daniel L.: Founding Family Control and Capital Structure: The Risk of Loss of Control and the Aversion to Debt. In: Entrepreneurship Theory and Practice, Vol. 23(4) (1999), S. 53 - 64.

Moorman, Christine und Miner, Anne S.: The Convergence of Planning and Execution: Improvisation in New Product Development. In: Journal of Marketing, Vol. 62(4) (1998), S. 1 - 20.

Mosakowski, Elaine: Strategy Making under Causal Ambiguity: Conceptual Issues and Empirical Evidence. In: Organization Science, Vol. 8(4) (1997), S. 414 - 442.

Moser, Klaus, Diemand, Andreas und Schuler, Heinz: Inkonsistenz und soziale Fertigkeit als zwei Komponenten von Self-Monitoring. In: Diagnostica, Vol. 42(3) (1996), S. 268-283.

Müller, Kathrin und Ehrhart, Nick: Finanzierung durch Business Angels in Deutschland — Ein Marktüberblick. KfW-Research — Wirtschafts-Observer Online, Nr. 17(2006), 12 S.

Münstermann, Hans: Bedeutung der Opportunitätskosten für unternehmerische Entscheidungen. In: ZfB-Ergänzungsheft (1) (1966), S. 18 - 36.

Myers, Stewart C.: The Capital Structure Puzzle. In: Journal of Finance, Vol. 39(3) (1984), S. 575 - 592.

Nahapiet, Janine und Ghoshal, Sumantra: Social Capital, Intellectual Capital and the Organizational Advantage. In: Academy of Management Review, Vol. 23(2) (1998), S. 242 - 266.

Nathusius, Klaus: Modelle der Gründungsfinanzierung. In: Klaus Nathusius, Heinz Klandt und Dietrich Seibt (Hrsg.): "*Beiträge zur Unternehmungsgründung*". 1. Aufl., Lohmar, Eul (2001a), S. 3 - 47.

Nathusius, Klaus: Grundlagen der Gründungsfinanzierung: Instrumente — Prozesse — Beispiele. 1. Aufl., Wiesbaden, Gabler (2001b).

Nathusius, Klaus: Finanzierungsinstrumente für unterschiedliche Gründungsmodelle. In: Klaus Nathusius, Heinz Klandt und Dietrich Seibt (Hrsg.): "*Beiträge zur Unternehmungsgründung*". 1. Aufl., Lohmar, Eul (2001c), S. 49 - 151.

Nathusius, Klaus: Mezzanine Finance als Instrument der Gründungs- und Wachstumsfinanzierung. In: Klaus Nathusius, Heinz Klandt und Dietrich Seibt (Hrsg.): "*Beiträge zur Unternehmungsgründung*". 1. Aufl., Lohmar, Eul (2001d), S. 181 - 226.

Nathusius, Klaus: Finanzierungsinstrumente für unterschiedliche Gründungsmodelle. In: ZFBF Schmalenbachs Zeitschrift für betriebswirtschaftliche Forschung, Vol. 55(2) (2003), S. 155 - 193.

Nathusius, Klaus, Winand, Judith und Klose, Andy: Analyse des Finanzbedarfs von Universitätsausgründungen: Theoretische und empirische Voruntersuchung zu einem START-Early-Stage-Venture-Capital-Fonds in Hessen und Niedersachsen. 1. Aufl., Lohmar, Eul (2005).

Neeley, Lynn: Entrepreneurs and Bootstrap Finance. Working Paper. The Academy of Entrepreneurial Finance (2003). Download unter http://www.aoef.org/papers/2003/neeley.pdf am 03.06.2006.

Neher, Darwin V.: Staged Financing: An Agency Perspective. In: The Review of Economic Studies, Vol. 66(2) (1999), S. 255 - 274.

Nelson, Richard R. und Winter, Sidney G.: An Evolutionary Theory of Economic Change. Cambridge, MA, Harvard University Press (1982).

Nerlinger, Eric: Standorte und Entwicklung junger innovativer Unternehmen: Empirische Ergebnisse für Westdeutschland. Baden-Baden, Nomos (1998).

Niehans, J.: Transaction Costs. In: John Eatwell, Murray Milgate und Peter Newman (Hrsg.): "*The New Palgrave: A Dictionary of Economics*". London, MacMillan (1987), S. 676 - 679.

Nieschlag, Robert, Dichtl, Erwin und Hörschgen, Hans: Marketing. 18. Aufl., Berlin, Duncker & Humblot (1997).

Norton, E.: Capital Structure and Small Growth Firms. In: The Journal of Small Business Finance, Vol.1(2) (1991), S. 161 - 177.

Nunally, Jum C.: Psychometric Theory. 1. Aufl., New York, (1978).

o.V.: Duden — Das große Fremdwörterbuch. 1. Aufl., Mannheim, Dudenverlag (1994).

Olfert, Klaus und Reichel, Christopher: Finanzierung — Kompendium der praktischen Betriebswirtschaft. 13. Aufl., Ludwigshafen, Kiehl (2005).

Ostgaard, Tone A. und Birley, Sue: Personal Networks and Firm Competitive Strategy - A Strategic or Coincidental Match? In: Journal of Business Venturing, Vol. 9(4) (1994), S. 281 - 305.

Parker, Simon C.: The Economics of Self-Employment and Entrepreneurship. Cambridge, Cambridge University Press (2004).

Parkin, Frank: The Social Analysis of Class Structure. Repr., London, Routledge (2001).

Pennings, Johannes M.: Environmental Influences on the Creation Process. In: John R. Kimberly und Raymond E. Miles (Hrsg.): "*The Organizational Life Cycle*". San Francisco, Jossey-Bass (1980), S. 135-160.

Pennings, Johannes M.: Interlocking Directorates. San Francisco u. a., Jossey-Bass (1980).

Penrose, Edith T.: The Theory of the Growth of the Firm. Oxford, Basil Blackwell (1959).

Perridon, Louis und Steiner, Manfred: Finanzwirtschaft der Unternehmung. 14. Aufl., München, Vahlen (2007).

Peteraf, Margaret A.: The Cornerstones of Competitive Advantage: A Resource-Based View. In: Strategic Management Journal, Vol. 14(3) (1993), S. 179 - 191.

Peterson, Robert A.: A Meta-Analysis of Cronbach's Coefficient Alpha. In: Journal of Consumer Research, Vol. 21(2) (1994), S. 381 - 391.

Phillips, Lynn W.: Assessing Measurement Error in Key Information Responses: A Methodological Note on Organizational Analysis in Marketing. In: Journal of Marketing Research, Vol. 18(4) (1981), S. 395 - 415.

Picot, Arnold, Dietl, Helmut und Franck, Egon: Organisation — Eine ökonomische Perspektive. 4. Aufl., Stuttgart, Schäffer-Poeschel (2004).

Picot, Arnold, Laub, Ulf-Dieter und Schneider, Dietram: Innovative Unternehmensgründungen — Eine ökonomisch-empirische Analyse. Berlin, Springer (1989).

Pohl, Rüdiger F.: Der Rückschau-Fehler: Systematische Verfälschung der Erinnerung bei Experten und Novizen. In: Kognitionswissenschaft, Vol. 3(1) (1992), S. 38 - 44.

Porter, Michael E.: Competitive Advantage. 1. Aufl., New York, NY, The Free Press (1985).

Porter, Michael E.: What is Strategy? In: Harvard Business Review, Vol. 74(6) (1996),

Porter, Michael E.: The Five Competitive Forces that Shape Strategy. In: Harvard Business Review, Vol. 86(1) (2008), S. 78 - 93.

Porter, Michael E. und Fuller, Mark B.: Coalitions and Global Strategy. In: Michael E. Porter (Hrsg.): "*Competition in Global Industries*". Boston, Harvard Business School Press (1986), S. 315-343.

Portes, Alejandro: Social Capital — Its Origins and Applications in Modern Sociology. In: Annual Review of Sociology, Vol. 24(1) (1998), S. 263 - 272.

Portes, Alejandro: The Two Meanings of Social Capital. In: Sociological Forum, Vol. 15(1) (2000), S. 1 - 12.

Portes, Alejandro und Sensenbrenner, Julia: Embeddedness and Immigration: Notes on the Social Determinants of Economic Action. In: American Journal of Sociology, Vol. 98(6) (1993), S. 1320 - 1350.

Priem, Richard L. und Butler, John E.: Is the Resource-Based "View" a Useful Perspective for Strategic Management? In: Academy of Management Review, Vol. 26(1) (2001), S. 22 - 40.

Priem, Richard L. und Butler, John E.: Tautology in the Resource-Based View and the Implications of Externally Determined Resource Value: Further Comments. In: Academy of Management Review, Vol. 26(1) (2001), S. 57 - 65.

Putnam, Robert D.: Making Democracy Work: Civic Traditions in Modern Italy. Princeton, NJ, Princeton University Press (1993).

Rahim, M. Afzalur: A Measure of Styles of Handling Interpersonal Conflict. In: Academy of Management Journal, Vol. 26(2) (1983), S. 368 - 376.

Rasche, Christoph: Wettbewerbsvorteile durch Kernkompetenzen. Wiesbaden, Gabler (1994).

Raspe, Rudolf E., Searle, Ronald und Carswell, John: The Adventures of Baron Munchausen: Singular Travels, Campaigns and Adventures. London, Methuen Publishing (1987).

Rauch, Andreas und Frese, Michael: Let's Put the Person Back into Entrepreneurship Research: A Meta-Analysis on the Relationship between Business Owners' Personality Traits, Business Creation, and Success. In: European Journal of Work & Organizational Psychology, Vol. 16(4) (2007), S. 353 - 385.

Reid, Gavin C.: The Application of Principal-Agent Methods to Investor-Investee Relations in the UK Venture Capital Industry. In: Venture Capital, Vol. 1(4) (1999), S. 285 - 302.

Rentrop, Norman: Innovative Imitation als Gründungsstrategie. In: Klaus Nathusius, Heinz Klandt und Günter Kirschbaum (Hrsg.): "*Unternehmungsgründung — Konfrontation von Forschung und Praxis*". 1. Aufl., Bergisch Gladbach, Eul (1984), S. 189 - 204.

Reynolds, Paul D. und Miller, Brenda: New Firm Gestation: Conception, Birth and Implications for Research. In: Journal of Business Venturing, Vol. 7(5) (1992), S. 461 - 465.

Richards, Michael: Light One Candle, A Handbook for Bootstrapping Entrepreneurs. 1. Aufl., Chicago, IL, Innovation Press (1998).

Riggio, Ronald E.: Assessment of Basic Social Skills. In: Journal of Personality and Social Psychology, Vol. 51(3) (1986), S. 649 - 660.

Riggio, Ronald E. und Carney, Dana R.: Social Skills Inventory Manual. 2. Aufl., Mindgarden (2003).

Riggio, Ronald E. und Throckmorton, Barbara: The Relative Effects of Verbal and Nonverbal Behavior, Appearance, and Social Skills on Valuations Made in Hiring InterviewsJournal of Applied Social Psychology, Vol. 18(2) (1988), S. 331 - 348.

Rindfleisch, Aric und Moorman, Christine: The Acquisition and Utilization of Information in New Product Alliances: A Strength-of-Ties Perspective. In: Journal of Marketing, Vol. 65(2) (2001), S. 1 - 18.

Rippberger, Tanja: Ökonomik des Vertrauens. Tübingen, Mohr (1998).

Rubin, R. S., Carney, Dana R. und Riggio, Ronald E.: Screening for Social Skills: A Psychometric Evaluation of the Brief Social Skills Inventory. In: Journal of Personality Assessment, Vol. 90(2008 (in press)),

Ruekert, Robert W. und Churchill Jr., Gilbert A.: Reliability and Validity of Alternative Measures of Channel Member Satisfaction. In: Journal of Marketing Research, Vol. 21(2) (1984), S. 226 - 233.

Sahlman, William A.: The Structure and Governance of Venture-Capital Organizations. In: Journal of Financial Economics, Vol. 27(2) (1990), S. 473 - 521.

Sahlman, William A.: Insights from the Venture Capital Model of Project Governance. In: Business Economics, Vol. 29(3) (1994), S. 35 - 37.

Sapienza, Harry J., Korsgaard, M. Audrey und Forbes, Daniel P.: The Self-Determination Motive and Entrepreneurs' Choice of Financing. In: Jérôme A. Katz (Hrsg.): "*Cognitive Approaches to Entrepreneurship Research*". Amsterdam, JAI (2003), S. 105 - 138.

Schaub, Harald: Sunk Costs, Rationalität und ökonomische Theorie. Stuttgart, Schäffer-Poeschel (1997).

Schindehutte, Minet und Morris, Michael H.: Understanding Strategic Adaptation in Small Firms. In: International Journal of Entrepreneurial Behaviour & Research, Vol. 7(3) (2001), S. 84 - 107.

Schmidt, Axel G.: Indikatoren für Erfolg und Überlebenschancen junger Unternehmen. In: ZfB-Ergänzungsheft, (5) (2002), S. 21 - 54.

Schnell, Rainer, Hill, Paul Bernhard und Esser, Elke: Methoden der empirischen Sozialforschung. 7. Aufl., München, Oldenbourg (2005).

Scholz, Christian: Personalmanagement: Informationsorientierte und verhaltenstheoretische Grundlagen. 5. Aufl., München, Vahlen (2000).

Schrüfer, Klaus: Ökonomische Analyse individueller Arbeitsverhältnisse. Frankfurt a.M., Campus (1988).

Schulte, Reinhard: Gibt es eine Theorie der Unternehmensgründung? Überlegungen zum Theorieapparat eines jungen Forschungsfeldes. In: Urs Fueglistaller, Thierry Volery und Walter Weber (Hrsg.): *Understanding the Regulatory Climate for Entrepreneurship and SMEs: Paper presented to the Rencontres de St-Gall 2006*, St. Gallen, KMU Verlag HSG (2006), S. 1 - 12.

Schulz, Eckehard: Die Finanzierung von Existenzgründungen - Eine informationsökonomische Analyse. 1. Aufl., Frankfurt a. M. [u.a.], Europäischer Verlag der Wissenschaften (2000).

Schumpeter, Joseph A.: Die Theorie der wirtschaftlichen Entwicklung. Leipzig, Duncker & Humblot (1993).

Shane, Scott und Cable, Daniel: Network Ties, Reputation, and the Financing of New Ventures. In: Management Science, Vol. 48(3) (2002), S. 364 - 381.

Sherman, Andrew J.: Raising Capital — Get the Money You Need to Grow Your Business. New York, NY, Amacom (2005).

Smith, Ken G., Carroll, Stephen J. und Ashford, Susan J.: Intra- and Interorganisation Cooperation: Toward a Research Agenda. In: Academy of Management Journal, Vol. 38(2) (1995), S. 7 - 23.

Smith, Ken G., Mitchell, Terence R. und Summer, Charles E.: Top Level Management Priorities in Different Stages of the Organizational Life Cycle. In: Academy of Management Journal, Vol. 28(4) (1985), S. 799 - 820.

Smith, Richard L. und Kiholm Smith, Janet: Entrepreneurial Finance. 2. Aufl., Hoboken, NJ, John Wiley & Sons (2004).

Spearman, Charles: General Intelligence, Objectively Determined and Measured. In: American Journal of Psychology, Vol. 15(3) (1904), S. 201 - 293.

Spence, A. Michael: Job Market Signalling. In: Quarterly Journal of Economics, Vol. 87(3) (1973), S. 355 - 374.

Sprenger, Karl-August, von Hinten, Peter und Steiner, Joachim: Finanzierungssituation und Finanzierungsverhalten mittelständischer Betriebe. Göttingen, Schwartz (1982).

Starr, Jennifer A. und Fondas, Nanette: A Model of Entrepreneurial Socialization and Organization Formation. In: Entrepreneurship Theory and Practice, Vol. 17(1) (1992), S. 67 - 76.

Starr, Jennifer A. und McMillan, Ian C.: Resource Cooptation via Social Contracting: Resource Acquisition Strategies for New Ventures. In: Strategic Management Journal, Vol. 11(1990), S. 79 – 92.

Staudt, Erich, Kriegesmann, Bernd und Behrent, Sabine: Zwischenbetriebliche Kooperationen. In: Werner Kern, Hans-Horst Schröder und Jürgen Weber (Hrsg.): "*Handwörterbuch der Produktionswirtschaft*". 2. Aufl., Stuttgart, Schäffer-Poeschel (1996), S. 922 - 935.

Steegmann, Johannes: Funktionen der Hausbank bei der Unterstützung von Unternehmensgründungen. Lohmar, Eul (2006).

Stevenson, Howard H. und Gumpert, David E.: The Heart of Entrepreneurship. In: Harvard Business Review, Vol. 63(2) (1985), S. 88.

Stevenson, Howard H. und Harmeling, Susan: Entrepreneurial Management's Need for a More "Chaotic" Theory. In: Journal of Business Venturing, Vol. 5(1) (1990), S. 1 - 14.

Stiglitz, Joseph E. und Weiss, Andrew: Credit Rationing in Markets with Imperfect Information. In: American Economic Review, Vol. 71(3) (1981), S. 393 - 410.

Stinchcombe, Alfred L.: Social Structure and Organizations. In: J. G. March (Hrsg.): "*Handbook of Organizations*". Chicago, IL, Rand McNally & Comp. (1965), S. 142-193.

Storey, David J.: Understanding the Small Business Sector. 1. Aufl., New York, Routledge (1994a).

Storey, David J.: New Firm Growth and Bank Financing. In: Small Business Economics, Vol. 6(2) (1994b), S. 139 - 150.

Stuart, Toby E. und Sorenson, Olav: Social Networks and Entrepreneurship. In: Sharon A. Alvarez, Rajshree Agarwal und Olav Sorenson (Hrsg.): "*Handbook of Entrepreneurship Research — Interdisciplinary Perspectives*". New York, NY, Springer (2005), S. 233 - 251.

Szyperski, Norbert und Nathusius, Klaus: Probleme der Unternehmungsgründung: Eine betriebswirtschaftliche Analyse unternehmerischer Startbedingungen. 2. Aufl., Lohmar [u. a.], Eul (1999).

Szyperski, Norbert und Winand, Udo: Grundbegriffe der Unternehmungsplanung. Stuttgart, Schäffer-Poeschel (1980).

Thorndike, Edward L. und Stein, S.: An Evaluation of the Attempts to Measure Social Intelligence. In: Psychological Bulletin, Vol. 34(3) (1937), S. 275 - 285.

Thorne, John R.: Alternative Financing for Entrepreneurial Ventures. In: Entrepreneurship Theory and Practice, Vol. 13(3) (1989), S. 7 - 9.

Tilleßen, Philipp: Unvollkommene Kapitalmärkte und staatliche Gründungsförderung. (2004).

Timmons, Jeffry und Spinelli, Stephen: New Venture Creation, Entrepreneurship for the 21st Century. 6. intern. Aufl., New York, McGraw-Hill (2003).

Tröndle, Dirk: Kooperationsmanagement, Steuerung interaktioneller Prozesse bei Unternehmenskooperationen. Bergisch Gladbach, Eul (1987).

Tyebjee, Tyzoon T. und Bruno, Albert V.: A Model of Venture Capitalist Investment Activity. In: Management Science, Vol. 30(9) (1984), S. 1051 - 1066.

Unterkofler, Günther: Erfolgsfaktoren innovativer Unternehmensgründungen — Ein gestaltungsorientierter Lösungsansatz betriebswirtschaftlicher Gründungsprobleme. Frankfurt a. M., Lang (1989).

Uzzi, Brian: Embeddedness in the Making of Financial Capital: How Social Relations and Networks Benefit Firms Seeking Capital. In: American Sociological Review, Vol. 64(4) (1999), S. 481 - 505.

Van Auken, Howard E.: Financing Small Technology-based Companies: The Relationship between Familiarity with Capital and Ability to Price and Negotiate Investment. In: Journal of Small Business Management, Vol. 39(3) (2001), S. 240 - 258.

Van Auken, Howard E.: Differences in the Usage of Bootstrap Financing among Technology-Based versus Non-Technology-Based Firms. In: Journal of Small Business Management, Vol. 43(1) (2005), S. 93 - 103.

Van Auken, Howard E. und Neeley, Lynn: Evidence of Bootstrap Financing Among Small Start-up Firms. In: Journal of Entrepreneurial & Small Business Finance, Vol. 5(3) (1996), S. 233 - 248.

Van der Gaag, Martin und Snijders, Tom A. B.: The Resource Generator: Social Capital Quantification with Concrete Items. Working Paper. University of Groningen (2004). Download unter http://www.xs4all.nl/~gaag/work/RG_paper.pdf am 01.07.2007.

Van Osnabrugge, Mark: A Comparison of Business Angel and Venture Capitalist Investment Procedures: An Agency Theory-Based Analysis. In: Venture Capital, Vol. 2(2) (2000), S. 91 - 109.

van Praag, Mirjam: Initial Capital Constraints Hinder Entrepreneurial Venture Performance: An Empirical Analysis. CESifo Working Paper Series No. 887, (2003), 31 S.

Venkataraman, S.: The Distinctive Domain of Entrepreneurship Research: An Editor's Perspective. In: Jerôme Katz und Richard Brockhaus (Hrsg.): "*Advances in Entrepreneurship, Firm Emergence and Growth*". Greenwich, CT, JAI Press (1997), S. 119 - 138.

vom Berge, Felix: From Smirnov and Other Beverages. In: Journal of Applied Spirituous Beverages Vol. 69(6) (2004), S. 263.

Voß, Werner: Taschenbuch der Statistik. Leipzig, Fachbuchverlag Leipzig im Carl Hanser Verlag (2000).

Wasserman, Stanley und Faust, Katherine: Social Network Analysis: Methods and Applications. Cambridge, Cambridge University Press (1994).

Watson, Warren E., Ponthieu, Louis D. und Critelli, Joseph W.: Team Interpersonal Effectiveness in Venture Partnerships and its Connection to Perceived Success. In: Journal of Business Venturing, Vol. 10(5) (1995), S. 393 - 411.

Wayne, K. Michelle und Kacmar, Sandy J.: The Effects of Impression Management on the Performance Appraisal Process. In: Organizational Behavior and Human Decision Processes, Vol. 48(1) (1991), S. 70 - 88.

Weber, Max: Economy and Society. Berkeley, CA, University of California Press (1968).

Wegner, Sabine: Effizientes Konfliktlösen. Ein neuer Ansatz zur Erfassung sozial-intelligenter Lösungsstrategien im Betrieb. Frankfurt, Peter Lang (1989).

Wellman, Barry: An Egocentric Network Tale. In: Social Networks, Vol. 15(1993), S. 423 - 436.

Werner, Arndt: Entrepreneurial Signaling — Eine theoretische und empirische Analyse des Einflusses von höheren Bildungssignalen und Patenten auf innovative Unternehmensgründungen. München, Rainer Hampp Verlag (2006).

Wernerfelt, Birger: A Resource-based View of the Firm. In: Strategic Management Journal, Vol. 5(2) (1984), S. 171 - 180.

Williamson, Oliver E.: Markets and Hierarchies: Analysis and Antitrust Implications: A Study in the Economics of Internal Organization. New York, Free Press (1975).

Williamson, Oliver E.: Comparative Economic Organization: The Analysis of Discrete Structural Analysis. In: Administrative Science Quarterly, Vol. 36(2) (1991), S. 269 - 296.

Winborg, Joakim: What Do We Mean by Financial Bootstrapping? Paper Presented at the 17th Nordic Conference on Business Studies, Reykjavik, Scandinavian Academy of Management (2003).

Winborg, Joakim und Landström, Hans: Financial Bootstrapping in Small Businesses – A Resource-Based View on Small Business Finance. In: William D. Bygrave et al. (Hrsg.): *Frontiers of Entrepreneurship Research*, Wellesley, MA, Babson College (1997), S. 471 – 485.

Winborg, Joakim und Landström, Hans: Financial Bootstrapping in Small Businesses: Examining Small Business Managers' Resource Acquisition Behaviors. In: Journal of Business Venturing, Vol. 16(3) (2001), S. 235 - 254.

Wippler, Armgard: Innovative Unternehmensgründungen in Deutschland und USA. Wiesbaden, Gabler (1998).

Wolf, Björn und Ossenkopf, Birgit: Kapitalschonende Entwicklungswege – Ansätze zur Lösung der Finanzierungsprobleme junger innovativer Unternehmen. Working Paper — Unternehmen und Region des Fraunhofer-Instituts für System- und Innovationsforschung (2005). Download unter http://publica.fraunhofer.de/eprints/N-30865.pdf am 16.11.2005.

Wolff, Birgitta: Zum methodischen Status von Verhaltensannahmen in der Neuen Institutionenökonomik. In: Thomas Edeling, Werner Jann und Dieter Wagner (Hrsg.): "*Institutionenökonomik und Neuer Institutionalismus*". Opladen, Leske + Budrich (1999), S. 133 - 146.

Woo, Carolin Y., Cooper, Arnold C., Nicholls-Nixon, Charlene und Dunkelberg, William C.: Adaptation By Start-Up Firms. In: William D. Bygrave et al. (Hrsg.): *Frontiers of Entrepreneurship Research*, Wellesley, MA, Babson College (1990), S. 132 - 143.

Wurche, Sven: Strategische Kooperationen: Theoretische Grundlagen und praktische Erfahrungen am Beispiel mittelständischer Pharmaunternehmen. Wiesbaden, Dt. Univ.-Verl. (1994).

Yli-Renko, Helena, Autio, Erkko und Tontti, Vesa: Social Capital, Knowledge, and the International Growth of Technology-based New Firms. In: International Business Review, Vol. 11(3) (2002), S. 279 - 304.

Zahra, Shaker und Dess, Gregory G.: Entrepreneurship as a Field of Research: Encouraging Dialogue and Debate. In: Academy of Management Review, Vol. 26(1) (2001), S. 8 - 10.

Zumkley-Münkel, Cordula , Grässer, Uwe, Maxeiner, Jürgen , Zumkley, Horst und Dreher, Eva: Der „FACES-Index"— Ein computergesteuertes Messverfahren zur Erfassung der emotionalen Sensitivität. Arbeitsbericht Nr. 87 aus der Fachschaft Erziehungswissenschaften der Universität des Saarlandes. (2003). Download unter http://psydok.sulb.uni-saarland.de/volltexte/2003/5/pdf/Arbeitsbericht.pdf am 07.01.2007.